全国高职高专印刷与包装类专业教学指导委员会规划统编教材

印刷电工电子学

主　编　曹少中
编　著　游福成　李　旸
主　审　唐英杰

文化发展出版社
Cultural Development Press

内容提要

　　本书结合近年来电工新技术在印刷领域的应用，从实际出发，根据高职高专教育的特点和要求进行编写，内容包括直流电路、交流电路、三相电路、变压器和电动机、常用的控制电器与电路控制、印刷机械电气控制、半导体器件、基本放大电路、集成运算放大电路、直流稳压电源、组合逻辑电路、时序逻辑电路、印刷产业中的电子新技术等。每一章后面附有复习题，易于读者加深对相关知识的理解和掌握。

　　本书通俗易懂，简明实用，适合作为印刷高职高专院校相关专业的教材使用，也可供印刷相关专业的工程技术人员参考。

图书在版编目（CIP）数据

印刷电工电子学／曹少中．—北京：文化发展出版社，2007.11（2016.12重印）

全国高职高专印刷与包装类专业教学指导委员会规划统编教材

ISBN 978-7-80000-688-3

Ⅰ.印… Ⅱ.曹… Ⅲ.①印刷工业－电工学－高等学校：技术学校－教材

②印刷工业－电子学－高等学校：技术学校－教材 Ⅳ.TS8

中国版本图书馆CIP数据核字（2007）第157962号

印刷电工电子学

主　　编：曹少中	编　著：游福成　李旸	主　审：唐英杰
责任编辑：魏　欣		责任校对：郭　平
责任印制：孙晶莹		责任设计：王斯佳

出版发行：文化发展出版社（北京市翠微路2号 邮编：100036）

网　　址：www.wenhuafazhan.com

经　　销：各地新华书店

印　　刷：河北鑫宏源印刷包装有限责任公司

开　　本：787mm×1092mm　　1/16

字　　数：500千字

印　　张：21.75

印　　数：4001～4800

印　　次：2007年12月第1版　　2016年12月第3次印刷

定　　价：43.00元

ＩＳＢＮ：978-7-80000-688-3

◆ 如发现印装质量问题请与我社发行部联系　发行部电话：010-88275710

出版前言

20世纪80年代以来的20多年时间，在世界印刷技术日新月异的飞速发展浪潮中，中国印刷业无论在技术还是产业层面都取得了长足的进步。桌面出版系统、激光照排、CTP、数字印刷、数字化工作流程等新技术、新设备、新工艺在中国印刷业得到了普及或应用。

印刷产业技术的发展既离不开高等教育的支持，又给高等教育提出了新要求。近20多年时间，我国印刷高等教育与印刷产业一起得到了很大发展，开设印刷专业的院校不断增多，培养的印刷专业人才无论在数量还是质量上都有了很大提高。但印刷产业的发展急需印刷专业教育培养出更多、更优秀的应用型技术管理人才。

教材是教学工作的重要组成部分。印刷工业出版社自成立以来，一直致力于专业教材的出版，与国内主要印刷专业院校建立了长期友好的合作关系。但随着产业技术的发展，原有的印刷专业教材无论在体系上还是内容上都已经落后于产业和专业教育发展的要求。因此，为了更好地服务于印刷包装高等职业教育教学工作，遵照国家对高等职业教育的定位，突出高等职业教育的特点，我社组织了北京印刷学院、上海出版印刷高等专科学校、深圳职业技术学院、安徽新闻出版职业技术学院、天津职业大学、杭州电子科技大学、郑州牧业工程高等专科学校、湖北职业技术学院等主要印刷高职院校的骨干教师编写了"全国高职高专印刷包装专业教材"。

这套教材具有以下优点：

● 实用性、实践性强。该套教材依照高等职业教育的定位，突出高职教育重在强化学生实践能力培养的特点，教材内容在必备的专业基础知识理论和体系的基础上，突出职业岗位的技能要求，所含教材均为高职教育印刷包装专业的必修课，是国内最新的高职高专印刷包装专业教材，能解决当前高等职业教育印刷包装专业教材急需更新的迫切需求。

● 编者队伍实力雄厚。该套教材的编者来自全国主要印刷高职院校，均是各院校最有实力的教授、副教授以及从事教学工作多年的骨干教师，对高职教育的特点和要求十分了解，有丰富的教学、实践以及教材编写经验。

● 覆盖面广。该套教材覆盖面广，从工艺原理到设备操作维护，从印前到印刷、印后，均为高职教育印刷包装专业的必修课，迎合了当前的高职教学需求，为解决当前高等职业教育印刷包装类专业教材的不足而选定。

经过编者和出版社的共同努力，"全国高职高专印刷包装专业教材"的首批教材已经进入出版流程，希望本套教材的出版能为印刷专业人才的培养做出一份贡献。

印刷工业出版社
2007年10月

前　言

为了适应电工电子技术的发展和培养电工电子技术实用型高级专门技术人才的迫切需要，根据印刷类高职、高专院校《电工电子学教学大纲》，组织从事多年教学工作的教师编写了本书。由于电工电子学是印刷类专业的一门实践性很强的技术基础课，因此在本教材的编写过程中，作者结合近年来电工电子新技术在印刷领域的应用，从实际出发，根据高职、高专教育的特点和要求，合理地控制教材的深度和广度，力求通俗易懂，简明实用。

本书共分 13 章，内容包括直流电路、交流电路、三相电路、变压器和电动机、常用的控制电器与电路控制、印刷机械电气控制、半导体器件、基本放大电路、集成运算放大电路、直流稳压电源、组合逻辑电路、时序逻辑电路、印刷产业中的电子新技术展望。

本书由北京印刷学院曹少中副教授担任主编，编写其中的第 1~6 章、第 8 章和前言、目录，并负责统稿、修改和定稿等工作。北京印刷学院游福成副教授编写第 11~13 章，北京印刷学院李旸老师编写第 7、9、10 章和书中全部习题。

本书由北京印刷学院唐英杰副教授主审，他认真、仔细地审阅了全书，提出了许多具体、宝贵的修改意见和建议，值此教材出版之际，对北京印刷学院唐英杰副教授和印刷工业出版社魏欣编辑给予的热情支持和帮助表示衷心的感谢！另外，对北京印刷学院张焕英老师和王佳博士在本书编写过程中给予的帮助表示感谢。

由于编者水平有限，书中难免存在不完善之处，恳请广大老师和读者给予批评指正。

编者
2007 年 8 月

目　　录

1 直流电路

本章以直流电路为分析对象，介绍了直流电路的分析和计算方法。首先扼要地介绍了电路的概念，电流、电压、功率等描述电路的基本物理量，还介绍了电阻、电容、电感、电压源和电流源等电路元件。然后介绍了基尔霍夫电流定律和电压定律，同时讨论了支路电流法、结点电压法等电路分析方法。本章还介绍了叠加定理、戴维南定理，最后对电路的暂态过程进行了系统分析。

1.1 电路和电路的组成

电路简单地说就是电流流通的路径。它是由某些元器件为完成一定功能、按一定方式组合后的总称。

电路的作用有两种：一是实现能量的输送和转换；二是实现信号的传递和处理。

常见的各种照明电路和动力电路就是用来输送和转换能量的。例如在图 1 - 1 所示的简单照明电路中，电池把化学能转换成电能供给照明灯，照明灯再把电能转换成光能作照明之用。对于这一类电路来说，一般要求它具有较小的能量损耗和较高的效率。

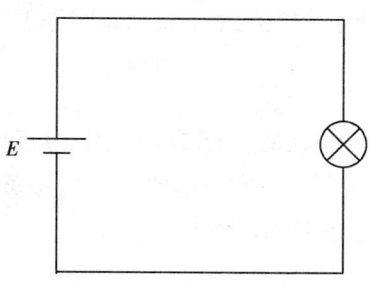

图 1 - 1 简单照明电路

在电子技术和非电量测量中，会遇到另一类以传递和处理信号为主要目的的电路。例如在图 1 - 2 所示的简单测温电路中，热电偶将温差转换成电信号（热电动势），然后通过毫伏表将温差转换成的电信号测量出来。在这一类电路中，虽然也有能量的输送和转换问题，但其数量很小，一般所关注的是如何准确而迅速地传递和处理信号等问题。

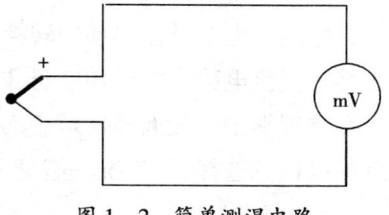

图 1 - 2 简单测温电路

组成电路的元器件及其联接方式虽然多种多样，但都包含有电源、负载和联接导线三个基本组成部分。电源是将非电形态的能量转换为电能的供电设备。例如，蓄电池、发电机和信号源等。其中蓄电池将化学能转换成电能，发电机将机械能转换成电能，而信号源则将非电量转换成电信号。负载是将电能转换成非电形态能量的用电设备，例如电动机、照明灯和电炉等。其中电动机将电能转换成机械能，照明灯将电能转换成光能，而电炉则将电能转换成热能。导线起着沟通电路和输送电能的作用。

1.2　电路的基本物理量

1.2.1　电流

单位时间内通过电路某一横截面的电荷［量］称为电流。不随时间变化的物理量用大写字母表示，随时间变化的物理量用小写字母表示。在直流电路中电流用 I 表示，它与电荷［量］Q、时间 t 的关系为

$$I = \frac{Q}{t} \tag{1.1}$$

式中，Q 的单位为库［仑］(C)；t 的单位为秒 (s)；I 的单位为安［培］(A)。随时间变化的电流用 i 表示，它等于电荷［量］q 对时间 t 的变化率，即

$$i = \frac{\mathrm{d}q}{\mathrm{d}t} \tag{1.2}$$

电流的实际方向规定为正电荷运动的方向，如图 1-3 所示，在内电路中由电源负极流向正极，在外电路中由电源的正极流向负极。

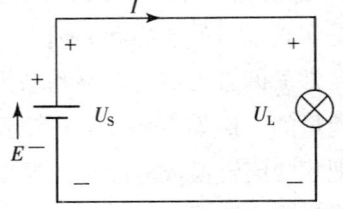

图 1-3　电路的基本物理量

1.2.2　电位

电场力将单位正电荷从电路的某一点移至参考点所消耗的电能，也就是在移动中转换成非电形态能量的电能称为该点的电位，参考点的电位为零。直流电路中电位用字母 V 表示，单位为伏［特］(V)。

在物理学中一般选择地球表面(大地)为参考点。在电工技术和电子技术中，原则上参考点可以任意选择，但为统一起见，工程上常选大地为参考点，在电路图中用"⊥"表示。

1.2.3　电压

电场力将单位正电荷从电路的某一点移至另一点时所消耗的电能，即转换成非电形态能量的电能称为这两点间的电压。由电位的定义可知，电压就是电位差。某点的电位

就是该点与参考点之间的电压。在直流电路中电压用字母 U 表示，单位也是伏 [特]（V）。在图 1 - 3 所示的电路中，U_S 是电源两端的电压，U_L 是负载两端的电压。

电压的实际方向规定为由高电位指向低电位的方向，即电位降的方向，故电压有时又称电压降。在电路图中，用"+"和"−"表示电压的极性。"+"端为高电位端，"−"端为低电位端。

1.2.4　电动势

电源中的局外力（即非电场力）将单位正电荷从电源的负极移至电源的正极所转换而来的电能称为电源的电动势。在直流电路中用字母 E 表示。单位也是伏 [特]（V）。

电动势的实际方向规定由电源负极指向电源的正极的方向，即电位升的方向。它与电源电压的实际方向是相反的，如图 1 - 3 中箭头所示。

1.2.5　功率

单位时间内所转换的电能称为电功率，简称功率。直流电路中用字母 P 表示。单位为瓦 [特]（W）。

根据电压和电动势的定义。电源产生的电功率为

$$P_E = EI \tag{1.3}$$

电源输出的电功率为

$$P_S = U_S I \tag{1.4}$$

负载消耗（取用）的电功率为

$$P_L = U_L I \tag{1.5}$$

负载的大小通常用负载取用功率的大小来说明。

此外，在图 1 - 3 所示的电路中，电流通过电源 R_S 内电阻和联接导线电阻 R_W 时还会产生功率损耗 $R_S I^2$ 和 $R_W I^2$。

1.2.6　电流、电压的参考方向

在电路的分析计算中，流过某一段电路或某一元件的电流实际方向往往不知道，我们可以任意假定一个电流方向或电压方向，当假定的电流方向或电压方向与实际方向一致取正，相反取负。假定的电流、电压方向称作电流、电压的参考方向。

图 1 - 4（a）中电流的参考方向与实际方向一致，$i > 0$。图 1 - 4（b）中电流的参考方向与实际方向相反，$i < 0$。实际方向用虚线表示，参考方向用实线表示。

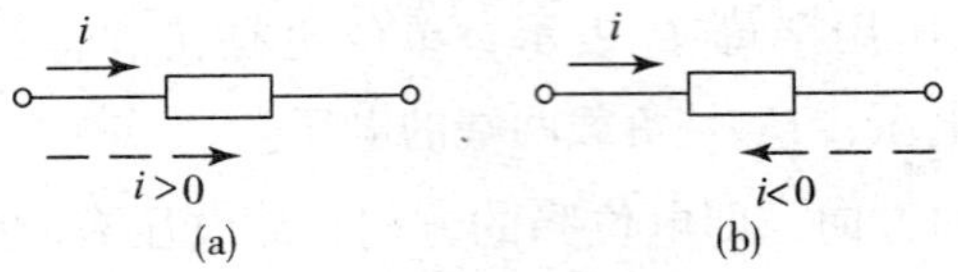

图 1-4　电流参考方向 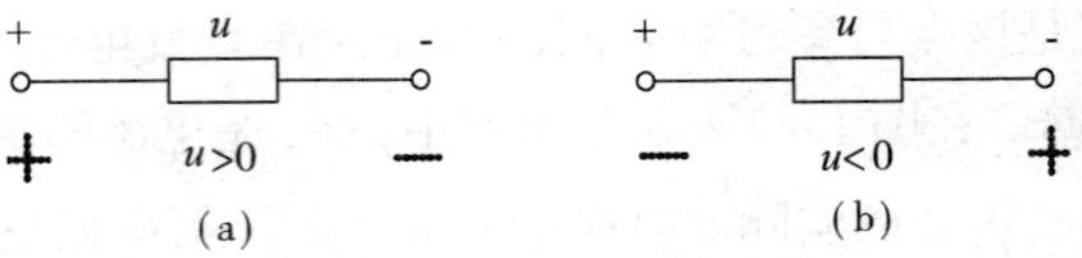　　　　　图 1-5　电压参考方向

在图 1-5（a）中电压参考方向与实际方向一致取正，$u>0$。在图 1-5（b）中电压参考方向与实际方向相反取负，$u<0$。

可见，电流、电压都是代数量。

当电流的方向与电压方向选取一致，称为关联参考方向，见图 1-6。

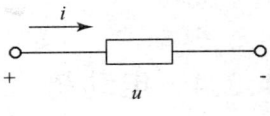

图 1-6　关联参考方向

1.3　电路元件

电路元件是电路中最基本的组成单元。电路元件通过其端子与外界相联接；元件的特性则通过与端子有关的物理量描述。每一种元件反映某种确定的电磁性质。

电路元件按与外部联接的端子数目可分为二端、三端、四端元件等。电路元件还可分为无源元件和有源元件，线性元件和非线性元件，时不变元件和时变元件等。

1.3.1　电阻元件

电阻器、灯泡、电炉等在一定条件下可以用二端线性电阻元件作为其模型。线性电阻元件是这样的理想元件：在电压和电流取关联参考方向下，在任何时刻它两端的电压和电流关系服从欧姆定律，即有

$$u = Ri \qquad (1.6)$$

线性电阻元件的图形符号见图 1-7（a）。上式中 R 称为元件的电阻，R 是一个正实常数。当电压单位用 V，电流单位用 A 表示时，电阻的单位为 Ω（欧姆，简称欧）。

令 $G = \dfrac{1}{R}$，（1.6）式变成

$$i = Gu \qquad (1.7)$$

式中 G 称为电阻元件的电导。电导的单位是 S（西门子，简称西）。R 和 G 都是电阻元件的参数。

由于电压和电流的单位分别是 V 和 A，因此电阻元件的特性称为伏安特性。图 1-7（b）画出线性电阻元件的伏安特性，它是通过原点的一条直线。直线的斜率与元件的电阻 R 有关。

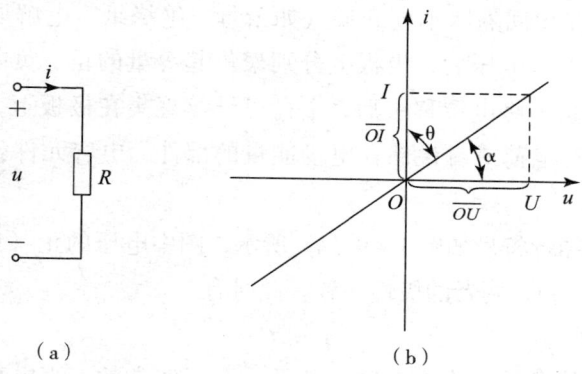

（a）　　　　　　　　　　　（b）

图 1 - 7　电阻元件及其伏安特性

当一个线性电阻元件的端电压不论为何值时，流过它的电流恒为零值，就把它称为"开路"。开路的伏安特性在 $u - i$ 平面上与电压轴重合，它相当于 $R = \infty$ 或 $G = 0$，如图 1 - 8（a）所示。当流过一个线性电阻元件的电流不论为何值时，它的端电压恒为零值，就把它称为"短路"。短路的伏安特性在 $u - i$ 平面上与电流轴重合，它相当于 $R = 0$ 或 $G = \infty$，如图 1 - 8（b）所示。如果电路中一对端子 1 - 1′ 之间呈断开状态，如图 1 - 8（c）所示。这相当于 1 - 1′ 之间接有 $R = \infty$ 的电阻，此时称 1 - 1′ 处于"开路"。如果把端子 1 - 1′ 用理想导线（电阻为零）联接起来，称这对端子 1 - 1′ 被短路，如图 1 - 8（d）所示。

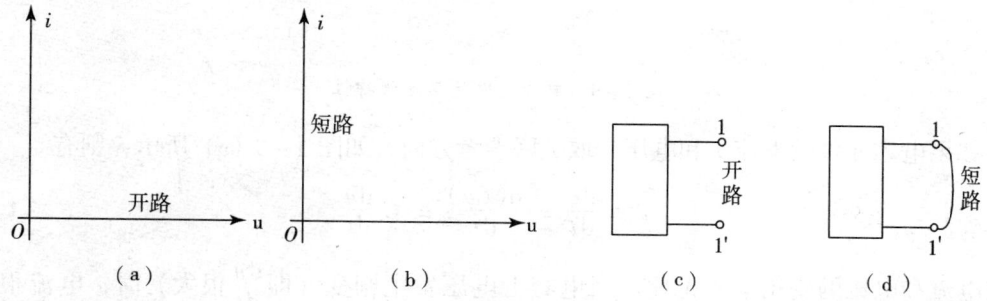

（a）　　　　　（b）　　　　　（c）　　　　　（d）

图 1 - 8　开路和短路的伏安特性

当电压 u 和电流 i 取关联参数方向时，电阻元件消耗的功率为

$$p = ui = Ri^2 = \frac{u^2}{R}$$

$$= Gu^2 = \frac{i^2}{G}$$

　　　　　　　　　　（1.8）

R 和 G 是正实常数，故功率 p 恒为非负值。所以线性电阻元件是一种无源元件。

1.3.2　电容元件

在工程技术中，电容器的应用极为广泛。电容器虽然品种、规格各异，但就其构成原理来说，电容器都是由间隔以不同介质（如云母、绝缘纸、电解质等）的两块金属极板组成。当在极板上加以电压后，极板上分别聚集起等量的正、负电荷，并在介质中建立电场而具有电场能量。将电源移去后，电荷可继续聚集在极板上，电场继续存在。所以电容器是一种能储存电荷或者说储存电场能量的部件。电容元件就是反映这种物理现象的电路模型。

线性电容元件的图形符号如图1-9（a）所示，图中电压的正（负）极性所在极板上储存的电荷为 $+q$（$-q$），两者的极性一致。此时有

$$q = Cu \tag{1.9}$$

式中，C 是电容元件的参数，称为电容。C 是一个正实常数。当电荷和电压的单位分别用 C 和 V 表示时，电容的单位为 F（法拉，简称法）。图1-9（b）中以 q 和 u 为坐标轴，画出了电容元件的库伏特性。线性电容的库伏特性是一条通过原点的直线。

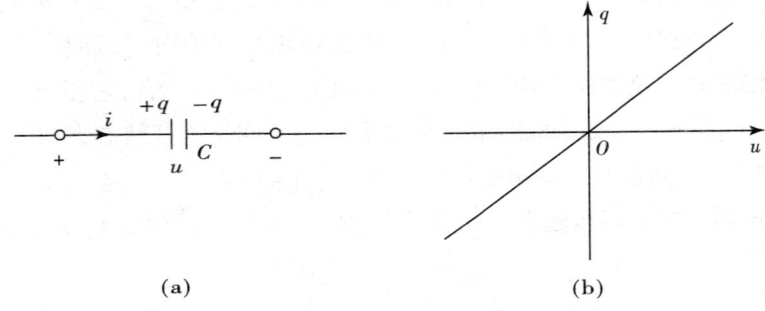

$$\text{(a)} \qquad\qquad\qquad \text{(b)}$$

图1-9 电容元件及其库伏特性

如果电容元件的电流 i 和电压 u 取关联参考方向，如图1-9（a）所示，则有

$$i = \frac{\mathrm{d}q}{\mathrm{d}t} = \frac{\mathrm{d}(Cu)}{\mathrm{d}t} = C\frac{\mathrm{d}u}{\mathrm{d}t} \tag{1.10}$$

表明电流和电压的变化率成正比。当电容上电压发生剧变（即 $\frac{\mathrm{d}u}{\mathrm{d}t}$ 很大）时，电流很大。当电压不随时间变化时，电流为零。故电容在直流情况下其两端电压恒定，相当于开路，或者说电容有隔断直流（简称隔直）的作用。

在电压和电流的关联参考方向下，线性电容元件吸收的功率为

$$p = ui = Cu\frac{\mathrm{d}u}{\mathrm{d}t} \tag{1.11}$$

从 $t = -\infty$ 到 t 时刻，电容元件吸收的电场能量为

$$W_C = \int_{-\infty}^{t} u(\zeta)i(\zeta)\mathrm{d}\zeta = \int_{-\infty}^{t} Cu(\zeta)\frac{\mathrm{d}u(\zeta)}{\mathrm{d}\zeta}\mathrm{d}\zeta$$

$$= C\int_{u(-\infty)}^{u(t)} u(\zeta)\mathrm{d}u(\zeta)$$

$$= \frac{1}{2}Cu^2(t) - \frac{1}{2}Cu^2(-\infty)$$

电容元件吸收的能量以电场能量的形式储存在元件的电场中。

一般的电容器除有储能作用外，也会消耗一部分电能，这时，电容器的模型就必须是电容元件和电阻元件的组合。由于电容器消耗的电功率与所加电压直接相关，因此其模型宜是两者的并联组合。

电容器是为了获得一定大小的电容特意制成的。但是，电容的效应在许多别的场合也存在，这就是分布电容和杂散电容。从理论上说，电位不相等的导体之间就会有电场，因此就有电荷聚集并有电场能量，即有电容效应存在。例如，在两根架空输电线之间，每一根输电线与地之间都有分布电容。在晶体三极管或二极管的电极之间，甚至一个线圈的线匝之间也存在着杂散电容。

1.3.3　电感元件

在工程中广泛应用用导线绕制的线圈，例如，在电子电路中常用的空心或带有铁粉心的高频线圈，电磁铁或变压器中含有在铁心上绕制的线圈等。当一个线圈通以电流后产生的磁场随时间变化时，在线圈中就产生感应电压。

图 1－10 示出一个线圈，其中的电流 i 产生的磁通 Φ_L 与 N 匝线圈交链，则磁通链 $\Psi_L = N\Phi_L$。由于磁通 Φ_L 和 Ψ_L 磁通链都是由线圈本身的电流 i 产生的，所以称为自感磁通和自感磁通链。Φ_L 和 Ψ_L 的方向与 i 的参考方向成右

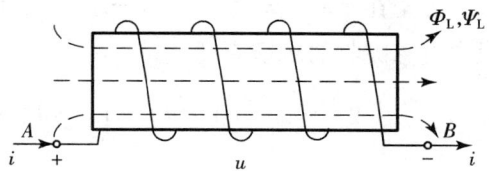

图 1－10　磁通链与感应电压

螺旋关系，如图中所示。当磁通链 Ψ_L 随时间变化时，在线圈的端子间产生感应电压。如果感应电压 u 的参考方向与 Ψ_L 成右螺旋关系（即从端子 A 沿导线到端子 B 的方向与 Ψ_L 成右螺旋关系），则根据电磁感应定律，有

$$u = \frac{d\Psi_L}{dt} \tag{1.12}$$

由该式确定感应电压的真实方向时，与楞次定律的结果是一致的。

电感元件是实际线圈的一种理想化模型，它反映了电流产生磁通和磁场能量储存这一物理现象。线性电感元件的图形符号见图 1－11（a）。一般在图中不必也难以画出磁通 Φ_L 的参考方向，但规定 Φ_L 与电流 i 的参考方向满足右螺旋关系。线性电感元件的自感磁通链 Ψ_L 与元件中的电流存在以下关系

$$\Psi_L = Li$$

其中 L 称为该元件的自感（系数）或电感。L 是一个正实常数。

在国际单位制（SI）中，磁通和磁通链的单位是 Wb（韦伯，简称韦）；当电流的单位采用 A 时，则自感或电感的单位是 H（亨利，简称亨）。

线性电感元件的韦安特性是 $\Psi_L - i$ 平面上的一条通过原点的直线，见图 1－11（b）。

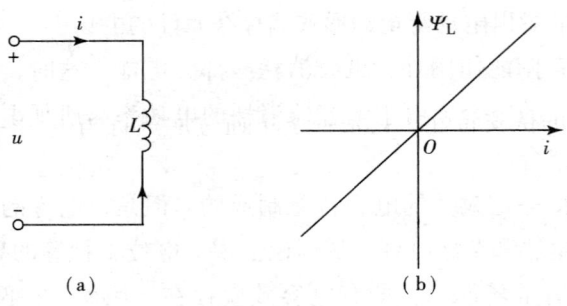

图 1-11　电感元件及其韦安特性

把 $\Psi_L = Li$ 代入式（1.12），可以得到电感元件的电压和电流关系如下

$$u = L\frac{\mathrm{d}i}{\mathrm{d}t} \tag{1.13}$$

式中，u 和 i 为关联参考方向，且与 Ψ_L 成右螺旋关系。

在电压和电流的关联参考方向下，线性电感元件吸收的功率为

$$p = ui = Li\frac{\mathrm{d}i}{\mathrm{d}t} \tag{1.14}$$

由于在 $t = -\infty$ 时，$i(-\infty) = 0$，电感元件无磁场能量。因此，从 $-\infty$ 到 t 的时间段内电感吸收的磁场能量

$$W_L(t) = \int_{-\infty}^{t} p\,\mathrm{d}\zeta = \int_{-\infty}^{t} Li\frac{\mathrm{d}i}{\mathrm{d}\zeta}\mathrm{d}\zeta = \int_{0}^{i(t)} Li\,\mathrm{d}i$$

$$= \frac{1}{2}Li^2(t) = \frac{1}{2}\frac{\Psi_L^2(t)}{L} \tag{1.15}$$

这就是线性电感元件在任何时刻的磁场能量表达式。

空心线圈是以线性电感元件为模型的典型例子。当线圈导线电阻的损耗不可忽略时，就需要用线性电感元件和电阻元件的串联组合作为其模型。

1.3.4　电压源和电流源

实际电源有电池、发电机、信号源等。电压源和电流源是从实际电源抽象得到的电路模型，它们是二端有源元件。

电压源是一个理想电路元件，它的端电压 $u(t)$ 为

$$u(t) = u_s(t)$$

式中 $u_s(t)$ 为给定的时间函数，而电压 $u(t)$ 与通过元件的电流无关，总保持为给定的时间函数。电压源中电流的大小由外电路决定。电压源的图形符号见图 1-12（a）。当 $u_s(t)$ 为恒定值时，这种电压源称为恒定电压源或直流电压源，有时用图1-12（b）所示图形符号表示，其中长画表示电源的"＋"端，电压值则用 U_S 表示。

图 1 – 13 （a） 表示电压源接外电路的情况。端子 1、2 之间的电压 $u(t)$ 等于 $u_s(t)$，不受外电路的影响。图 1 – 13 （b）表示电压源在 t_1 时刻的伏安特性，它是一条不通过原点且与电流轴平行的直线。当 $u_s(t)$ 随时间改变时，这条平行于电流轴的直线也将随之改变其位置。图 1 – 13 （c） 是直流电压源的伏安特性，它不随时间改变。

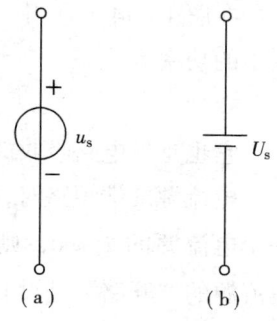

图 1 – 12　电压源

从图 1 – 13 （a） 可见，电压源的电压和通过电压源的电流的参考方向通常取为非关联参考方向，此时，电压源发出的功率为

$$p(t) = u_s(t)i(t)$$

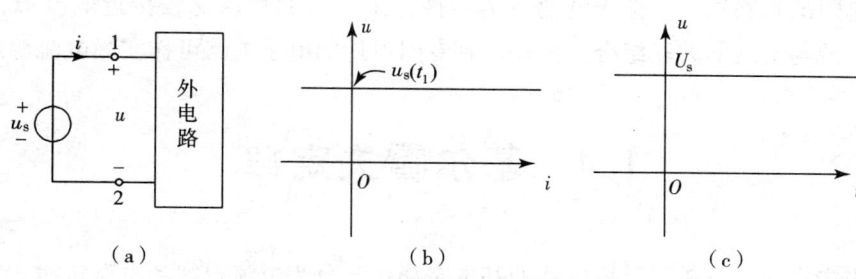

图 1 – 13　电压源的伏安特性

它也是外电路吸收的功率。

电压源不接外电路时，电流 i 总为零值，这种情况称为"电压源处于开路"。如果令一个电压源的电压 $u_s = 0$，则此电压源的伏安特性为 $i – u$ 平面上的电流轴，它相当于短路。把电压源短路是没有意义的，因为短路时端电压 $u = 0$，这与电压源的特性不相容。

电流源是一个理想电路元件。电流源发出的电流 $i(t)$ 为

$$i(t) = i_s(t)$$

式中 $i_s(t)$ 为给定时间函数，而电流 $i(t)$ 与元件的端电压无关，并总保持为给定的时间函数。电流源的端电压由外电路决定。电流源的图形符号示于图 1 – 14 （a），图 1 – 14 （b） 示出了电流源接外电路的情况。图 1 – 14 （c） 为电流源在 t_1 时刻的伏安特性，它是一条不通过原点且与电压轴平行的直线。当 $i_s(t)$ 随时间改变时，这条平行于电压轴的直线将随之而改变位置。图 1 – 14 （d） 示出直流电流源的伏安特性，它不随时间改变。

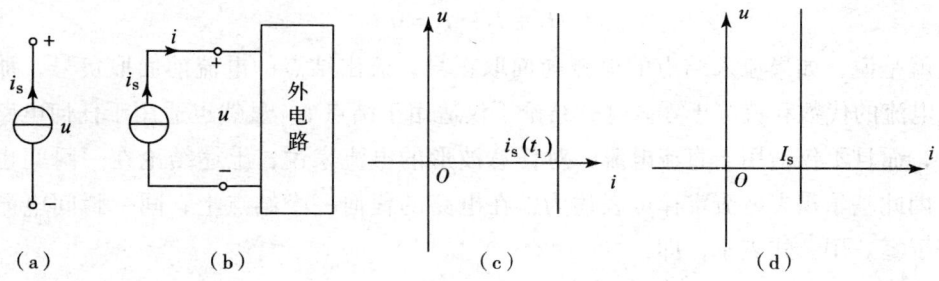

图 1 – 14　电流源及其伏安特性

在图 1 - 14 （b） 中，电流源电流和电压的参考方向为非关联参考方向，所以电流源发出的功率为

$$p(t) = u(t)i_s(t)$$

它也是外电路吸收的功率。

电流源两端短路时，其端电压 $u = 0$，而 $i = i_s$，电流源的电流即为短路电流。如果令一个电流源的 $i_s = 0$，则此电流源的伏安特性为 $i - u$ 平面上的电压轴，它相当于开路。电流源的"开路"是没有意义的，因为开路时发出的电流必须为零，这与电流源的特性不相容。

常见实际电源（如发电机、蓄电池等）的工作机理比较接近电压源，其电路模型是电压源与电阻的串联组合。像光电池一类器件，工作时的特性比较接近电流源，其电路模型是电流源与电阻的并联组合。另外，有专门设计的电子电路可作实际电流源用。

1.4　基尔霍夫定律

基尔霍夫定律是分析与计算电路的基本定律，又分为电流定律和电压定律。

1.4.1　基尔霍夫电流定律（KCL）

电路中 3 个或 3 个以上电路元件的联接点称为结点。例如在图 1 - 15 所示的电路中有 a 和 b 两个结点。具有结点的电路称为分支电路，不具有结点的电路称为无分支电路。

两结点之间的每一条分支电路称为支路。支路中通过的电流是同一电流。在图 1 - 15 所示电路中有 acb、adb、aeb 三条支路。

基尔霍夫电流定律（Kirchhoff's Current Law，简称 KCL），是说明电路中任何一个结点上各部分电流之间相互关系的基本定律。由于电流的连续性，流入任一结点的电流之和必定等于流出该结点的电流之和。例如对图 1 - 15 所示电路的结点 a 来说

$$I_1 + I_2 = I_3$$

或改写成

$$I_1 + I_2 - I_3 = 0$$

这就是说，如果流入结点的电流前面取正号，流出结点的电流前面取负号，那么结点 a 上电流的代数和就等于零。这一结论不仅适用于结点 a，显然也适用于任何电路的任何结点，而且不仅适用于直流电流，对任意波形的电流来说，上述结论在一瞬间也是适用的。因此基尔霍夫电流定律可表述为：在电路的任何一个结点上，同一瞬间电流的代数和等于零。用公式表示，即

$$\Sigma i = 0 \tag{1.16}$$

在直流电路中为

$$\Sigma I = 0 \tag{1.17}$$

基尔霍夫电流定律不仅适用于电路中任一结点，而且还可以推广应用电路中任何一个假定的闭合面。例如在图 1-16 所示的晶体管中，对点画线所示的闭合面来说，三个电极电流的代数和应等于零，即

$$I_C + I_B - I_E = 0$$

由于闭合面具有与结点相同的性质，因此称为广义结点。

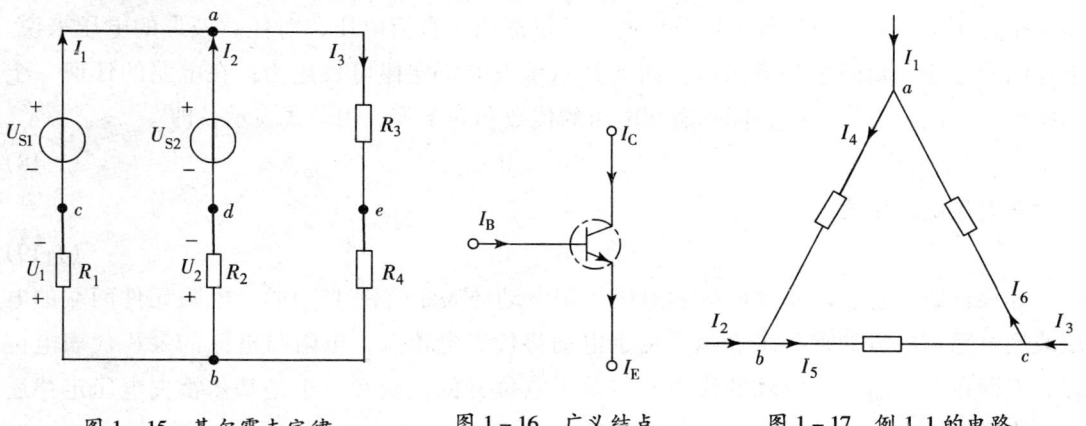

图 1-15　基尔霍夫定律　　　图 1-16　广义结点　　　图 1-17　例 1.1 的电路

例 1.1　在图 1-17 所示的部分电路中，已知 $I_1 = 3A$，$I_4 = -5A$，$I_5 = 8A$，试求 I_2，I_3 和 I_6。

解：根据图中标出的电流参考方向，应用基尔霍夫电流定律，分别由结点 a、b、c 求得

$$I_6 = I_4 - I_1 = (-5 - 3)A = -8A$$

$$I_2 = I_5 - I_4 = [8 - (-5)]A = 13A$$

$$I_3 = I_6 - I_5 = (-8 - 8)A = -16A$$

在求得 I_2 后，I_3 也可以由广义结点求得，即

$$I_3 = -I_1 - I_2 = (-3 - 13)A = -16A$$

1.4.2　基尔霍夫电压定律（KVL）

由电路元件组成的闭合路径称为回路，在图 1-15 所示电路中有 adbca、adbea 和 aebca 三个回路。

未被其他支路分割的单孔回路称为网孔，例如图 1-15 中有 adbca 和 aebda 两个网孔。

基尔霍夫电压定律（Kirchhoff's Voltage Law，简称 KVL），是说明电路中任何一个回路中各部分电压之间相互关系的基本定律。例如对图 1-15 所示电路中的回路 adbca 来说，由于电位的单值性，若从 a 点出发，沿回路环行一周又回到 a 点，电位的变化应等于零。

因而在该回路中与回路环行方向一致的电压（电位降）之和，必定等于与回路环行方向相反的电压（电位升）之和，即

$$U_{S2} + U_1 = U_{S1} + U_2$$

或改写成

$$U_{S2} + U_1 - U_{S1} - U_2 = 0$$

这就是说，如果与回路环行方向一致的电压前面取正号，与回路环行方向相反的电压前面取负号，那么该回路中电压的代数和应等于零。这一结论不仅适用于回路 adbca，显然也适用于任何电路的任一回路。而且不仅适用于直流电压，对任意波形的电压来说，上述结论在任一瞬间也是适用的。因此基尔霍夫电压定律可表述为：在电路的任何一个回路中，沿同一方向环行，同一瞬间电压的代数和等于零。用公式表示，即

$$\Sigma u = 0 \tag{1.18}$$

在直流电路中为

$$\Sigma U = 0 \tag{1.19}$$

如果回路中理想电压源两端的电压改用电动势表示（图 1-18），电阻元件两端的电压改用电阻与电流的乘积来表示。由于电动势代表电位升，电阻与电流的乘积代表电位降，因而在该回路中电位降的代数和应等于电位升的代数和。于是基尔霍夫电压定律还可以表示为

$$\Sigma RI = \Sigma E \tag{1.20}$$

或

$$\Sigma U = \Sigma E \tag{1.21}$$

$$\Sigma U + \Sigma RI = \Sigma E \tag{1.22}$$

其中与回路环行方向一致的电流、电压和电动势前面取正号，不一致的前面取负号。按图中虚线所示回路方向，由公式（1.20）列出的回路方程为

$$R_1 I_1 - R_2 I_2 = E_1 - E_2$$

基尔霍夫电压定律不仅适用于电路中任一闭合的回路，而且还可以推广应用于任何一个假想闭合的一段电路，例如在图 1-19 所示电路中，只要将ab两点间的电压作为电阻

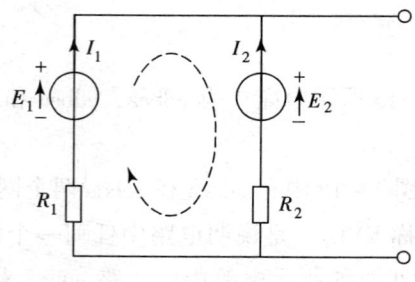

图 1-18　KVL 的另一表示方法

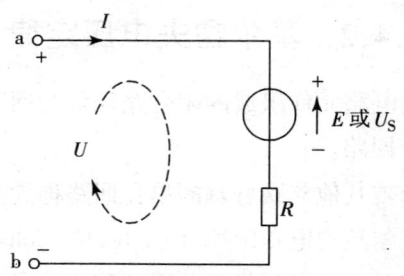

图 1-19　KVL 推广到一段电路

电压降一样考虑进去，按照图中选取的回路方向，由式（1.22）可列出

$$RI - U = -E$$

或

$$RI - U + U_S = 0$$

例 1.2 在图 1–20 所示的回路中，已知 $E_1 = 20V$，$E_2 = 10V$，$U_{ab} = 4V$，$U_{cd} = -6V$，$U_{ef} = 5V$，试求 U_{ed} 和 U_{ad}。

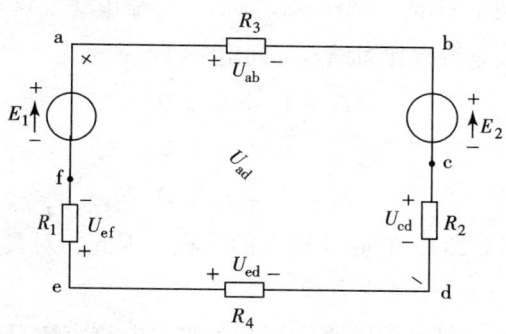

图 1–20 例 1.2 的电路

解： 由回路 abcdefa，根据 KVL 可列出

$$U_{ab} + U_{cd} - U_{ed} + U_{ef} = E_1 - E_2$$

求得

$$U_{ed} = U_{ad} + U_{cd} + U_{ef} - E_1 + E_2$$
$$= 4 + (-6) + 5 - 20 + 10 = -7\,(V)$$

由假想的回路 abcda，根据 KVL 可列出

$$U_{ab} + U_{cd} - U_{ad} = -E_2$$

求得

$$U_{ad} = U_{ab} + U_{cd} + E_2 = 4 + (-6) + 10 = 8\,(V)$$

1.5 电路分析方法

1.5.1 支路电流法

凡不能用电阻串并联等效变换化简的电路，一般称为复杂电路。在计算复杂电路的各种方法中，支路电流法是最基本的。它是应用基尔霍夫电流定律和电压定律分别对结点

和回路列出所需要的方程组，而后解出各未知支路电流。

列方程时，必须先在电路图上选定好未知支路电流以及电压或电动势的参考方向。

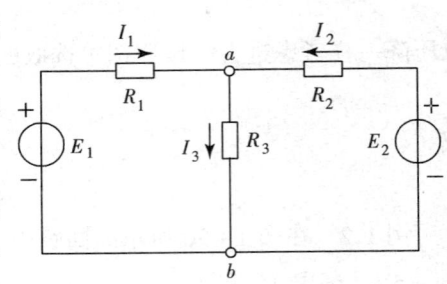

图 1–21　两个电源并联的电路

现以图 1–21 所示的两个电源并联的电路为例来说明支路电流法的应用。在本电路中，支路数 b = 3，结点数 n = 2，共要列出 3 个独立方程。电动势和电流的参考方向如图中所示。

首先，应用基尔霍夫电流定律对结点 a 列出

$$I_1 + I_2 - I_3 = 0 \tag{1.23}$$

对结点 b 列出

$$I_3 - I_1 - I_2 = 0 \tag{1.24}$$

式（1.24）即为式（1.23），它是非独立的方程。因此，对具有两个结点的电路，应用电流定律只能列出 2 – 1 = 1 个独立方程。

一般地说，对具有 n 个结点的电路应用基尔霍夫电流定律只能得到（n – 1）个独立方程。

其次，应用基尔霍夫电压定律列出其余 b –（n – 1）个方程，通常可取单孔回路（或称网孔）列出。在图 1–21 中有两个单孔回路。对左面的单孔回路可列出

$$E_1 = R_1 I_1 + R_3 I_3 \tag{1.25}$$

对右面的单孔回路可列出

$$E_2 = R_2 I_2 + R_3 I_3 \tag{1.26}$$

单孔回路的数目恰好等于 b –（n – 1）。

应用基尔霍夫电流定律和电压定律一共可列出（n – 1）+ [b –（n – 1）] = b 个独立方程，所以能解出 b 个支路电流。

例 1.3　在图 1–21 所示的电路中，设 E_1 = 140V，E_2 = 90V，R_1 = 20Ω，R_2 = 5Ω，R_3 = 6Ω，试求各支路电流。

解：应用基尔霍夫电流定律和电压定律列出式（1.23）、式（1.25）及式（1.26），并将已知数据代入，即得

$$\begin{cases} I_1 + I_2 - I_3 = 0 \\ 20I_1 + 6I_3 = 140 \\ 5I_2 + 6I_3 = 90 \end{cases}$$

解得

$$I_1 = 4\text{A}$$

$$I_2 = 6\text{A}$$

$$I_3 = 10\text{A}$$

解出的结果是否正确，有必要时可以验算。一般验算方法有下列两种：

（1）选用求解未用过的回路，应用基尔霍夫电压定律进行验算。

在本例中，可对外围回路列出

$$E_1 - E_2 = R_1 I_1 - R_2 I_2$$

代入已知数据，得

$$140 - 90 = 20 \times 4 - 5 \times 6$$

$$30\text{V} = 30\text{V}$$

（2）用电路中功率平衡关系进行验算

$$E_1 I_1 + E_2 I_2 = R_1 I_1^2 + R_2 I_2^2 + R_3 I_3^2$$

$$140 \times 4 + 90 \times 6 = 20 \times 4^2 + 5 \times 6^2 + 6 \times 10^2$$

$$560 + 540 = 320 + 180 + 600$$

$$1100W = 1100W$$

即两个电源产生的功率等于各个电阻上损耗的功率。

例 1.4 在图 1-22 所示的桥式电路中，设 $E = 12\text{V}$，$R_1 = R_2 = 5\Omega$，$R_3 = 10\Omega$，$R_4 = 5\Omega$。中间支路是一检流计，其电阻 $R_G = 10\Omega$。试求检流计中的电流 I_G。

解：这个电路的支路数为 6，结点数为 4。因此应用基尔霍夫定律列出下列 6 个方程：

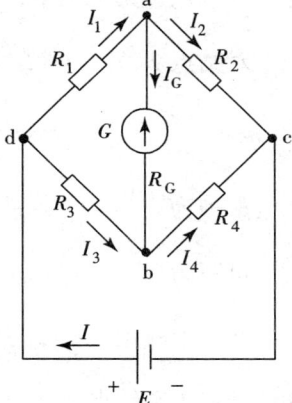

图 1-22 例 1.4 的电路

对结点 a $I_1 - I_2 - I_G = 0$

对结点 b $I_3 + I_G - I_4 = 0$

对结点 c $I_2 + I_4 - I = 0$

对回路 abda $R_1 I_1 + R_G I_G - R_3 I_3 = 0$

对回路 acba $R_2 I_2 - R_4 I_4 - R_G I_G = 0$

对回路 dbcd $E = R_3 I_3 + R_4 I_4$

解得

$$I_G = \frac{E(R_2 R_3 - R_1 R_4)}{R_G(R_1 + R_2)(R_3 + R_4) + R_1 R_2 (R_3 + R_4) + R_3 R_4 (R_1 + R_2)}$$

将已知数代入，得

$$I_G = 0.126\text{A}$$

当 $R_2 R_3 = R_1 R_4$ 时，$I_G = 0$，这时电桥平衡。

可见当支路数较多而只求一条支路的电流时，用支路电流法计算，步骤极为繁复。

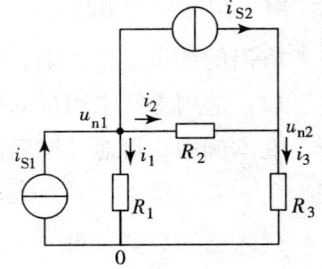

1.5.2　结点电压法

设参考点 0（零电位点），对独立结点设结点电压 u_{n1}，u_{n2}，电压方向指向参考点。设支路电流 i_1，i_2，i_3 的参考方向见图 1-23。

图 1-23　结点电压法

对结点 1 　　　$-i_{S1} + i_1 + i_2 + i_{S2} = 0$

$$-i_{S1} + \frac{u_{n1}}{R_1} + \frac{u_{n1} - u_{n2}}{R_2} + i_{S2} = 0$$

整理为　　　$\left(\dfrac{1}{R_1} + \dfrac{1}{R_2} \right) u_{n1} - \dfrac{1}{R_2} u_{n2} = i_{S1} - i_{S2}$

可写为　　　$(G_1 + G_2)\, u_{n1} - G_2 u_{n2} = i_{S1} - i_{S2}$

在以上式中：等号左边第一项中，$\dfrac{1}{R_1}$，$\dfrac{1}{R_2}$ 是联结结点 1 的电阻倒数。G_1，G_2 称为自导。等号左边第二项中，$\dfrac{1}{R_2}$ 是联结结点 1 和结点 2 之间的电阻倒数。G_2 称为互导。

对结点 2 　　　$-i_{S2} - i_2 + i_3 = 0$

$$-i_{S2} - \frac{u_{n1} - u_{n2}}{R_2} + \frac{u_{n2}}{R_3} = 0$$

整理为　　　$-\dfrac{u_{n1}}{R_2} + \left(\dfrac{1}{R_2} + \dfrac{1}{R_3} \right) u_{n2} = i_{S2}$

可写为　　　$-G_2 u_{n1} + (G_2 + G_3)\, u_{n2} = i_{S2}$

在以上式中：$\dfrac{1}{R_2}$，$\dfrac{1}{R_3}$ 是联结结点 2 的电阻倒数，可用 G_2，G_3 表示，称自导。$\dfrac{1}{R_2}$ 是联结结点 1 和结点 2 之间的电阻倒数，称为互导。

得到如下方程组：

$$\begin{cases} (G_1 + G_2)\, u_{n1} - G_2 u_{n2} = i_{S1} - i_{S2} \\ -G_2 u_{n1} + (G_2 + G_3)\, u_{n2} = i_{S2} \end{cases}$$

求出结点电压，再求支路电流。从上面方程组可得出对任一结点列结点电压方程。其中，自导总是正的，互导总是负的，指向该结点的电流源电流取正，背离该结点的取负。

小结：

①设参考点（零电位点，对独立结点设结点电压，方向指向参考点）。

②对任一结点列结点电压方程，其中自导总是正的，互导总是负的。指向该结点的电流源电流取正，背离该结点的取负。

③求出结点电压，再求支路电流。

例 1.5　对图 1-24 列结点电压方程。

解：把电阻与电压源的串联等效变换为电阻与电流源的并联，电路图 1 – 24 即变换成图 1 – 25。

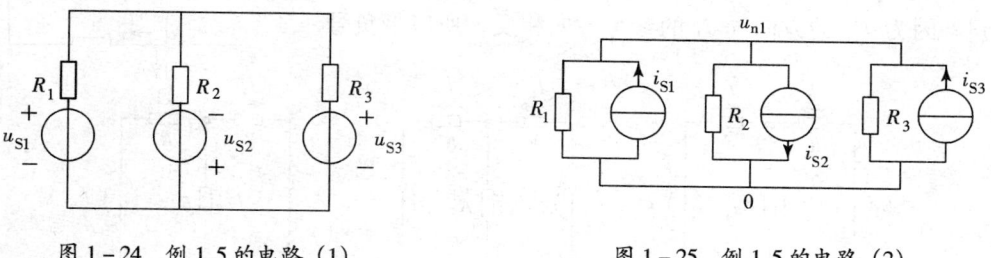

图 1 – 24 例 1.5 的电路 (1)　　　　　　图 1 – 25 例 1.5 的电路 (2)

设参考点 0，结点电压 u_{n1}，得：$\left(\dfrac{1}{R_1} + \dfrac{1}{R_2} + \dfrac{1}{R_3} \right) u_{n1} = \dfrac{u_{S1}}{R_1} - \dfrac{u_{S2}}{R_2} + \dfrac{u_{S3}}{R_3}$

注意：互导为 0。

1.6　叠加定理

在图 1 – 26（a）所示电路中有两个电源，各支路中的电流是由这两个电源共同作用产生的。对于线性电路，任何一条支路中的电流都可以看成是由电路中各个电源（电压源或电流源）分别作用时，在此支路中所产生的电流的代数和。这就是叠加原理。

叠加原理的正确性可用下例说明：

如以图 1 – 26（a）中支路电流 I_1 为例，它可用支路电流法求出，即应用基尔霍夫定律列出方程组

$$\left. \begin{array}{l} I_1 + I_2 - I_3 = 0 \\ E_1 = R_1 I_1 + R_3 I_3 \\ E_2 = R_2 I_2 + R_3 I_3 \end{array} \right\} \tag{1.27}$$

而后解之，得

$$I_1 = \left(\frac{R_2 + R_3}{R_1 R_2 + R_2 R_3 + R_3 R_1} \right) E_1 - \left(\frac{R_3}{R_1 R_2 + R_2 R_3 + R_3 R_1} \right) E_2 \tag{1.28}$$

设

$$\left. \begin{array}{l} I'_1 = \dfrac{R_2 + R_3}{R_1 R_2 + R_2 R_3 + R_3 R_1} E_1 \\[2mm] I''_1 = \dfrac{R_3}{R_1 R_2 + R_2 R_3 + R_3 R_1} E_2 \end{array} \right\} \tag{1.29}$$

于是

$$I_1 = I'_1 - I''_1 \tag{1.30}$$

显然，I'_1 是当电路中只有 E_1 单独作用时，在第一支路中所产生的电流 [见图 1-26 (b)]。而 I''_1 是当电路中只有 E_2 单独作用时，在第一支路中所产生的电流 [见图 1-26 (c)]。因为 I''_1 的方向同 I_1 的参考方向相反，所以带负号。

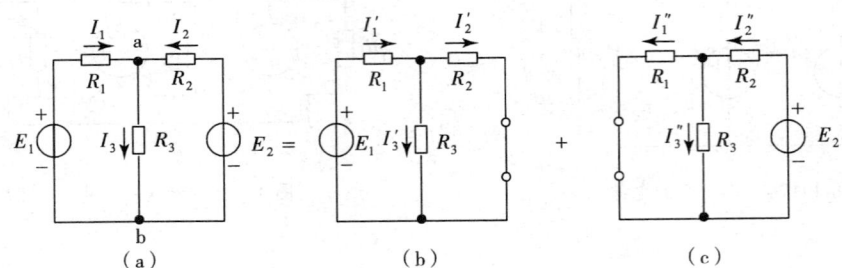

图 1-26　叠加原理

同理

$$I_2 = I''_2 - I'_2 \tag{1.31}$$

$$I_3 = I'_3 - I''_3 \tag{1.32}$$

所谓电路中只有一个电源单独作用，就是假设将其余电源均除去（将各个理想电压源短接，即其电动势为零；将各个理想电流源开路，即其电流为零），但是它们的内阻（如果给出的话）仍应计算。

用叠加原理计算复杂电路，就是把一个多电源的复杂电路化为几个单电源电路来进行计算。

叠加原理不仅可以用来计算复杂电路，而且也是分析与计算线性问题的普遍原理。

例 1.6　用叠加原理计算图 1-27 (a) 所示电路中 A 点的电位 V_A。

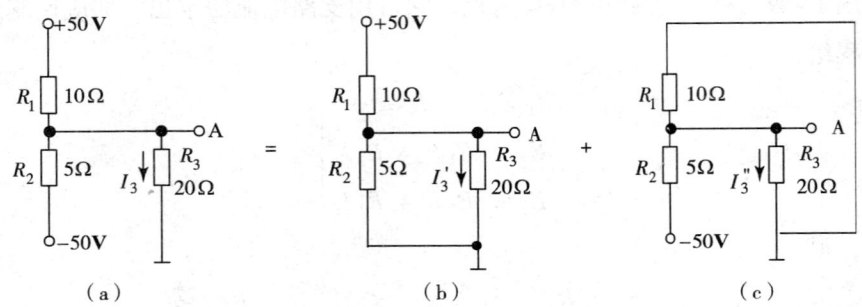

图 1-27　例 1.6 的电路

解：在图 1-27 中，$I_3 = I'_3 + I''_3$

$$I'_3 = \frac{50}{R_1 + \dfrac{R_2 R_3}{R_2 + R_3}} \times \frac{R_2}{R_2 + R_3} = \frac{50}{10 + \dfrac{5 \times 20}{5 + 20}} \times \frac{5}{5 + 20} = 0.714\text{A}$$

$$I''_3 = \frac{-50}{R_2 + \dfrac{R_1 R_3}{R_1 + R_3}} \times \frac{R_1}{R_1 + R_3} = \frac{-50}{5 + \dfrac{10 \times 20}{10 + 20}} \times \frac{10}{10 + 20} = -1.43\text{A}$$

$$I_3 = I'_3 + I''_3 = 0.714 - 1.43 = -0.716 \, (A)$$

于是 A 点电位

$$V_A = R_3 I_3 = -20 \times 0.716 = -14.3 \, (V)$$

1.7 戴维南定理

在有些情况下，我们只需要计算一个复杂电路中某一支路的电流，如果用前面几节所述的方法来计算时，必然会引起一些不需要的电流来。为了使计算简便些，常常应用等效电源的方法。

现在来说明一下什么是等效电源。如果只需计算复杂电路中的一个支路时，可以将这个支路划出（图 1－28 中的 ab 支路，其中电阻为 R_L），而把其余部分看作一个有源二端网络（图 1－28 中的方框部分）。所谓有源二端网络，就是具有两个出线端的部分电路，其中含有电源。有源二端网络可以是简单的或任意复杂的电路。但是不论它的简繁程度如何，它对所要计算的这个支路而言，仅相当于一个电源；因为它对这个支路供给电能。因此，这个有源二端网络一定可以化简为一个等效电源。经这种等效变换后，ab 支路中的电流 I 及其两端的电压 U 没有变动。

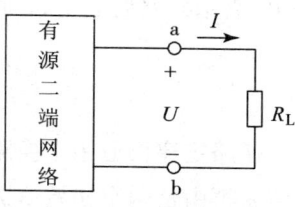

图 1－28　有源二端网络

任何一个有源二端线性网络都可以用一个电动势为 E 的理想电压源和内阻 R_0 串联的电源来等效代替（图 1－29）。等效电源的电动势 E 就是有源二端网络的开路电压 U_0，即将负载断开后 a，b 两端之间的电压。等效电源的内阻 R_0 等于有源二端网络中所有电源均除去（将各个理想电压源短路，即其电动势为零；将各个理想电流源开路，即其电流为零）后所得到的无源网络 a，b 两端之间的等效电阻。这就是戴维南定理。

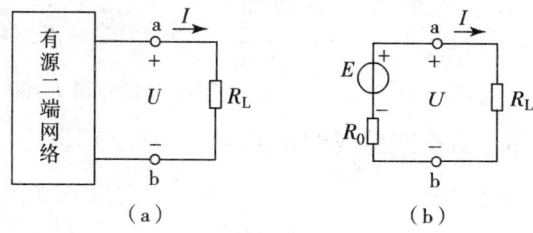

图 1－29　等效电源

图 1－29（b）的等效电路是一个最简单的电路，其中电流可由下式计算

$$I = \frac{E}{R_0 + R_L} \tag{1.33}$$

19

1.8　RC 电路的暂态分析

1.8.1　换路定律

由于电容中的电场能和电感中的磁场能不能突变，所以换路瞬间，电容上的电压和电感中的电流是不可能突变的。因此，电容电压和电感电流在换路后的初始值应等于换路前的终了值，这一规律，称为电路的换路定律。若以 $t = 0_-$ 表示换路前的终了时刻，以 $t = 0_+$ 表示换路后的初始时刻，则换路定律可以表示成

$$\left. \begin{array}{l} u_C(0_+) = u_C(0_-) \\ i_L(0_+) = i_L(0_-) \end{array} \right\} \tag{1.34}$$

换路定律仅适用于换路瞬间，利用它可以由换路前的电路来确定换路后 u_C 和 i_L 的初始值，再由这两个初始值进一步确定换路后电路的其他电压和电流的初始值。

换路后的电路达到新的稳态后，电压和电流的数值称为稳态值。稳态值可由换路后的电路，根据稳态电路的分析方法分析。注意在稳态直流电路中，C 起开路、L 起短路作用。

今后为书写简明清晰，初始值统用 $u(0)$ 和 $i(0)$ 等表示，省去 0 右下角的"＋"和"－"号，稳态值则用 $u(\infty)$ 和 $i(\infty)$ 表示。

例 1.7　在图 1 – 30 所示电路中，已知 $U_S = 5V$，$I_S = 5A$，$R = 5\Omega$。开关 S 断开前电路已稳定。求 S 断开后 R、C、L 的电压和电流的初始值和稳态值。

解：选择待求电压和电流的参考方向如图 1 – 30 所示。

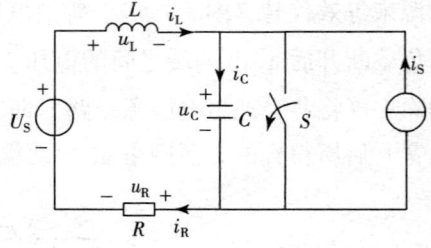

图 1 – 30　例 1.7 的电路

（1）求初始值

首先，根据换路定律，由换路前（S 闭合时）的电路求得

$$u_C(0) = 0$$

$$i_L(0) = \frac{U_S}{R} = \frac{5}{5} = 1\,(A)$$

然后，根据 $u_c(0)$ 和 $i_L(0)$，由换路后（S 断开时）的电路求得

$$i_R(0) = i_L(0) = 1A$$

$$u_R(0) = Ri_R(0) = 5 \times 1 = 5(V)$$

$$i_C(0) = I_S + i_L(0) = 5 + 1 = 6(A)$$

$$u_L(0) = U_S - u_R(0) - u_C(0) = 5 - 5 - 0 = 0(V)$$

（2）求稳态值

首先，由 C 相当于开路、L 相当于短路，可得

$$i_C(\infty) = 0$$

$$u_L(\infty) = 0$$

然后，由换路后的电路再求得

$$i_R(\infty) = i_C(\infty) - I_S = 0 - 5 = -5(A)$$

$$u_R(\infty) = Ri_R(\infty) = 5 \times (-5) = -25(V)$$

$$u_C(\infty) = U_S - u_L(\infty) - u_R(\infty) = 5 - 0 - (-25) = 30(V)$$

$$i_L(\infty) = i_C(\infty) - I_S = 0 - 5 = -5(A)$$

1.8.2 RC 电路的零输入响应

在图 1-31（a）所示的电路中，假设已知电压源电压 U_0，电阻 R 和电容 C。$t = 0$ 时换路。换路前，开关 S 合在 a 端，而且电路已稳定，由此可见电容电压的初始值 $u_C(0) = U_0$。换路后，开关 S 合到 b 端，由此可知电容电压的稳态值 $u_C(\infty) = 0$。求换路后的响应 u_C 和 i_C。由于换路后的外部激励为零，但在内部储能的作用下，电容经电阻放电，因此，该电路的响应为零输入响应。研究 RC 电路的零输入响应也就是研究电容的放电规律。

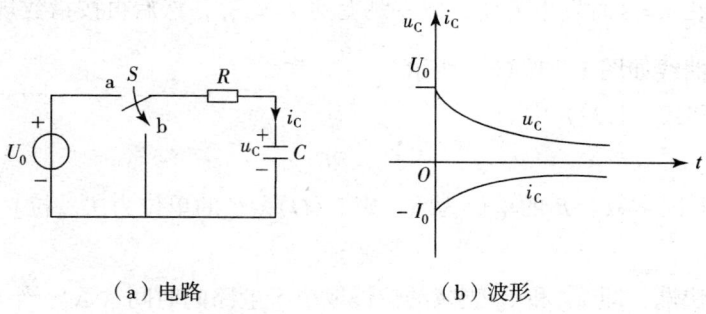

（a）电路　　　　　　　　　（b）波形

图 1-31　RC 电路的零输入响应

根据 KVL，由换路后的电路可列出回路方程式如下

$$Ri_C + u_C = 0$$

将式（1.10）代入得

$$RC \frac{du_C}{dt} + u_C = 0 \tag{1.35}$$

这是一个线性齐次常微分方程，将它改写成如下分离变量型方程

$$\frac{\mathrm{d}u_C}{u_C} = -\frac{\mathrm{d}t}{RC}$$

两边求积分，即

$$\int \frac{\mathrm{d}u_C}{u_C} = \int -\frac{\mathrm{d}t}{RC}$$

得

$$1\mathrm{n}u_C = -\frac{t}{RC} + B$$

由此求得 u_C 的通解为

$$u_C = e^{-\frac{t}{RC}+B} = e^{B} \cdot e^{-\frac{t}{RC}} = Ae^{-\frac{t}{RC}}$$

式中，B 和 A 为积分常数，在数学中用 C 表示，这里为了不与电容 C 混淆改用 B 和 A 表示。

将初始条件 $t=0$，$u_C = U_0$ 代入通解，得

$$A = U_0$$

最后求得

$$u_C = U_0 e^{-\frac{t}{RC}} = U_0 e^{-\frac{t}{\tau}} \tag{1.36}$$

$$i_C = C\frac{\mathrm{d}u_C}{\mathrm{d}t} = -\frac{U_0}{R}e^{-\frac{t}{\tau}} = -I_0 e^{-\frac{t}{\tau}} \tag{1.37}$$

式中负号表示 i_C 的实际方向与图中的参考方向相反。

可见，电容放电时，它的电压是由初始值 U_0 随时间按指数规律衰减，最终趋于稳态值零。放电电流在 $t=0$ 时发生突变，由零跳变到 $I_0 = \frac{U_0}{R}$，然后再按指数规律衰减而趋于零。它们的变化曲线如图 1-31（b）所示。

式（1.36）和式（1.37）中的

$$\tau = RC \tag{1.38}$$

称为 RC 电路的时间常数。R 的单位为欧［姆］（Ω）；C 的单位为法［拉］（F）；τ 的单位为秒（s）。

电容放电的快慢，即 u_C 和 i_C 衰减的快慢取决于电路的时间常数。当 $t=\tau$ 时

$$u_C = U_0 e^{-1} = \frac{U_0}{2.718} = 0.368 U_0$$

这说明，时间常数 τ 等于电压 u_C 衰减到初始值 U_0 的 36.8% 所需要的时间。当 $t=3\tau$ 时

$$u_C = U_0 e^{-3} = \frac{U_0}{2.718^3} = 0.05 U_0$$

即电压 u_C 只剩初始值 U_0 的 5% 了。因此，从理论上讲，电路需经过无穷大时间才能

完全达到稳态，但工程上通常在 $t \geqslant 3\tau$ 以后，即可认为电路已趋稳定，过渡过程基本结束。由以上分析可知，时间常数 τ 越大，过渡过程进行得越慢。

1.8.3 RC 电路的零状态响应

在图 1-32(a)所示电路中，假设已知 U_S、R 和 C，$t=0$ 时换路。换路前，开关 S 断开，电容中无储能，由此可知，$u_C(0)=0$。换路后，开关 S 闭合，由此可知，$u_C(\infty)=U_S$。求换路后的响应 u_z 和 i_z。由于换路前，电容中无储能，换路后，RC 两端输入了一个阶跃电压，电容开始充电，因此，该电路的响应为阶跃零状态响应。研究 RC 电路的阶跃零状态响应就是研究电容的充电规律。

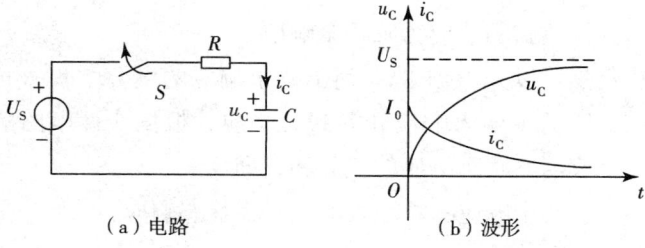

（a）电路　　　　　　　　（b）波形

图 1-32　RC 电路的阶跃零状态响应

根据 KVL，由换路后的电路可列出回路方程式如下

$$Ri_C + u_C = U_S$$

将式（1.10）代入

$$RC\frac{\mathrm{d}u_C}{\mathrm{d}t} + u_C = U_S \tag{1.39}$$

这是一个一阶线性非齐次常微分方程。其通解为对应的齐次方程的通解加上它的任一特解。对应齐次方程的通解为 $Ae^{-\frac{t}{RC}}$。特解可取换路后的稳态值。由换路后的电路可知

$$u_C(\infty) = U_S$$

故通解为

$$u_C = Ae^{-\frac{t}{RC}} + U_S$$

将初始条件 $t=0$，$u_C=0$ 代入通解，得

$$A = -U_S$$

最后求得

$$u_C = U_S - U_S e^{-\frac{t}{RC}} = U_S(1 - e^{-\frac{t}{\tau}}) \tag{1.40}$$

$$i_C = C\frac{\mathrm{d}u_C}{\mathrm{d}t} = \frac{U_S}{R}e^{-\frac{t}{RC}} = I_0 e^{-\frac{t}{\tau}} \tag{1.41}$$

它们的变化曲线如图 1 – 32（b）所示。可见，u_C 是由初始值零随时间按指数规律逐渐增长，最终趋于稳态值 U_S；充电电流 i_C 在 $t = 0$ 时发生突变，由零跳变到 I_0，然后按指数规律衰减而趋于零。电容充电的快慢，取决于电路的时间常数 $\tau = RC$，τ 越大，充电越慢。在理论上，需经过无穷大时间才能完全达到稳态，但工程上只需 $t \geqslant 3\tau$，即可认为电路已稳定，充电已基本结束。

1.8.4　RC 电路的全响应

在图 1 – 33（a）所示电路中，假设已知 U_0、U_S、R 和 C，$t = 0$ 时换路。换路前开关 S 合在 a 端，而且电路已稳定，由此可知，$u_C(0) = U_0$。换路后，开关 S 改合到 b 端，由此可知，$u_C(\infty) = U_S$。求换路后的响应 u_C 和 i_C。由于换路时电容已充电，已有储能，换路后，输入阶跃电压，故该电路的响应为阶跃全响应。

求全响应的方法仍然可以先根据 KVL 列出待求响应的微分方程式再求解。不过，现在既然已经知道了该电路的零输入响应和零状态响应，根据线性电路的叠加定理，全响应可以看作是零输入响应与零状态响应的代数和，即

$$\text{全响应} = \text{零输入响应} + \text{零状态响应}$$

因此，可求得全响应为

$$u_C = U_0 e^{-\frac{t}{\tau}} + U_S(1 - e^{-\frac{t}{\tau}})$$

$$= U_S + (U_0 - U_S)e^{-\frac{t}{\tau}} \tag{1.42}$$

$$i_C = -\frac{U_0}{R}e^{-\frac{t}{\tau}} + \frac{U_S}{R}e^{-\frac{t}{\tau}} = \frac{U_S - U_0}{R}e^{-\frac{t}{\tau}} = (I_S - I_0)e^{-\frac{t}{\tau}} \tag{1.43}$$

它们的变化规律与 U_0 和 U_S 的相对大小有关。以 u_C 为例，当 $U_0 > U_S$ 时，电容放电，变化曲线如图 1 – 33（b）所示。如果 $U_S = 0$，则为零输入响应。当 $U_0 < U_S$ 时，电容充电，变化曲线如图 1 – 33（c）所示。如果 $U_0 = 0$，则为零状态响应。

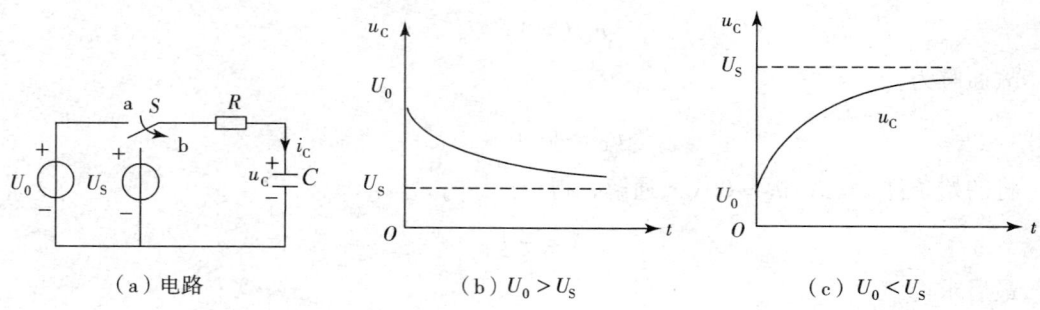

（a）电路　　　　　　　（b）$U_0 > U_S$　　　　　　　（c）$U_0 < U_S$

图 1 – 33　*RC* 电路的阶跃全响应

例 1.8　在图 1 – 33（a）所示电路中，$U_0 = 15\text{V}$，$U_S = 10\text{V}$，$R = 10\text{k}\Omega$，$C = 20\mu\text{F}$。开

关 S 合在 a 端时电路已处于稳态。现将开关由 a 端改合到 b 端。求换路瞬间的电容电流以及 u_C 降至 12V 时所需要的时间。

解：换路瞬间的电容电流由式（1.43）可知

$$i_C = \frac{U_s - U_0}{R} = \frac{15 - 100}{10} \text{mA} = 0.5 \text{mA}$$

该电路的时间常数

$$\tau = RC = 10 \times 10^3 \times 20 \times 10^{-6} = 0.2 \text{（s）}$$

$u_C = 12V$ 时，根据式（1.42）有

$$12 = 10 + (15 - 10)e^{-\frac{t}{0.2}}$$

$$2 = 5e^{-\frac{t}{0.2}}$$

$$e^{-5t} = 0.4$$

$$-5t = \ln 0.4$$

$$t = -\frac{1}{5}\ln 0.4 = 0.183 \text{s}$$

1.8.5　RC 电路的三要素分析法

只含有一个储能元件或可等效为一个储能元件的线性电路，不论是简单的或复杂的，它的微分方程都是一阶常系数线性微分方程如式（1.39）。这种电路称为一阶线性电路。

上述的 *RC* 电路是一阶线性电路，电路的响应是由稳态分量（包括零值）和暂态分量两部分相加而得，如写成一般式子，则为

$$f(t) = f(\infty) + Ae^{-\frac{t}{\tau}}$$

式中，$f(t)$ 是电流或电压，$f(\infty)$ 是稳态分量（即稳态值），$Ae^{-\frac{t}{\tau}}$ 是暂态分量。若初始值为 $f(0)$，则得 $A = f(0) - f(\infty)$。于是

$$f(t) = f(\infty) + [f(0) - f(\infty)]e^{-\frac{t}{\tau}} \tag{1.44}$$

这就是分析一阶线性电路暂态过程中任意变量的一般公式。只要求得 $f(0)$、$f(\infty)$ 和 τ 这三个要素，就能直接写出电路的响应（电流或电压）。至于电路响应的变化曲线，如图 1-34 所示，都是按指数规律变化的（增长或衰减）。下面举例说明三要素法的应用。

例 1.9 求图 1-35（a）所示电路在 $t \geqslant 0$ 时的 u_0 和 u_C。设 $u_C(0) = 0$。

解：（1）确定初始值

在 $t = 0$ 时，由于 $u_C(0) = 0$，电容元件相当于短路，故 $u_0(0) = 0V$。

（2）确定稳态值

稳态时，电容元件相当于开路，故

$$u_C(\infty) = \frac{UR_1}{R_1 + R_2} = \frac{6 \times (10 \times 10^3)}{(10 + 20) \times 10^3} = 2V$$

$$u_o(\infty) = 6 - 2 = 4V$$

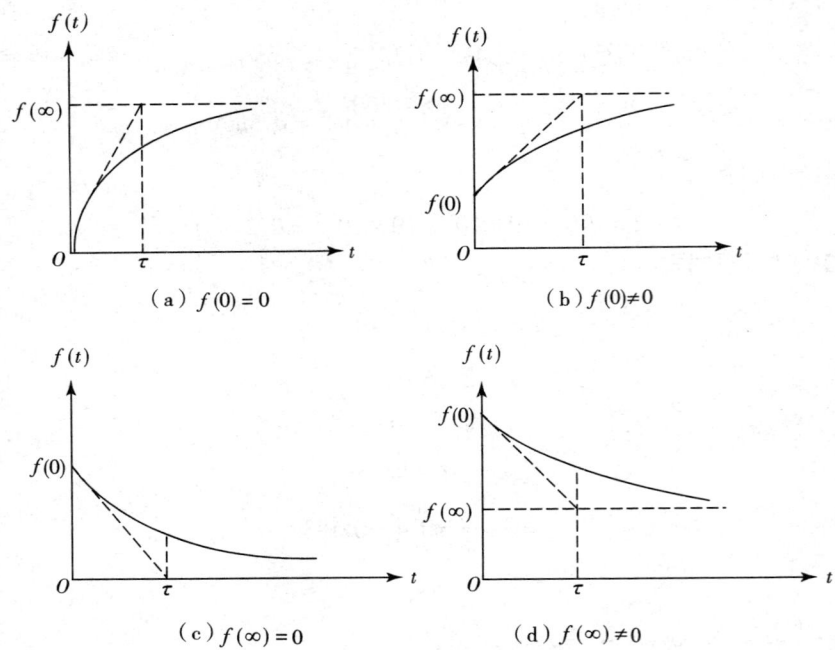

（a）$f(0) = 0$ （b）$f(0) \neq 0$

（c）$f(\infty) = 0$ （d）$f(\infty) \neq 0$

图 1 – 34 电路响应的变化曲线

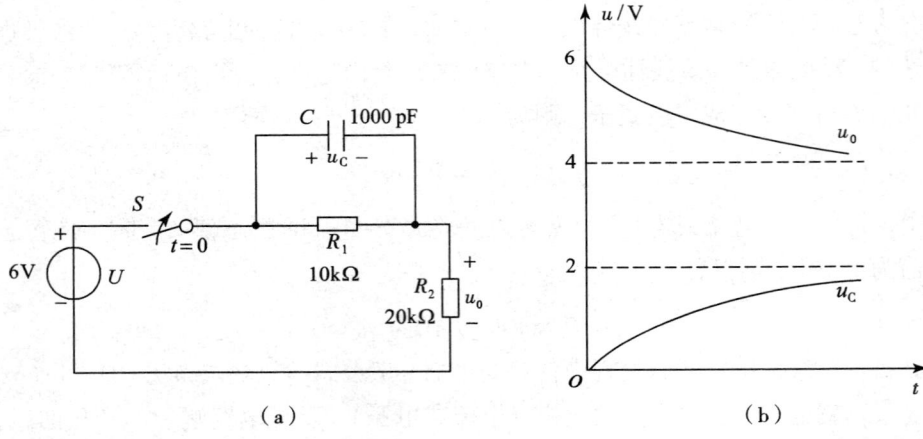

（a）   （b）

图 1 – 35 例 1.9 的电路

（3）确定电路的时间常数

根据换路后的电路，先求出从电容元件两端看进去的等效电阻 R_0（将理想电压源短路，理想电流源开路），而后求 $\tau = R_0 C$。

在图 1 – 35（a）中，

$$\tau = \frac{R_1 R_2}{R_1 + R_2} C = \frac{20}{3} \times 10^3 \times 1000 \times 10^{-12} = \frac{2}{3} \times 10^{-5} \text{s}$$

于是可写出

$$u_C = 2 + (0-2)e^{-1.5 \times 10^5 t} = 2 - 2e^{-1.5 \times 10^5 t}(\text{V})$$

$$u_0 = 4 + (6-4)e^{-1.5 \times 10^5 t} = 4 + 2e^{-1.5 \times 10^5 t}(\text{V})$$

所求 u_C 和 u_0 的变化曲线如图 1-35（b）所示。

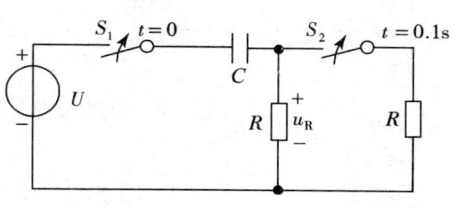

例 1.10　在图 1-36 中，$U = 20\text{V}$，$C = 4\mu\text{F}$，$R = 50\text{k}\Omega$。在 $t = 0$ 时闭合 S_1，在 $t = 0.1\text{s}$ 时闭合 S_2，求 S_2 闭合后的电压 u_R。设 $u_C(0) = 0$。

图 1-36　例 1.10 的电路

解： 在 $t = 0$ 时闭合 S_1 后，由式（1.41）得出

$$u_R = Ri_C = U_S e^{-\frac{t}{\tau_1}} = 20e^{-\frac{t}{0.2}}(\text{V})$$

式中

$$\tau_1 = RC = 50 \times 10^3 \times 4 \times 10^{-6} = 0.2\ (\text{s})$$

在 $t = 0.1\text{s}$ 时闭合 S_2 后，可应用三要素法求 u_R：

（1）确定初始值

$$u_R(0.1\text{s}) = 12.14\text{V}$$

（2）确定稳态值

$$u_R(\infty) = 0$$

（3）确定时间常数

$$\tau_2 = \frac{R}{2}C = 25 \times 10^3 \times 4 \times 10^{-6} = 0.1\ (\text{s})$$

于是可写出

$$u_R = u_R(\infty) + \left[u_R(0.1\text{s}) - u_R(\infty) \right] e^{-\frac{t-0.1}{\tau_2}}$$

$$= 0 + (12.14 - 0)e^{-\frac{t-0.1}{0.1}} = 12.14 e^{-10(t-0.1)}(\text{V})$$

复习思考题一

1.1　电路如图所示，求开关闭合和断开两种情况下 a、b、c 三点的电位。

1.2　试分析图示电路中电阻的电压和电流以及图（a）中电流源的电压和图（b）中电压源的电流。

1.3　试求图示电路中每个元件的功率。

1.4　利用 KCL 和 KVL 求解图示电路中的电压 u。

1.5　求图示电路中两个独立电源各自发出的功率。

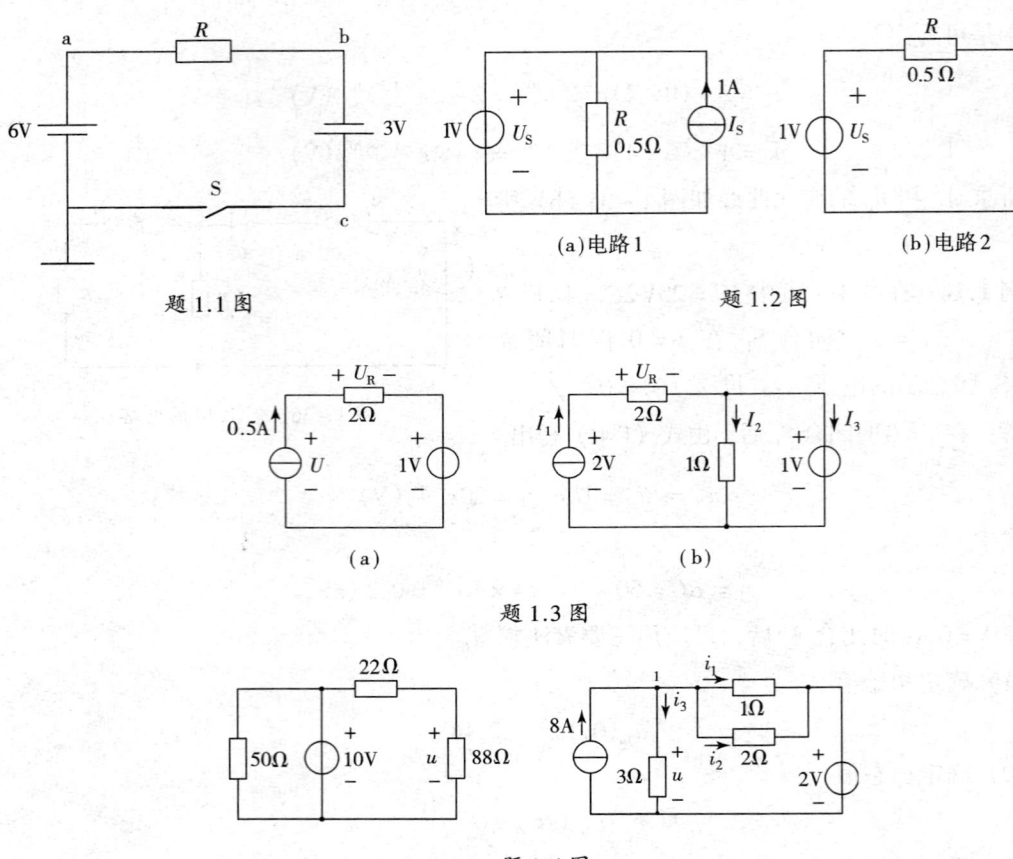

题 1.1 图

(a)电路1   (b)电路2

题 1.2 图

(a)   (b)

题 1.3 图

题 1.4 图

1.6 电路如图所示，求电源的功率。

题 1.5 图   题 1.6 图

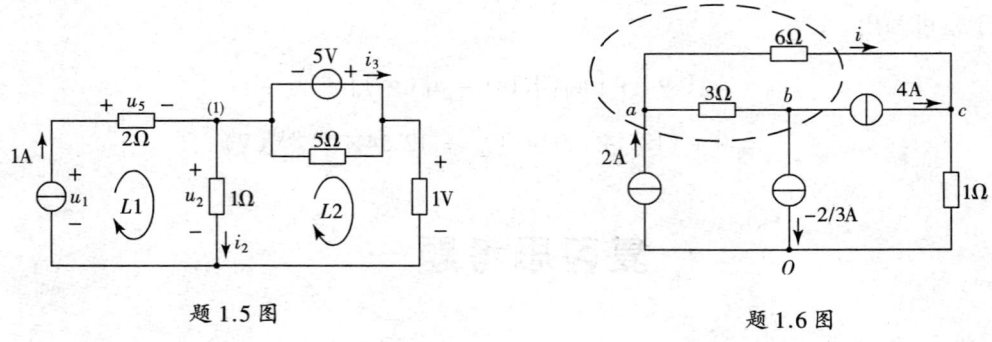

1.7 电路如图所示，其中电阻、电压源和电流源均为已知，且为正值。求（1）电压 u_2 和电流 i_2；（2）若电阻 R_1 增大，对哪些元件的电压有影响？影响如何？

1.8 电路如图所示，已知 $u_s = 100V$，$R_1 = 2k\Omega$，$R_2 = 8k\Omega$。若：（1）$R_3 = 8k\Omega$；（2）$R_3 = \infty$（R_3 处开路）；（3）$R_3 = 0$（R_3 处短路）。试求以上三种情况下电压 u_2 和电流 i_2，i_3。

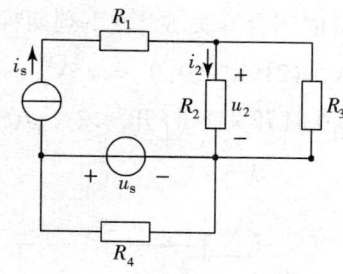

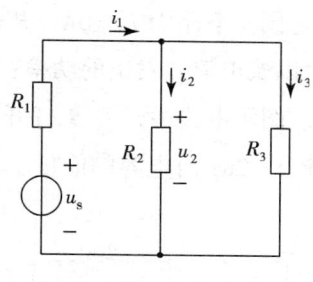

题 1.7 图

题 1.8 图

1.9 用支路电流法求图示电路的各支路电流。

1.10 列出图示电路的结点电压方程。

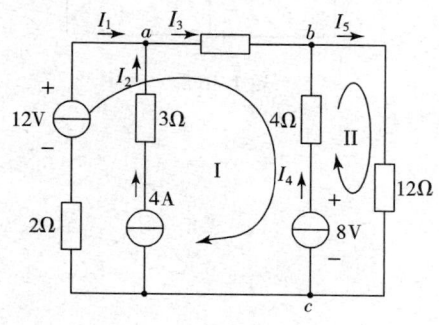

题 1.9 图

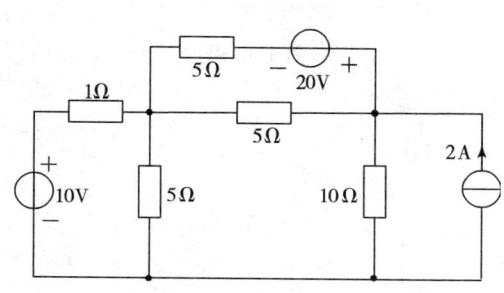

题 1.10 图

1.11 用叠加定理求图示电路中的电流 I_1 和 I_2。

1.12 求图示电路的戴维南等效电路。

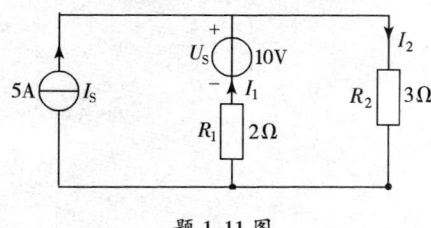

题 1.11 图

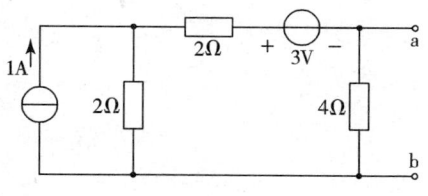

题 1.12 图

1.13 图示电路在 $t=0$ 时开关 S 闭合，求 $u_c(t)$。

1.14 图示电路开关 S 闭合前，电容电压 u_c 为零，在 $t=0$ 时 S 闭合，求 $t>0$ 时的 $u_c(t)$ 和 $i(t)$。

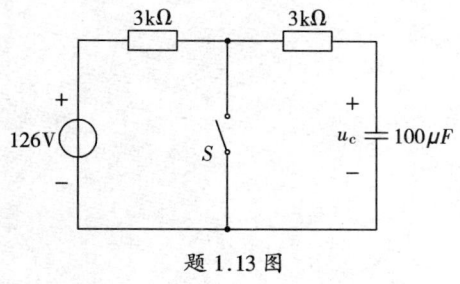

题 1.13 图

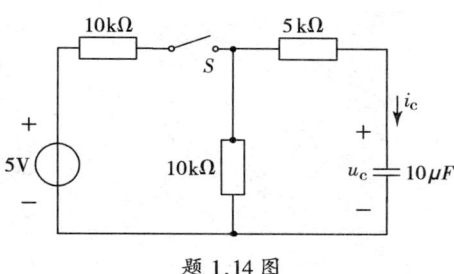

题 1.14 图

1.15 图示电路中 $i_s = 6A$，$R = 2\Omega$，$C = 1F$，$t = 0$ 时闭合开关 S，在下列两种情况下求 u_c，i_c 以及电流源发出的功率：（1）$u_c(0_+) = 3V$；（2）$u_c(0_+) = 15V$。

1.16 图示电路中开关 S 打开以前已达稳态，$t = 0$ 时开关 S 打开，求 $t \geq 0$ 时的 $i_c(t)$，并求 $t = 2ms$ 时电容的能量。

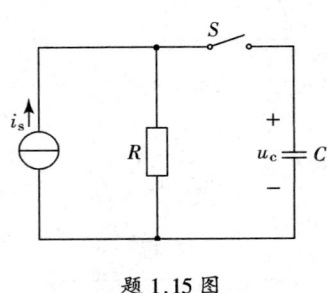

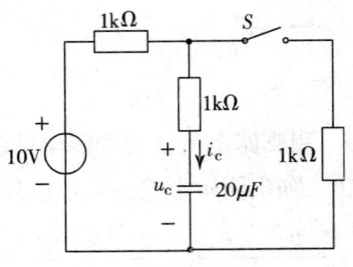

题 1.15 图   题 1.16 图

2 交流电路

本章首先介绍了正弦交流电的基本概念、正弦交流电的表示方法，然后讨论了单一参数的交流电路、RLC 串联电路，最后分析了电路的串联谐振现象。

2.1 正弦交流电的基本概念

大小和方向随时间作周期性变化、并且在一个周期内的平均值为零的电压、电流和电动势统称为交流电，不过，工程上所用的交流电主要指正弦交流电。以电流为例，其数学表达式为

$$i = I_{\mathrm{m}}\sin(\omega t + \psi) \qquad (2.1)$$

其波形如图 2 - 1 所示。式中 i 称为瞬时值，I_m 称为最大值，ω 称为角频率，ψ 称为初相位或初相角。最大值、角频率和初相位一定，则正弦交流电与时间的函数关系也就一定，所以它们是确定正弦交流电的三要素。这说明分析正弦交流电时应从以下三方面进行。

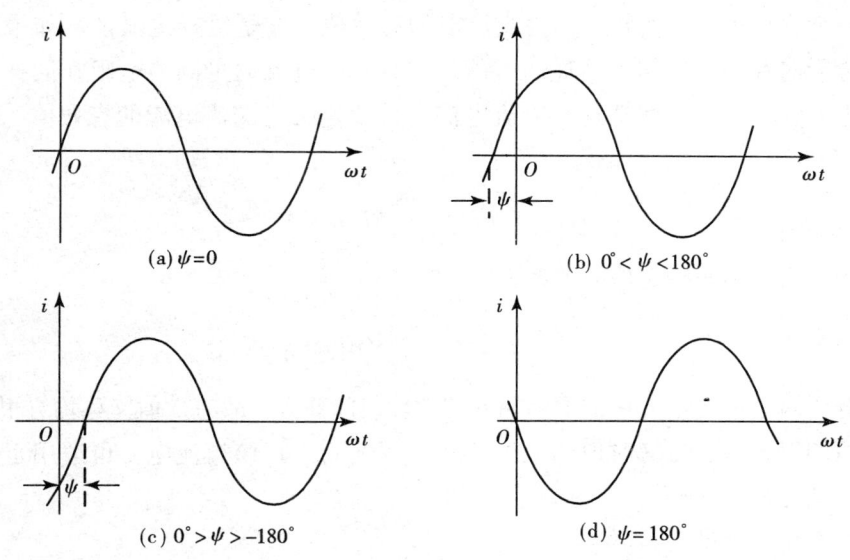

图 2 - 1 正弦交流电的波形

2.1.1 交流电的周期、频率和角频率

交流电变化一个循环所需要的时间称为周期，用 T 表示，单位是秒（s）。单位时间内，即每秒内完成的周期数称为频率，用 f 表示，单位是赫［兹］（Hz）。T 与 f 是互为倒数的关系，即

$$f = \frac{1}{T} \tag{2.2}$$

交流电每交变一次便变化了 2π 弧度，即

$$\omega T = 2\pi$$

故角频率与周期、频率的关系为

$$\omega = \frac{2\pi}{T} = 2\pi f \tag{2.3}$$

ω 的单位是 rad/s（弧度每秒）。

我国的工业标准频率简称工频是 50 Hz。世界上很多国家，如欧洲各国的工业标准频率也是 50 Hz，只有少数国家（如美国）为 60 Hz。

2.1.2 交流电的瞬时值、最大值和有效值

交流电的瞬时值用小写字母表示，如 i，u 和 e 等，它是随时间在变化的。最大值又称幅值，用带有下标 m 的大写字母来表示，如 I_m、U_m 和 E_m 等，它虽然能够反映出交流电的大小，但毕竟只是一个特定瞬间的数值，不能用来计量交流电。因此，我们规定了一个用来计量交流电大小的量，称为交流电的有效值。它是这样定义的：如果交流电流通过一个电阻时在一个周期内消耗的电能，与某直流电流通过同一电阻在同样长的时间内消耗的电能相等的话，就把这一直流电流的数值定义为交流电流的有效值。根据这一定义

$$\int_0^T Ri^2 \mathrm{d}t = RI^2 T$$

由此求得有效值与瞬时值的关系为

$$I = \sqrt{\frac{1}{T}\int_0^T i^2 \mathrm{d}t} \tag{2.4}$$

即有效值等于瞬时值的平方在一个周期内的平均值的开方，故有效值又称均方根值。

有效值的定义及它与瞬时值的上述关系不仅适用于正弦交流电，也适用于任何其他周期性变化的电流。

对正弦交流电来说

$$\int_0^T i^2 \mathrm{d}t = \int_0^T I_{\mathrm{m}}^2 \sin^2(\omega t + \psi)\mathrm{d}t = I_{\mathrm{m}}^2 \int_0^T \frac{1 - \cos 2(\omega t + \psi)}{2}\mathrm{d}t = \frac{I_{\mathrm{m}}^2}{2}T$$

代入式 (2.4) 中，便得到了正弦交流电的有效值与最大值的关系为

$$I = \frac{I_\mathrm{m}}{\sqrt{2}} \qquad (2.5)$$

同理，正弦交流电压和电动势的有效值与它们的最大值的关系为

$$U = \frac{U_\mathrm{m}}{\sqrt{2}} \qquad (2.6)$$

$$E = \frac{E_\mathrm{m}}{\sqrt{2}} \qquad (2.7)$$

有效值都用大写的字母表示。

平时所说的交流电压和电流的大小以及一般交流测量仪表所指示的电压或电流的数值都是指它们的有效值。

2.1.3 交流电的相位、初相位和相位差

交流电在不同的时刻 t 具有不同的 $(\omega t + \psi)$ 值，交流电也就变化到不同的数值。所以 $(\omega t + \psi)$ 代表了交流电的变化进程，称为相位或相位角。t = 0 时的相位即为初相位 ψ。显然，初相位与所选时间的起点有关。原则上，计时的起点是可以任意选择的。不过，在进行交流电路的分析和计算时，同一个电路中所有的电流、电压和电动势只能有一个共同的计时起点。因而只能任选其中某一个的初相位为零的瞬间作为计时的起点。这个初相位被选为零的正弦量称为参考量，这时其他各量的初相位就不一定等于零了。

任何两个频率相同的正弦量之间的相位关系可以通过它们的相位差来说明。例如

$$u = U_\mathrm{m} \sin(\omega t + \psi_\mathrm{u})$$

$$i = I_\mathrm{m} \sin(\omega t + \psi_\mathrm{i})$$

它们的相位差

$$\varphi = (\omega t + \psi_\mathrm{u}) - (\omega t + \psi_\mathrm{i}) = \psi_\mathrm{u} - \psi_\mathrm{i}$$

可见，相位差也就是初相位之差。初相位不同，即相位不同，说明它们随时间变化的步调不一致。例如当 $0° < \varphi < 180°$时，波形如图 2-2 (a) 所示，u 总要比 i 先经过相应的最大值和零值，这时就称在相位上 u 是超前于 i 一个 φ 角，或者称 i 是滞后于 u 一个 φ 角。当 $0° > \varphi > -180°$时，波形如图 2-2 (b) 所示，u 与 i 的相位关系正好倒过来；当 $\varphi = 0°$时，波形如图 2-2 (c) 所示，这时就称 u 与 i 相位相同，或者说 u 与 i 同相；当 $\varphi = 180°$时，波形如图 2-2 (d) 所示，这时，就称 u 与 i 相位相反，或者说 u 与 i 反相。

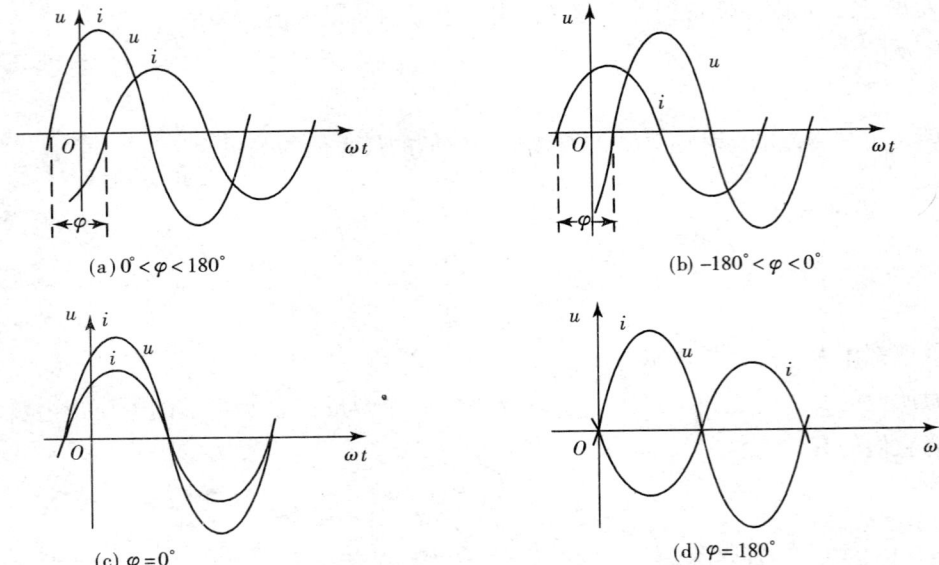

(a) $0° < \varphi < 180°$

(b) $-180° < \varphi < 0°$

(c) $\varphi = 0°$

(d) $\varphi = 180°$

图 2 – 2 同频率正弦量的相位关系

2.2 正弦交流电的相量表示法

用相量来表示相对应的正弦量称作相量表示法，由于相量本身就是复数，下面将对复数及其运算进行简要的复习。

2.2.1 复数

一个复数可用下面四种形式来表示：

① 代数式（见图 2 – 3）

$$A = a_1 + ja_2$$

$j = \sqrt{-1}$，为虚单位。

② 三角函数式

令复数 A 的模 $|A|$ 等于 a，其值为正。φ 角是复数 A 的幅角。

$$A = a\,(\cos\varphi + j\sin\varphi)$$

式中

$$a = \sqrt{a_1^2 + a_2^2}, \quad \tan\varphi = \frac{a_2}{a_1}, \quad \varphi = arc\tan\frac{a_2}{a_1}$$

③ 指数式

根据欧拉公式

$$e^{j\varphi} = \cos\varphi + j\sin\varphi_2$$

$$A = ae^{j\varphi}$$

④极坐标式

$$A = a \angle \varphi$$

极坐标式是复数指数式的简写,在以上讨论的复数四种表示形式,可以相互转换。
在一般情况下,复数的加减运算用代数式进行。

设有复数

$$A = a_1 + ja_2$$

$$B = b_1 + jb_2$$

$$A \pm B = (a_1 \pm b_1) + j(a_2 \pm b_2)$$

复数的加减运算也可在复平面上用平行四边形法则作图完成,见图2－4。

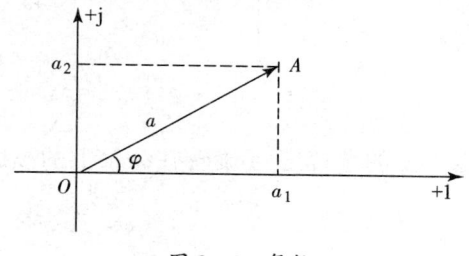

图2－3　复数

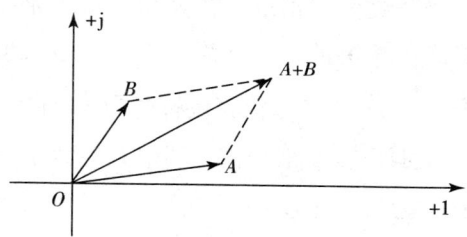

图2－4　复数的加减运算

在一般情况下,复数的乘除运算用指数式或极坐标式进行。

设有复数

$$A = ae^{j\varphi_a} \qquad 令 |A| = a$$

$$B = be^{j\varphi_b} \qquad |A| = b$$

$$A \cdot B = ae^{j\varphi_a} \cdot be^{j\varphi_b} = a \cdot be^{j(\varphi_a + \varphi_b)}$$

$$A \cdot B = a \angle \varphi_a \cdot b \angle \varphi_b = a \cdot b \angle \varphi_a + \varphi_b$$

$$\frac{A}{B} = \frac{ae^{j\varphi_a}}{be^{j\varphi_b}} = \frac{a}{b}e^{j(\varphi_a - \varphi_b)}$$

$$\frac{A}{B} = \frac{a \angle \varphi_a}{b \angle \varphi_b} = \frac{a}{b} \angle \varphi_a - \varphi_b$$

复数相乘除的几何意义见图2－5。

把模等于1的复数如 $e^{j\varphi}$,$e^{j\frac{\pi}{2}}$,$e^{j\pi}$ 等称为旋转因子,例如把任意复数 A 乘以 j($e^{j\frac{\pi}{2}} = j$)就等于把复数 A 在复平面上逆时针旋转 $\frac{\pi}{2}$(见图2－6),表示为 jA,故把 j 称为旋转因子。

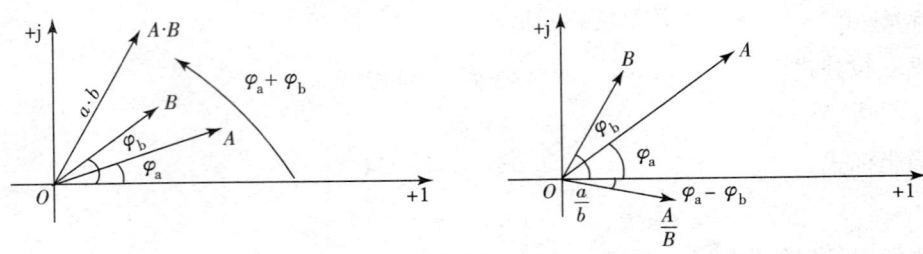

图 2-5 复数的乘除运算

2.2.2 相量

对于任意一个正弦量，都能找到一个与之相对应的复数，由于这个复数与一个正弦量相对应，把这个复数称作相量。在大写字母上加一点来表示正弦量的相量。如电流、电压，最大值相量符号为 $\dot{I}_m$、$\dot{U}_m$，有效值相量符号为 $\dot{I}$、$\dot{U}$。

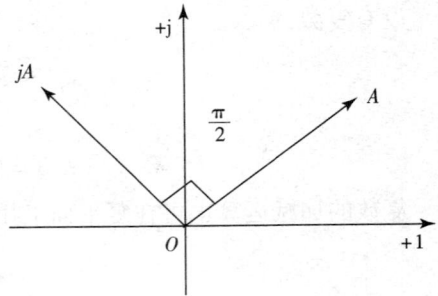

图 2-6 A 乘以 j

通过图 2-7 来分析。图中有复数 $I_m\underline{/\psi_i}$，以不变的角速度 ω 旋转在纵轴上的投影等于 $I_m\sin(\omega t + \psi_i)$。

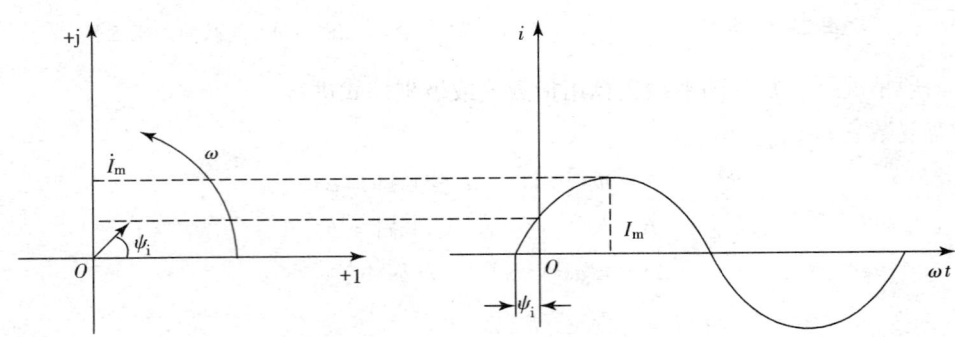

图 2-7 相量

图中 $I_m\underline{/\psi_i}$ 复数与正弦 $i = I_m\sin(\omega t + \psi_i)$ 量是相互对应的关系，这个复数就是我们要找的，叫做相量，记为 $\dot{I}_m = I_m\underline{/\psi_i}$。

例 2.1 已知 $i_1 = 20\sin(\omega t + 60°)$ A，$i_2 = 10\sin(\omega t - 45°)$ A。两者相加的总电流为 i，即 $i = i_1 + i_2$。（1）求 i 的数学表达式；（2）画出相量图。

解：（1）采用相量运算，先将用它们的最大值相量表示，即

$$\dot{I}_{1m} = 20\underline{/60°} \text{ A}$$

$$\dot{I}_{2m} = 10\underline{/-45°} \text{ A}$$

由此求得

$$\dot{I}_m = \dot{I}_{1m} + \dot{I}_{2m} = (20\underline{/60°} + 10\underline{/-45°})A$$
$$= (10 + j17.3 + 7.07 - j7.07)A = (17.07 + j10.23)A$$
$$= 19.9\underline{/30.9°}\ A$$
$$i = I_m\sin(\omega t + \psi_i) = 19.9\sin(\omega t + 30.9°)\ A$$

（2）相量图如图 2 – 8 所示，由于 i_1 的初相位 $\psi_1 = 60°$，故 $\dot{I}_{1m}$ 位于正实轴逆时针方向转 60° 的位置。i_2 的初相位 $\psi_2 = -45°$，故 $\dot{I}_{2m}$ 位于正实轴顺时针方向转 45° 的位置。长度分别等于最大值 I_{1m} 和 I_{2m}，总电流相量 $\dot{I}_m$ 位于 $\dot{I}_{1m}$ 和 $\dot{I}_{2m}$ 组成的平行四边形的对角线上。通过上面的例子，可以得到以下几点：

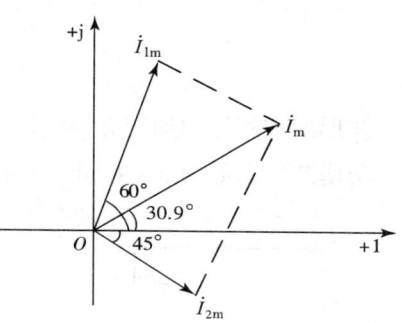

图 2 – 8　例 2.1 的相量图

①只有对同频率的正弦量，才能应用对应的相量来进行代数运算。

②在应用相量分析法时，先将正弦量变换为对应的相量，通过复数的代数运算求得所求正弦量对应的相量，再由该相量写出对应的正弦量的瞬时表达式。

③同样可推广到多个同频率的正弦量运算，转换成对应相量的代数运算，如基尔霍夫定律的相量表达形式

$$\Sigma i = 0 \rightarrow \Sigma\ \dot{I} = 0$$

$$\Sigma u = 0 \rightarrow \Sigma\ \dot{U} = 0$$

2.3　单一参数交流电路

2.3.1　纯电阻电路

电压和电流的关系

像白炽灯、电阻炉等实际电路元件接在交流电源上工作时，都可以看成是纯电阻交流电路，如图 2 – 9（a）所示。现选择电流为参考量，即设

$$i = I_m\sin\omega t$$

则在图 2 – 9（a）所示参考方向一致的情况下

$$u = Ri = RI_m\sin\omega t = U_m\sin\omega t$$

可见，电流为正弦量时，电压也是正弦量，反之亦然。比较上面两式，便可以知道

电阻两端的电压和通过电阻的电流之间有如下关系：（a）电压和电流的频率相同；（b）电压和电流的相位相同；（c）电压和电流的最大值之间和有效值之间的关系分别为

$$\left.\begin{array}{c} U_{\mathrm{m}} = R\,I_{\mathrm{m}} \\ U = RI \end{array}\right\} \tag{2.8}$$

若将上述关系统一用相量来表示，则

$$\left.\begin{array}{c} \dot{U}_{\mathrm{m}} = R\,\dot{I}_{\mathrm{m}} \\ \dot{U} = R\,\dot{I} \end{array}\right\} \tag{2.9}$$

波形图和相量图如图 2 – 9（b）和图 2 – 9（c）所示。

功率波形图如图 2 – 9（d）所示。

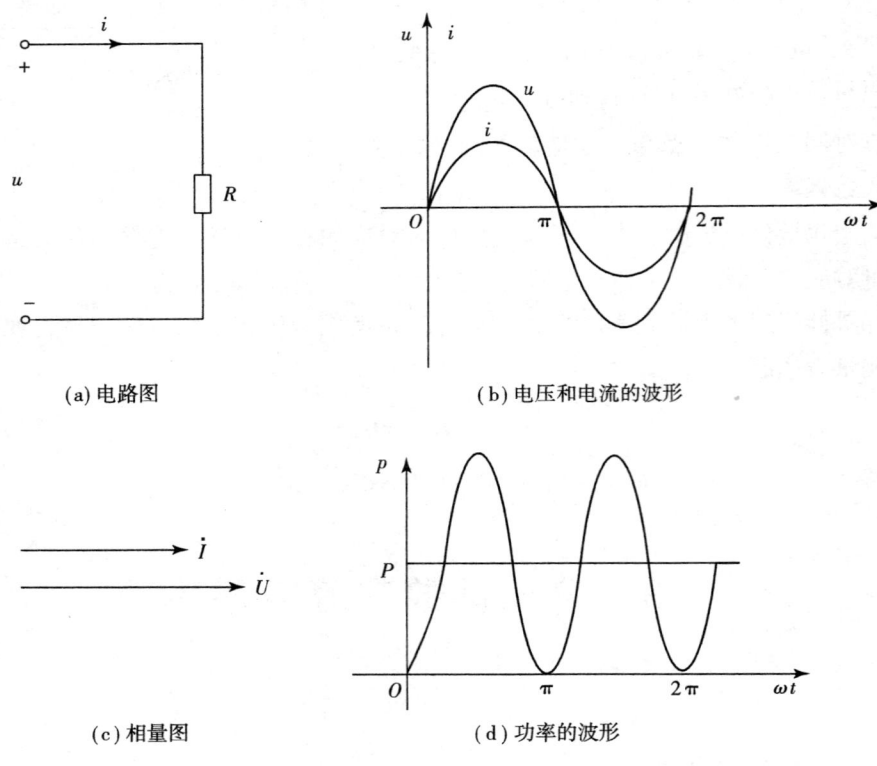

(a) 电路图　　　　　　　　　　(b) 电压和电流的波形

(c) 相量图　　　　　　　　　　(d) 功率的波形

图 2 – 9　纯电阻电路

2.3.2　纯电感电路

电路如图 2 – 10（a）所示，若选电流为参考量，即设

$$i = I_{\mathrm{m}}\sin\omega t$$

则在图示参考方向下

$$u = L\frac{\mathrm{d}i}{\mathrm{d}t} = L\frac{\mathrm{d}I_{\mathrm{m}}\sin\omega t}{\mathrm{d}t} = \omega LI_{\mathrm{m}}\cos\omega t = U_{\mathrm{m}}\sin\left(\omega t + 90°\right)$$

可见，电流为正弦量时，电压也是正弦量。比较上面两式，可知电感的电压与电流之间有如下关系：（a）电压和电流的频率相同；（b）电压在相位上超前于电流90°，即电流在相位上滞后于电压90°；（c）电压和电流的最大值之间和有效值之间的关系分别为

$$\left.\begin{array}{r} U_{\mathrm{m}} = X_{\mathrm{L}} I_{\mathrm{m}} \\ U = X_{\mathrm{L}} I \end{array}\right\} \qquad (2.10)$$

式中

$$X_{\mathrm{L}} = \omega L = 2\pi f L \qquad (2.11)$$

称为电感的电抗，简称感抗，单位也是欧〔姆〕。电压一定时，X_{L} 越大，则电流越小，所以 X_{L} 是表示电感对电流阻碍作用大小的物理量。X_{L} 的大小与 L 和 f 成正比，L 越大，f 越高，X_{L} 就越大。在直流电路中，由于 $f = 0$，$X_{\mathrm{L}} = 0$，故电感可视作短路，起短直作用。

若用相量表示上述关系，则

$$\left.\begin{array}{r} \dot{U}_{\mathrm{m}} = jX_{\mathrm{L}}\dot{I}_{\mathrm{m}} \\ \dot{U} = jX_{\mathrm{L}}\dot{I} \end{array}\right\} \qquad (2.12)$$

波形图和相量图如图 2 – 10（b）、（c）所示。

功率波形图如图 2 – 10（d）所示。

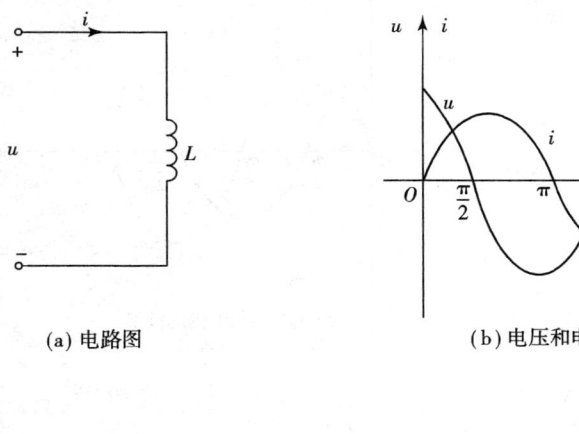

(a) 电路图 　　　　　　　　　(b) 电压和电流的波形

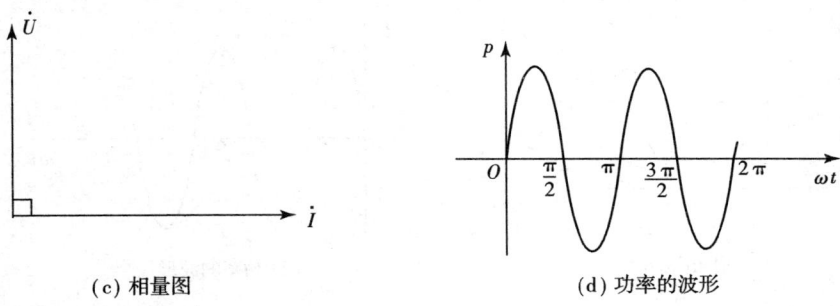

(c) 相量图 　　　　　　　　　(d) 功率的波形

图 2 – 10　纯电感电路

2.3.3 纯电容电路

电压和电流的关系

电路如图 2-11（a）所示，若选电压 u 为参考量，即设

$$u = U_\mathrm{m}\sin\omega t$$

则在图示参考方向下

$$i = C\frac{\mathrm{d}u}{\mathrm{d}t} = C\frac{\mathrm{d}U_\mathrm{m}\sin\omega t}{\mathrm{d}t} = \omega CU_\mathrm{m}\cos\omega t = I_\mathrm{m}\sin\left(\omega t + 90°\right)$$

可见，电压为正弦量时，电流也是正弦量。比较上面两式，可知电容的电压和电流之间有如下关系：（a）电压和电流的频率相同；（b）电流在相位上超前于电压 90°，即电压在相位上滞后于电流 90°；（c）电压和电流的最大值之间和有效值之间的关系分别为

$$\left.\begin{array}{r} U_\mathrm{m} = X_\mathrm{C}I_\mathrm{m} \\ U = X_\mathrm{C}I \end{array}\right\} \tag{2.13}$$

式中

$$X_\mathrm{C} = \frac{1}{\omega C} = \frac{1}{2\pi f C} \tag{2.14}$$

称为电容的电抗，简称容抗。C 的单位为法［拉］（F），f 的单位为赫［兹］（Hz），

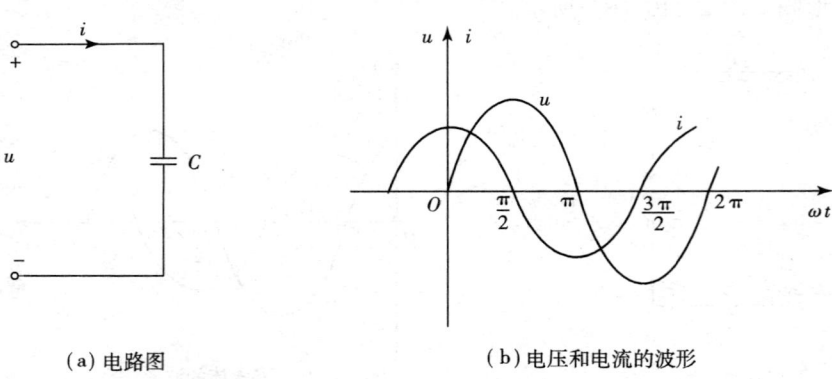

（a）电路图   （b）电压和电流的波形

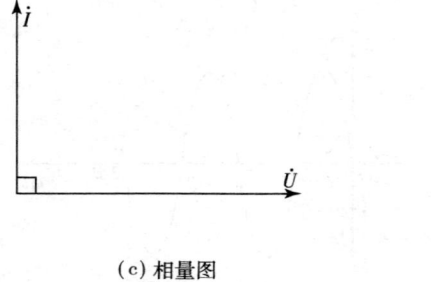

（c）相量图

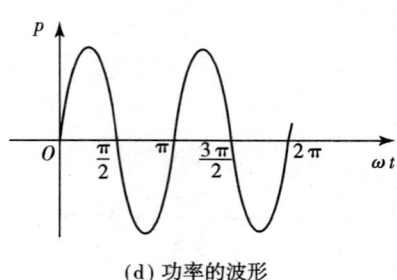

（d）功率的波形

图 2-11　纯电容电路

X_C 的单位为欧〔姆〕（Ω）。当电压一定时，X_C 越大，则电流越小，所以 X_C 是表示电容对电流阻碍作用大小的物理量。X_C 的大小与 C 和 f 成反比，C 越大，f 越高，容抗就越小。在直流电路中，由于 $f = 0$，$X_C \to \infty$。故电容可视作开路，起隔直作用。将上述关系统一用相量表示，则

$$\left.\begin{array}{l} \dot{U}_m = -jX_C\,\dot{I}_m \\ \dot{U} = -jX_C\,\dot{I} \end{array}\right\} \tag{2.15}$$

波形图和相量图如图 2 – 11（b）、（c）所示。

功率波形图如图 2 – 11（d）所示。

2.3.4 交流电路的功率

下面对正弦交流电路的功率进行分析讨论，在图 2 – 12 中所示的网络 N 为无源二端网络。

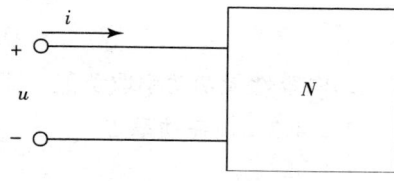

图 2 – 12　正弦交流电路的功率

2.3.4.1 有功功率

在正弦交流电路中，电压 u 和电流 i 的参考方向如图 2 – 12 所示，都是同频率的正弦量。

设电压　　　　$u = \sqrt{2}\,U\sin\omega t$

电流　　　　　$i = \sqrt{2}\,I\sin(\omega t - \varphi)$

瞬时功率：

$$\begin{aligned} P &= ui = \sqrt{2}\,U\sin\omega t \cdot \sqrt{2}\,I\sin(\omega t - \varphi) \\ &= IU[\cos\varphi - \cos(2\omega t - \varphi)] \end{aligned} \tag{2.16}$$

有功功率也就是平均功率 P。有：

$$\begin{aligned} P &= \frac{1}{T}\int_0^T p\,\mathrm{d}t = \frac{1}{T}\int_0^T IU[\cos\varphi - \cos(2\omega t - \varphi)]\mathrm{d}t \\ &= IU\cos\varphi \\ &= IU\lambda \end{aligned} \tag{2.17}$$

可以看出，正弦交流电路的有功功率不但与电压、电流的有效值有关，还与电压与电流相位差的余弦有关。

$\lambda = \cos\varphi$，称为电路的功率因数。

对电阻元件 R，$\varphi = 0$，$P_R = U_R I_R = I_R^2 R \geqslant 0$

对电感元件 L，$\varphi = \dfrac{\pi}{2}$，$P_L = U_L I_L \cos\dfrac{\pi}{2} = 0$

对电容元件 C，$\varphi = -\dfrac{\pi}{2}$，$P_C = U_C I_C \cos\left(-\dfrac{\pi}{2}\right) = 0$

可见，在正弦交流电路中，电感、电容元件实际不消耗电能，而电阻总是消耗电

能的。

通过以上的分析得到：有功功率是反应电路实际消耗的功率，即无源二端网络中，各电阻所消耗的有功功率之和。有功功率的单位是 W（瓦 [特]）。

2.3.4.2 无功功率 Q

$$Q = UI\sin\varphi \tag{2.18}$$

由于电路中存在的电感、电容元件实际不消耗能量，而只有电源与电感、电容元件间的能量互换，这种能量交换规模的大小，我们用无功功率 Q 来表示。无功功率的单位是乏。

例如，单个电感元件，$\varphi = \dfrac{\pi}{2}$

$$Q_L = U_L I_L \sin\varphi = U_L I_L > 0$$

单个电容元件，$\varphi = -\dfrac{\pi}{2}$

$$Q_C = U_C I_C \sin\varphi = U_C I_C < 0$$

即电容性无功功率取负值，而电感性无功功率取正值，以此区别。

2.3.4.3 视在功率 S

$$S = UI \tag{2.19}$$

在交流电路中，平均功率一般不等于电压与电流有效值的乘积，如将两者的有效值相乘，则得出所谓视在功率 S，即 $S = UI = |Z|I^2$。单位是 V·A。

在一般情况下，我们规定了电气设备使用时的额定电压 U_N 和额定电流 I_N，我们把 $S_N = U_N I_N$ 称为电气设备的容量，也就是额定视在功率。

根据上面对有功功率 P 和无功功率 Q、视在功率 S 的分析，得到下式

$$S^2 = P^2 + Q^2 \tag{2.20}$$

见图 2-13，称为功率三角形。

例 2.2 求图 2-14 所示电路的总有功功率、无功功率和视在功率。已知数据注明在图上。

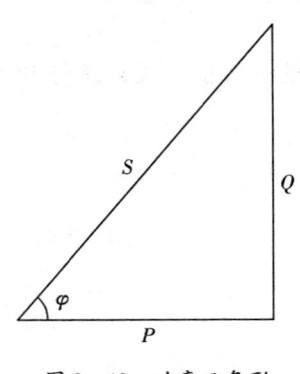

图 2-13　功率三角形

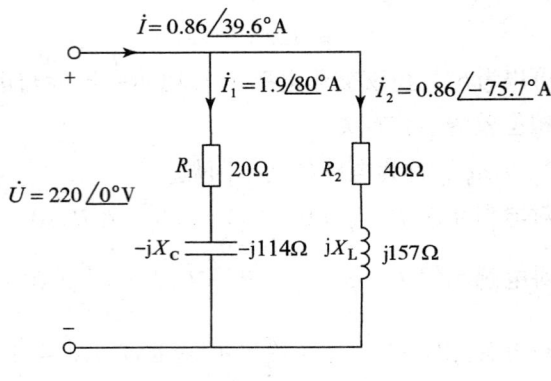

图 2-14　例 2.2 的电路

解：由总电压总电流求总功率

$$P = UI\cos\varphi = 220 \times 0.86 \times \cos(0° - 39.6°) = 146(\text{W})$$

$$Q = UI\sin\varphi = 220 \times 0.86 \times \sin(0° - 39.6°) = 146(\text{var})$$

$$S = UI = 220 \times 0.86 = 190(\text{V}\cdot\text{A})$$

例2.3　当把一台功率 $P = 1.1\text{kW}$ 的感应电动机接在 220V，$f = 50\text{Hz}$ 的电路中，电动机需要的电流 10A。

求　①电动机的功率因数，

②若在电动机的两端并联一只 $C = 79.5\mu\text{F}$ 的电容器，电路的功率因数为多少？见图 2－15。

解：$P = UI\cos\varphi$

电动机的功率因数

$$\cos\varphi = \frac{P}{UI} = \frac{1.1 \times 1000}{220 \times 10} = 0.5$$

$$\varphi = 60°$$

在并联电容器前，$\dot{I}_1 = \dot{I}$

在并联电容器后，$\dot{I} = \dot{I}_1 + \dot{I}_C$

以电压 $\dot{U}$ 为参考相量，画出电流相量图，见图 2－16。

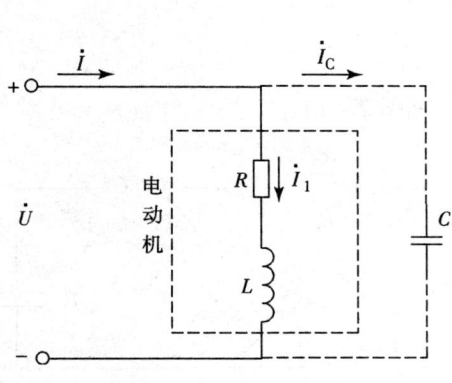

图 2－15　例 2.3 的电路

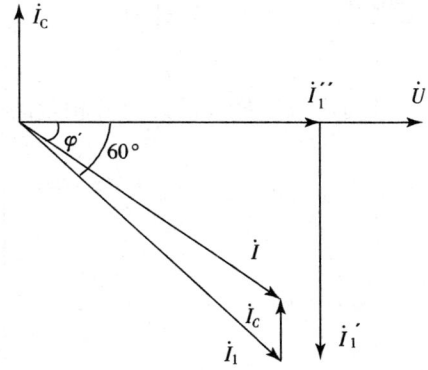

图 2－16　电流相量图

电容中的电流

$$I_C = \frac{U}{X_C} = \omega C U$$

$$= 314 \times 220 \times 79.5 \times 10^{-6} = 5.5(\text{A})$$

$$I'_1 = 10\sin 60° = 8.66(\text{A})$$

$$I''_1 = 10\cos 60° = 5(\text{A})$$

$$\tan\varphi' = \frac{I'_1 - I_C}{I''_1} = \frac{3.16}{5}, \qquad \varphi' = 32.3°$$

$$\cos\varphi' = \cos32.3° = 0.844$$

可见电动机在关联电容器后，整个电路的功率因数从 0.5 提高到 0.844，注意：电动机本身的功率因数没有改变。我们可以通过并联电容器，减小阻抗角来提高整个电路的功率因数。

2.4 串联交流电路

2.4.1 R、C、L 串联电路

前面我们讨论了由电阻、电感、电容单个元件组成的最简单的交流电路，下面我们将对电阻、电感、电容元件组成的串联电路进行讨论。因为在电路中涉及多个正弦量，为了便于比较各正弦量之间的关系，对串联电路我们一般选择电流为参考正弦量，见图 2 - 17。

假设电流为

$$i = \sqrt{2}I\sin\omega t \tag{2.21}$$

根据基尔霍夫电压定律有

$$u = u_R + u_L + u_C \tag{2.22}$$

把正弦量的代数运算转换为对应相量的代数运算，见图 2 - 18。

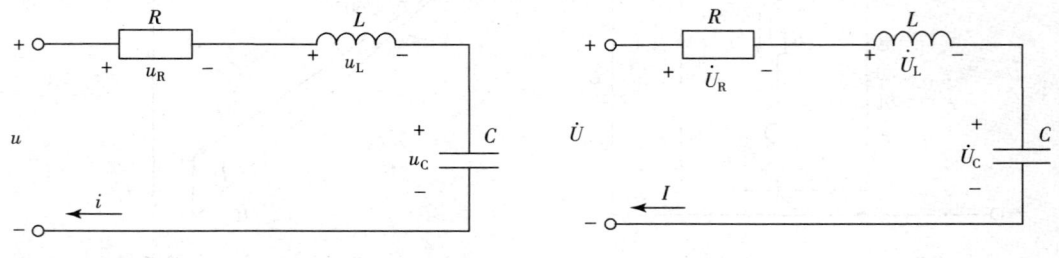

图 2 - 17 R、C、L 串联电路　　　　图 2 - 18 相量的代数运算

$$\dot{U} = \dot{U}_R + \dot{U}_L + \dot{U}_C \tag{2.23}$$

已知 $\dot{U}_R = R\dot{I}_R$ 　　　$\dot{U}_L = j\omega L\dot{I}_L$ 　　　$\dot{U}_C = \frac{1}{j\omega C}\dot{I}_C$

在串联电路中，通过 R、C、L 元件中的正弦电流 $\dot{I}$ 相同，有

$$\dot{U} = R\dot{I} + j\omega L\dot{I} + \frac{1}{j\omega C}\dot{I}$$

$$= \left[R + j\left(\omega L - \frac{1}{\omega C}\right)\right]\dot{I}$$

$$\dot{U} = Z\dot{I} \tag{2.24}$$

把式（2.24）称为欧姆定律的相量形式，式中 Z 称为 RLC 串联电路的复阻抗，单位是 Ω。

$$
\begin{aligned}
Z &= R + j\left(\omega L - \frac{1}{\omega C}\right) \\
&= R + j(X_L - X_C) \tag{2.25} \\
&= R + jX
\end{aligned}
$$

复阻抗的实部是电阻 R，虚部是电抗 X。注意：复阻抗虽然是复数，但它不与正弦量相对应，故不是相量。

复阻抗是复数，可通过阻抗三角形来表示，见图 2－19。

图中

$$Z = |Z|\angle\varphi$$

$$|Z| = \sqrt{R^2 + (X_L - X_C)^2}$$

$$\tan\varphi = \frac{X_L - X_C}{R}$$

因为 $Z = \dfrac{\dot{U}}{\dot{I}} = |Z|\angle\varphi$

得到：当 $X_L - X_C$ 时，$\varphi = 0$，$Z = R$，电路呈电阻性。

当 $X_L > X_C$ 时，$\varphi > 0$，电路呈感性。

当 $X_L < X_C$ 时，$\varphi < 0$，电路呈容性。

下面介绍用多边形法则来画相量图，见图 2－20。

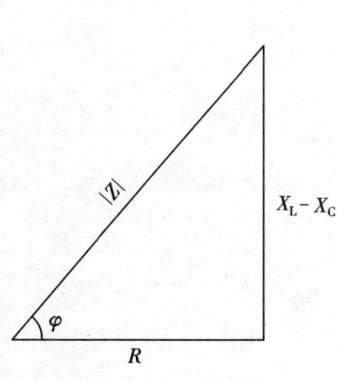

图 2－19　阻抗三角形

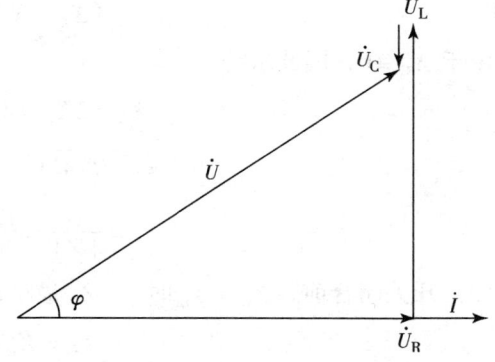

图 2－20　多边形法则

①先画出参考正弦量即电流相量 $\dot{I}$ 的方向；

②画出 $\dot{U}_R$ 与 $\dot{I}$ 同相；

③在 $\dot{U}_R$ 的末端作 $\dot{U}_L$ 超前 $\dot{I}$ 为 $\frac{\pi}{2}$；

④在 $\dot{U}_L$ 的末端作 $\dot{U}_C$ 滞后 $\dot{I}$ 为 $\frac{\pi}{2}$；

⑤从 $\dot{U}_R$ 始端到 $\dot{U}_C$ 末端作相量 $\dot{U}$，即为所求。

例 2.4　在图 2-21 所示电路中，已知 $U = 12\text{V}$，$R = 3\Omega$，$X_L = 4\Omega$。试求：（1）X_C 为何值时（$X_C \neq 0$），开关 S 闭合前后，电流 I 的有效值不变，这时的电流是多少？（2）X_C 为何值时，开关 S 闭合前电流 I 最大，这时的电流是多少？

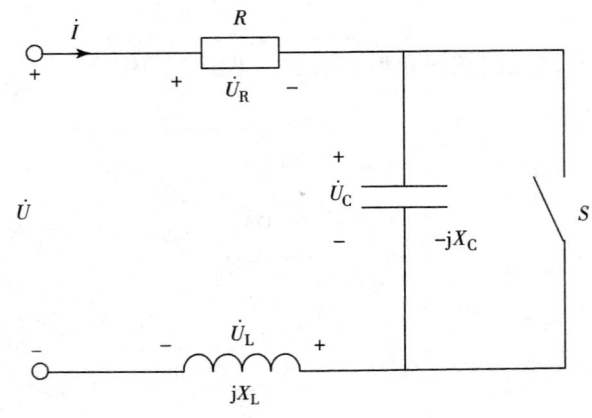

图 2-21　例 2.4 的电路

解：（1）开关闭合前后电流 I 有效值不变，说明开关闭合前后电路的阻抗模相等，即

$$\sqrt{R^2 + (X_L - X_C)^2} = \sqrt{R^2 + X_L^2}$$

故

$$(X_L - X_C)^2 = X_L^2$$

由于 $X_C \neq 0$，因此求得

$$X_C = 2X_L = 2 \times 4 = 8\ (\Omega)$$

$$|Z| = \sqrt{R^2 + X_L^2} = \sqrt{3^2 + 4^2} = 5\ (\Omega)$$

$$I = \frac{U}{|Z|} = \frac{12}{5} = 2.4\ (\text{A})$$

（2）开关闭合前，$X_C = X_L$ 时，$|Z|$ 最小，电流最大，故

$$X_C = X_L = = 4\Omega$$

$$|Z| = R = 3\Omega$$

$$I = \frac{U}{|Z|} = \frac{12}{3} = 4\ (\text{A})$$

2.4.2 阻抗串联电路

阻抗的串联的分析方法与电阻的串联的分析方法相同。

在图 2 - 22 中，有 n 个阻抗串联，等效阻抗 Z 等于 n 个串联的阻抗之和

$$Z = Z_1 + Z_2 + \cdots Z_n$$

推导过程与电阻的串联相同。

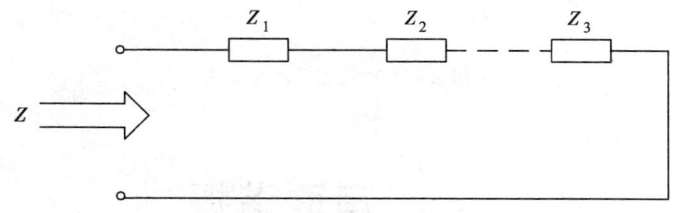

图 2 - 22　阻抗串联电路

例 2.5　有一个 R，C 串联的负载，$R = 6\Omega$，$C = 159\mu F$。由 50Hz 的交流电源通过两根输电线向它供电，测得电流为 1.76A。已知两根输电线的总电阻 $R_W = 0.5\Omega$，总电感 $L_W = 2mH$。试求输电线上的电压降，负载的电压和电源的电压，并画出相量图。

解：选电流为参考相量，即

$$\dot{I} = I \angle 0° = 1.76 \angle 0° \text{ A}$$

输电线的感抗、阻抗和电压降为

$$X_{LW} = 2\pi f L_W = 2 \times 3.14 \times 50 \times 2 \times 10^{-3} = 0.628 \,(\Omega)$$

$$Z_W = R_W + jX_{LW} = 0.5 + j0.628 = 0.8 \angle 51.5° \,(\Omega)$$

$$\dot{U}_W = Z_W \dot{I} = 0.8 \angle 51.5° \times 1.76 \angle 0° = 1.4 \angle 51.5° \,(V)$$

负载的容抗、阻抗和电压为

$$X_C = \frac{1}{2\pi f C} = \frac{1}{2 \times 3.14 \times 50 \times 159 \times 10^{-6}} = 20 \,(\Omega)$$

$$Z_L = R - jX_C = 6 - j20 = 20.88 \angle -73.3° \,(\Omega)$$

$$\dot{U}_L = Z_L \dot{I} \,(20.88 \angle -73.3° \times 1.76 \angle 0°) = 36.75 \angle -73.3° \,(V)$$

电路的阻抗和电源电压为

$$Z = Z_W + Z_L = 0.5 + j0.628 + 6 - j20$$

$$= 6.5 - j19.73 = 20.43 \angle -71.45° \,(\Omega)$$

$$\dot{U} = Z \dot{I} = 20.43 \angle -71.45° \times 1.76 \angle 0° = 36 \angle -71.45° \,(V)$$

或 $\dot{U} = \dot{U}_W + \dot{U}_L = 1.4 \angle 51.5° + 36.75 \angle -73.3° = 36 \angle -71.45° \,(V)$

相量图如图 2 - 23 所示。

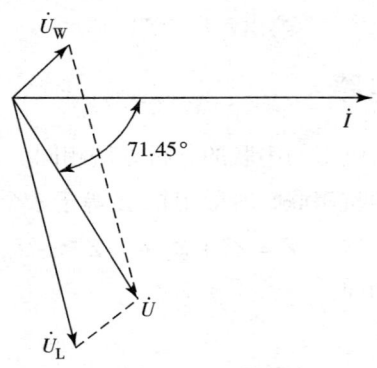

图 2 - 23　例 2.5 的相量图

2.5　串联谐振

　　由电阻、电感、电容组成的电路中，在正弦激励下，当端口电压与通过电路的电流同相位时，电路呈电阻性，通常把此时电路的工作状态称为谐振。

　　发生在串联电路中的谐振称作串联谐振，发生在并联电路中的谐振称作并联谐振。下面我们着重分析电路发生谐振的条件及其特征。

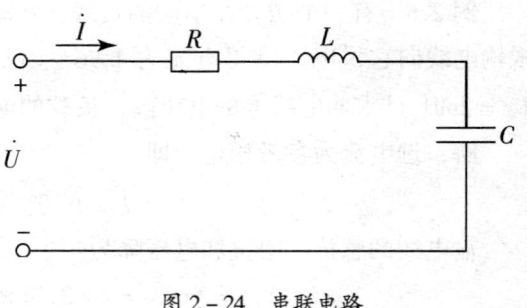

图 2 - 24　串联电路

　　图 2 - 24 所示的 R，L，C 串联电路复阻抗为

$$Z = R + j\left(\omega L - \frac{1}{\omega C}\right)$$

　　当虚部为零 $\omega_0 L - \dfrac{1}{\omega_0 C} = 0$，电路发生了谐振。

　　因为，$\tan\varphi = \dfrac{\omega_0 L - \dfrac{1}{\omega_0 C}}{R} = 0$，$\varphi = 0$，电压和电流同相位。

　　谐振角频率 $\omega_0 = \dfrac{1}{\sqrt{LC}}$，谐振频率 $f_0 = \dfrac{1}{2\pi\sqrt{LC}}$

　　谐振频率只与电路的 L，C 参数有关，与 R 无关，见图 2 - 25。

　　谐振时复阻抗 $Z = R$，阻抗最小。当外加电压不变时，电流最大。我们把电路谐振时的感抗 X_L、容抗 X_C 称为特性阻抗 ρ

$$\rho = \omega_0 L = \frac{1}{\omega_0 C} = \sqrt{\frac{L}{C}}$$

把特性阻抗与电阻的比值称为谐振电路的品质因数。

$$Q = \frac{\omega_0 L}{R} = \frac{1}{R\omega_0 C} = \frac{1}{R}\sqrt{\frac{L}{C}}$$

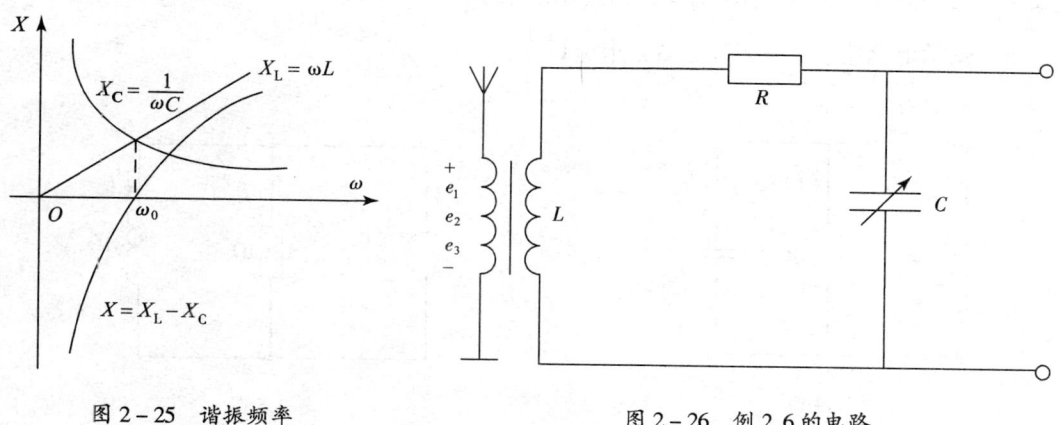

图 2-25　谐振频率　　　　　　　　　　图 2-26　例 2.6 的电路

例 2.6　图 2-26 是收音机的接收电路，各地电台所发射的无线电波在天线线圈中分别产生各自频率的微弱的感应电动势 e_1，e_2……调节可变电容器，使某一频率的信号发生串联谐振，从而使该频率的电台信号在输出端产生较大的输出电压，以起到选择收听该电台广播的目的。今已知 $L = 0.25\text{mH}$，C 在 $40 \sim 350\text{pF}$ 之间可调。求收音机可收听的频率范围。

解：当 $C = 40\text{pF}$ 时

$$f = \frac{1}{2\pi\sqrt{LC}} = \frac{1}{2\pi\sqrt{0.25 \times 10^{-3} \times 40 \times 10^{-12}}} = 1592 \times 10^3 = 1592\text{kHz}$$

当 $C = 350\text{pF}$ 时

$$f = \frac{1}{2\pi\sqrt{LC}} = \frac{1}{2\pi\sqrt{0.25 \times 10^{-3} \times 350 \times 10^{-12}}} = 538 \times 10^3 = 538\text{kHz}$$

所以可收听的频率范围是 538kHz ~ 1592kHz。

复习思考题二

2.1　将下列复数化为极坐标形式：

（1）$F_1 = -5 - j5$；（2）$F_2 = -4 + j3$；（3）$F_3 = 20 + j40$；（4）$F_4 = j10$；　（5）$F_5 = -3$；（6）$F_6 = 2.78 + j9.20$。

2.2　已知某负载的电流和电压的有效值和初相位分别是 2A、$-30°$；36V、$45°$，频率均为 50Hz。（1）写出它们的瞬时值表达式；（2）画出它们的波形图；（3）指出它们的幅值、角频率以及二者之间的相位差。

2.3 已知一段电路的电压、电流为：$u = 10\sin\,(10^3\,t - 20°)$ V，$i = 2\cos\,(10^3\,t - 50°)$ A，（1）画出他们的波形图和向量图；（2）求它们的相位差。

2.4 已知图示电路中 $I_1 = I_2 = 10$A，求 $\dot{U}_s$，$\dot{I}$。

2.5 图示电路中，$\dot{I}_s = 2\underline{/0°}$ A，求电压 $\dot{U}$。

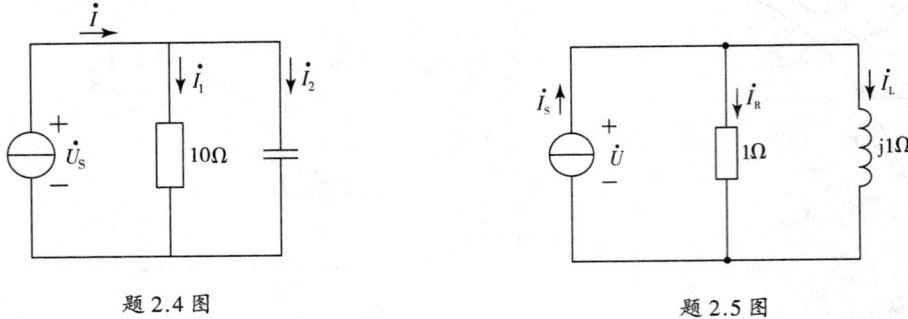

题 2.4 图   题 2.5 图

2.6 在 RL 串联电路中，已知总电流 $i = 2\sqrt{2}\cos\,(\omega t - 30°)$ A，$R = 100Ω$，$L = 0.5$H，$f = 50$Hz，试求总电压 u（u 与 i 为关联参考方向）。

2.7 图示电路中 $u_s = 141.4\cos\,(315t - 30°)$ V，$R_1 = 3Ω$，$R_2 = 2Ω$，$L = 9.55$mH。试求各元件的端电压并作电路的相量图。

2.8 图示电路中 $I_s = 10$A，$\omega = 1000$rad/s，$R_1 = 10Ω$，$j\omega L_1 = j25Ω$，$R_2 = 5Ω$，$-j\dfrac{1}{\omega C_2} = -j15Ω$，求电路的功率因数。

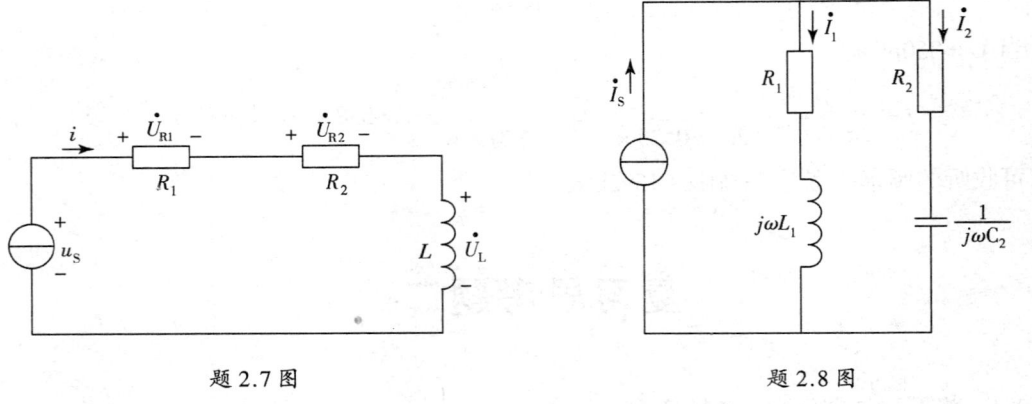

题 2.7 图   题 2.8 图

2.9 图示电路中 $R = 2Ω$，$\omega L = 3Ω$，$\omega C = 2S$，$\dot{U} = 10\underline{/45°}$ V。求各元件的电压、电流。

2.10 功率为 60W，功率因数为 0.5 的日光灯负载与功率为 100W 的白炽灯各 50 只并联在 220V 的正弦电源上（$f = 50$Hz）。如果要把电路的功率因数提高到 0.92，应并联多大电容？

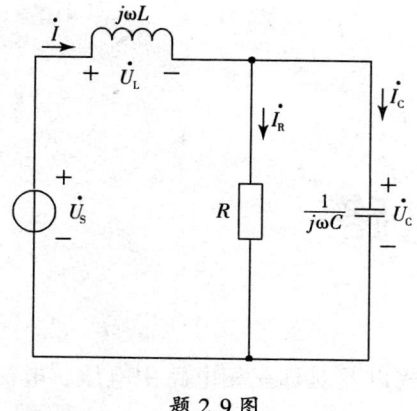

题 2.9 图

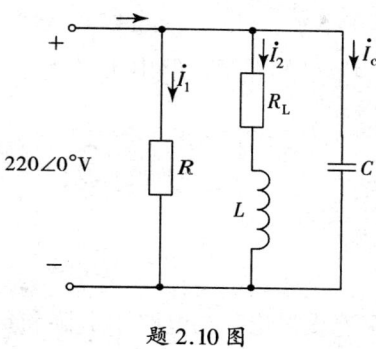

题 2.10 图

3　三相电路

本章着重讨论三相电路中电源和负载的联接方式以及对称三相电路中电压、电流和功率的计算。

3.1　三相电压

图 3-1 是三相交流发电机的原理图，它的主要组成部分是电枢和磁极。

电枢是固定的，亦称定子。定子铁心的内圆周表面冲有槽，用于放置三相电枢绕组。每相绕组是同样的，如图 3-2 所示。它们的始端（头）标以 A，B，C，末端（尾）标以 X，Y，Z。每个绕组的两边放置在相应的定子铁心的槽内。但要求绕组的始端之间或末端之间都彼此相隔 120°。

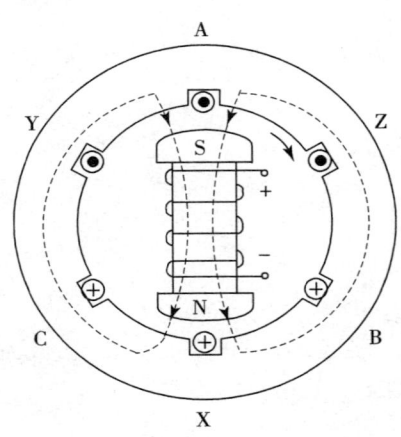

图 3-1　三相交流发电机的原理

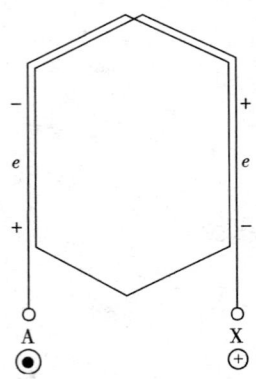

图 3-2　电枢绕组及其中的电动势

磁极是转动的，亦称转子。转子铁心上绕有励磁绕组，用直流励磁。选择合适的极面形状和励磁绕组的布置情况，可使空气隙中的磁感应强度按正弦规律分布。

当转子由原动机带动，并以匀速按顺时针方向转动时，则每相绕组依次切割磁力线，其中产生频率相同、幅值相等的正弦电动势 e_A，e_B 及 e_C。电动势的参考方向选定为自绕组的末端指向始端。

由图 3 – 1 可见，当 S 极的轴线正转到 A 处时，A 相的电动势达到正的幅值。经过 120°后 S 极轴线转到 B 处，B 相的电动势达到正的幅值。同理，再由此经过 120°后，C 相的电动势达到正的幅值。周而复始。所以 e_A 比 e_B 在相位上超前 120°，e_B 比 e_C 也超前 120°，而 e_C 又比 e_A 超前 120°。如以 A 相为参考，则可得出

$$\left.\begin{aligned}
e_A &= E_m\sin\omega t \\
e_B &= E_m\sin(\omega t - 120°) \\
e_C &= E_m\sin(\omega t - 240°) = E_m\sin(\omega t + 120°)
\end{aligned}\right\} \tag{3.1}$$

也可用相量表示

$$\left.\begin{aligned}
\dot{E}_A &= E\angle 0° = E \\
\dot{E}_B &= E\angle -120° = E\left(-\frac{1}{2} - j\frac{\sqrt{3}}{2}\right) \\
\dot{E}_C &= E\angle 120° = E\left(-\frac{1}{2} + j\frac{\sqrt{3}}{2}\right)
\end{aligned}\right\} \tag{3.2}$$

如果用相量图和正弦波形来表示，则如图 3 – 3 所示。

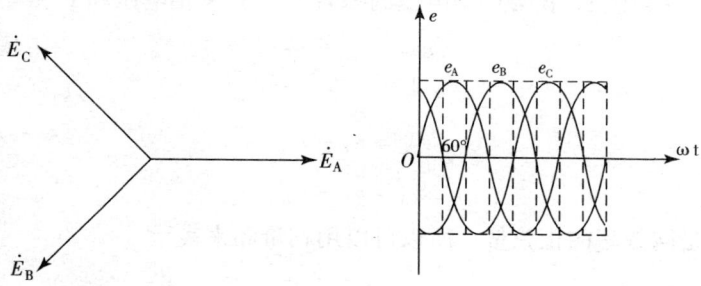

图 3 – 3　三相电动势的相量图和正弦波形

三相交流电出现正幅值（或相应零值）的顺序称为相序。在此，相序是 A→B→C。

由上可见，三相电动势的幅值相等，频率相同，彼此间的相位差也相等。这种电动势称为对称电动势。显然，它们的瞬时值或相量之和为零，即

$$\left.\begin{aligned}
e_A + e_B + e_C &= 0 \\
\dot{E}_A + \dot{E}_B + \dot{E}_C &= 0
\end{aligned}\right\} \tag{3.3}$$

发电机三相绕组的接法通常如图 3 – 4 所示，即将三个末端联在一起，这一联接点称为中性点或零点，用 N 表示。这种联接法称为星形联接。从中性点引出的导线称为中性线或零线。从始端 A，B，C 引出的三根导线称为相线或端线，俗称火线。

在图 3 – 4 中，每相始端与末端的电压，亦即相线与中性线间的电压，称为相电压，其有效值用 U_A，U_B，U_C 或一般地用 U_P 表示。而任意两始端间的电压，亦即两相线间的电压，称为线电压，其有效值用 U_{AB}，U_{BC}，U_{CA} 或一般地用 U_l 表示。

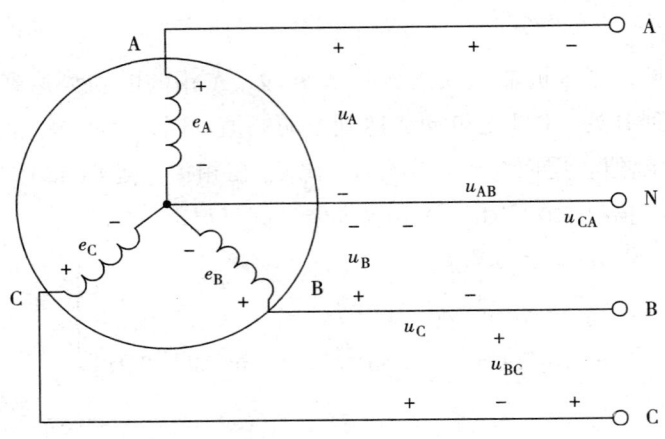

图 3-4 发电机的星形联接

各相电动势的参考方向，如前所述，选定为自绕组的末端指向始端；相电压的参考方向，选定为自始端指向末端（中性点）；线电压的参考方向，例如 U_{AB}，是自 A 端指向 B 端。

当发电机的绕组联成星形时，相电压和线电压显然是不相等的。现在来确定它们之间的关系。在图 3-4 中 A，B 两点间电压的瞬时值等于 A 相电压和 B 相电压之差，即

$$u_{AB} = u_A - u_B$$

同理，

$$u_{BC} = u_B - u_C$$

$$u_{CA} = u_C - u_A$$

因为它们都是同频率的正弦量，所以可以用相量和来表示

$$\left. \begin{array}{l} \dot{U}_{AB} = \dot{U}_A - \dot{U}_B \\ \dot{U}_{BC} = \dot{U}_B - \dot{U}_C \\ \dot{U}_{CA} = \dot{U}_C - \dot{U}_A \end{array} \right\} \tag{3.4}$$

图 3-5 是它们的相量图。由于发电机绕组上的内阻抗压降同相电压比较，是很小的，可以忽略不计，于是相电压和对应的电动势基本上相等，因此可以认为相电压也是对称的。作相量图时，可以先作出相量 $\dot{U}_A$，$\dot{U}_B$，$\dot{U}_C$，而后根据式（3.4）分别作出相量 $\dot{U}_{AB}$，$\dot{U}_{BC}$，$\dot{U}_{CA}$。由图可见，线电压也是对称的，在相位上比相应的相电压超前 30°。

至于线电压和相电压在大小上的关系，也很容易从相量图上得出

$$\frac{1}{2} U_l = U_p \cos 30° = \frac{\sqrt{3}}{2} U_p$$

由此得

$$U_l = \sqrt{3} U_p \tag{3.5}$$

发电机（或变压器）的绕组联成星形时，可引出四根导线（三相四线制），这样就有可能给予负载两种电压。通常在低压配电系统中相电压为 220V，线电压为 380V（$380 = \sqrt{3} \times 220$）。

当发电机（或变压器）的绕组联成星形时，不一定都引出中线。

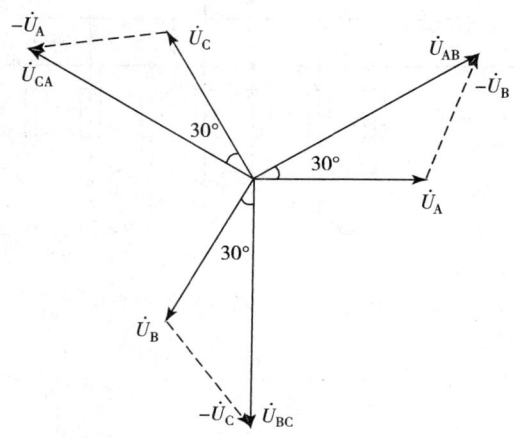

图 3-5 发电机绕组星形联接时，相电压和线电压的相量图

3.2 对称三相电路的计算

3.2.1 星形联接对称三相电路

分析三相电路和分析单相电路一样，首先也应画出电路图，并标出电压和电流的参考方向，而后应用电路的基本定律找出电压和电流之间的关系。知道了电压和电流的关系，再确定三相功率。

三相电路中负载的联接方法有两种——星形联接和三角形联接。

图 3-6 所示的是三相四线制电路，设其线电压为 380V。负载如何联接，应视其额定电压而定。通常电灯（单相负载）的额定电压为 220V，因此要接在相线与中性线之间。电灯负载是大量使用的，不能集中接在一相中，从总的线路来说，它们应当比较均匀地分配在各相之中，如图 3-6 所示。电灯的这种联接法称为星形联接。至于其他单相负载（如单相电动机、电炉、继电器吸引线圈等），该接在相线之间还是相线与中性线之间，应视额定电压是 380V 还是 220V 而定。如果负载的额定电压不等于电源电压，则需用变压器。例如机床照明灯的额定电压为 36V，就要用一个 380V/36V 的降压变压器。

三相电动机的三个接线端总是与电源的三根相线相连。但电动机本身的三相绕组可以联成星形或三角形。它的联接方法在铭牌上标出，例如 380VY 接法或 380V△ 接法。

负载星形联接的三相四线制电路一般可用图 3 – 7 所示的电路表示。每相负载的阻抗模分别为 $|Z_A|$，$|Z_B|$ 和 $|Z_C|$。电压和电流的参考方向都已在图中标出。

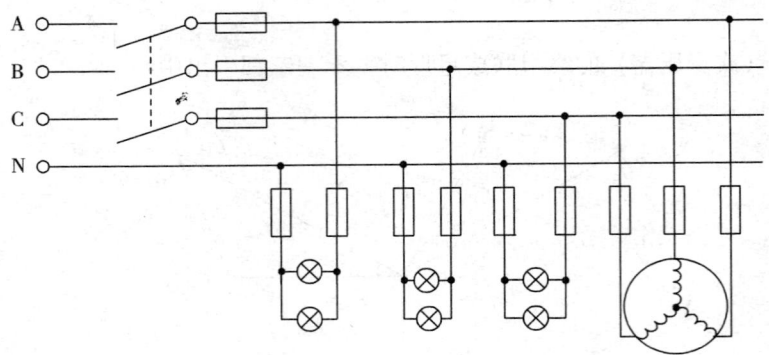

图 3 – 6　电灯与电动机的星形联接

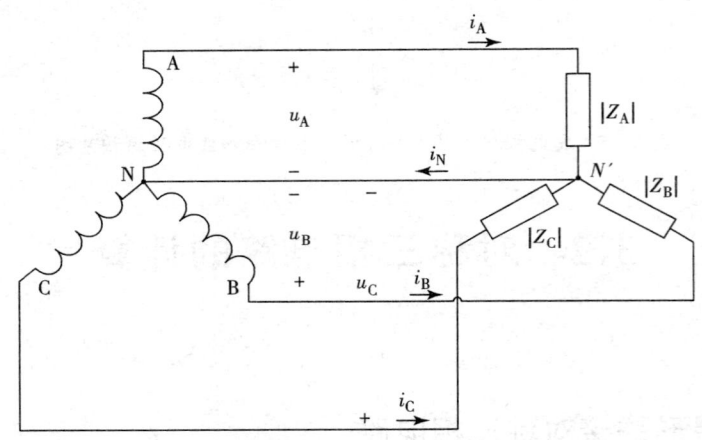

图 3 – 7　负载星形联接的三相四线制电路

三相电路中的电流也有相电流与线电流之分。每相负载中的电流 I_p 称为相电流，每根相线中的电流 I_l 称为线电流。在负载为星形联接时，显然，相电流即为线电流，即

$$I_P = I_l \tag{3.6}$$

对三相电路应该一相一相计算。

设电源相电压 $\dot{U}_A$ 为参考正弦量，则得

$$\dot{U}_A = U_A \underline{/0°}, \qquad \dot{U}_B = U_B \underline{/-120°}, \qquad \dot{U}_C = U_C \underline{/120°}$$

在图 3 – 7 的电路中，电源相电压即为每相负载电压。于是每相负载中的电流可分别求出，即

$$\dot{I}_A = \frac{\dot{U}_A}{Z_A} = \frac{U_A \angle 0°}{|Z_A| \angle \varphi_A} \ I_A \angle -\varphi_A$$

$$\dot{I}_B = \frac{\dot{U}_B}{Z_B} = \frac{U_B \angle -120°}{|Z_B| \angle \varphi_B} = I_B \angle -120° - \varphi_B \tag{3.7}$$

$$\dot{I}_C = \frac{\dot{U}_C}{Z_C} = \frac{U_C \angle 120°}{|Z_C| \angle \varphi_C} = I_C \angle 120° - \varphi_C$$

式中：每相负载中电流的有效值分别为

$$I_A = \frac{U_A}{|Z_A|}, \ I_B = \frac{U_B}{|Z_B|}, \ I_C = \frac{U_C}{|Z_C|} \tag{3.8}$$

各相负载的电压与电流之间多相位差分别为

$$\varphi_A = \arctan \frac{X_A}{R_A}, \ \varphi_B = \arctan \frac{X_B}{R_B}, \ \varphi_C = \arctan \frac{X_C}{R_C} \tag{3.9}$$

中性线中的电流可以按照图 3-7 中所选定的参考方向，应用基尔霍夫电流定律得出，即

$$\dot{I}_N = \dot{I}_A + \dot{I}_B + \dot{I}_C \tag{3.10}$$

电压和电流的相量图如图 3-8 所示。作相量图时，先画出以 $\dot{U}_A$ 为参考相量的电源相电压 $\dot{U}_A$，$\dot{U}_B$，$\dot{U}_C$ 的相量；而后逐相按照式（3.8）和式（3.9）画出各相电流 $\dot{I}_A$，$\dot{I}_B$，$\dot{I}_C$ 的相量；再由式（3.10）画出中性线电流 $\dot{I}_N$ 的相量。

现在来讨论图 3-7 所示电路中负载对称的情况。所谓负载对称，就是指各相阻抗相等，即

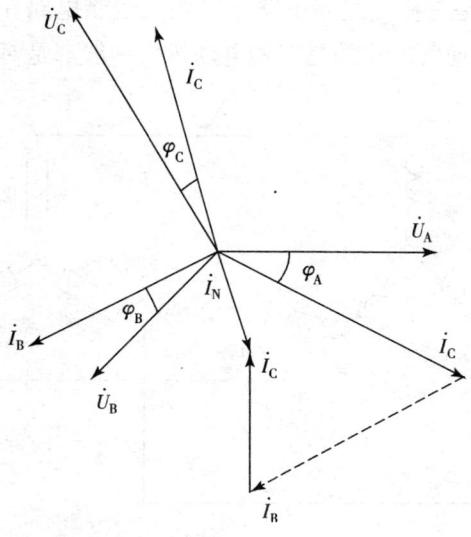

图 3-8　负载星形联接时电压和电流的相量图

$$Z_A = Z_B = Z_C = Z$$

或阻抗模和相位角相等，即

$$|Z_A| = |Z_B| = |Z_C| = |Z| \text{ 和 } \varphi_A = \varphi_B = \varphi_C = \varphi$$

由式（3.8）和式（3.9）可见，因为电压对称，所以负载相电流也是对称的，即

$$I_A = I_B = I_C = I_P = \frac{U_P}{|Z|}$$

$$\varphi_A = \varphi_B = \varphi_C = \varphi = \arctan\frac{X}{R}$$

因此，这时中性线电流等于零，即

$$\dot{I}_N = \dot{I}_A + \dot{I}_B + \dot{I}_C = 0$$

电压和电流的相量图如图 3–9 所示。

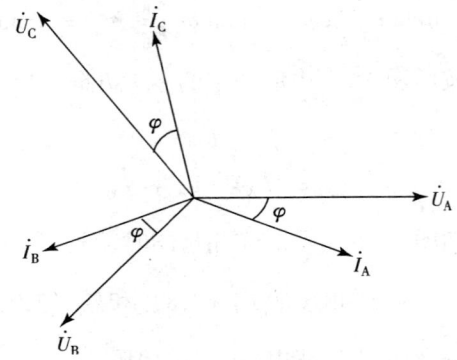

图 3–9　对称负载星形联接时电压和电流的相量图

中性线中既然没有电流通过，中性线就不需要了。因此图 3–7 所示的电路就变为图 3–10 所示的电路，这就是三相三线制电路。三相三线制电路在生产上的应用极为广泛，因为生产上的三相负载（通常所见的是三相电动机）一般都是对称的。

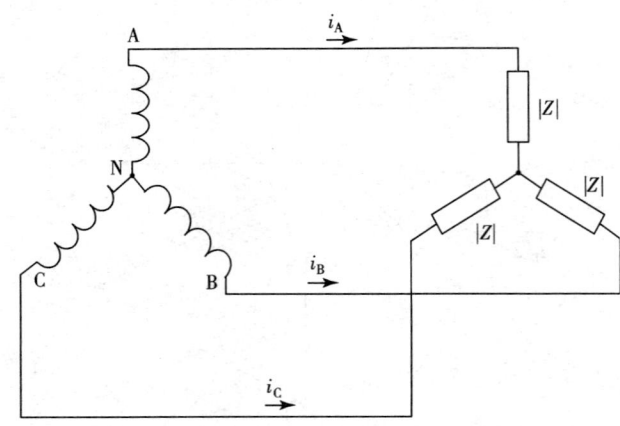

图 3–10　对称负载星形联接的三相三线制电路

看到图 3–10，可能有人会提出疑问，三个电流都流向负载中性点，而又没有中性线，那么电流从哪里流回去呢？所以在这里还有必要再提一下参考方向的概念。图 3–10 中所标的三个电流的方向，都是指它们的参考方向。究竟电流如何流法，则要对各个瞬间的电流加以具体分析。当电流是正值时，它的实际方向和选定的参考方向相同；当电流是负值时，它的实际方向和参考方向相反。在图 3–10 中，这三个电流是对称的，其正弦波形如图3–11

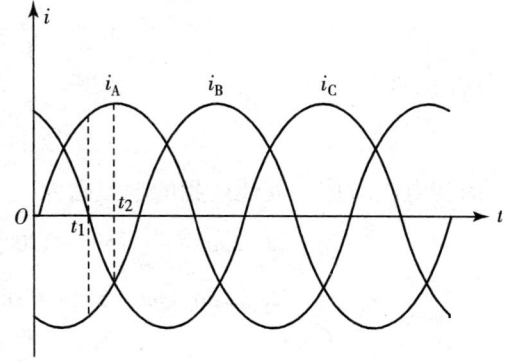

图 3–11　对称电流用正弦波形表示

所示。在 t_1 瞬间，$i_C = 0$，$i_A = -i_B$，这时电流的实际方向如图 3–12（a）所示。在 t_2 瞬间，$i_A = -i_B - i_C = -2i_B$，这时电流的实际方向如图 3–12（b）所示。

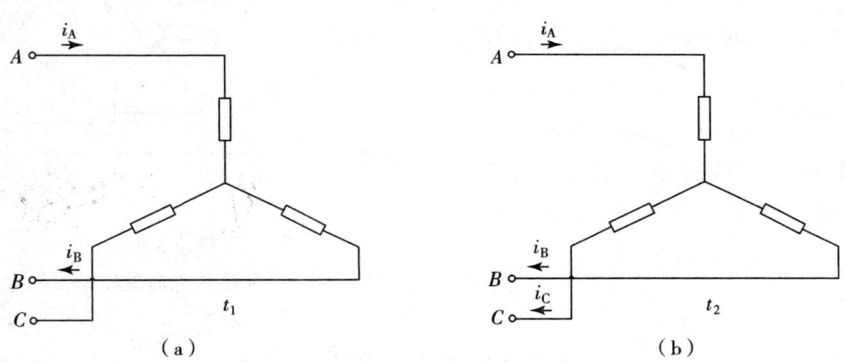

（a）　　　　　　　　　　　（b）

图 3–12　在 i_1 和 i_2 瞬间电流的实际方向

计算对称负载的三相电路，只需计算一相即可，因为对称负载的电压和电流都是对称的，即大小相等，相位互差 120°。

例 3.1　有一星形联接的三相负载，每相的电阻 $R = 6\Omega$，感抗 $X_L = 8\Omega$。电源电压对称，设 $u_{AB} = 380\sqrt{2}\sin(\omega t + 30°)$ V，试求电流（参照图 3–10）。

解：因为负载对称，只需计算一相（譬如 A 相）即可。

由图 3–5 的相量图可知，$U_A = \dfrac{U_{AB}}{\sqrt{3}} = \dfrac{380}{\sqrt{3}} = 220$V，$u_A$ 比 u_{AB} 滞后 30°，即

$$u_A = 220\sqrt{2}\sin\omega t \text{ V}$$

A 相电流

$$I_A = \frac{U_A}{|Z_A|} = \frac{220}{\sqrt{6^2 + 8^2}} = 22\text{A}$$

i_A 比 u_A 滞后 φ 角，即

$$\varphi = \arctan \frac{X_\mathrm{L}}{R} = \arctan \frac{8}{6} = 53°$$

所以

$$i_\mathrm{A} = 22\sqrt{2}\sin\ (\omega t - 53°)\ \mathrm{A}$$

因为电流对称，其他两相的电流则为

$$i_\mathrm{B} = 22\sqrt{2}\sin\ (\omega t - 53° - 120°)\ = 22\sqrt{2}\sin\ (\omega t - 173°)\ (\mathrm{A})$$

$$i_\mathrm{C} = 22\sqrt{2}\sin\ (\omega t - 53° + 120°)\ = 22\sqrt{2}\sin\ (\omega t + 67°)\ (\mathrm{A})$$

3.2.2　三角形联接对称三相电路

负载三角形联接的三相电路一般可用图 3 - 13 所示的电路来表示。每相负载的阻抗模分别为 $|Z_\mathrm{AB}|$，$|Z_\mathrm{BC}|$，$|Z_\mathrm{CA}|$。电压和电流的参考方向都已在图中标出。

因为各相负载都是直接接在电源的线电压上，所以负载的相电压与电源的线电压相等。因此，不论负载对称与否，其相电压总是对称的，即

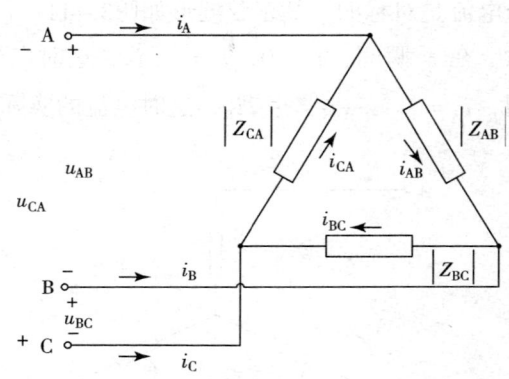

图 3 - 13　负载三角形联接的三相电路

$$U_\mathrm{AB} = U_\mathrm{BC} = U_\mathrm{CA} = U_l = U_\mathrm{P} \tag{3.11}$$

在负载三角形联接时，相电流和线电流是不一样的。

各相负载的相电流的有效值分别为

$$I_\mathrm{AB} = \frac{U_\mathrm{AB}}{|Z_\mathrm{AB}|}, I_\mathrm{BC} = \frac{U_\mathrm{BC}}{|Z_\mathrm{BC}|}, I_\mathrm{CA} = \frac{U_\mathrm{CA}}{|Z_\mathrm{CA}|} \tag{3.12}$$

各相负载的电压与电流之间的相位差分别为

$$\varphi_\mathrm{AB} = \arctan \frac{X_\mathrm{AB}}{R_\mathrm{AB}},\ \varphi_\mathrm{BC} = \arctan \frac{X_\mathrm{BC}}{R_\mathrm{BC}},\ \varphi_\mathrm{CA} = \arctan \frac{X_\mathrm{CA}}{R_\mathrm{CA}} \tag{3.13}$$

负载的线电流可应用基尔霍夫电流定律列出下列各式进行计算

$$\left.\begin{aligned} \dot{I}_\mathrm{A} &= \dot{I}_\mathrm{AB} - \dot{I}_\mathrm{CA} \\ \dot{I}_\mathrm{B} &= \dot{I}_\mathrm{BC} - \dot{I}_\mathrm{AB} \\ \dot{I}_\mathrm{C} &= \dot{I}_\mathrm{CA} - \dot{I}_\mathrm{BC} \end{aligned}\right\} \tag{3.14}$$

如果负载对称，即

$$|Z_\mathrm{AB}| = |Z_\mathrm{BC}| = |Z_\mathrm{CA}| = |Z|\ 和\ \varphi_\mathrm{AB} = \varphi_\mathrm{BC} = \varphi_\mathrm{CA} = \varphi$$

则负载的相电流也是对称的,即

$$I_{AB} = I_{BC} = I_{CA} = I_P = \frac{U_P}{|Z|}$$

$$\varphi_{AB} = \varphi_{BC} = \varphi_{CA} = \varphi = \arctan \frac{X}{R}$$

至于负载对称时线电流和相电流的关系,则可从根据式(3−14)所作出的相量图(图3−14)看出。显然,线电流也是对称的,在相位上比相应的相电流滞后30°。

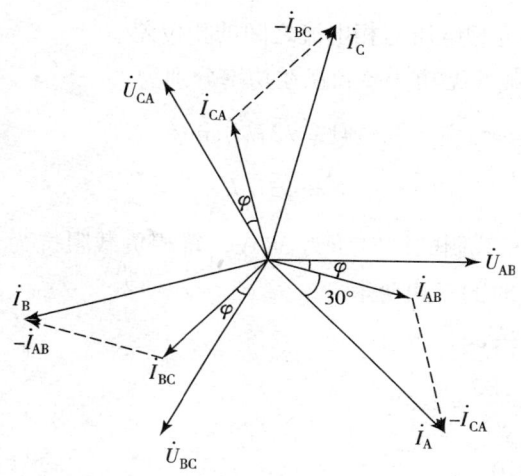

图3−14 对称负载三角形联接时电压与电流的相量图

线电流和相电流在大小上的关系,也很容易从相量图得出,即

$$\frac{1}{2} I_l = I_P \cos 30° = \frac{\sqrt{3}}{2} I_P$$

由此得

$$I_l = \sqrt{3} I_P \qquad\qquad (3.15)$$

三相电动机的绕组可以联接成星形,也可以联接成三角形,而照明负载一般都是联接成星形(具有中性线)。

3.3 三相电路的功率

在三相电路中,三相负载吸收的有功功率等于各相有功功率之和。

$$P = P_1 + P_2 + P_3$$

$$= U_{P1} I_{P1} \cos\varphi_1 + U_{P2} I_{P2} \cos\varphi_2 + U_{P3} I_{P3} \cos\varphi_3$$

φ_1,φ_2,φ_3 分别是1相、2相、3相的相电压与相电流之间的相位差。

如果三相负载对称,电路吸收的有功功率为

$$P = 3U_{\mathrm{P}}I_{\mathrm{P}}\cos\varphi$$

φ 角为相电压与相电流的相位差。

在对称三相负载的三角形联接中，$U_l = U_{\mathrm{P}}$，$I_l = \sqrt{3}\,I_{\mathrm{P}}$

在对称三相负载的星形联接中，$U_l = \sqrt{3}\,U_{\mathrm{P}}$，$I_l = I_{\mathrm{P}}$

从而对称三相负载的有功功率为

$$P = \sqrt{3}\,U_l I_l \cos\varphi$$

注意：其中 φ 角仍为相电压与相电流之间的相位差。

同理，对称三相负载的无功功率和视在功率分别为

$$Q = \sqrt{3}\,U_l I_l \sin\varphi$$

$$S = \sqrt{3}\,U_l I_l$$

例 3.2　对称三相三线制的线电压为 380V，每相负载阻抗为 $Z = 10\angle 53.1°$ Ω，求负载为 Y 形和 △ 形联接时的三相功率。

解：负载为 Y 形联接，

相电压　$U_{\mathrm{P}} = \dfrac{U_l}{\sqrt{3}} = \dfrac{380}{\sqrt{3}} = 220\mathrm{V}$

线电流　$I_l = I_{\mathrm{P}} = \dfrac{220}{10} = 22\mathrm{A}$

相电压与相电流的相位差为 53.1°

三相功率：

$$\begin{aligned}
P &= \sqrt{3}\,U_l I_l \cos\varphi \\
&= \sqrt{3} \times 380 \times 22 \times \cos53.1° \\
&= 8688\,(\mathrm{W})
\end{aligned}$$

负载为 △ 形联接，

相电流　$I_{\mathrm{P}} = \dfrac{380}{10} = 38\mathrm{A}$

线电流　$I_l = \sqrt{3}\,I_{\mathrm{P}} = 38\sqrt{3}\mathrm{A}$

相电压与相电流的相位差为 53.1°

三相功率：

$$\begin{aligned}
P &= \sqrt{3}\,U_l I_l \cos\varphi \\
&= \sqrt{3} \times 380 \times \sqrt{3} \times 38 \times \cos53.1° \\
&= 26064\,(\mathrm{W})
\end{aligned}$$

通过上面题目的分析，得出电源电压一定的情况下，三相负载联接形式的不同，负载的有功功率不同，所以一般三相负载在电源电压一定的情况下，都有确定的联接形式

（Y联接或△联接），不能任意联接。

如有一台三相电动机，当电源电压为380V时，电动机要求接成星形，如果错接成△形会造成功率过大而损坏电动机。

例 3.3 线电压 U_l 为380V的三相电源上接有两组对称三相负载：一组是三角形联接的电感性负载，每组阻抗 $Z_\triangle = 36.3\angle 37°$ Ω；另一组是星形联接的电阻性负载，每相电阻 $R = 10Ω$，如图3-15所示。试求：（1）各组负载的相电流；（2）电路线电流；（3）三相有功功率。

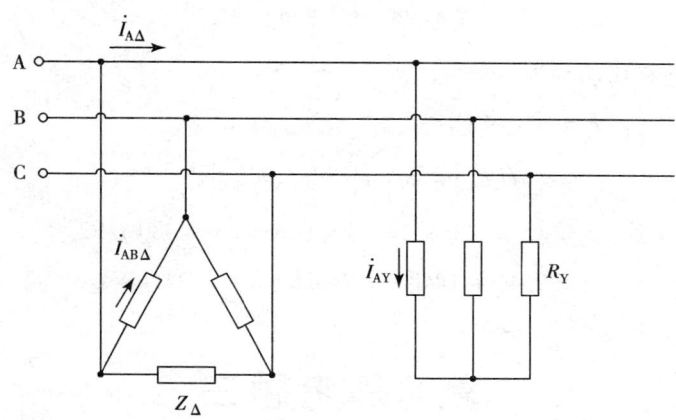

图3-15 例3.3的图

解：设线电压 $\dot{U}_{AB} = 380\angle 0°$ V，则相电压 $\dot{U}_A = 220\angle -30°$ V。

（1）由于三相负载对称，所以计算一相即可，其他两相可以推知。

对于三角形联接的负载，其相电流为

$$\dot{I}_{AB\triangle} = \frac{\dot{U}_{AB}}{Z_\triangle} = \frac{380\angle 0°}{36.3\angle 37°} = 10.47\angle -37°\ A$$

对于星形联接的负载，其相电流即为线电流

$$\dot{I}_{AY} = \frac{\dot{U}_A}{R_Y} = \frac{220\angle -30°}{10} = 22\angle -30°\ A$$

（2）先求三角形联接的电感性负载的线电流 $\dot{I}_{A\triangle}$。由图3-14可知，$I_{A\triangle} = \sqrt{3} I_{AB\triangle}$，且 $\dot{I}_{A\triangle}$ 较 $\dot{I}_{AB\triangle}$ 滞后30°，于是得出

$$\dot{I}_{A\triangle} = 10.47\sqrt{3}\angle -37° -30° = 18.13\angle -67°\ A$$

$\dot{I}_{AY}$ 与 $\dot{I}_{A\triangle}$ 相位不同，不能错误地把22A和18.13A相加作为电路线电流。两者相量相加才对，即

$$\dot{I}_A = \dot{I}_{A\triangle} + \dot{I}_{AY} = 18.13\angle -67° + 22\angle -30° = 38\angle -46.7°\ A$$

电路线电流也是对称的。

一相电压与电流的相量图如图 3-16 所示。

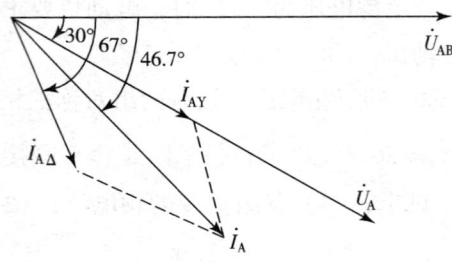

图 3-16 例 3.3 的相量图

（3）三相电路有功功率为

$$P = P_\triangle + P_Y$$

$$= \sqrt{3}\,U_l I_{A\triangle}\cos\varphi\triangle + \sqrt{3}\,U_l I_{AY}$$

$$= \sqrt{3} \times 380 \times 18.13 \times 0.8 + \sqrt{3} \times 380 \times 22$$

$$= 9546 + 14480 = 24026（W）\doteq 24（kW）$$

复习思考题三

3.1　已知对称三相电路的星形负载阻抗 $Z = (165 + j84)\,\Omega$，端线阻抗 $Z_1 = (2 + j1)\,\Omega$，中线阻抗 $Z_N = (1 + j1)\,\Omega$，线电压 $U_1 = 380V$。求负载端的电流和线电压，并作电路的相量图。

3.2　已知对称三相电路的线电压 $U_1 = 380V$（电源端），三角形负载阻抗 $Z = (4.5 + j14)\,\Omega$，端线阻抗 $Z_1 = (1.5 + j2)\,\Omega$。求线电流和负载的相电流，并作相量图。

3.3　有一三相对称负载，其每相的电阻 $R = 8\Omega$，感抗 $X_L = 6\Omega$。如果将负载联成星形接于线电压 $U_1 = 380V$ 的三相电源上，试求相电压、相电流及线电流。

3.4　对称三相电路的线电压 $U_1 = 230V$，负载阻抗 $Z = (12 + j16)\,\Omega$，试求：（1）星形连接负载时的线电流吸收的总功率；（2）三角形连接负载时的线电流、相电流和吸收的总功率；（3）比较（1）（2）的结果能得到什么结论？

3.5　图示对称 $Y - Y$ 三相电路中，电压表的读数为 $1143.16V$，$Z = (15 + j15\sqrt{3}\Omega)$，$Z = (1 + j2)\,\Omega$。求图示电路电流表读数和线电压 U_{AB}。

3.6　有一对称三相负载接成星形，每相负载的阻抗为 22Ω，功率因数为 0.8，测出负载中的电流为 10A，求三相电路的有功功率？如果负载改为三角形联接，且仍保持负载中的电流为 10A，求三相电路的有功功率？

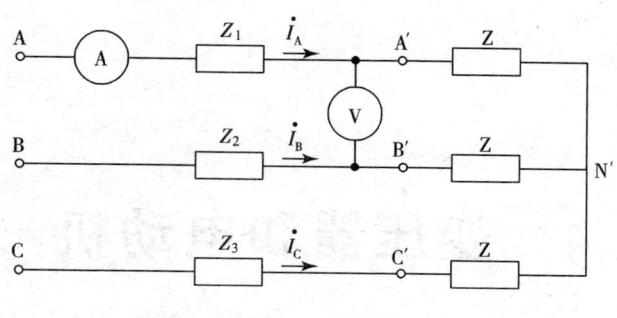

题 3.5 图

3.7 图示为对称的 $Y - Y$ 三相电路，电源相电压为 220V，负载阻抗 $Z =$ （30 + $j20$）Ω。求：（1）图中电流表的读数；（2）三相负载吸收的功率；（3）如果 A 相的负载阻抗等于零（其他不变），再求（1）、（2）；（4）如果 A 相负载开路，再求（1）、（2）。

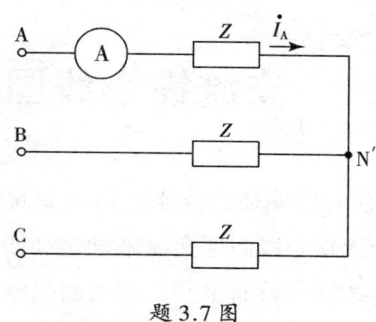

题 3.7 图

3.8 有一三相异步电动机，其绕组联成三角形，接在线电压 $U_1 = 380V$ 的电源上，从电源所取用的功率 $P_1 = 11.43kW$，功率因数 $\cos\varphi = 0.87$，试求电动机的相电流和线电流。

4 变压器和电动机

本章首先介绍了交流铁心线圈的原理，在对交流铁心线圈分析的基础上，讨论了变压器的工作原理、电动机的工作原理，然后介绍了电机的机械特性，以及电机的启动与调速。

4.1 交流铁心线圈

铁心线圈分为两种。直流铁心线圈通直流来励磁（如直流电机的励磁线圈、电磁吸盘及各种直流电器的线圈），交流铁心线圈通交流来励磁（如交流电机、变压器及各种交流电器的线圈）。分析直流铁心线圈比较简单些。因为励磁电流是直流、产生的磁通是恒定的，在线圈和铁心中不会感应出电动势来；在一定电压 U 下，线圈中的电流 I 只和线圈本身的电阻 R 有关；功率损耗也只有 RI^2。而交流铁心线圈在电磁关系、电压电流关系及功率损耗等几个方面和直流铁心线圈是有所不同的。

4.1.1 电磁关系

图 4-1 所示的交流线圈是具有铁心的，我们先来讨论其中的电磁关系。磁通势 Ni 产生的磁通绝大部分通过铁心而闭合，这部分磁通称为主磁通或工作磁通 Φ。此外还有很少的一部分磁通主要经过空气或其他非导磁媒介而闭合，这部分磁通称为漏磁通 Φ_σ。这两个磁通在线圈中产生两个感应电动势：主磁电动势 e 和漏磁电动势 e_σ。这个电磁关系表示如下：

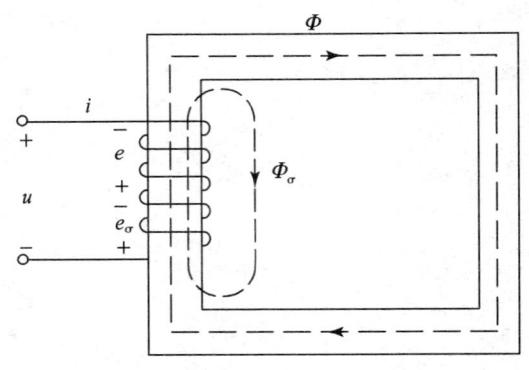

图 4-1 铁心线圈的交流电路

$$\Phi \to e = -N\frac{\mathrm{d}\Phi}{\mathrm{d}t}$$

$$u \to i(Ni)$$

$$\Phi_\sigma \to e_\sigma = -N\frac{\mathrm{d}\Phi_\sigma}{\mathrm{d}t} = -L_\sigma\frac{\mathrm{d}i}{\mathrm{d}t}$$

因为漏磁通主要不经过铁心，所以励磁电流 i 与 Φ_σ 之间可以认为成线性关系，铁心线圈的漏磁电感

$$L_\sigma = \frac{N\Phi_\sigma}{i} = 常数$$

但主磁通通过铁心，所以 i 与 Φ 之间不存在线性关系（图 4-2）。铁心线圈的主磁电感 L 不是一个常数，它随励磁电流而变化的关系和磁导率 μ 随磁场强度而变化的关系相似。因此，铁心线圈是一个非线性电感元件。

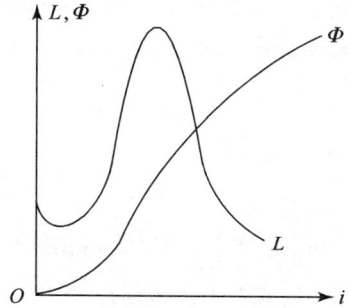

图 4-2 Φ 和 L 与 i 之间的关系

4.1.2 电压电流关系

铁心线圈交流电路（图 4-1）的电压和电流之间的关系也可由基尔霍夫电压定律得出，即

$$u + e + e_\sigma = Ri$$

或

$$u = Ri + (-e_\sigma) + (-e) = Ri + L_\sigma\frac{\mathrm{d}i}{\mathrm{d}t} + (-e)$$

$$= u_R + u_\sigma + u' \tag{4.1}$$

当 u 是正弦电压时，式中各量可视作正弦量，于是上式可用相量表示

$$\dot{U} = R\dot{I} + (-\dot{E}_\sigma) + (-\dot{E}) = R\dot{I} + jX_\sigma\dot{I} + (-\dot{E})$$

$$= \dot{U}_R + \dot{U}_\sigma + \dot{U}' \tag{4.2}$$

上式中漏磁感应电动势 $\dot{E}_\sigma = -jX_\sigma\dot{I}$，其中 $X_\sigma = \omega L_\sigma$，称为漏磁感抗，它是由漏磁通引起的；$R$ 是铁心线圈的电阻。

至于主磁感应电动势，由于主磁电感或相应的主磁感抗不是常数，应按下法计算。

设主磁通 $\Phi = \Phi_m\sin\omega t$，则

$$e = -N\frac{\mathrm{d}\Phi}{\mathrm{d}t} = -N\frac{\mathrm{d}(\Phi_m\sin\omega t)}{\mathrm{d}t} = -N\omega\Phi_m\cos\omega t$$

$$= 2\pi fN\Phi_m\sin(\omega t - 90°) = E_m\sin(\omega t - 90°) \tag{4.3}$$

上式中 $E_m = 2\pi f N \Phi_m$，是主磁电动势的幅值，而其有效值为

$$E = \frac{E_m}{\sqrt{2}} = \frac{2\pi f N \Phi_m}{\sqrt{2}} = 4.44 f N \Phi_m \tag{4.4}$$

上式是常用的公式，应特别注意。

由式（4.1）或式（4.2）可知，电源电压 u 可分为三个分量：$u_R = Ri$，是电阻上的电压降；$U_\sigma = -e_\sigma$，是平衡漏磁电动势的电压分量；$u' = -e$，是与主磁电动势相平衡的电压分量。因为根据楞次定则，感应电动势具有阻碍电流变化的物理性质，所以电源电压必须有一部分来平衡它们。

通常由于线圈的电阻 R 和感抗 X_σ（或漏磁通 Φ_σ）较小，因而它们上边的电压降也较小，与主磁电动势比较起来，可以忽略不计。于是

$$\dot{U} \approx -\dot{E}$$
$$U \approx E = 4.44 f N \Phi_m \tag{4.5}$$
$$= 4.44 f N B_m S [V]$$

式中：B_m 是铁心中磁感应强度的最大值，单位用特［斯拉］；S 是铁心截面积，单位用 m^2。若 B_m 的单位用高斯，S 的单位用 cm^2，则上式为

$$U \approx E = 4.44 f N B_m S \times 10^{-8} [V] \tag{4.6}$$

4.1.3 功率损耗

在交流铁心线圈中，除线圈电阻 R 上有功率损耗 RI^2（所谓铜损 ΔP_{Cu}）外，处于交变磁化下的铁心中也有功率损耗（所谓铁损 ΔP_{Fe}）。铁损是由磁滞和涡流产生的。

由磁滞所产生的铁损称为磁滞损耗 ΔP_h。可以证明，交变磁化一周在铁心的单位体积内所产生的磁滞损耗能量与磁滞回线所包围的面积成正比。

磁滞损耗要引起铁心发热。为了减小磁滞损耗，应选用磁滞回线狭小的磁性材料制造铁心。硅钢就是变压器和电机中常用的铁心材料，其磁滞损耗较小。

由涡流所产生的铁损称为涡流损耗 ΔP_e。

在图 4-3 中，当线圈中通有交流时，它所产生的磁通也是交变的。因此，不仅要在线圈中产生感应电动势，而且在铁心内也要产生感应电动势和感应电流。这种感应电流称为涡流，它在垂直于磁通方向的平面内环流着。

涡流损耗也要引起铁心发热。为了减小涡流损耗，在顺磁场方向铁心可由彼此绝缘的钢片叠成（图 4-3），这样就可以限制涡流只能在较小的截面内流通。此外，通常所用的硅钢片中含有少量的硅（0.8% ~ 4.8%），因而电阻率较大，这也可以使涡流减小。

涡流有有害的一面，但在另外一些场合下也有有利的一面。对其有害的一面应尽可能地加以限制，而对其有利的一面则应充分加以利用。例如，利用涡流的热效应来冶炼

金属，利用涡流和磁场相互作用而产生电磁力的原理来制造感应式仪器、滑差电机及涡流测矩器等。

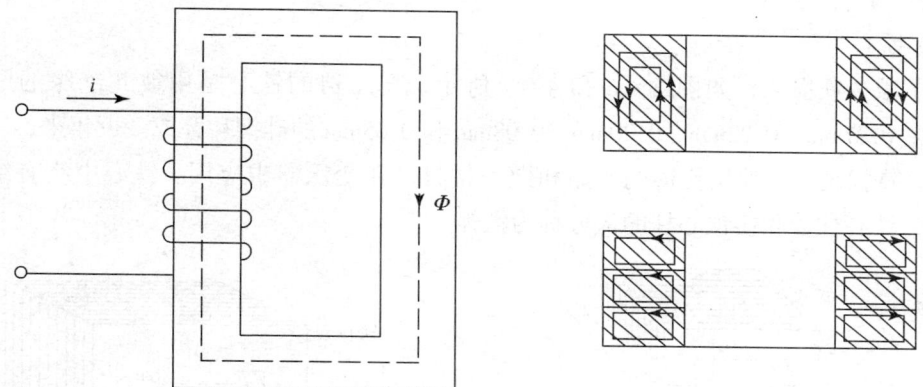

图 4-3 铁心中的涡流

在交变磁通的作用下，铁心内的这两种损耗合称铁损 ΔP_{Fe}。铁损差不多与铁心内磁感应强度的最大值 B_m 的平方成正比，故 B_m 不宜选得过大，一般取 0.8～1.2T。

从上述可知，铁心线圈交流电路的有功功率为

$$P = UI\cos\varphi = RI^2 + \Delta P_{Fe} \tag{4.7}$$

4.2 变压器工作原理

变压器是利用电磁感应原理将某一电压的交流电变换成频率相同的另一电压的交流电的能量变换装置。

图 4-4 是具有两个线圈的单相变压器的结构示意图。图 4-5 是用图形符号表示的变压器的电路图。变压器和电机中的线圈往往是由多个线圈元件串并联组成的，通常称为绕组。

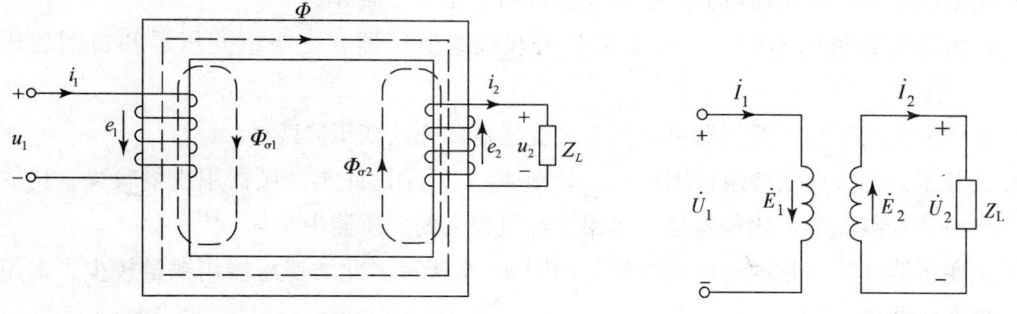

图 4-4 用结构原理图表示的变压器电路   图 4-5 用图形符号表示的变压器电路

工作时，接电源的绕组称为一次绕组，接负载的绕组称为二次绕组。为了加强两个绕组之间的磁耦合，它们都绕在铁心上。现以上述变压器为例来说明变压器的工作原理。

4.2.1　变压器的基本结构

4.2.1.1　主要部件

（1）铁心

为了减少铁损耗，如图 4 - 6 和 4 - 7 所示，变压器的铁心是用彼此绝缘的厚度为 0.35mm、0.27mm、0.22mm、0.20mm、0.08mm 和 0.05mm 的硅钢片叠成。近年来，一种磁导率大、铁损耗小、厚度更薄的非晶和微晶材料已在变压器中应用。铁心中绕有绕组的部分称为铁心柱，联接铁心柱的部分称为铁轭。

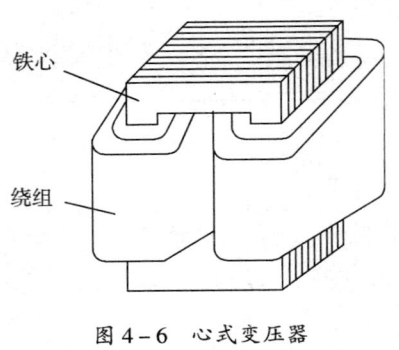

图 4-6　心式变压器

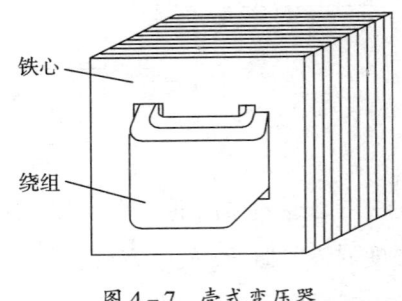

图 4-7　壳式变压器

（2）绕组

变压器的绕组用绝缘圆导线或扁导线绕成。实际变压器的高、低压绕组并非像图4 - 4 所示那样分装在两个铁心柱上，而是同心地套在同一铁心柱上的。为绝缘方便，通常低压绕组在里面，靠近铁心柱。高压绕组套在低压绕组外面。

（3）其他

除铁心和绕组之外，因容量和冷却方式的不同，还需要增加一些其他部件，例如外壳、油箱、绝缘套管等。

4.2.1.2　主要种类

按相数的不同，变压器可分为单相变压器和三相变压器等。

按每相绕组数量的不同，变压器可分为双绕组变压器、三绕组变压器和自耦变压器等。

按结构型式的不同，变压器可分为心式变压器和壳式变压器两种。

心式变压器的特点是绕组包围铁心，如图 4 - 6 所示。此类变压器用铁量较少、构造简单，绕组的安装和绝缘比较容易，多用于容量较大的变压器中。

壳式变压器的特点是铁心包围绕组，如图 4 - 7 所示。此类变压器用铜量较少，多用于小容量变压器中。

按冷却方式的不同，变压器可分为空气自冷式（干冷）变压器、油浸自冷式变压器等。

变压器工作时，绕组和铁心都要发热，故需考虑冷却问题。小容量变压器可采用空气自冷式，即通过绕组和铁心直接将热量散失到周围空气中去。大、中容量的变压器则需要采用专门的冷却措施。例如，将绕组和铁心放在盛满变压器油的油箱中，热量靠油的对流作用传给油箱，通过油箱再散失到周围空气中去，为了增加散热面积，油箱外壁做有散热片或装有油管。这种冷却方式称为油浸自冷式。图4-8就是采用这种冷却方式的三相变压器。此外，大容量的变压器还可采用许多其他更有效的冷却方式，例如采用强迫通风或强迫油循环等。

图4-8　油浸自冷式变压器

4.2.2　电压变换

当一次绕组两端加上交流电压 u_1 时，绕组中通过交流电流 i_1，在铁心中产生既与一次绕组交链，又与二次绕组交链的主磁通 Φ，还会产生少量仅与一次绕组交链的经空气等非磁性物质闭合的一次绕组漏磁通 $\Phi_{\sigma 1}$。主磁通在一次绕组中产生感应电动势 e_1。由于一次绕组电路就是交流铁心线圈电路，所以 u_1，i_1，e_1 等的参考方向的设定与交流铁心线圈相同，而且它们的关系用相量表示应为

$$\dot{E}_1 = -\mathrm{j}4.44 N_1 f \dot{\Phi}_\mathrm{m} \tag{4.8}$$

$$\dot{U}_1 = -\dot{E}_1 + (R_1 + \mathrm{j}X_1)\dot{I}_1 = -\dot{E}_1 + Z_1 \dot{I}_1 \tag{4.9}$$

式中 R_1、X_1 和 Z_1 是一次绕组的电阻、漏电抗和漏阻抗。

主磁通 Φ 除了在一次绕组中产生 e_1 外，还会在二次绕组中产生感应电动势 e_2，从而在二次绕组电路中产生了电流 i_2，在二次绕组的两端，即负载的两端产生电压 u_2。$\Phi_{\sigma 2}$ 是电流 i_2 通过二次绕组时产生的二次绕组的漏磁通。e_2 的参考方向与 Φ 的参考方向符合右手螺旋定则，i_2 的参考方向与 e_2 的参考方向一致，$\Phi_{\sigma 2}$ 的参考方向与 i_2 的参考方向符合右手螺旋定则，u_2 的参考方向与 i_2 的参考方向一致。因此，它们的关系用相量表示应为

$$\dot{E}_2 = -\mathrm{j}4.44 N_2 f \dot{\Phi}_\mathrm{m} \tag{4.10}$$

$$\dot{U}_2 = \dot{E}_2 - (R_2 + \mathrm{j}X_2)\dot{I}_2 = \dot{E}_2 - Z_2 \dot{I}_2 \tag{4.11}$$

$$\dot{U}_2 = Z_\mathrm{L} \dot{I}_2 \tag{4.12}$$

式中，R_2、X_2 和 Z_2 是二次绕组的电阻、漏电抗和漏阻抗；Z_L 是负载的阻抗。

变压器一、二次绕组的电动势之比称为变压器的电压比，用 k 表示，即

$$k = \frac{E_1}{E_2} = \frac{N_1}{N_2} \tag{4.13}$$

在忽略 Z_1 和 Z_2 的情况下，由式（4.9）和式（4.11）可知，一、二次绕组的电压之比近似等于电压比。尤其是变压器空载运行时（二次绕组不接负载），$I_2 = 0$，而一次绕组的电流（称为空载电流，用 I_0 表示）很小，一般不超过额定电流的 10% 。因此，$U_2 = E_2$，$U_1 \approx E_1$，这时一、二次绕组的电压之比更接近于电压比，即

$$\frac{U_1}{U_2} = \frac{N_1}{N_2} = k \tag{4.14}$$

两绕组中，匝数多的绕组工作电压高，称为高压绕组，匝数少的绕组工作电压低，称为低压绕组。变压器铭牌上以分数形式标出的额定电压，通常都是指变压器在空载运行时，高、低压绕组的电压。例如某变压器的额定电压为 10000/230V，这表示若以高压绕组为一次绕组，接在 10000V 的交流电源上，则低压绕组为二次绕组，其空载电压为 230V，这时变压器起降压作用。反之，若以低压绕组为一次绕组，接在 230V 交流电源上，则高压绕组为二次绕组，其空载电压为 10000V，这时变压器起升压作用。

变压器的二次绕组接有负载后，由式（4.11）等公式可以看出，负载变化引起 I_2 变化时，漏阻抗的电压降变化，U_2 将发生变化。在一次绕组电压 U_1 和负载功率因数 $\lambda_2 = \cos\varphi_2$ 保持不变的情况下，二次绕组电压 U_2 与电流 I_2 之间的关系 $U_2 = f(I_2)$ 称为变压器的外特性，用曲线表示如图 4-9 所示。变压器向常见的电感性负载供电时，负载功率因数越低，U_2 下降越多。U_2 随 I_2 变化的程度通常用电压调整率来表示，其定义为：在一次绕组电压为额定值，负载功率因数不变的情况下，变压器从空载到满载（电流等于额定电流），二次绕组电压变化的数值（$U_{2N} - U_2$）与空载电压（即额定电压）U_{2N} 的比值的百分数，用 $\Delta U\%$ 表示（也有的习惯上用 V_R 表示），即

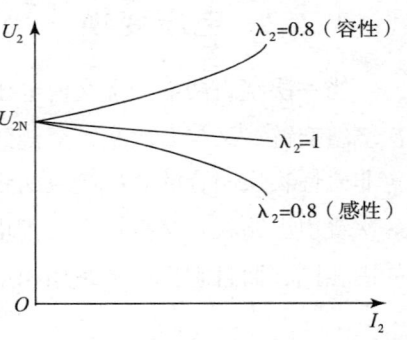

图 4-9　变压器的外特性

$$\Delta U\% = \frac{U_{2N} - U_2}{U_{2N}} \times 100\% \tag{4.15}$$

电力变压器的 $\Delta U\%$ 一般约为 2% ~ 3% 。

例 4.1　某单相变压器的额定电压为 10000/230V，接在 10000V 的交流电源上向一电感性负载供电，电压调整率为 0.03，求变压器的电压比及空载和满载时的二次电压。

解：变压器的电压比

$$k = \frac{U_{1N}}{U_{2N}} = \frac{10000}{230} = 43.5$$

由题意知空载电压为230V，满载电压由式（4.15）求得

$$U_2 = U_{2N} \left(1 - \Delta U\% \right) = 230 \times \left(1 - 0.03\right) = 223 \; (V)$$

4.2.3 电流变换

变压器在工作时，二次侧电流 I_2 的大小主要取决于负载阻抗 $\left|Z_L\right|$，而一次侧电流 I_1 的大小则取决于 I_2 的大小。这是因为从能量转换的角度来看，二次绕组向负载输出的功率，只能是由一次绕组从电源吸取，然后通过主磁通传递到二次绕组的，因此，I_2 变化时，I_1 也会发生相应的变化。从电磁关系的角度来看，空载时，主磁通是由磁通势 $N_1 \dot{I}_0$ 产生的；而有载时，主磁通是磁通势 $N_1 \dot{I}_1$ 和 $N_2 \dot{U}_2$ 共同产生的。由于 Z_1 很小，$U_1 \approx E_1$，由式（4.8）可知，在 U_1 不变的情况下，空载和有载时的 Φ_m 基本相同，根据磁路欧姆定律，空载和有载时磁路中的磁通势应基本相等，即

$$N_1 \dot{I}_1 + N_2 \dot{I}_2 = N_1 \dot{I}_0 \tag{4.16}$$

此式称为变压器的磁通势平衡方程式。

由于空载电流 I_0 比额定电流小得多，故在满载或接近满载时，I_0 可忽略不计，一、二次绕组电流的有效值之比近似与它们的匝数成反比，即

$$\frac{I_1}{I_2} = \frac{N_2}{N_1} = \frac{1}{k} \tag{4.17}$$

可见变压器还具有电流变换的作用。变压器的额定电流在铭牌上也常以分数形式标出，其中数值小者为高压绕组的额定电流，数值大者为低压绕组的额定电流。

例 4.2 在例 4.1 的变压器中，$\left|Z_L\right| = 0.966\Omega$ 时，变压器正好满载，求该变压器的电流。

解：

$$I_2 = \frac{U_2}{\left|Z_L\right|} = \frac{223}{0.966} = 224 \; (A)$$

$$I_1 = \frac{I_2}{k} = \frac{224}{43.5} = 5.15 \; (A)$$

4.2.4 阻抗变换

变压器还具有阻抗变换作用。如图 4-10（a）所示，当变压器的二次绕组接有阻抗模为 $\left|Z_L\right|$ 的负载时，如果一、二次绕组的漏阻抗和空载电流可以忽略不计，则

$$\left|Z_L\right| = \frac{U_2}{I_2} = \frac{U_1/k}{kI_1} = \frac{1}{k^2}\frac{U_1}{I_1}$$

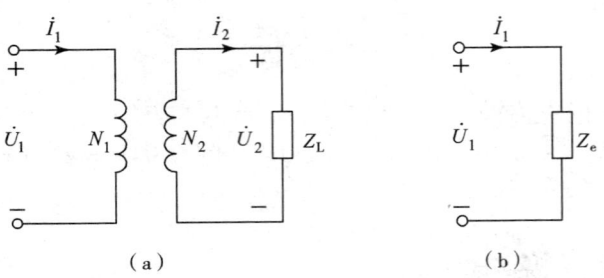

图 4-10　变压器的阻抗变换

U_1 与 I_1 之比相当于从变压器一次绕组看进去的等效阻抗模 $|Z_e|$，如图 4-10（b）所示。故

$$|Z_e| = \frac{U_1}{I_1} = k^2|Z_L| \tag{4.18}$$

可见，该负载直接接电源时，阻抗模为 $|Z_L|$；通过变压器电源时，相当于将阻抗模增加到 $|Z_L|$ 的 k^2 倍。在电子技术中，经常利用变压器的这一阻抗变换作用来实现"阻抗匹配"。

例 4.3　一只电阻为 8Ω 的扬声器（喇叭），需要把电阻提高到 800Ω 才可以接入半导体收音机的输出端，问应该利用电压比为多大的变压器才能实现这一阻抗匹配。

解：由式（4.18）求得

$$k = \sqrt{\frac{R_e}{R_L}} = \sqrt{\frac{800}{8}} = 10$$

4.2.5　功率传递

变压器工作时，一、二次绕组的视在功率为

$$S_1 = U_1 I_1 \tag{4.19}$$

$$S_2 = U_2 I_2 \tag{4.20}$$

铭牌上给出的变压器容量是二次绕组的额定视在功率。不过通常一次绕组的额定视在功率也设计得与二次绕组相同。即

$$S_N = U_{2N} I_{2N} = U_{1N} I_{1N} \tag{4.21}$$

变压器从电源输入的有功功率和向负载输出的有功功率分别为

$$P_1 = U_1 I_1 \cos\varphi_1 \tag{4.22}$$

$$P_2 = U_2 I_2 \cos\varphi_2 \tag{4.23}$$

两者之差为变压器的损耗，它包括铜损耗和铁损耗两部分，即

$$P = P_1 - P_2 = P_{Cu} + P_{Fe} \tag{4.24}$$

铜损耗是电流通过一、二次绕组电阻时产生的损耗，故

$$P_{\text{Cu}} = R_1 I_1^2 + R_2 I_2^2 \tag{4.25}$$

负载变化时，电流变化，铜损耗也随之变化，故铜损耗又称为可变损耗。

铁损耗是交变的主磁通在铁心中产生的磁滞损耗和涡流损耗，即

$$P_{\text{Fe}} = P_{\text{h}} + P_{\text{e}} \tag{4.26}$$

变压器工作时，一次绕组电压的有效值和频率不变，主磁通基本不变，铁损耗也基本上不变，故铁损耗又称为不变损耗。

变压器的效率用 η 表示

$$\eta = \frac{P_2}{P_1} \times 100\% = \frac{P_2}{P_2 + P} \times 100\% \tag{4.27}$$

变压器在规定的 λ_2（一般 $\lambda_2 = 0.8$，电感性）下满载运行时的效率称为额定效率 η_{N}，它也是标志变压器运行性能的指标之一。小型电力变压器的额定效率为 $80\% \sim 90\%$，大型电力变压器的额定效率可达 $98\% \sim 99\%$。

例 4.4　一变压器容量为 $10\text{kV} \cdot \text{A}$，铁损为 300W，满载时铜损为 400W，求该变压器在满载情况下向功率因数为 0.8 的负载供电时输入和输出的有功功率及效率。

解：忽略电压变化率，则

$$P_2 = S_{\text{N}} \cos\varphi_2 = 10 \times 10^3 \times 0.8 = 8 \times 10^3 \, (\text{W}) = 8 \, (\text{kW})$$

$$P = P_{\text{Fe}} + P_{\text{Cu}} = 300 + 400 = 700 \, (\text{W}) = 0.7 \, (\text{kW})$$

$$P_1 = P_2 + P = 8000 + 700 = 8700 \, (\text{W}) = 8.7 \, (\text{kW})$$

$$\eta = \frac{P_2}{P_1} \times 100\% = \frac{8}{8.7} \times 100\% = 92\%$$

4.3　电动机工作原理

电动机的作用是将电能转换为机械能。现代各种生产机械都广泛应用电动机来驱动。

有的生产机械只装配着一台电动机，如单轴钻床；有的需要好几台电动机，如某些机床的主轴、刀架、横梁以及润滑油泵和冷却油泵等都是由单独的电动机来驱动的。常见的桥式起重机上就有三台电动机。

生产机械由电动机驱动有很多优点：简化生产机械的结构；提高生产率和产品质量；能实现自动控制和远距离操纵；减轻繁重的体力劳动。

电动机可分为交流电动机和直流电动机两大类。交流电动机又分为异步电动机（或称感应电动机）和同步电动机。直流电动机按照励磁方式的不同分为他励、并励、串励和复励四种。

在生产上主要用的是交流电动机，特别是三相异步电动机。它被广泛地用来驱动各种金属切削机床、起重机、锻压机、传送带、铸造机械、功率不大的通风机及水泵等。

仅在需要均匀调速的生产机械上，如龙门刨床、轧钢机及某些重型机床的主传动机构，以及在某些电力牵引和起重设备中才采用直流电动机。同步电动机主要应用于功率较大、不需调速、长期工作的各种生产机械，如压缩机、水泵、通风机等。单相异步电动机常用于功率不大的电动工具和某些家用电器中。除上述动力用电动机外，在自动控制系统和计算装置中还用到各种控制电机。

4.3.1　电动机的基本结构

三相异步电动机分成两个基本部分：定子（固定部分）和转子（旋转部分）。图4-11所示的是三相异步电动机的构造。

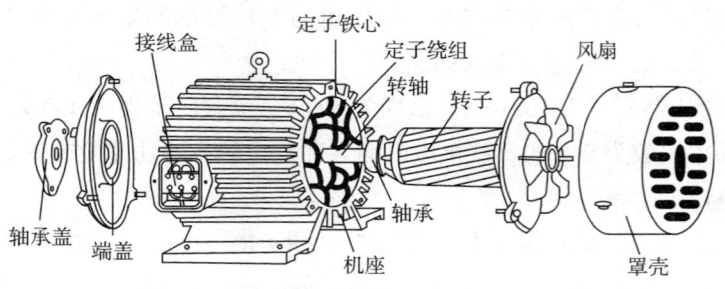

图 4-11　三相异步电动机的构造

三相异步电动机的定子由机座和装在机座内的圆筒形铁心以及其中的三相定子绕组组成。机座是用铸铁或铸钢制成的，铁心是由互相绝缘的硅钢片叠成的。铁心的内圆周表面冲有槽（图 4-12），用于放置对称三相绕组 AX、BY 和 CZ，有的联接成星形，有的联接成三角形。

三相异步电动机的转子根据构造上的不同分为两种型式：鼠笼式和绕线式。转子铁心是圆柱状，也用硅钢片叠成，表面冲有槽（图 4-12）。铁心装在转轴上，轴上加机械负载。

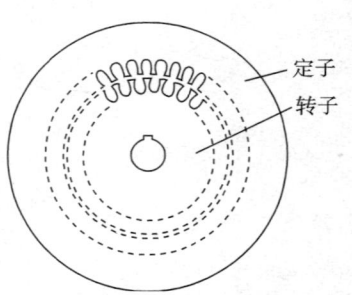

图 4-12　定子和转子的铁心片

鼠笼式的转子绕组做成鼠笼状，就是在转子铁心的槽中放铜条，其两端用端环联接（图 4-13）。或者在槽中浇铸铝液，铸成一鼠笼（图 4-14），这样便可以用比较便宜的铝来代替铜，同时制造也快。因此，目前中小型鼠笼式电动机的转子很多是铸铝的。鼠笼式异步电动机的"鼠笼"是它的构造特点，易于识别。

绕线式异步电动机的构造如图 4-15 所示，它的转子绕组同定子绕组一样，也是三相的；它联成星形。每相的始端联接在三个铜制的滑环上，滑环固定在转轴上。环与环，环与转轴都互相绝缘。在环上用弹簧压着碳质电刷。

鼠笼式与绕线式只是在转子的构造上不同，它们的工作原理是一样的。

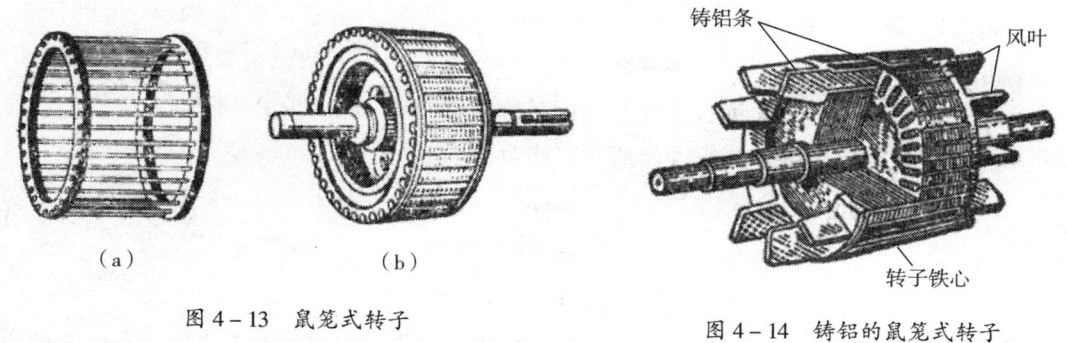

图 4-13 鼠笼式转子

图 4-14 铸铝的鼠笼式转子

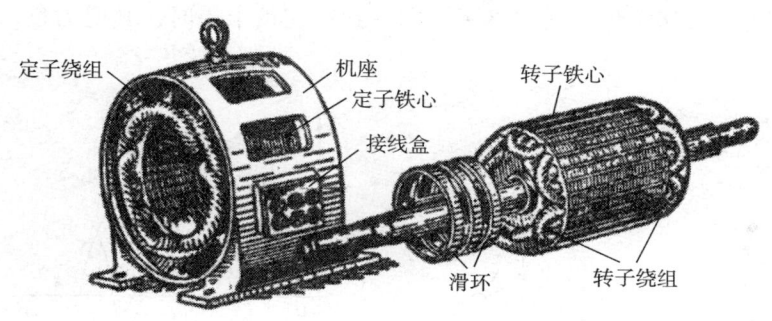

图 4-15 绕线式异步电动机的构造

鼠笼式电动机由于构造简单，价格低廉，工作可靠，使用方便，就成为生产上应用得最广泛的一种电动机。

4.3.2 电动机的转动原理

三相异步电动机接上电源，就会转动，这是什么道理呢？为了说明这个转动原理，我们先来做个演示。

图 4-16 所示的是一个装有手柄的蹄形磁铁，磁极间放有一个可以自由转动的、由铜条组成的转子。铜条两端分别用铜环联接起来，形似鼠笼，作为鼠笼式转子。磁极和转子之间没有机械联系。当我们摇动磁极时，发现转子跟着磁极一起转

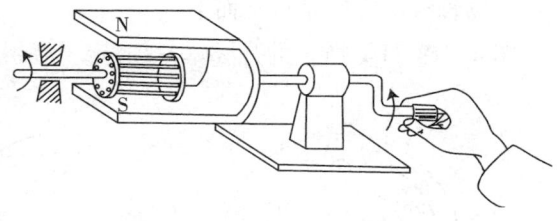

图 4-16 异步电动机转子转动的演示

动。摇得快，转子转得也快；摇得慢，转子转得也慢；反摇，转子马上反转。

从这一演示得出两点启示：第一、有一个旋转的磁场；第二、转子跟着磁场转动。异步电动机转子的原理是与上述演示相似的。那么，在三相异步电动机中，磁场从何而来，又怎么还会旋转呢？下面就来讨论这个问题。

4.3.2.1　旋转磁场

（1）旋转磁场的产生

三相异步电动机的定子铁心中放有三相对称绕组 AX，BY 和 CZ。设将三相绕组联接成星形，接在三相电源上，绕组中便通入三相对称电流

$$i_A = I_m \sin\omega t$$

$$i_B = I_m \sin(\omega t - 120°)$$

$$i_C = I_m \sin(\omega t + 120°)$$

其波形如图 4 - 17 所示。取绕组始端到末端的方向作为电流的参考方向。在电流的正半周时，其值为正，其实际方向与参考方向一致；在负半周时，其值为负，其实际方向与参考方向相反。

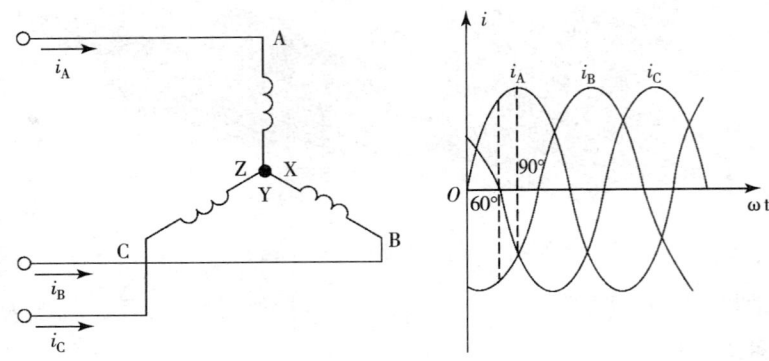

图 4 - 17　三相对称电流

在 $\omega t = 0$ 的瞬时，定子绕组中的电流方向如图 4 - 18（a）所示。这时 $i_A = 0$；i_B 是负的，其方向与参考方向相反，即自 Y 到 B；i_C 是正的，其方向与参考方向相同，即自 C 到 Z。将每相电流所产生的磁场相加，便得出三相电流的合成磁场。在图 4 - 18（a）中，合成磁场轴线的方向是自上而下。

图 4 - 18（b）所示的是 $\omega t = 60°$ 时定子绕组中电流的方向和三相电流的合成磁场的方

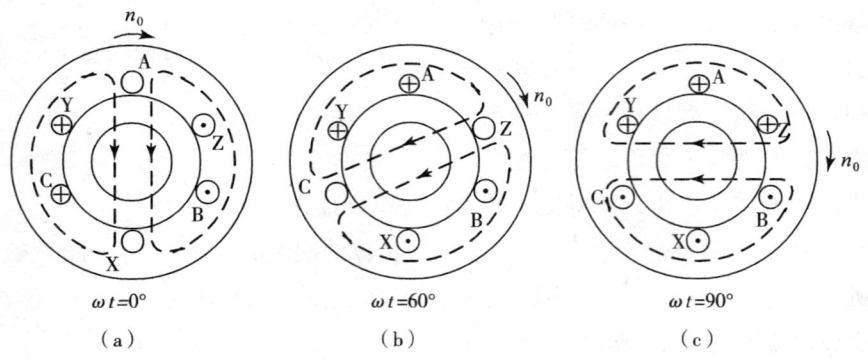

图 4 - 18　三相电流产生的旋转磁场（$p = 1$）

向。这时的合成磁场已在空间转过了60°。

同理可得，在 $\omega t = 90°$ 时的三相电流的合成磁场，它比 $\omega t = 60°$ 时的合成磁场在空间又转过了30°，如图4-18（c）所示。

由上可知，当定子绕组中通入三相电流后，它们共同产生的合成磁场是随电流的交变而在空间不断地旋转着，这就是旋转磁场。这旋转磁场同磁极在空间旋转（图4-16）所起的作用是一样的。

（2）旋转磁场的转向

图4-18（c）所示的情况是 A 相电流 $i = +I_m$，这时旋转磁场轴线的方向恰好与 A 相绕组的轴线一致。在三相电流中，电流出现正幅值的顺序为 A→B→C，因此磁场的旋转方向是与这个顺序一致的，即磁场的转向与通入绕组的三相电流的相序有关。

如果将同三相电源联接的三根导线中的任意两根的一端对调位置（例如对调了 B 与 C 两相），则电动机三相绕组的 B 相与 C 相对调（注意：电源三相端子的相序未变），旋转磁场因此反转（图4-19）。

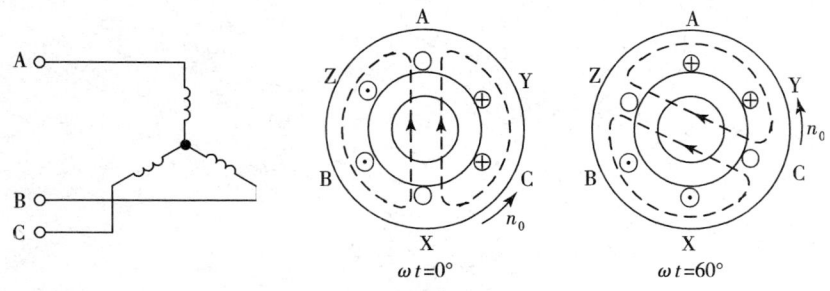

图4-19　旋转磁场的反转

（3）旋转磁场的极数

三相异步电动机的极数就是旋转磁场的极数。旋转磁场的极数和三相绕组的安排有关。在上述图4-18所示的情况下，每相绕组只有一个线圈，绕组的始端之间相差120°空间角，则产生的旋转磁场具有一对极，即 $p = 1$（p 是磁极对数），如将定子绕组安排得如图4-20所示那样，即每相绕组有两个线圈串联，绕组的始端之间相差60°空间角，则产生的旋转磁场具有两对极，即 $p = 2$，如图4-21所示。

同理，如果要产生三对极，即 $p = 3$ 的旋转磁场，则每相绕组必须有均匀安排在空间中的串联的三个线圈，绕组的始端之间相差 $40° = \left(\dfrac{120°}{p}\right)$ 空间角。

（4）旋转磁场的转速

三相异步电动机的转速与旋转磁场的转速有关，而旋转磁场的转速决定于磁场的极数。在一对极的情况下，由图4-18可见，当电流从 $\omega t = 0$ 到 $\omega t = 60°$ 经历了60°时，磁场在空间也旋转了60°。当电流交变了一次（一个周期）时，磁场恰好在空间旋转了一转。设电流的频率为 f_1，即电流每秒钟交变 f_1 次或每分钟交变 $60f_1$ 次，则旋转磁场的转速为 $n_0 = 60f_1$。转速的单位为 r/min。

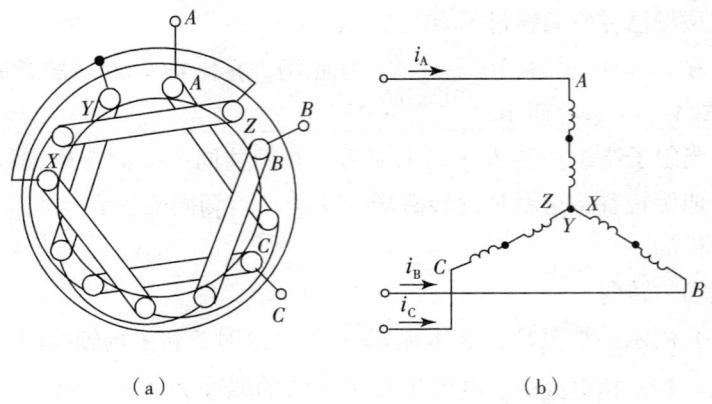

（a）   （b）

图 4 – 20　产生四极旋转磁场的定子绕组

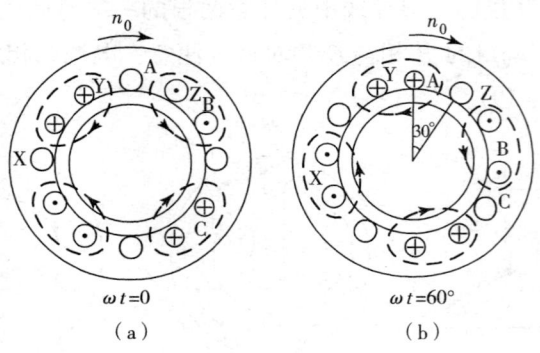

$\omega t=0$　　　　　　　　$\omega t=60°$

（a）　　　　　　　　　　（b）

图 4 – 21　三相电流产生的旋转磁场（$p = 2$）

在旋转磁场具有两对极的情况下，由图 4 – 21 可见，当电流也从 $\omega t = 0$ 到 $\omega t = 60°$ 经历了 60°时，而磁场在空间仅旋转了 30°。就是说，当电流交变了一次时，磁场仅旋转了半转，比 $p = 1$ 情况下的转速慢了一半，即 $n_0 = \dfrac{60f_1}{2}$。

同理，在三对极的情况下，电流交变一次，磁场在空间仅旋转了 $\dfrac{1}{3}$ 转，只是 $p = 1$ 情况下的转速的三分之一，即 $n_0 = \dfrac{60f_1}{3}$。

由此推知，当旋转磁场具有 p 对极时，磁场的转速为

$$n_0 = \frac{60f_1}{p} \tag{4.28}$$

因此，旋转磁场的转速 n_0 决定于电流频率 f_1 和磁场的极对数 p，而后者又决定于三相绕组的安排情况。对某一异步电动机讲，f_1 和 p 通常是一定的，所以磁场转速 n_0 是个常数。

在我国，工频 $f_1 = 50$Hz，于是由式（4.28）可得出对应于不同极对数 p 的旋转磁场转速 n_0（r/min），见表 4 – 1。

表 4-1 对应于不同极对数 p 的旋转磁场转速

p	1	2	3	4	5	6
n_0（r/min）	3000	1500	1000	750	600	500

4.3.2.2 电动机的转动原理

图 4-22 所示是三相异步电动机转子转动的原理图，图中 N，S 表示两极旋转磁场，转子中只画出两根导条（铜或铝）。当旋转磁场向顺时针方向旋转时，其磁力线切割转子导条，导条中就感应出电动势。电动势的方向由右手定则确定。在这里应用右手定则时，可假设磁极不动，而转子导条向逆时针方向旋转切割磁力线，这与实际上磁极顺时针方向旋转时磁力线切割转子导条是相当的。

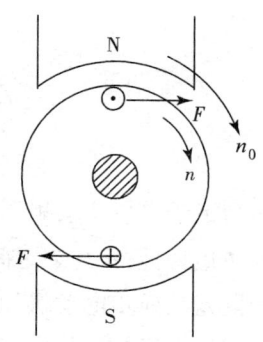

图 4-22 转子转动的原理图

在电动势的作用下，闭合的导条中就有电流。这电流与旋转磁场相互作用。而使转子导条受到电磁力 F。电磁力的方向可应用左手定则来确定。由电磁力产生电磁转矩，转子就转动起来。由图 4-22 可见，转子转动的方向和磁极旋转的方向相同。这就是图 4-16 的演示中转子跟着磁场转动。当旋转磁场反转时，电动机也跟着反转。

4.3.2.3 转差率

由图 4-22 可见，电动机转子转动的方向与磁场旋转的方向相同，但转子的转速 n 不可能达到与旋转磁场的转速 n_0 相等，即 $n < n_0$。因为，如果两者相等，则转子与旋转磁场之间就没有相对运动，因而磁通就不切割转子导条，转子电动势、转子电流以及转矩也就都不存在。这样，转子就不可能继续以 n_0 的转速转动。因此，转子转速与磁场转速之间必须要有差别。这就是异步电动机名称的由来。而旋转磁场的转速 n_0 常称为同步转速。

我们用转差率 s 来表示转子转速 n 与磁场转速 n_0 相差的程度，即

$$s = \frac{n_0 - n}{n_0} \tag{4.29}$$

转差率是异步电动机的一个重要的物理量。转子转速越接近磁场转速，则转差率越小。由于三相异步电动机的额定转速与同步转速相近，所以它的转差率很小。通常异步电动机在额定负载时的转差率约为 $1\% \sim 9\%$。

当 $n = 0$ 时（启动初始瞬间），$s = 1$，这时转差率最大。

式（4.29）也可写为

$$n = (1 - s)n_0 \tag{4.30}$$

例 4.5 有一台三相异步电动机，其额定转速 $n = 975$r/min。试求电动机的极数和额定负载时的转差率。电源频率 $f_1 = 50$Hz。

解：由于电动机的额定转速接近而略小于同步转速，而同步转速对应于不同的极对数有一系列固定的数值（见表 4 - 1）。显然，与 975r/min 最相近的同步转速 $n_0 = 1000$r/min，与此相应的磁极对数 $P = 3$。因此，额定负载时的转差率为

$$s = \frac{n_0 - n}{n_0} \times 100\% = \frac{1000 - 975}{1000} \times 100\% = 2.5\%$$

4.4　电动机的机械特性

当定子电压 U_1、频率 f_1 等保持不变时，三相异步电动机的 T 与 s 之间的关系 $T = f(s)$ 称为转矩特性，n 与 T 之间的关系 $n = f(T)$ 称为机械特性。有时也统称为机械特性。

鼠笼型异步电动机如果定子电压和频率保持为额定值，绕线转子异步电动机如果定子电压和频率保持为额定值，而且转子电路中不另外串联电阻或电抗，这时的转矩特性和机械特性称为固有转矩和固有机械特性，简称固有特性，否则称为人为特性。

4.4.1　固有特性

三相异步电动机的固有特性如图 4 - 23 所示。在转矩特性的 OM 段和机械特性的 n_0M 段，s 增加时，T 增加，n 减小；在转矩特性的 MS 段和机械特性的 MS 段，s 增加时，T 减小，n 减小。

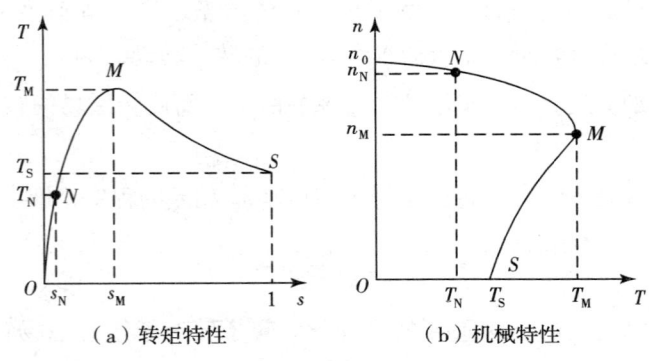

（a）转矩特性　　　　　　　（b）机械特性

图 4 - 23 固有特性

固有特性上的 N、M、S 三个特殊的工作点代表了三相异步电动机的如下三个重要的工作状态。

4.4.1.1　额定状态

这是电动机的电压、电功率和转速等都等于额定值时的状态，工作点在特性曲线上的 N 点，约在 OM 段或 n_0M 段的中间附近。这时的转差率 s_N、转速 n_N 和转矩 T_N 分别称

为额定转差率、额定转速和额定转矩。忽略 T_0，则 $T_2 = T_N$，T_N 可用下式求得

$$T_N = \frac{P_N}{\omega_N} = \frac{60}{2\pi} \frac{P_N}{n_N} \tag{4.31}$$

额定状态说明了电动机的长期运行能力。因为，若 $T > T_N$，则电流和功率都会超过额定值，电动机处于过载状态。长期过载运行，电动机的温度会超过允许值，这将会降低电动机的使用寿命，甚至很快烧坏，这是不允许的。因此，长期运行时电动机的工作范围应在固有转矩特性的 ON 段和固有机械特性的 $n_0 N$ 段。国产异步电动机的 n_N 非常接近又略小于 n_0，$S_N = 0.01 \sim 0.09$，因此，工作在上述区段，T 增加时，n 下降不多。像这种转矩增加时，转速下降不多的机械特性称为硬特性。

4.4.1.2 临界状态

这是电动机的电磁转矩等于最大值时的状态，工作点在特性曲线上的 M 点，这时的电磁转矩 T_M 称为最大转矩，转差率 s_M 和转速 n_M 称为临界转差率和临界转速。可求得临界转差率

$$s_M = \frac{R_2}{X_2} \tag{4.32}$$

同样，我们可求得最大转矩为

$$T_M = K_T \frac{U_1^2}{2 f_1 X_2} \tag{4.33}$$

临界状态说明了电动机的短时过载能力。因为电动机虽然不允许长期过载运行，但是只要是过载时间很短，电动机的温度还没有超过允许值，就停止工作或负载又减小了，在这种情况下，从发热的角度看，电动机短时间过载是允许的。可是，过载时，负载转矩却必须小于最大转矩，不然电动机带不动负载，转速会越来越低，直到停转，出现"堵转"现象。堵转时，$s = 1$，转子与旋转磁场的相对运动速度大，因而，通常用最大转矩 T_M 和额定转矩 T_N 的比值来说明异步电动机的短时过载能力，用 K_M 表示，即

$$K_M = \frac{T_M}{T_N} \tag{4.34}$$

Y 系列三相异步电动机的 $K_M = 2 \sim 2.2$。

4.4.1.3 启动状态

这是电动机刚接通电源、转子尚未转动时的工作状态，工作点在特性曲线上的 S 点。这时的转差率 $s = 1$，转速 $n = 0$，对应的电磁转矩 T_S 称为启动转矩，定子线电流用 I_S 表示，称为启动电流。

启动状态说明了电动机的直接启动能力。因为只有在 $T_S > T_L$ 时，电动机才能启动起来。T_S 大，电动机才能重载启动；T_S 小，电动机只能轻载、甚至空载启动。因此，通常用启动转矩 T_S 和额定转矩 T_N 的比值来说明异步电动机的直接启动能力，用 K_S 表示，即

$$K_S = \frac{T_S}{T_N} \tag{4.35}$$

直接启动时，启动电流远大于额定电流，这也是直接启动时应予考虑的问题。电动机的启动电流 I_S 与额定电流 I_N 的比值用 K_C 表示，即

$$K_C = \frac{I_S}{I_N} \tag{4.36}$$

Y 系列三相异步电动机的 $K_S = 1.6 \sim 2.2$，$K_C = 5.5 \sim 7.0$。

例4.6　某三相异步电动机，额定功率 $P_N = 45\text{kW}$，额定转速 $n_N = 2970\text{r/min}$，$K_M = 2.2$，$K_S = 2.0$。若 $T_L = 200\text{N·m}$，试问能否带此负载：（1）长期运行；（2）短时运行；（3）直接启动。

解：（1）电动机的额定转矩

$$T_N = \frac{60}{2\pi}\frac{P_N}{n_N} = \frac{60}{2 \times 3.14} \times \frac{45 \times 10^3}{2970} = 145\,(\text{N·m})$$

由于 $T_N < T_L$，故不能带此负载长期运行。

（2）电动机的最大转矩

$$T_M = K_M T_N = 2.2 \times 145 = 319\,(\text{N·m})$$

由于 $T_M > T_L$，故可以带此负载短时运行。

（3）电动机的启动转矩

$$T_S = K_S T_N = 2.0 \times 145 = 290\,(\text{N·m})$$

由于 $T_S > T_L$，故可以带此负载直接启动。

4.4.2　人为特性

4.4.2.1　定子电压降低时的人为特性

由于临界转差率和临界转速与电压无关，而转矩是正比于电压的平方的，因此，电压降低后的人为特性如图 4-24 所示。

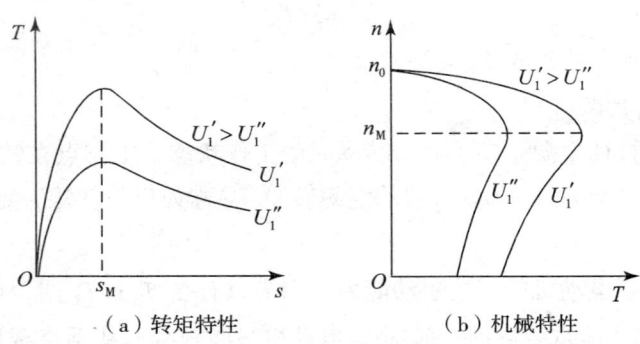

（a）转矩特性　　　　　（b）机械特性

图 4-24　定子电压降低时的人为特性

4.4.2.2 转子电阻增加时的人为特性

由于临界转差率 S_M 正比于转子电阻 R_2，最大转矩 T_M 却与转子电阻 R_2 无关，因此，绕线转子异步电动机在转子电路中串入电阻时的人为特性如图 4-25 所示。

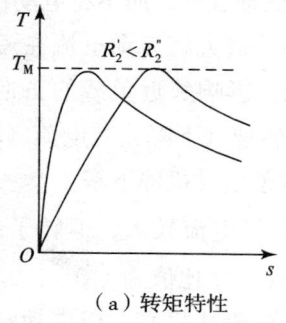 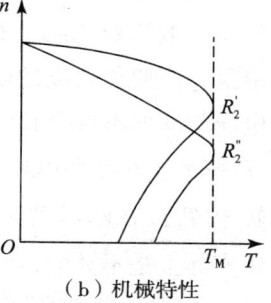

（a）转矩特性　　　　　　（b）机械特性

图 4-25　转子电阻增加时的人为特性

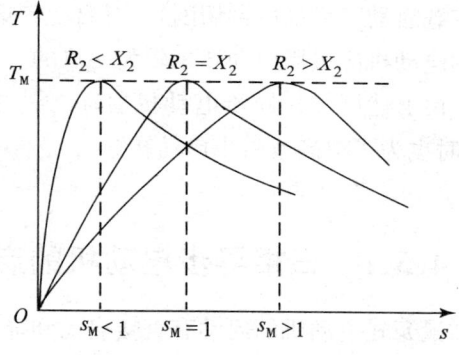

转子电阻增加后，T_S 的大小则与 R_2 和 X_2 的相对大小有关，如图 4-26 所示。分析如下：

当 $R_2 < X_2$ 时，$S_M < 1$，R_2 增加时，T_S 增加；

当 $R_2 = X_2$ 时，$S_M = 1$，$T_S = T_M$，启动转矩最大；

当 $R_2 > X_2$ 时，$S_M > 1$，R_2 增加时，T_S 减小。

图 4-26　R_2 对 T_S 的影响

4.5　电动机的启动与调速

电动机启动就是把它开动起来。在启动初始瞬间 $n = 0$，$s = 1$。我们从启动时的电流和转矩来分析电动机的启动性能。

首先讨论启动电流 I_{st}。在刚启动时，由于旋转磁场对静止的转子有着很大的相对转速，磁通切割转子导条的速度很快，这时转子绕组中感应出的电动势和产生的转子电流都很大。和变压器的原理一样，转子电流增大，定子电流必然相应增大。一般中小型鼠笼式电动机的定子起动电流(指线电流)与额定电流之比值为 5~7。例如 Y132M-4 型电动机的额定电流为 15.4A，启动电流与额定电流之比值为 7，因此启动电流为 107.8A。

电动机不是频繁启动时，启动电流对电动机本身影响不大。因为启动电流虽大，但启动时间一般很短（小型电动机只有 1~3s），从发热角度考虑没有问题，并且一经启动后，转速很快升高，电流便很快减小了。但当启动频繁时，由于热量的积累，可以使电动机过热。因此，在实际操作时应尽可能不让电动机频繁启动。例如，在切削加工时，一般只是用摩擦离合器或电磁离合器将主轴与电机轴脱开，而不将电动机停下来。

但是，电动机的启动电流对线路是有影响的。过大的启动电流在短时间内会在线路上造成较大的电压降落，而使负载端的电压降低，影响邻近负载的正常工作。例如对邻近的异步电动机，电压的降低不仅会影响它们的转速（下降）和电流（增大），甚至可能使它们的最大转矩 T_M 降到不小于负载转矩，以致使电动机停下来。

其次讨论启动转矩 T_{st}。在刚启动时，虽然转子电流较大，但转子的功率因数 $\cos\varphi_2$ 是很低的。启动转矩实际上是不大的，它与额定转矩之比值为 1.0~2.2。

如果启动转矩过小，就不能在满载下启动，应设法提高。但启动转矩如果过大，会使传动机构（譬如齿轮）受到冲击而损坏，所以又应设法减小。一般机床的主电动机都是空载启动（启动后再切削），对启动转矩没有什么要求。但对移动床鞍、横梁以及起重用的电动机应采用启动转矩较大一点的。

由上述可知，异步电动机启动时的主要缺点是启动电流较大。为了减小启动电流（有时也为了提高或减小启动转矩），必须采用适当的启动方法。

4.5.1 三相异步电动机的启动

鼠笼式电动机的启动有直接启动和降压启动两种。

4.5.1.1 直接启动

直接启动就是利用闸刀开关或接触器将电动机直接接到具有额定电压的电源上。这种启动方法虽然简单，但如上所述，由于启动电流较大，将使线路电压下降，影响负载正常工作。

一台电动机能否直接启动，有一定规定。有的地区规定：用电单位如有独立的变压器，则在电动机启动频繁时，电动机容量小于变压器容量的 20% 时允许直接启动；如果电动机不经常启动，它的容量小于变压器容量的 30% 时允许直接启动。如果没有独立的变压器（与照明共用），电动机直接启动时所产生的电压降不应超过 5%。

二三十千瓦以下的异步电动机一般都是采用直接启动的。

4.5.1.2 降压启动

如果电动机直接启动时所引起的线路电压降较大，必须采用降压启动，就是在启动时降低加在电动机定子绕组上的电压，以减小启动电流。鼠笼式电动机的降压启动常用下面几种方法：

（1）星形—三角形（Y－△）换接启动

如果电动机在工作时其定子绕组是联接成三角形的，那么在启动时可把它联成星形，等到转速接近额定值时再换接成三角形。这样，在启动时就把定子每相绕组上的电压降到正常工作电压的 $\dfrac{1}{\sqrt{3}}$。

图 4-27 是定子绕组的两种联接法，Z 为启动时每相绕组的等效阻抗。

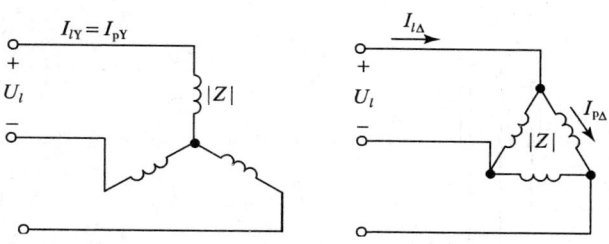

图 4-27　比较星形联接和三角形联接时的启动电流

当定子绕组联成星形，即降压启动时，

$$I_{lY} = I_{pY} = \frac{U_l / \sqrt{3}}{|Z|}$$

当定子绕组联成三角形，即直接启动时，

$$I_l \triangle = \sqrt{3}\, I_{p\triangle} = \sqrt{3}\frac{U_l}{|Z|}$$

比较上列两式，可得

$$\frac{I_{lY}}{I_{l\triangle}} = \frac{1}{3}$$

即降压启动时的电流为直接启动时的 $\dfrac{1}{3}$。

由于转矩和电压的平方成正比，所以启动转矩也减小到直接启动时的 $(1/\sqrt{3})^2 = \dfrac{1}{3}$。因此，这种方法只适合于空载或轻载时启动。

这种换接启动可采用星三角启动器来实现。图 4-28 是一种星三角启动器的接线简图。在起动时将手柄向右扳，使右边一排动触点与静触点相联，电动机就联成星形。等电动机接近额定转速时，将手柄往左扳，则使左边一排动触点与静触点相联，电动机换接成三角形。

星三角启动器的体积小，成本低，寿命长，动作可靠。目前的异步电动机都已设计为 380V 三角形联接，因此星三角启动器得到了广泛的应用。

（2）自耦降压启动

自耦降压启动是利用三相自耦变压器将电动机在启动过程中的端电压降低，其接线图如图 4-29 所示。启动时，先把开关 Q_2 扳到"启动"位置。当转速接近额定值时，将 Q_2 扳向"工作"位置，切除自耦变压器。

自耦变压器备有抽头，以便得到不同的电压（例如为电源电压的 73%、64%、

55%），根据对启动转矩的要求而选用。

采用自耦降压启动，也同时能使启动电流和启动转矩减小（图4-29）。

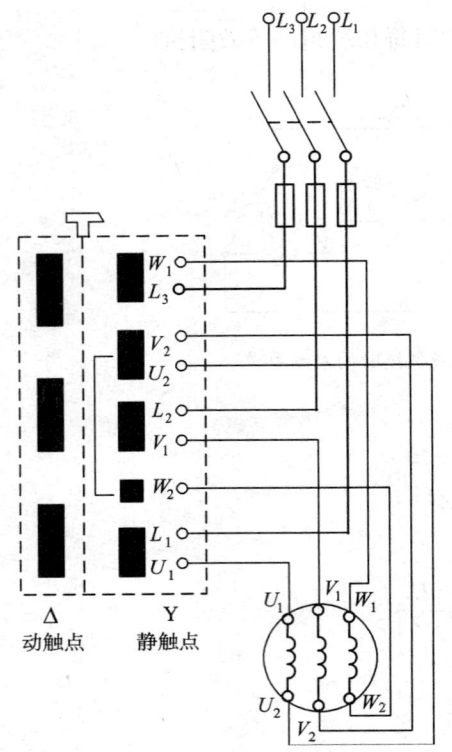

图 4-28 星三角启动器接线简图

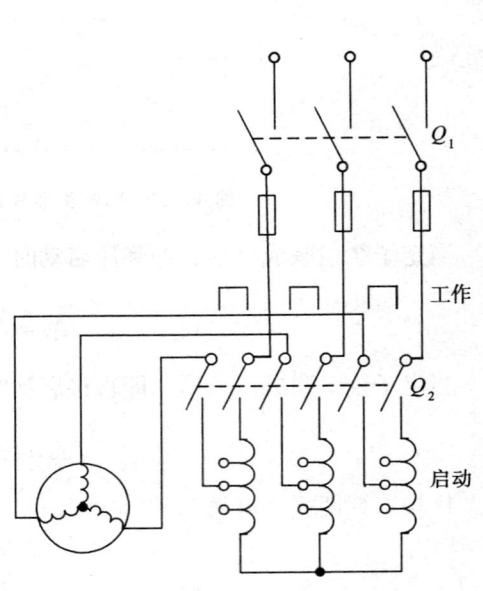

图 4-29 自耦降压启动接线图

自耦降压启动适用于容量较大的或正常运行时联成星形不能采用星三角启动器的鼠笼式异步电动机。

至于绕线式电动机的启动，只要在转子电路中接入大小适当的启动电阻 R_{st}（图4-30），就可达到减小启动电流的目的；同时，启动转矩也提高了。所以它常用于要求启动转矩较大的生产机械上，例如卷扬机、锻压机、起重机及转炉等。

启动后，随着转速的上升将启动电阻逐段切除。

4.5.2　三相异步电动机的调速

调速就是在同一负载下能得到不同的转速，以满足生产过程的要求。例如各种切削机床的主轴运动随着工作与刀具的材料、工件直径、加工工艺的要求及走刀量的大小等的不同，要求有不同的转速，以获得最高的生产率和保证加工质量。如果采用电气调速，就可以大大简化机械变速机构。

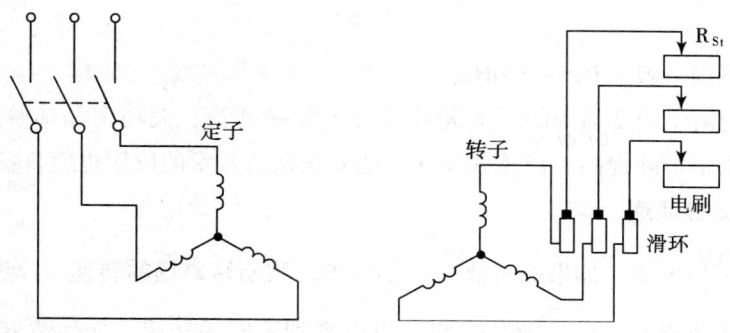

图 4-30 绕线式电动机启动时的接线图

在讨论异步电动机的调速时，首先从研究公式 $n = (1-s)n_0 = (1-s)\dfrac{60f_1}{p}$ 出发。此式表明，改变电动机的转速有三种可能，即改变电源频率 f_1、极对数 p 及转差率 s。前两者是鼠笼式电动机的调速方法，后者是绕线式电动机的调速方法。今分别讨论如下。

4.5.2.1　变频调速

近年来变频调速技术发展很快，目前主要采用如图 4-31 所示的变频调速装置，它主要由整流器和逆变器两大部分组成。整流器先将频率 f 为 50Hz 的三相交流电变换为直流电，再由逆变器变换为频率 f_1 可调、电压有效值 U_1 也可调的三相交流电，供给三相鼠笼式电动机。由此可得到电动机的无级调速，并具有硬的机械特性。

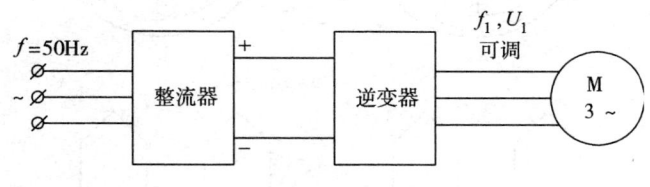

图 4-31　变频调速装置

通常有下列两种变频调速方式：

（1）在 $f_1 < f_{1N}$，即低于额定转速调速时，应保持 $\dfrac{U_1}{f_1}$ 的比值近于不变，也就是两者要成比例地同时调节。由 $U_1 \approx 4.44 f_1 N_1 \Phi$ 和 $T = K_T \Phi I_2 \cos\varphi_2$ 两式可知，这时磁通 Φ 和转矩 T 也都近似不变。这是恒转矩调速。

如果把转速调低时 $U_1 = U_{1N}$ 保持不变，在减小 f_1 时磁通 φ 则将增加。这就会使磁路饱和（电动机磁通一般设计在接近铁心磁饱和点），从而增加励磁电流和铁损，导致电机过热，这是不允许的。

（2）在 $f_1 > f_{1N}$，即高于额定转速调速时，应保持 $U_1 \approx U_{1N}$。这时磁通 Φ 和转矩 T 都将减小。转速增大，转矩减小，将使功率近于不变。这是恒功率调速。

如果把转速调高时 $\dfrac{U_1}{f_1}$ 的比值不变，在增加 f_1 的同时 U_1 也要增加。U_1 超过额定电压也是不允许的。

频率调节范围一般为 0.5 ~ 320Hz。

目前在国内由于逆变器中的开关元件（可关断晶闸管、大功率晶体管和功率场效应管等）的制造水平不断提高，鼠笼式电动机的变频调速技术的应用也就日益广泛。

4.5.2.2 变极调速

由式 $n_0 = \dfrac{60f_1}{p}$ 可知，如果极对数 p 减小一半，则旋转磁场的转速 n_0 便提高一倍，转子转速 n 差不多也提高一倍。因此改变 p 可以得到不同的转速。如何改变极对数呢？这同定子绕组的接法有关。

图 4 - 32 所示的是定子绕组的两种接法。把 A 相绕组分成两半：线圈 $A_1 X_1$ 和 $A_2 X_2$。图 4 - 32（a）中是两个线圈串联，得出 $p = 2$。图 4 - 32（b）中是两个线圈反并联（头尾相联），得出 $P = 1$。在换极时，一个线圈中的电流方向不变，而另一个线圈中的电流必须改变方向。

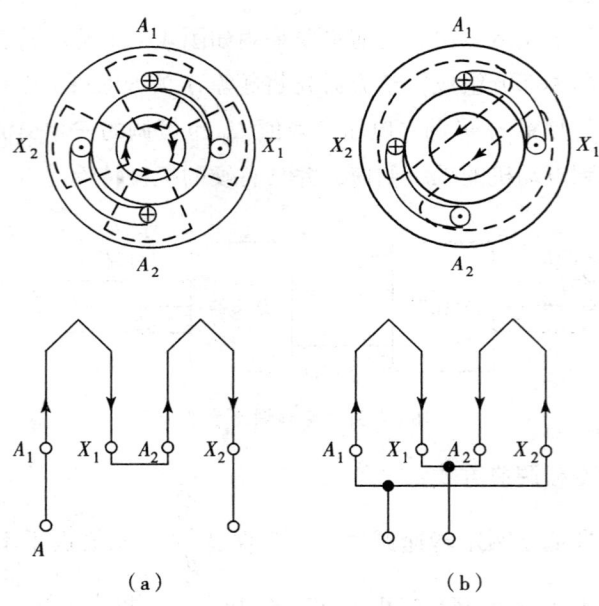

图 4 - 32　改变极对数 p 的调速方法

双速电动机在机床上用得较多，像某些镗床、磨床、铣床上都有。这种电动机的调速是有级的。

4.5.2.3 变转差率调速

只要在绕线式电动机的转子电路中接入一个调速电阻（和启动电阻一样接入，见图 4 - 30），改变电阻的大小，就可得到平滑调速。譬如增大调速电阻时，转差率 s 上升，而转速 n 下降（T_M 改变否？）。这种调速方法的优点是设备简单、投资少，但能量损耗较大。

这种调速方法广泛应用于起重设备中。

复习思考题四

4.1 为了求出铁心线圈的铁损，先将它接在直流电源上，从而测得线圈的电阻为 10Ω；然后接在交流电源上，测得电压 $U = 120V$，功率 $P = 70W$，电流 $I = 2A$，试求铁损和线圈的功率因数。

4.2 为什么说变压器一、二次绕组电流与匝数成反比，只有在满载和接近满载时才成立？空载时为什么不成立？

4.3 已知变压器的 $S_N = 100V \cdot A$，$U_{1N}/U_{2N} = 220/36V$，$N_1 = 1600$。求该变压器的：（1）电压比 k；（2）额定电流 I_{1N}/I_{2N}；（3）低压绕组匝数。

4.4 电阻值为 8Ω 的扬声器，通过变压器接到 $U_S = 10V$，$R_S = 250\Omega$ 的信号源上。设变压器一次绕组的匝数为 500，二次绕组的匝数为 100。求：（1）变压器一次侧的等效阻抗模 $|Z|$；（2）扬声器消耗的功率。

4.5 有一 $50kV \cdot A$，$6000/230V$ 的单相变压器，在满载情况下向功率因数为 $\lambda_2 = 0.85$ 的电感性负载供电，测得二次输出电压 $U_2 = 220V$，一次输入功率 $P_1 = 44kW$。求该变压器输出的有功功率、无功功率、视在功率以及变压器的效率和功率因数。

4.6 某三相异步电动机，定子电压的频率 $f_1 = 50Hz$，极对数 $P = 1$，转差率 $s = 0.015$。求同步转速 n_0、转子转速 n。

4.7 为什么三相异步电动机断了一根电源线即成为单相状态而不是两相状态？

4.8 三相异步电动机在空载和满载起动时，起动电流和起动转矩是否相同？

4.9 某三相异步电动机，$P_N = 30kW$，$n_N = 980r/min$，$K_M = 2.2$，$K_S = 2.0$。求：（1）$U_{1L} = U_N$ 时的 T_M 和 T_S；（2）$U_{1L} = 0.8U_N$ 时的 T_M 和 T_S。

5 常用的控制电器与电路控制

本章以三相异步电动机为控制对象，介绍了几种常用的控制电器、传感器和典型的控制电路。最后扼要介绍了可编程控制器的原理和应用。

5.1 常用电器

5.1.1 按钮

按钮通常是用来接通或断开控制电路（其中电流很小），从而控制电动机或其他电气设备的运行。

图 5-1 所示的是一种按钮的剖面图。将按钮帽按下时，下面一对原来断开的静触点被动触点接通，以接通某一控制电路；而上面一对静触点则被断开，以断开另一控制电路。

原来就接通的触点，称为常闭触点；原来就断开的触点，称为常开触点。它们的符号见表 5-1。图 5-1 所示的按钮有一个常闭触点和一个常开触点。有的按钮只有一个常闭触点或一个常开触点，也有具有两个常开触点或两个常开触点和两个常闭触点的。常见的一种双联按钮(图 5-2)由两个按钮组成，一个用于电动机启动，一个用于电动机停止。

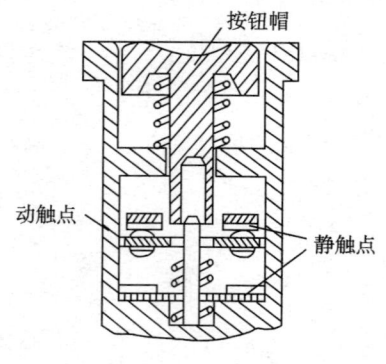

图 5-1 按钮剖面图

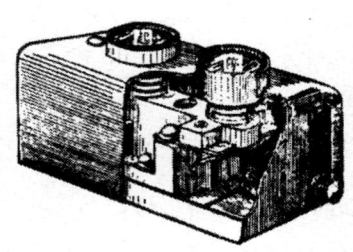

图 5-2 双联按钮

5.1.2 交流接触器

交流接触器常用来接通和断开电动机或其他设备的主电路，每小时可开闭好几百次。

接触器主要由电磁铁和触点两部分组成。它是利用电磁铁的吸引力而动作的。图5－3是交流接触器的主要结构图。当吸引线圈通电后，吸引山字形动铁心（上铁心），而使常开触点闭合。

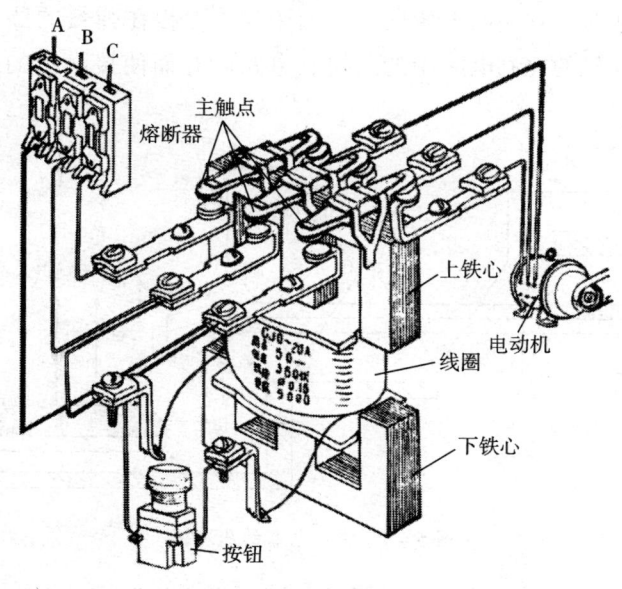

图 5－3　交流接触器的主要结构图

根据用途不同，接触器的触点分主触点和辅助触点两种。辅助触点通过电流较小，常接在电动机的控制电路中；主触点能通过较大电流，接在电动机的主电路中。如CJ10－20型交流接触器有3个常开主触点，4个辅助触点（两个常开，两个常闭）。

当主触点断开时，其间产生电弧，会烧坏触点，并使切断时间拉长，因此，必须采取灭弧措施。通常交流接触器的触点都做成桥式，它有两个断点，以降低当触点断开时加在断点上的电压，使电弧容易熄灭；并且相间有绝缘隔板，以免短路。在电流较大的接触器中还专门设有灭弧装置。

为了减小损失，交流接触器的铁心由硅钢片叠成；为了消除铁心的颤动和噪声，在铁心端面的一部分套有短路环。

在选用接触器时，应注意它的额定电流、线圈电压及触点数量等。CJ10系列接触器的主触点额定电流有5A、10A、20A、40A、75A、120A等数种；线圈额定电压通常是220V或380V。

常用的交流接触器还有CJ12、CJ20和3TB等系列。

5.1.3　热继电器

热继电器是用来保护电动机使之免受长期过载的危害。

热继电器是利用电流的热效应而动作的，它的原理图如图 5－4 所示。热元件是一段电阻不大的电阻丝，接在电动机的主电路中。双金属片由两种具有不同线膨胀系数的金属碾压而成。图 5－4 中，下层金属的膨胀系数大，上层的小。当主电路中电流超过容许值而使双金属片受热时，它便向上弯曲，因而脱扣，扣板在弹簧的拉力下将常闭触点断开。触点是接在电动机的控制电路中的。控制电路断开而使接触器的线圈断电，从而断开电动机的主电路。

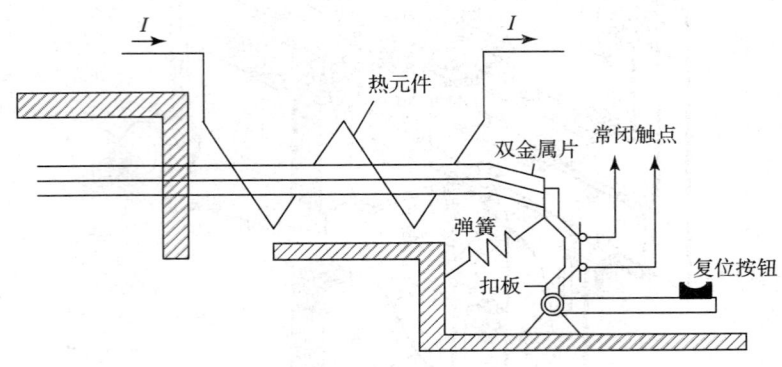

图 5－4　热继电器的原理图

由于热惯性，热继电器不能做短路保护。因为发生短路事故时，我们要求电路立即断开，而热继电器是不能立即动作的。但是这个热惯性也是合乎我们要求的，在电动机启动或短路过载时，热继电器不会动作，这可避免电动机的不必要的停车。

如果要热继电器复位，则按下复位按钮即可。

通常用的热继电器有 JR0、JR10 及 JR16 等系列。热继电器的主要技术数据是整定电流。所谓整定电流，就是热元件中通过的电流超过此值的 20% 时，热继电器应当在 20min 内动作。JR10－10 型的整定电流从 0.25A 到 10A，热元件有 17 个规格。JR0－40 型的整定电流从 0.6A 到 40A，有 9 种规格。根据整定电流选用热继电器，整定电流与电动机的额定电流基本上一致。

5.1.4　固态继电器

固态继电器（SSR）是由固态元件组成的无触点开关器件，因功能与电磁继电器（EMR）相似而得名。SSR 因其具有驱动功率小、噪声低、可靠性好、抗干扰能力强、开关速度快、体积小、重量轻、寿命长、使用方便、能与 TTL、HTL、CMOS 电路兼容等优点而逐步在自动化控制装置中取代电磁继电器（EMR），并在数控装置、计算机终端、测试仪器、舞台灯光控制等方面得到广泛应用，尤为可贵的是 SSR 耐振动、耐潮湿、耐腐蚀，能在环境恶劣、易燃易爆场合工作。

5.1.4.1　SSR 产品分类

（1）按负载电源分，可划分为直流固态继电器（DC-SSR）、交流固态继电器（AC-SSR）两种。DC-SSR 属于五端器件，它以功率晶体管作为开关器件，用来控制直流负载电源的通断；AC-SSR 则属于四端器件，以双向晶闸管（TRIAC）作为开关器件，用来控制交流负载电源的通断。

（2）按触点形式分，有常开式、常闭式两种，市场上的产品以常开式居多，但可利用外部晶体管或门电路（反相器）将常开式改成常闭式。

（3）按控制触发方式分，可划分为直流型、交流型。

交流型中又包括过零触发型与非过零触发型。

（4）按隔离方式分，有光电耦合器隔离、变压器隔离等。

（5）按封装形式分，有单列直插式、双列直插式、长方体模块式等。

5.1.4.2　SSR 的工作原理

SSR 的符号及内部的电路如图 5-5（a）、（b）所示。它至少由输入电路、隔离电路（光电耦合器）、开关电路（功率晶体管或双向晶闸管）、保护电路（续流二极管或 RC 吸收网络）等几部分组成的一种四端器件。

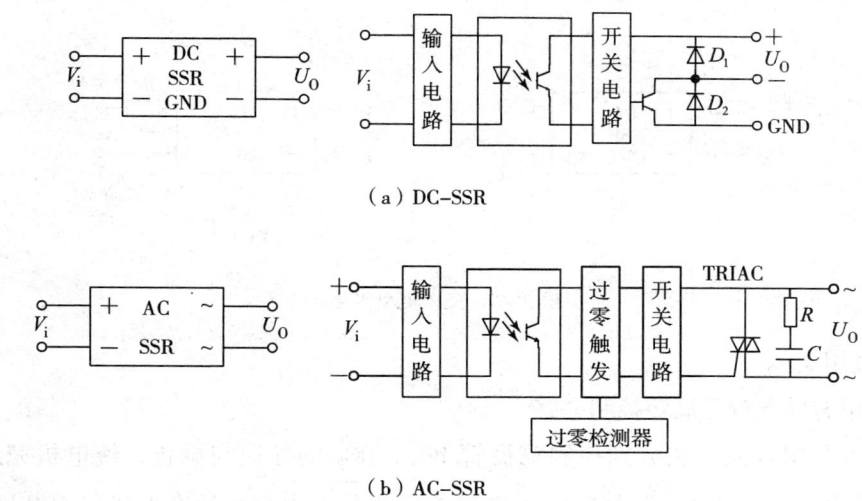

（a）DC-SSR

（b）AC-SSR

图 5-5　SSR 符号及内部电路图

DC-SSR 的工作原理是，当加上输入信号 V_i（一般为高电平）时，直流负载电源被接通，负载上就有直流电压；AC-SSR 继电器有过零触发型和非过零触发型两种。所谓"过零"是指，当加入控制信号，交流电压过零时，SSR 即为通态；而当断开控制信号后，要等待交流电的正半周与负半周的交界点（零电位）时才为断态。这种设计能防止高次谐波的干扰和对电网的污染，即过零触发型 AC – SSR 是当交流负载电源电压经过零点（$U_i = 0$）时，负载电源才被接通；而非过零触发型 AC – SSR 是一旦施以输入信号，不管交流负载电源电压处于什么状态，都能立即接通负载电源。工作波形如图 5 – 6（a）、（b）、（c）所示。

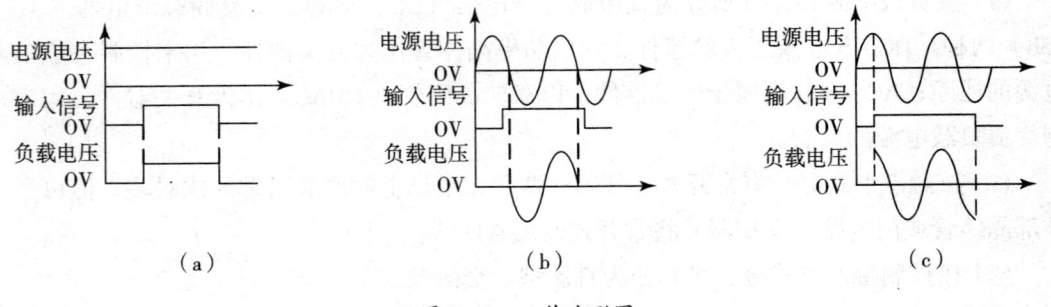

图 5 – 6　工作波形图

5.1.4.3　SSR 的应用电路

（1）SSR 典型用法

图 5 – 7（a）、（b）为固态继电器 SSR 典型用法。图中，R_i 为输入限流电阻，R_L 是负载电阻，F 是反相器，V_{CC} 是输入端电源电压。SSR 的驱动电流很小，最小工作电压很低（3V 左右），因此可直接用 TTL、HTL 电路驱动。若用 CMOS 电路驱动，应将几个门电路并联使用，以增加驱动能力，也可用 NPN 型晶体管构成一级缓冲器，但基极需要加限流电阻。

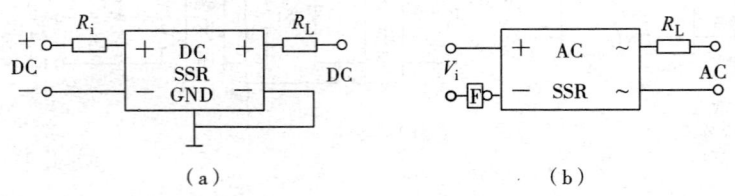

图 5 – 7　SSR 典型用法

（2）应用实例

① 单相诱导电机正反转控制电路

图 5 – 8 利用转换开关分别控制三极管 BG_1、BG_2 的导通与截止，使电机完成正转、反转。在此电路中，由于正反转控制时电容 C 产生放电电流，须在电机与 SSR 间串联限流电抗器 R_4。另外，输出两端会产生电源电压的倍电压，因此在选用 SSR 时要注意 SSR 的允许电压。同时，在进行正反转控制时注意不要使正转用 SSR 与反转用 SSR 同时导通。

② 计算机控制三相交流正反转接口及驱动电路

图 5 – 9 采用了 4 个与非门，用两个信号通道分别控制电动机的启动、停止和正转、反转。当改变电动机转动方向时，给出指令信号的顺序应是"停止—反转—启动"或

"停止—正转—启动"。延时电路的最小延时不小于 1.5 个交流电源周期。其中 RD_1、RD_2、RD_3 为熔断器。当电机允许时，可以在 $R_1 - R_4$ 位置接入限流电阻，以防止当万一两相线间任意两只继电器均误接通时，限制产生的半周线间短路电流不超过继电器所能承受的浪涌电流，从而避免烧毁继电器等事故，确保安全性；但副作用是正常工作时电阻上将产生压降和功耗。该电路建议采用额定电压为 660V 或更高一点的 SSR 产品。

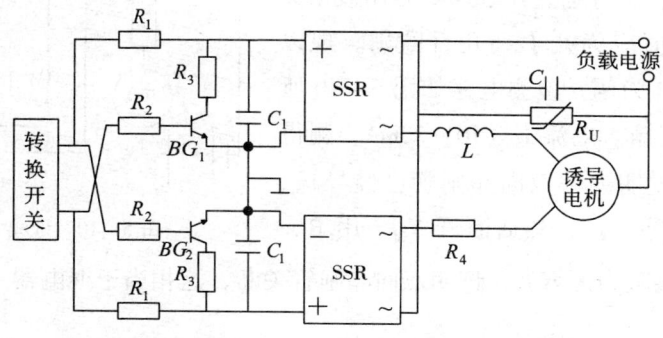

图 5-8　单相诱导电机正反转控制电路

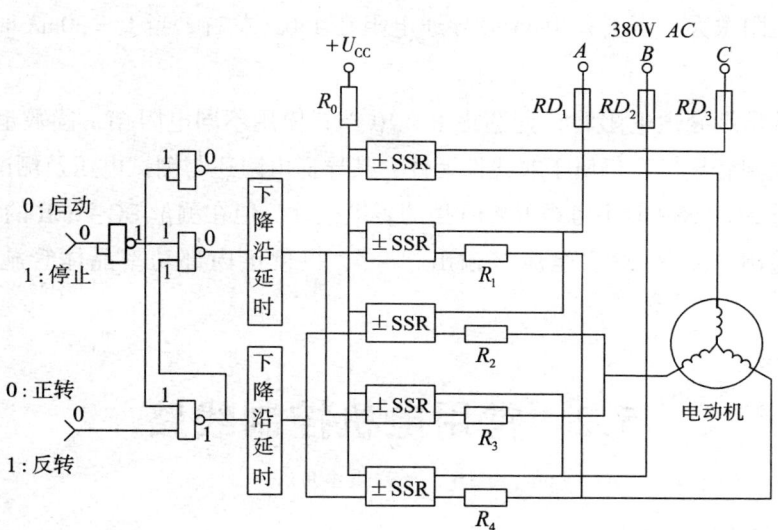

图 5-9　计算机控制三相交流正反转接口及驱动电路

（3）应用电路注意事项

① 关于输出侧的噪声、浪涌保护

AC 输出型负载侧受到较大噪声和浪涌时，可能会引起 SSR 误动作或损坏的情况，此时要接入压敏电阻；DC 输出型当负载为螺线管、电动机、电磁阀等感性负载时，要在负载两端联接用于防止反向电流的二极管。

② 关于输入侧的噪声、浪涌保护

输入侧受到较大噪声和浪涌时，可能会引起 SSR 误动作或损坏。此时要接入由 C、R

等形成的噪音吸收线路。

5.1.4.4 SSR 的检测

SSR 检测常用的方法是利用 SSR 器件在不加输入电压时，输出端电阻呈无穷大；当加上电压，有额定电流通过输入级时，内部的双向晶闸管（或功率晶体管）迅速导通，用 500 型万用表 R×10 挡测得其电阻值应为几十到几百欧姆。现以 SP2210 型 AC - SSR 为例，检测电路如图 5 - 10 所示。该器件的额定输入电流 $I_S = 10 \sim 20\text{mA}$，测得电阻值为 958Ω，说明内部双向晶闸管已经导通，这相当于继电器"吸合"；然后断开 V_{cc}，用 R×

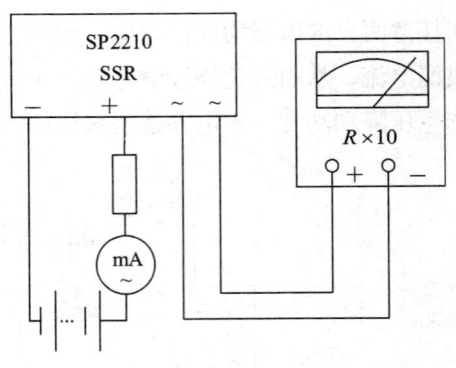

图 5 - 10　检测 SSR 电路

1k 挡测量输出端电阻为无穷大，证明双向晶闸管关断，这相当于继电器"释放"。

注意事项：

（1）双向晶闸管的导通电阻与 I_S 有关。以 SP2210 为例，在 $10 \sim 20\text{mA}$ 额定范围内，I_S 愈小，导通电阻愈大。当 $I_S = 10\text{mA}$ 时导通电阻在 150Ω 左右，当 $I_S = 30\text{mA}$ 时减少到 70Ω 左右。

（2）测输出端导通电阻时，宜选择 R×10 挡，使用不同电阻挡，读数也不相等。这是因为双向晶闸管导通后仍属于非线性元件，其导通电阻还与测试电压及测试电流有关。

（3）测量 AC - SSR 时不考虑 R×10 挡的表笔极性。但在测量 DC - SSR 的导通电阻时，黑表笔应接输出" + "，红表笔应接输出" - "，以便给内部功率晶体管施以正向测试电压。

5.2　常用电机控制线路

5.2.1　三相异步电动机的启动与制动

图 5 - 11 是中、小容量鼠笼式电动机直接启动的控制电路，其中用了组合开关 Q、交流接触器 KM、按钮 SB、热继电器 FR 及熔断器 FU 等几种电器。

先将组合开关 Q 闭合，为电动机启动作好准备。当按下启动按钮 SB_2 时，交流接触器 KM 的线圈通电，动铁心被吸合而将 3 个主触点闭合，电动机 M 便启动。当松开 SB_2 时，它在弹簧的作用下恢复到断开位置。但是由于与启动按钮并联的辅助触点（图中最右边的那个）和主触点同时闭合，因此接触器线圈的电路仍然接通，而使接触器触点保持在闭合的位置。这个辅助触点称为自锁触点。如将停止按钮 SB_1 按下，则将线圈的电路切断，动铁心和触点恢复到断开的位置。

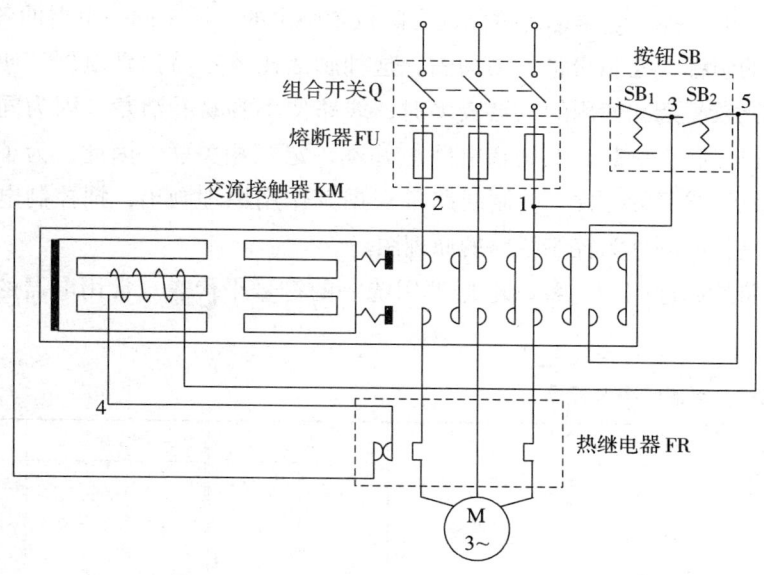

图5-11 鼠笼式电动机直接启动控制线路的结构图

采用上述控制线路还可实现短路保护、过载保护和零压保护。

起短路保护的是熔断器FU。一旦发生短路事故，熔丝立即熔断，电动机立即停车。

起过载保护的是热继电器FR。当过载时，它的热元件发热，将常闭触点断开，使接触器线圈断电，主触点断开，电动机也就停下来。

热继电器有两相结构的，就是有两个热元件，分别串接在任意两相中。这样不仅在电动电机过载时有保护作用，而且当任意一相中的熔丝熔断后作单相运行时，仍有一个或两个热元件中通有电流，电动机因而也得到保护。为了更可靠地保护电动机，热继电器做成三相结构，就是有三个热元件，分别串接在各相中。

所谓零压（或失压）保护就是当电源暂时断电或电压严重下降时，电动机即自动从电源切除。因为这时接触器的动铁心释放而使主触点断开。当电源电压恢复正常时如不重按启动按钮，则电动机不能自行启动，因为自锁触点亦也断开。如果不是采用继电接触器控制而是直接用刀开关或组合开关进行手动控制时，由于在停电时未及时断开开关，当电源电压恢复时，电动机即自行启动，可能造成事故。

图5-11的控制线路可分为主电路和控制电路两部分。

主电路是：

三相电源——Q——FU——KM（主触点）——FR（热元件）——M

控制电路是：

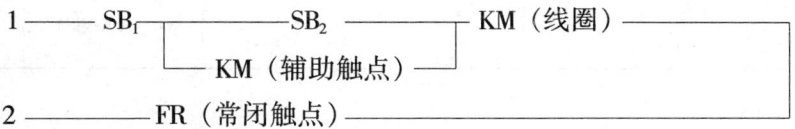

控制电路的功率很小，因此可以通过小功率的控制电路来控制功率较大的电动机。

在图 5－11 中，各个电器都是按照其实际位置画出的，属于同一电器的各部件都集中在一起。这样的图称为控制线路的结构图。这种画法比较容易识别电器，便于安装和检修。但当线路比较复杂和使用的电器较多时，线路便不容易看清楚。因为同一电器的各部件在机械上虽然联在一起，但是在电路上并不一定互相关联。因此，为了读图和分析研究，也为了设计线路的方便，控制线路常根据其作用原理画出，把控制电路和主电路清楚地分开。这样的图称为控制线路的原理图。

在控制线路的原理图中，各种电器都用统一的符号来代表。常用电器的图形符号见表 5－1。

表 5－1　常用电机、电器的图形符号

名称	符号	名称	符号	名称	符号
三相笼型异步电动机	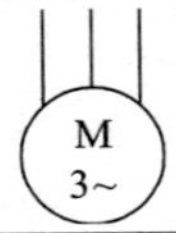	熔断器	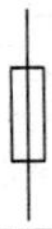	行程开关　动合触点	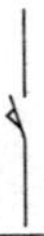
刀开关	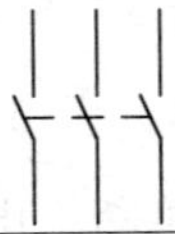	热继电器　发热元件	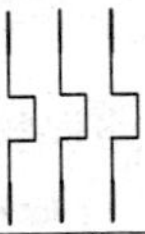	行程开关　动断触点	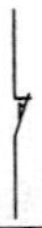
断路器	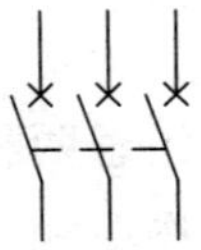	热继电器　动断触点	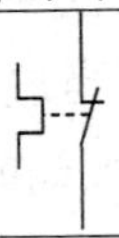	时间继电器　线圈	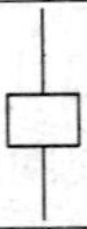
		交流接触器　线圈	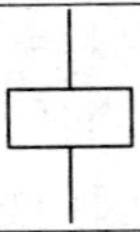	时间继电器　瞬时动作动合触点	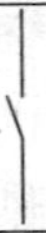
按钮　动合	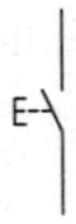	交流接触器　动合主触点	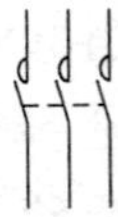	时间继电器　瞬时动作动断触点	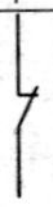
按钮　动断	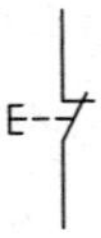	交流接触器　动合辅助触点	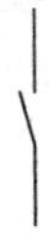	时间继电器　延时闭合动合触点	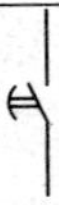
按钮　复合	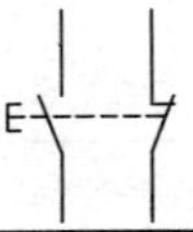	交流接触器　动断辅助触点	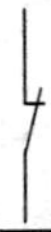	时间继电器　延时闭合动断触点	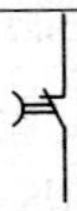
				时间继电器　延时断开动合触点	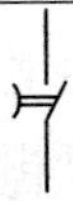
				时间继电器　延时断开动断触点	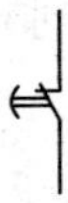

在原理图中，同一电器的各部件（譬如接触器的线圈和触点）是分散的。为了识别起见，它们用同一文字符号来表示。

在不同的工作阶段，各个电器的动作不同，触点时闭时开。而在原理图中只能表示出一种情况。因此，规定所有电器的触点均表示在起始情况下的位置，即在没有通电或没有发生机械动作时的位置。对接触器来说，是在动铁心未被吸合时的位置；对按钮来说，是在未按下时的位置；等等。在起始的情况下，如果触点是断开的，则称为常开触点或动合触点（因为一动就合）；如果触点是闭合的，则称为常闭触点或动断触点（因为一动就断）。

在上述的基础上，我们就可把图5-11绘成原理图，如图5-12所示。

如果将图5-12中的自锁触点KM除去，则可对电动机实现点动控制，就是按下启动按钮SB_2，电动机就转动，一松手就停止。这在生产上也是常用的，例如在调整时用。

5.2.2 三相异步电动机的正、反转控制

在生产上往往要求运动部件向正反两个方向运动。例如，机床工作台的前进与后退，主轴的正转与反转，起重机的提升与下降，等等。为了实现正反转，我们在学习三相异步电动机的工作原理时已经知道，只要将接到电源的任意两根联线对调一头即可。为此，只要用两个交流接触器就能实现这一要求（图5-13）。当正转接触器KM_F工作时，电动机正转；当反转接触器KM_R工作时，由于调换了两根电源线，所以电动机反转。

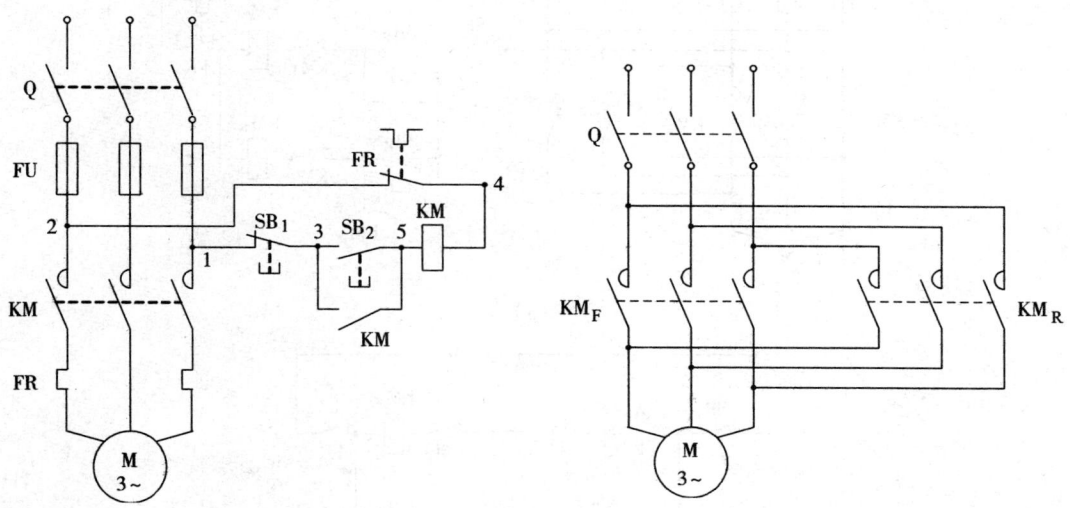

图5-12　图5-11的电器控制原理图　　　　图5-13　用两个接触器实现电动机的正反转

如果两个接触器同时工作，那么，从图5-13可以见到，将有两根电源线通过它们的主触点而将电源短路了。所以对正反转控制线路最根本的要求是：必须保证两个接触器

不能同时工作。

这种在同一时间里两个接触器只允许一个工作的控制作用称为互锁或联锁。下面分析两种有联锁保护的正反转控制线路。

图 5－14（a）所示的控制线路中，正转接触器 KM_F 的一个常闭辅助触点串接在反转接触器 KM_R 的线圈电路中，而反转接触器的一个常闭辅助触点串接在正转接触器的线圈电路中。这两个常闭触点称为联锁触点。这样一来，当按下正转启动按钮 SB_F 时，正转接触器线圈通电，主触点 KM_F 闭合，电动机正转。与此同时，联锁触点断开了反转接触器 KM_R 的线圈电路。因此，即使误按反转启动按钮 SB_R，反转接触器也不能动作。

但是这种控制电路有个缺点，就是在正转过程中要求反转，必须先按停止按钮 SB_1，让联锁触点 KM_F 闭合后，才能按反转启动按钮使电动机反转，带来操作上的不方便。为了解决这个问题，在生产上常采用复式按钮和触点联锁的控制电路，如图 5－14（b）所示。当电动机正转时，按下反转启动按钮 SB_R，它的常闭触点断开，而使正转接触器的线圈 KM_F 断电，主触点 KM_F 断开。与此同时，串联在反转控制电路中的常闭触点 KM_F 恢复闭合，反转接触器的线圈通电，电动机就反转。同时串接在正转控制电路中的常闭触点 KM_R 断开，起着联锁保护。

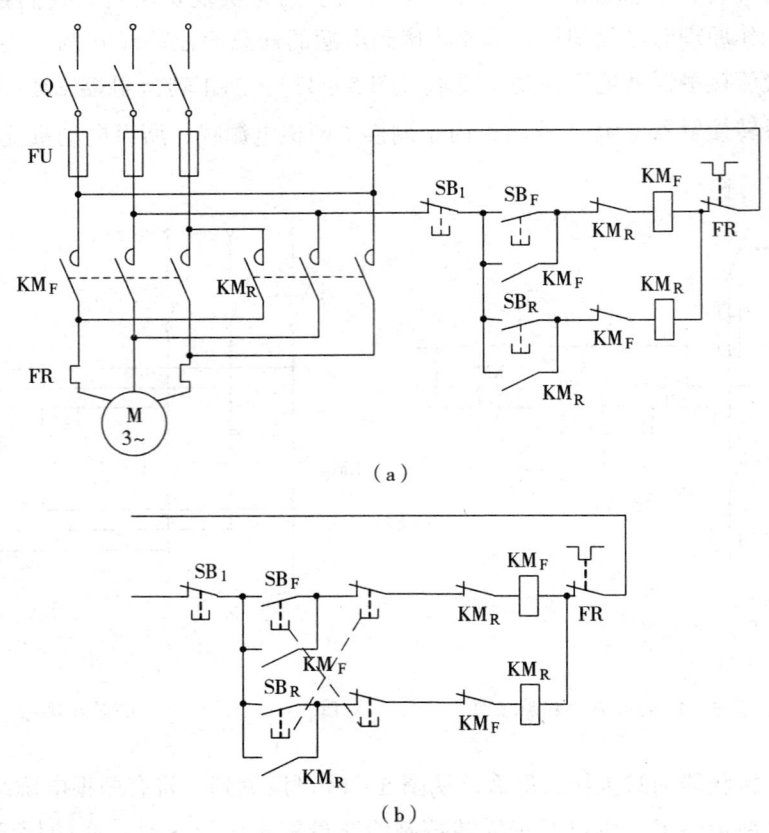

（a）

（b）

图 5－14　鼠笼式电动机正反转的控制线路

5.2.3 调速控制线路

对于三相异步电动机，其转速公式为

$$n = (1 - s)n_0 \tag{5.1}$$

其中

$$n_0 = \frac{60f}{p}$$

所以

$$n = (1 - s)\frac{60f}{p} \tag{5.2}$$

式中　s——电动机的转差率；

　　　n_0——电动机的理想空载转速；

　　　f——电源的频率；

　　　p——电动机定子绕组的极对数。

从上式中可以看出，三相异步电动机的调速措施有：改变电动机的极对数 p（变极调速）；改变转差率 s；改变电源供电频率 f（变频调速）。

电磁转差调速电机，又称为滑差电机，它的调速原理就是通过改变转差率来实现调速的。这里重点介绍异步电动机的变极调速和变频调速的工作原理。

5.2.3.1 交流双速电动机控制线路

对于只需要分挡调速的机械设备，用三相交流双速电机驱动是合适的。印刷包装机械中也常用这类调速电机，如辊印式饼干成形机、简易的塑料注塑机、吹膜机等，常用双速电机驱动。

我们知道笼形异步电动机转子绕组的极对数能够随着定子绕组的极对数变化而变化，也就是说笼形异步电动机转子绕组本身没有固定的极对数，所以变更极对数的调速方法一般仅适用于笼形异步电动机。改变定子绕组的联接，或者说变更定子绕组每相电流的方向是改变电动机定子绕组极对数的方法之一。我们以三相绕组的其中一相作一些分析（其他两相相同）。

图 5 – 15 表示一台 4/2 极双速电机的 A 相绕组，在制造时它就被分成两部分，每一部分为一相绕组的一半，通称半相绕组，对图中的每相绕组，我们用一个绕组元件来代表，将其在平面展开。图 5 – 15（a）中的两个半相绕组 A1 – X1 与 A2 – X2 按顺序串联，电流由 A1 流进，X2 流出。应用右手螺旋定则可以确定此时绕组在圆周空间形成的磁场为四极（$p = 2$）。如果我们把两个半相绕组并联起来如图 5 – 15（b）所示，则电流将由 A1、X2 流进，X1、A2 流出，即第一个半相绕组的电流反向，应用右手螺旋定则可以确定，此时绕组在圆周空间所形成的磁场为两极（即 $p = 1$）。将一相绕组推广到三相绕组，可以画出三相电机绕组改极后的电路图，如图 5 – 16 所示。

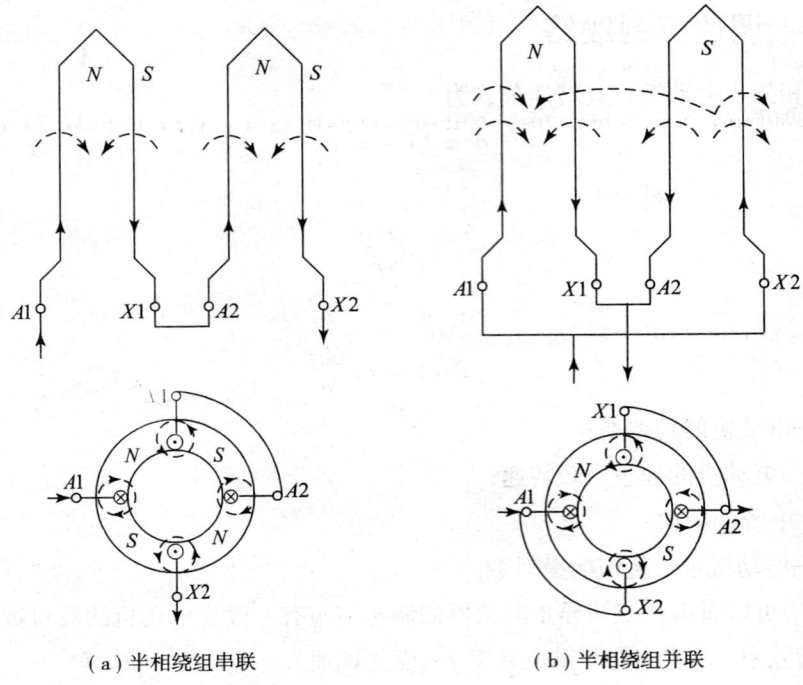

（a）半相绕组串联　　　　　　（b）半相绕组并联

图 5 – 15　笼形异步电动机的变极原理

图 5 – 16 所示为 4/2 极的交流双速异步电动机定子绕组接线示意图。图 5 – 16（a）将电动机定子绕组的 U1、V1、W1 三个接线端接三相交流电源，而将电动机定子绕组 U2、V2、W2 三个接线端悬空，三相定子绕组接成三角形。此时每相绕组的①、②线圈串联，对电机以四极低速运行。若将电动机定子绕组的 U2、V2、W2 三个接线端子接三相交流电源，而将另外三个接线端子 U1、V1、W1 连在一起，则原来三相端子绕组的三角形接线立即变为双星形接线，此时每相绕组中的①、②线圈相互并联，于是电动机便以两极启动高速运行，如图 5 – 16（b）所示。

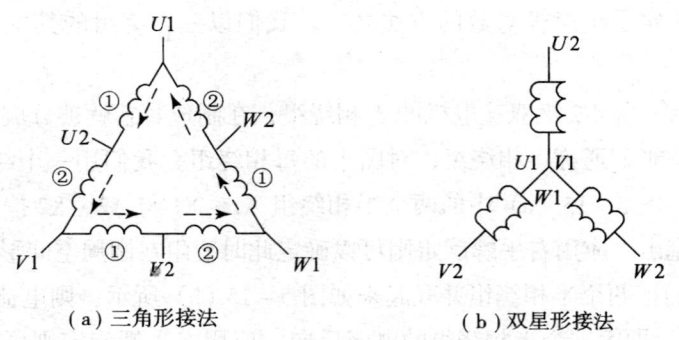

（a）三角形接法　　　　　　　（b）双星形接法

图 5 – 16　4/2 极双速电动机三相定子绕组接线示意图

双速电动机的启动方法一般是用手柄操作的双速开关（不能带负荷启动），另一种是用交流接触器来联接出线端以改变电动机转速，其控制线路如图 5-17 所示。

图 5-17（a）中的 SB2 和 SB3 为低速和高速启动按钮，当按下 SB2 时，KM1 接触器通电，将电动机端子绕组接成三角形，电动机以低速运转。若按下 SB3，则 KM1 断电释放，并接通 KM2 将电动机定子绕组接成双星形，电动机以高速运转。在有些场合需要电动机以三角形低速启动，然后自动地将转速加快到双星形高速运行，启动到运行这段时间可以用时间继电器来调节，其控制线路如图 5-17（b）所示。该线路中的时间继电器 KT 是用来调节电动机启动到运转的时间的。当按下 SB2 时，时间继电器 KT 通电，KT 的瞬时闭合延时打开的常开触点立即闭合，使接触器 KT 通电，将电动机端子绕组接成三角形启动，并通过中间继电器 KA 使时间继电器 KT 断电，经过一定时间后，KT 的常开触点断开，接触器 KM1 断电，而使接触器 KM2 通电，电动机便自动地从三角形变成双星形运转，完成了自动加速的过程。

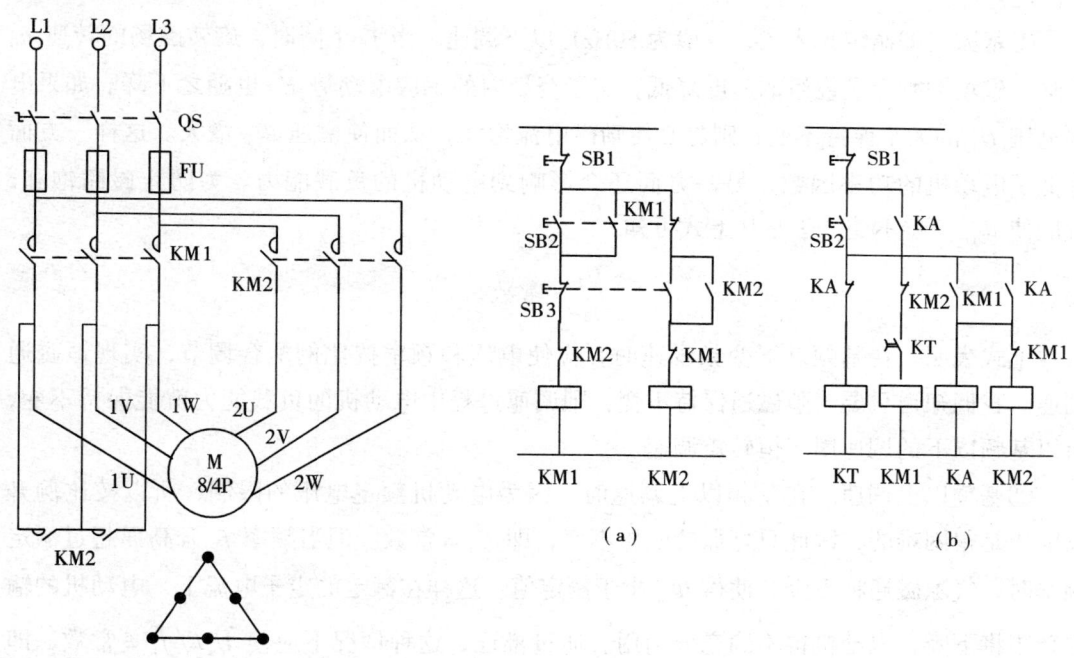

图 5-17 双速电动机的控制线路

5.2.3.2 交流异步电动机的变频调速

交流异步电动机的调速措施有三种，变转差率调速的方法是在调速过程中不改变同步转速，而仅依靠改变转差率来改变转速的方法，因为在低速时转差率大，转差损耗大，所以这种方法效率较低。变极调速虽然改变同步转速，但它只有有限的几级，属于有级调速，不能获得平滑调速和实现自动调节。变频调速是通过改变定子供电频率以改变同步转速来实现调速的方法，它具有调速平滑、效率高、范围大、精度高、可靠性高等优点，是交流异步电动机理想的调速方法。

（1）变频调速运行原理 在忽略定子阻抗压降的情况下，异步电动机定子电路的电压

平衡方程为

$$U_1 \approx E_1 = 4.44 f_1 N_1 \Phi_m K_{w1} \propto f_1 \Phi_m \tag{5.3}$$

式中　U_1——定子绕组电源电压；

　　　f_1——定子绕组电源频率；

　　　E_1——定子绕组感应电动势；

　　　Φ_m——电动机每极气隙磁通；

　　　N_1——定子绕组匝数；

　　　K_{w1}——定子绕组系数。

从上式可以看出，供电电源频率的变化不仅会影响电动机的运行速度，而且还会影响电动机内部气隙磁通的大小，从而影响电动机的运行性能。下面从两个方面来说明这个问题。

①基频（即额定频率 f_e，一般为 50Hz）以下调速。当 f_1 下降时，旋转磁场的转速 n_0 下降，磁场切割定子绕组的速度降低，定子绕组内的感应电动势 E_1 也随之下降。如果电网电压 U_1 的大小保持不变，则势必使励磁电流增大，从而使磁通 Φ_m 增大。这样一方面降低了电动机的功率因数，另一方面还会影响到电动机的负载能力。为防止磁路饱和，就应使 Φ_m 保持不变，于是从上式可知

$$\frac{U_1}{f_1} = 常数$$

上式表明，在基频以下变频调速时，应使电压和频率按比例配合调节，实现恒磁通调速。我们知道只要气隙磁通保持不变，则调速过程中电动机的负载能力就能保持不变，所以基频以下的调速属于恒转矩调速。

②基频以上调速。在基频以上调速时，因为电动机额定电压的限制，所以按比例升高电压是很困难的，因此只好保持电压不变，即 $U_1 = 常数$。但当频率 f_1 升高而超过额定频率时，气隙磁通将下降，使得 Φ_m 小于额定值。这样在额定的定子电流下，电动机的输出转矩将下降，电动机得不到充分利用。通过推证，这种情况下应使 $U_1/\sqrt{f_1} = 常数$，即要求系统作恒功率运行，才能保证调速过程中电动机的负载能力保持不变，因此基频以上的调速属于恒功率调速。

一般情况下，变频调速系统都不作为恒转矩调速系统来使用。

（2）变频调速器简介。变频调速的实现必须选用变频器，不同的变频器可以构成不同的变频调速系统。变频器主要分为两大类：交－直－交变频器和交－交变频器。交－直－交变频器亦称间接变频器。它首先将恒频恒压的交流电经整流器变成幅值可调的直流电，然后再经逆变器变成频率、电压可调的交流电。交－交变频器亦称直接变频器，它是将恒频恒压的交流电直接变成频率、电压可调的交流电。下面简要介绍一下各种类型变频器的特点。

①交－直－交电压型变频器。交－
直－交电压型变频器的工作原理如图
5－18（a）所示。它的中间直流滤波元件
采用大电容，并接于整流桥的输出端，
因而电源阻抗很小，类似于电压源，因
此它称为电压型变频器。电压型变频器
由于直流电压稳定，所以电动机转速的
精度取决于变频器输出频率精度和电动
机本身的转差率，受负载电流变化影响
较小，因而在电压型变频调速系统中可

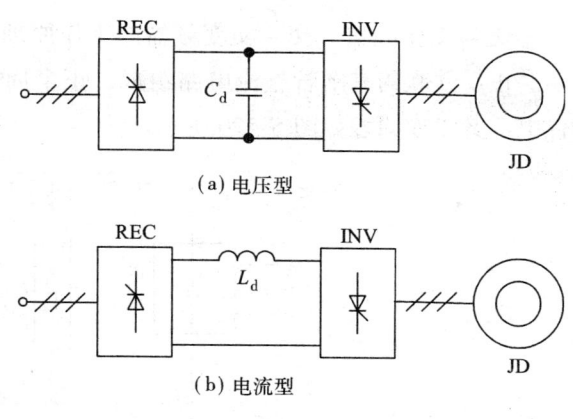

(a) 电压型

(b) 电流型

图 5－18　交－直－交变频器

采用开环控制。它的主要缺点是本身没有再生发电制动能力，电流控制困难，动态响应
较差，线路结构较复杂。所以交－直－交电压型变频器多用于不经常启动、制动，对快
速性要求不高的场合。

②交－直－交电流型变频器。交－直－交电流型变频器的工作原理如图 5－18（b）所
示。它的中间直流滤波元件采用高阻电感，它串接于整流桥和逆变桥之间的直流电路中，
电源阻抗很大，对负载来说，其输出是一个恒流源的性质，其输出电流跟随给定信号变
化而变化，受负载电压变化影响很小。因此称为电流型变频器。电流型变频器具有很多
突出的优点，特别是电能的回馈较易实现，能得到高转速，它控制电流的能力好，动态
响应快，线路较简单可靠。所以它适用于大、中功率传动装置和要求频繁启动、制动，
且动态性能要求较高及调速范围宽的生产机械，特别是异步电动机单机运行时，使用电
流型变频器更为合适。它的主要缺点是功率因数不变，另外输出电压波形有脉冲毛刺，
必须设置可靠的过电压保护环节。

③脉宽调制型变频器。上面所介绍的交－直－交变频器都有两套可控功率级，分别控
制电压和频率，所以控制装置复杂，对电网而言，功率因数较低。20 世纪 70 年代后发展起
来的脉宽调制（PWM）型变频器也是交－直－交变频器的一种，它采用二极管整流器提供恒
定的直流电压，变频变压的任务由 PWM 型逆变器完成，其工作原理如图 5－19 所示。

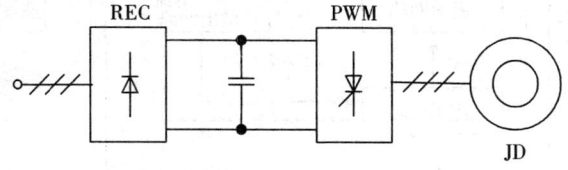

图 5－19　PWM 型变频器

逆变器若采用快速晶闸管元件，可实现高频脉宽调制，不仅系统的动态响应好，而
且输出波形得到改善，调速系统的转矩脉动较小。由于 PWM 型变频器调速有许多优点，
因此得到了广泛的应用和研究。

④交 – 交变频器。交 – 交变频器的工作原理与直流可逆调速系统有相似之处，它也由两套正反并联的晶闸管整流电路组成，正半周由正组整流器供电，负半周由负组整流器供电，其工作原理如图5 – 20所示。

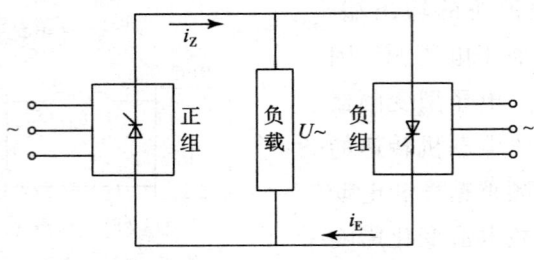

图5 – 20　交 – 交变频器

交 – 交变频器与交 – 直 – 交变频器调速系统相比，其优点是：仅有一级功率变换，损耗小，效率高；可以自然换流，不需附加换流电路；容易实现四相限运行；低频时输出电压波形好，可降低转矩脉动和谐波损耗。其缺点是：最高频率受电源频率限制，一般不超过电源频率的二分之一；主电路所需晶闸管较多，控制电路较复杂。交 – 交变频器一般用于低速、大容量的场合。

（3）变频器的组成。变频器主要由主回路、控制回路和保护回路组成，如图5 – 21所示。主回路给异步电动机提供调压调频电源，该电源输出电压或输出电流及频率，由控制回路的控制指令进行控制。而控制指令则根据外部的运转指令进行运算获得。对于需要更精密速度或快速响应的场合，运算还应包含由变频器主回路和传动系统检测出来的信号。保护回路的构成，除应防止因变频器主回路的过压、过流引起的损坏外，还应保护异步电动机及传动系统等。

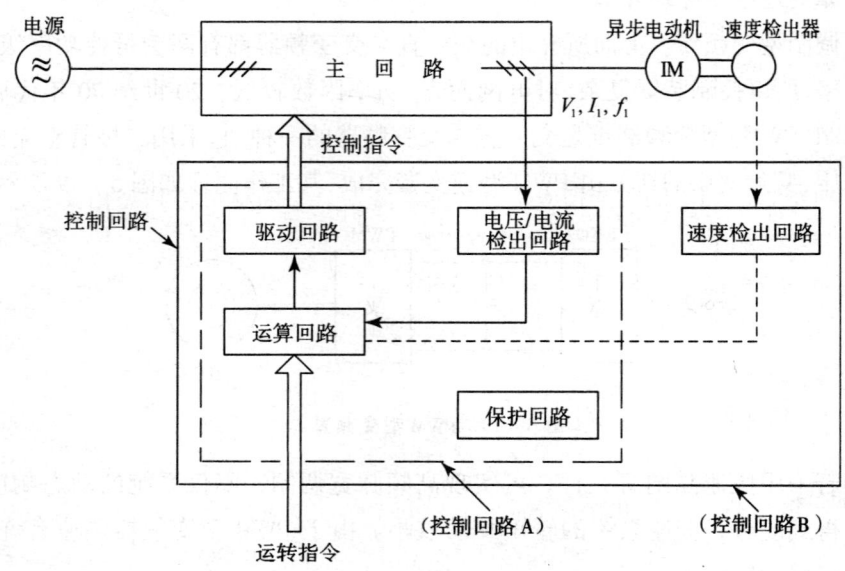

图5 – 21　变频器的组成

①主回路。给异步电动机提供调频调压电源的电力变换部分称为主回路。图 5-22 所示为典型的电压型变频器的一个例子。如图所示，主回路由三部分组成：将交流工频电源变换为直流电的"交流器部分"，吸收在变流器部分和逆变器部分产生的电压脉动的"平滑回路部分"以及将直流变换为交流电的"逆变器部分"。另外，异步电动机需要快速制动时，有时需要附加"制动回路部分"。

交流器部分如图 5-22 所示，采用二极管变流器，它可以把工频电源变换为直流电源。如利用两组晶闸管变流器组成可逆变流器，由于其电流方向可逆，所以可以进行再生制动。平滑回路部分在变流器部分整流后的直流电压中，含有电源六倍频率的脉动电压，此外逆变器部分产生的脉动电流也使直流电压波动。为了抑制电压波动，采用电抗和电容来吸收脉动电压（电流）。当变频器容量较小时，如果电源和主回路的构成器件有余量，可以省去直流电抗而采用简单的平滑电路。

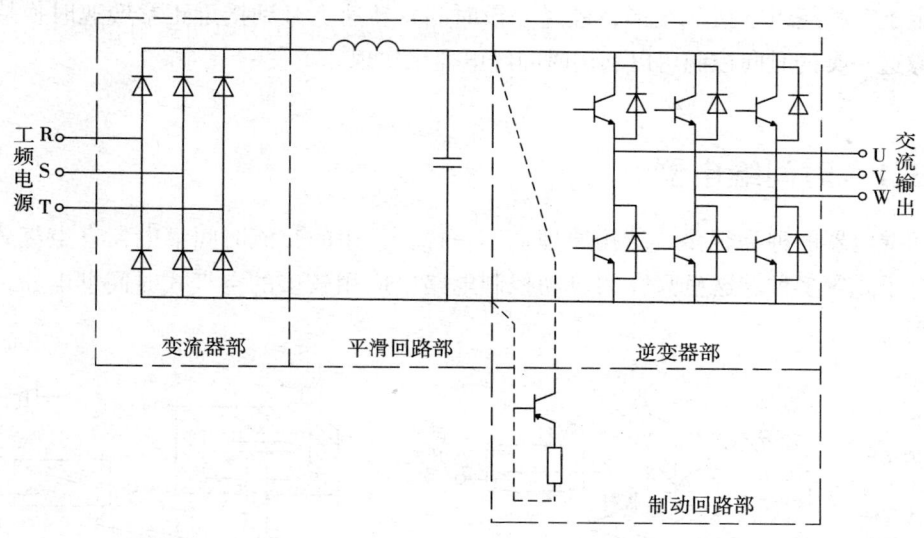

图 5-22　电压型变频器的构成

逆变器部分同变流器部分相反，逆变器部分是将直流电变换为所要求频率的交流电。如图 5-22 所示，以确定的时间使 6 个开关元件导通、关断就可得到三相交流电输出。

制动回路部分异步电动机在再生制动区域使用时（转差率为负），再生能量贮存于平滑回路的电容器中，它使直流电压升高。一般来说，由机械系统（包括电动机）惯性积累的能量比电容器贮存的能量大，需要快速制动时，可以使用可逆变流器向电源反馈或设置制动回路（开关和电阻）把再生能量消耗掉，以免直流回路电压上升。

②控制回路。给主回路提供控制信号的回路称为控制回路。如图 5-21 所示，仅以控制带回路 A 部分构成控制回路时，无速度检测环节，这称为开环控制。在控制回路 B 部分增加了速度检测环节，这称为闭环控制，它可以使异步电动机的速度控制得更为精确。控制回路主要由以下回路组成：频率、电压的运算回路、主回路的电压/电流检测回路、电动机的速度检测回路、将运算回路信号进行放大的驱动回路以及逆变器和电动机的保

护回路。

③保护回路。变频器控制回路中的保护回路可分为变频器保护和电动机保护两个方面。对变频器的保护包括瞬时过电流保护、过载保护、再生过电压保护、瞬时停电保护、接地过电流保护以及冷却风机异常保护等。对电动机的保护包括过载保护和超频（超速）保护等，另外还有其他一些保护。

5.3 时间控制

时间控制或时限控制，是按照所需的时间间隔来接通、断开或换接被控制的电路，以协调和控制生产机械的各种动作。例如三相笼型异步电动机的星形－三角形减压启动，启动时定子三相绕组联接成星形，经过一段时间，转速上升到接近正常转速时换接成三角形，像这一类的时间控制可以利用时间继电器来实现。

5.3.1 时间继电器

时间继电器的种类很多，结构原理也不一样，常用的交流时间继电器有空气式、电动式和电子式等多种。这里只介绍自动控制电路中应用较多的空气式时间继电器，如图5－23所示。

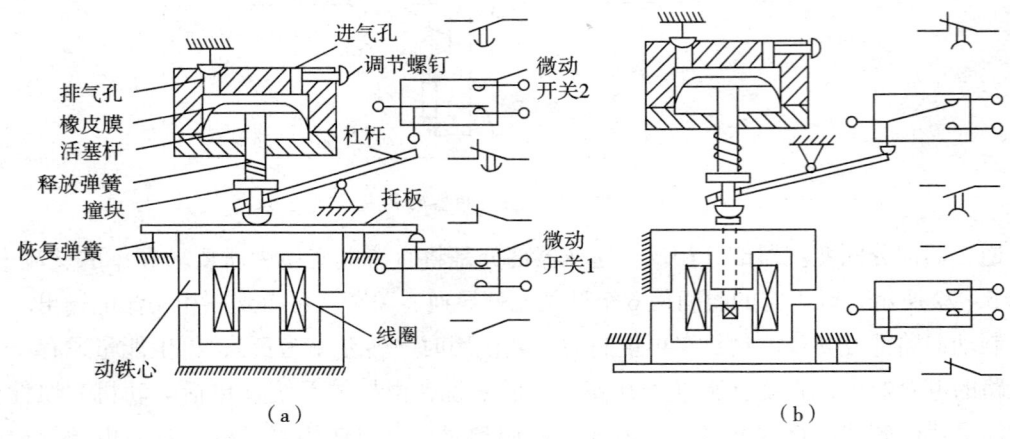

图5－23 时间继电器

图5－23（a）是通电延时的空气式时间继电器的结构原理图。它是利用空气阻尼的原理来实现延时的。主要由电磁铁、触点、气室和传动机构等组成。当线圈通电后，将动铁心和固定在动铁心上的托板吸下，使微动开关1中的各触点瞬时动作。与此同时，活塞杆及固定在活塞杆上的撞块失去托板的支持，在释放弹簧的作用下，也要向下移动，但由于与活塞杆相连的橡皮膜跟着向下移动时，受到空气的阻尼作用，所以活塞杆和撞

块只能缓慢地下移。经过一定时间后，撞块才触及杠杆，使微动开关 2 中的动合触点闭合，动断触点断开。从线圈通电开始到微动开关 2 中触点完成动作为止的这段时间就是继电器的延时时间。延时时间的长短可通过调节螺钉调节气室进气孔的大小来改变。延时范围有 0.4~60s 和 0.4~180s 两种。

线圈断电后，依靠恢复弹簧的作用复原，气室中的空气经排气孔（单向阀门）迅速排出，微动开关 2 和 1 中的各对触点都瞬时复位。

图 5-23（a）所示的时间继电器是通电延时的，它有两副延时触点：一副是延时断开的动断触点；一副是延时闭合的动合触点。此外，还有两副瞬时动作的触点：一副动合触点和一副动断触点。

时间继电器也可以做成断电延时的，如图 5-39（b）所示，只要把铁心倒装即可。它也有两副延时触点：一副是延时闭合的动断触点；一副是延时断开的动合触点。此外还有两副瞬时动作的触点：一副动合触点和一副动断触点。

近年来，有一种组件式交流接触器，在需要使用时间继电器时，只需将空气阻尼组件插入交流接触器的座槽中，接触器的电磁机构兼作时间继电器的电磁机构，从而可以减小体积、降低成本、节省电能。除此之外，目前体积小、耗电少、性能好的电子式时间继电器已得到了广泛的应用。它是利用半导体器件来控制电容的充放电时间以实现延时功能的。

时间继电器的图形符号见表 5-1，文字符号见表 5-2。

表 5-2　部分常用基本文字符号

设备、装置和元器件种类	基本文字符号		设备、装置和元器件种类		基本文字符号	
	单字母	双字母			单字母	双字母
电阻器	R		控制、信号电路的开关器件	控制开关		SA
电容器	C			按钮开关	S	SB
变压器	Tr			行程开关		SQ
电感器	L		保护器件	熔断器	F	FU
电动机	M			热继电器		FR
发电机	G		继电器接触器	接触器	K	KM
电力电路开关器件	Q			时间继电器		KT

5.3.2　时间控制

三相笼型异步电动机星形-三角形启动的控制电路如图 5-24 所示。为了实现由星形到三角形的延时转换，采用了时间继电器 KT 延时断开的动断触点。控制电路的动作过程如下：

按下启动按钮 SB_{st}，接触器 KY_Y 线圈通电，KM_Y 主触点闭合，使电动机接成 Y 形。

KM$_Y$ 的动断辅助触点断开，切断了 KM$_\Delta$ 的线圈电路，实现互锁。

KM$_Y$ 的动合辅助触点闭合，使接触器 KM 和时间继电器 KT 的线圈通电，KM 的主触点闭合，使电动机在星形联结下启动。同时，KM 的动合辅助触点闭合，把启动按钮 SB$_{st}$ 短接，实现自锁。

经过一定延时后，时间继电器 KT 延时断开的动断触点断开，使接触器 KT$_Y$ 线圈断电，KM$_Y$ 各触点恢复常态并使接触器 KM$_\Delta$ 的线圈通电，KM$_\Delta$ 的主触点闭合，电动机便改接成三角形正常运行。同时，接触器 KM$_\Delta$ 的动断辅助触点断开，切断了 KM$_Y$ 和 KT 的线圈电路，实现互锁。

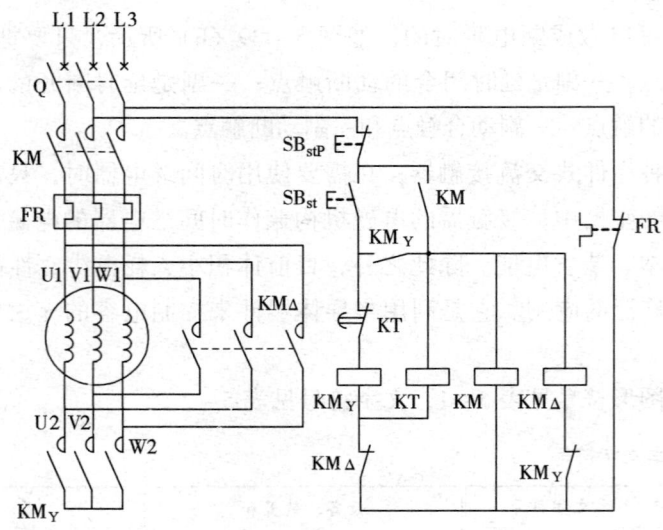

图 5-24 星形-三角形启动控制电路

5.4 可编程控制器

继电接触器控制系统长期在生产上得到广泛应用，但由于它的机械触点多，接线复杂、可靠性低、功耗高、通用性和灵活性也较差，因此越来越满足不了现代化生产过程复杂多变的控制要求。

可编程控制器（PLC）是以中央处理器为核心，综合了计算机和自动控制等先进技术发展起来的一种工业控制器。国际电工委员会（IEC）对它作了如下定义："可编程序控制器是一种数字运算操作的电子系统装置，专为在工业现场应用而设计。它采用可编程序的存储器，用来在其内部存储执行逻辑运算、顺序控制、定时/计数和算术运算等操作的指令，并通过数字式或模拟式的输入和输出，控制各种类型的机械或生产过程。可编程控制器及其有关设备都应按易于与工业控制器系统联成一个整体和易于扩充其功能的原则进行设计。"

PLC 具有可靠性高、功能完善、组合灵活、编程简单以及功耗低等许多独特优点，已被广泛地应用于国民经济的各个控制领域。它的应用深度和广度已成为一个国家工业先进水平的重要标志。

5.4.1 可编程控制器的组成

PLC 的类型繁多，功能和指令系统也不尽相同，但其结构和工作原理则大同小异，一般由主机、输入/输出接口、电源、编程器、扩展接口和外部设备接口等几个主要部分构成，如图 5-25 所示。如果把 PLC 看做一个系统，外部的各种开关信号或模拟信号均为输入变量，它们经输入接口寄存到 PLC 内部的数据存储器中，而后经逻辑运算或数据处理以输出变量形式送到输出接口，从而控制输出设备。

5.4.1.1 主机

主机部分包括中央处理器（CPU）、系统程序存储器和用户程序及数据存储器。

CPU 是 PLC 的核心，起着总指挥的作用，它主要用来运行用户程序，监控输入/输出接口状态，作出逻辑判断和进行数据处理。即取进输入变量，完成用户指令规定的各种操作，将结果送到输出端，并响应外部设备（如编程器、打印机、条码扫描仪等）的请求以及进行各种内部诊断等。

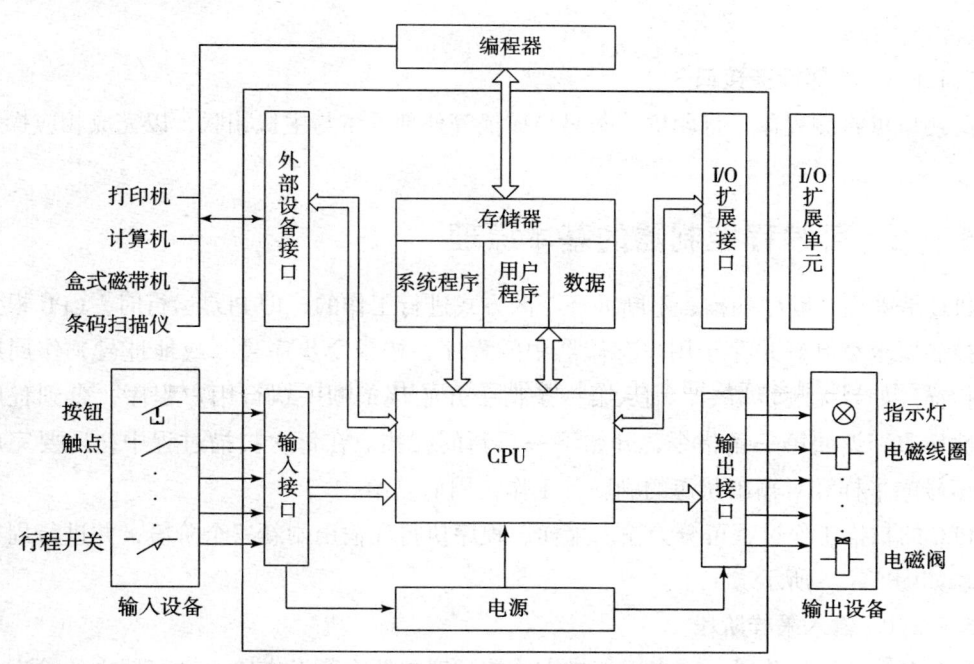

图 5-25 PLC 的硬件系统结构图

PLC 的内部存储器有两类：一类是系统程序存储器，主要存放系统管理和监控程序及对用户程序作编译处理的程序，系统程序已由厂家固定，用户不能更改；另一类是用户程序及数据存储器，主要存放用户编制的应用程序及各种暂存数据、中间结果。

5.4.1.2　输入/输出（I/O）接口

I/O 接口是 PLC 与输入/输出设备联接的部件。输入接口接受输入设备（按钮、行程开关、传感器等）的控制信号。输出接口是将经主机处理过的结果通过输出电路去驱动输出设备（如接触器、电磁阀、指示灯等）。

I/O 接口电路一般采用光电耦合电路，以减少电磁干扰。这是提高 PLC 可靠性的重要措施之一。

5.4.1.3　电源

PLC 的电源是指为 CPU、存储器、I/O 接口等内部电子电路工作所配备的直流开关稳压电源。I/O 接口电路的电源相互独立，以避免或减小电源间的干扰。通常也为输入设备提供直流电源。

5.4.1.4　编程器

编程器也是 PLC 的一种重要的外部设备，用于手持编程。用户可以用它输入、检查、修改、调试程序或用它监视 PLC 的工作情况。除手持编程器外，还可将 PLC 和计算机联接，并利用专用的工具软件进行编程或监控。

5.4.1.5　输入/输出扩展接口

I/O 扩展接口用于将扩充外部输入/输出端子数的扩展单元与基本单元（即主机）联接在一起。

5.4.1.6　外部设备接口

此接口可将编程器、打印机、条码扫描仪等外部设备与主机相联，以完成相应操作。

5.4.2　可编程控制器的基本原理

PLC 是采用"顺序扫描、不断循环"的方式进行工作的，即 PLC 运行时，CPU 根据用户按控制要求编制好并存于用户存储器中的程序，按指令步序号（或地址号）作周期性循环扫描。如果无跳转指令，则从第一条指令开始逐条顺序执行用户程序，直到程序结束，然后重新返回第一条指令，开始下一轮新的扫描。在每次扫描过程中，还要完成对输入信号的采样和对输出状态的刷新等工作，周而复始。

PLC 的扫描工作过程可分为输入采样、程序执行和输出刷新三个阶段，并进行周期性循环，如图 5 - 26 所示。

5.4.2.1　输入采样阶段

PLC 在输入采样阶段，首先以扫描方式按顺序将所有暂存在输入锁存器中的输入端子的通断状态或输入数据读入，并将其存入（写入）各对应的输入状态寄存器中，即刷新输入。随即关闭输入端口，进入程序执行阶段。在程序执行阶段，即使输入状态有变化，

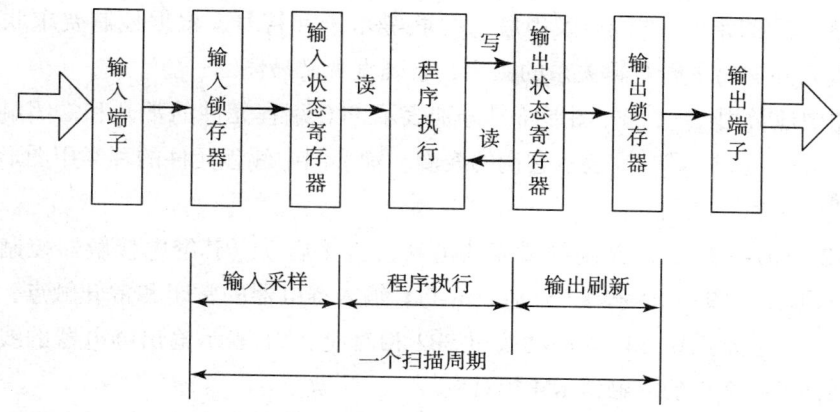

图 5 - 26　PLC 的扫描工作过程

输入状态寄存器的内容也不会改变。变化了的输入信号状态只能在下一个扫描周期的输入采样阶段被读入。

5.4.2.2　程序执行阶段

PLC 在程序执行阶段，按用户程序指令存放的先后顺序扫描执行每条指令，所需的执行条件可从输入状态寄存器和当前输出状态寄存器中读入，经过相应的运算和处理后，其结果再写入输出状态寄存器中。所以，输出状态寄存器中所有的内容随着程序的执行而改变。

5.4.2.3　输出刷新阶段

当所有指令执行完毕，输出状态寄存器的通断状态在输出刷新阶段送至输出锁存器中，并通过一定方式（继电器、晶体管或晶闸管）输出，驱动相应输出设备工作，这就是 PLC 的实际输出。

经过这三个阶段，完成一个扫描周期。对于小型 PLC，由于采用这种集中采样、集中输出的方式，使得在每一个扫描周期中，只对输入状态采样一次，对输出状态刷新一次，在一定程度上降低了系统的响应速度，即存在输入/输出滞后的现象。但从另外一个角度看，却大大提高了系统的抗干扰能力，使可靠性增强。另外，PLC 几十毫秒的响应延迟对一般工业系统的控制来讲是无关紧要的。

5.4.3　可编程控制器的编程语言

PLC 的控制作用是靠执行用户程序实现的，因此须将控制要求用程序的形式表达出来，程序编制就是通过特定的语言将一个控制要求描述出来的过程。PLC 的编程语言以梯形图语言和指令语句表语言（或称指令助记符语言）最为常见，并且两者常常联合使用。

5.4.3.1　梯形图

梯形图是一种从继电接触器控制电路图演变而来的图形语言。它是借助类似于继电器的常开触点、常闭点、线圈以及串联与并联等术语和符号，根据控制要求联接而成的表示 PLC 输入和输出之间逻辑关系的图形，它既直观又易懂。

梯形图中通常用 ┤├、┤/├ 图形符号分别表示 PLC 编程元件的常开和常闭触点（或称接点）；用 ─[ ]─（或 ─○─）表示它们的线圈。梯形图中编程元件的种类用图形符号及标注的字母或数字加以区别。

图 5 – 27（a）是用 PLC 控制的鼠笼式电动机直接启动（其继电接触器控制电路见图 5 – 12）的梯形图。图中 X1 和 X2 分别表示 PLC 输入继电器的常闭和常开触点，它们分别与图 5 – 12 中的停止按钮 SB1 和启动按钮 SB2 相对应。Y1 表示输出继电器的线圈和常开触点，它与图 5 – 12 中的接触器 KM 相对应。

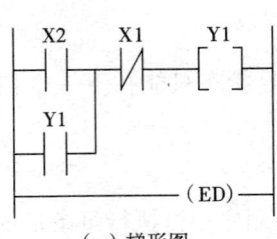

地址	指令	
0	ST	X2
1	OR	Y1
2	AN/	X1
3	OT	Y1
4	ED	

（a）梯形图　　　　　　　　　（b）指令语句表

图 5 – 27　鼠笼式电动机直接启动控制

这里有几点要说明的：

（1）如前所述，梯形图中的继电器不是物理继电器，而是 PLC 存储器的一个存储单元。当写入该单元的逻辑状态为"1"时，则表示相应继电器的线圈接通，其常开触点闭合，常闭触点断开。

（2）梯形图按从左到右、自上而下的顺序排列。每一逻辑行（或称梯级）起始于左母线，然后是触点的串、并联接，最后是线圈与右母线相联。

（3）梯形图中每个梯级流过的不是物理电流，而是"概念电流"，从左流向右，其两端没有电源。这个"概念电流"只是用来形象地描述用户程序执行中满足线圈接通的条件。

（4）输入继电器用于接收外部输入信号［例如图 5 – 27（a）中，按下启动按钮 SB2 时，输入继电器接通，其常开触点 X2 就闭合］，而不能由 PLC 内部其他继电器的触点来驱动。因此梯形图中只出现输入继电器的触点，而不出现其线圈。输出继电器输出程序执行结果给外部输出设备。当梯形图中的输出继电器线圈接通时，就有信号输出，但不是直接驱动输出设备，而要通过输出接口的继电器、晶体管或晶闸管才能实现。

输出继电器的触点也可供内部编程使用。

5.4.3.2　指令语句表

指令语句表是一种用指令助记符［如图 5 – 27（b）中的 ST，OR 等］来编制 PLC 程序的语言，它类似于计算机的汇编语言，但比汇编语言容易理解。若干条指令组成的程序

116

就是指令语句表。

图 5–27（b）是鼠笼式电动机直接启动控制的指令语句表，其中：

ST 起始指令（也称取指令）：从左母线（即输入公共线）开始取用常开触点作为该逻辑行运算的开始，图 5–27（a）中取用 X2。

OR 触点并联指令（也称"或"指令）：用于单个常开触点的并联，图中并联 Y1。

AN/触点串联反指令（也称"与非"指令）：用于单个常闭触点的串联，图中串联 X1。

OT 输出指令：用于将运算结果驱动指定线圈，图中驱动输出继电器线圈 Y1。

ED 程序结束指令。

5.4.4 可编程控制器的指令系统

FP1 系列 PLC 的指令系统由基本指令和高级指令组成，多至 160 余条。下面主要介绍一些最常用的基本指令。

5.4.4.1 起始指令 ST，ST/与输出指令 OT

ST/起始反指令（也称取反指令）：从左母线开始取用常闭触点作为该逻辑行运算的开始。

另外两条指令已在前面介绍过。它们的用法如图 5–28 所示。

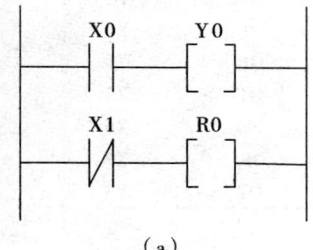

地址	指令	
0	ST	X0
1	OT	Y0
2	ST/	X1
3	OT	RO

（a）　　　　　　　　　　　（b）

图 5–28　ST，ST/，OT 指令的用法

指令使用说明：

（1）ST，ST/指令的使用元件为 X，Y，R，T，C；OT 指令的使用元件为 Y，R。

（2）ST，ST/指令除用于与左母线相联的触点外，也可与 ANS 或 ORS 块操作指令（见3）配合用于分支回路的起始处。

（3）OT 指令不能用于输入继电器 X，也不能直接用于左母线；OT 指令可以连续使用若干次，这相当于线圈的并联，如图 5–29 所示。

当 X0 闭合时，则 Y0，Y1，Y2 均接通。

5.4.4.2 触点串联指令 AN，AN/与触点并联指令 OR，OR/

AN 为触点串联指令（也称"与"指令），AN/为触点串联反指令（也称"与非"指令）。它们分别用于单个常开和常闭触点的串联。

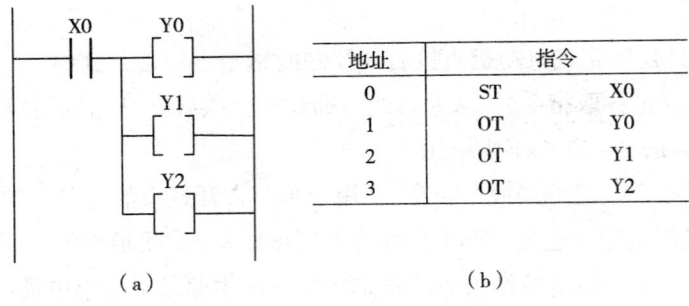

地址	指令	
0	ST	X0
1	OT	Y0
2	OT	Y1
3	OT	Y2

（a）　　　　　　　　　　（b）

图 5 – 29　OT 指令的并联使用

OR 为触点并联指令（也称"或"指令），OR/为触点并联反指令（也称"或非"指令）。它们分别用于单个常开和常闭触点的并联。

它们的用法如图 5 – 30 所示。

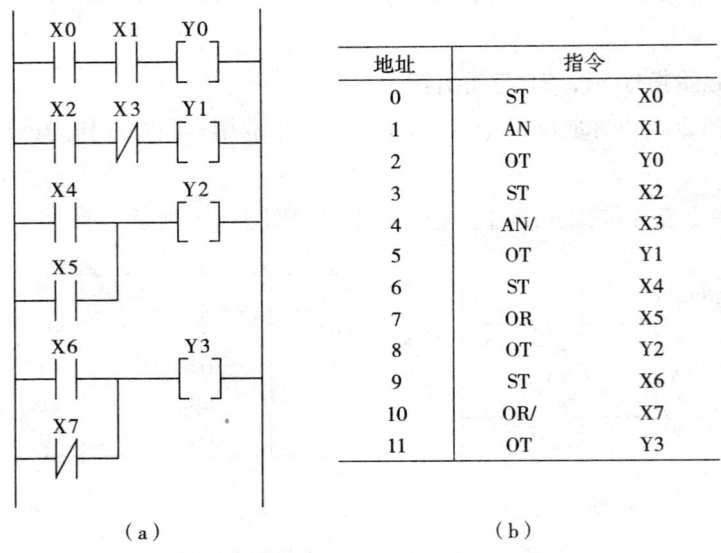

地址	指令	
0	ST	X0
1	AN	X1
2	OT	Y0
3	ST	X2
4	AN/	X3
5	OT	Y1
6	ST	X4
7	OR	X5
8	OT	Y2
9	ST	X6
10	OR/	X7
11	OT	Y3

（a）　　　　　　　　　　（b）

图 5 – 30　AN，AN/，OR，OR/指令的用法

指令使用说明：

（1）AN，AN/，OR，OR/指令使用元件为 X，Y，R，T，C。

（2）AN，AN/单个触点串联指令可多次连续串联使用；OR，OR/单个触点并联指令可多次连续并联使用。串联或并联次数没有限制。

5.4.4.3　块串联指令 ANS 与块并联指令 ORS

ANS（块"与"）和 ORS（块"或"）分别用于指令块的串联和并联联接，它们的用法如图 5 – 31 所示。在图（a）中，ANS 用于将两组并联的触点（指令块 1 和指令块 2）串联；在图（b）中，ORS 将两组串联的触点（指令块 1 和指令块 2）并联。

指令使用说明：

（1）每一指令块均以 ST（或者 ST/）开始。

118

（2）当两个以上指令块串联或者并联时，可将前面块的并联或串联结果作为新的"块"参与运算。

（3）指令块中各支路的元件个数没有限制。

（4）ANS 和 ORS 指令不带使用元件。

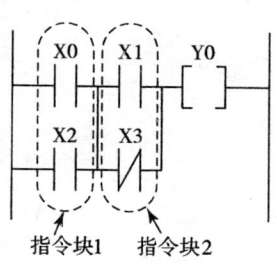 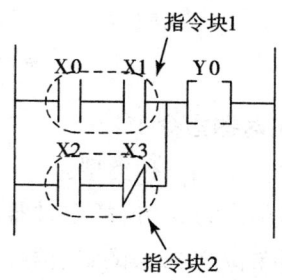

地址	指令	
0	ST	X0
1	OR	X2
2	ST	X1
3	OR/	X3
4	ANS	
5	OT	Y0

（a）ANS的用法

地址	指令	
0	ST	X0
1	AN	X2
2	ST	X1
3	AN/	X3
4	ORS	
5	OT	Y0

（b）ORS的用法

图 5 – 31   ANS，ORS 指令的用法

例 5.1   写出图 5 – 32（a）所示梯形图的指令语句表。

解：指令语句表如图 5 – 32（b）所示。

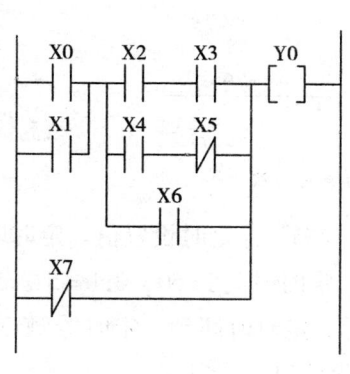

（a）

地址	指令	
0	ST	X0
1	OR	X1
2	ST	X2
3	AN	X3
4	ST	X4
5	AN/	X5
6	ORS	
7	OR	X6
8	ANS	
9	OR/	X7
10	OT	Y0

（b）

图 5 – 32   例 5.1 的梯形图和指令语句表

5.4.4.4   反指令/

反指令（也称"非"指令）是将该指令所在位置的运算结果取反，如图 5 – 33 所示。在图 5 – 33 中，当 X0 闭合时，Y0 接通、Y1 断开；反之，则相反。

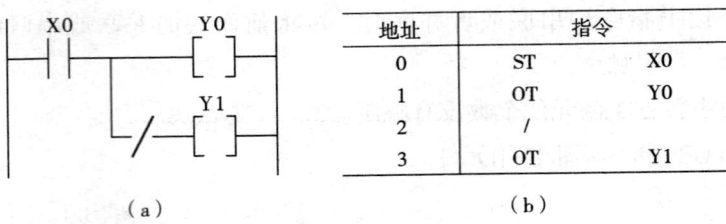

图 5 – 33 /指令的用法

5.4.4.5 定时器指令 TM

定时器指令分下列三种类型：

TMR：定时单位为 0.01s 的定时器；

TMX：定时单位为 0.1s 的定时器；

TMY：定时单位为 1s 的定时器。

TM 指令的用法如图 5 – 34 所示。

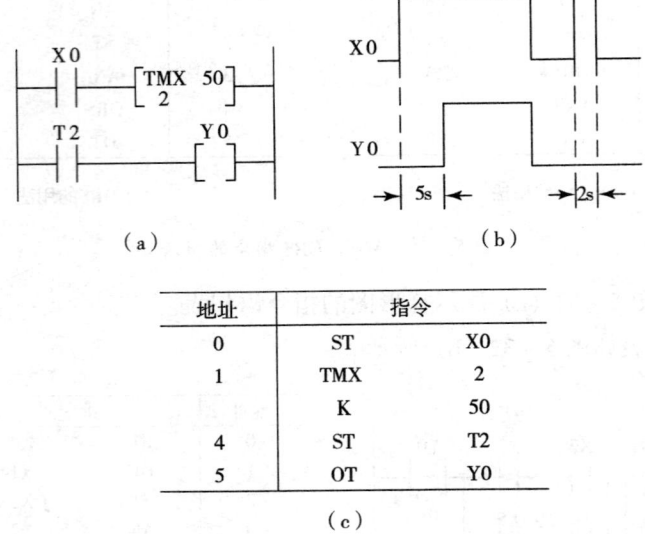

地址	指令	
0	ST	X0
1	TMX	2
	K	50
4	ST	T2
5	OT	Y0

（c）

图 5 – 34 TM 指令的用法

在图 5 – 34（a）中，"2"为定时器的编号，"50"为定时设置值。定时时间等于定时设置值与定时单位的乘积，在图 5 – 50（a）中，定时时间为 $50 \times 0.1 = 5s$。当定时触发信号发出后，即触点 X0 闭合时，定时开始，5s 后，定时时间到，定时器触点 T2 闭合，线圈 Y0 也就接通。如果 X0 闭合时间不到 5s，则无输出。

指令使用说明：

（1）定时设置值为 K0 ~ K32767 范围内的任意一个十进制常数。

（2）定时器为减 1 计数，即每来一个时钟脉冲 C，定时设置值逐次减 1，直至减为 0 时，定时器动作，其常开触点闭合，常闭触点断开。

(3) 如果在定时器工作期间，X0 断开，则运行中断，定时器复位，回到原设置值，同时其常开触点、常闭触点恢复常态。

(4) 程序中每个定时器只能使用一次，但其触点可多次使用。

例 5.2 试编制延时 3s 接通、延时 4s 断开的电路的梯形图和指令语句表。

解： 利用两个定时器 T1 和 T2，其定时设置值 K 分别为 30 和 40，即延时时间分别为 3s 和 4s。梯形图、动作时序图及指令语句表分别如图 5–35（a），（b），（c）所示。

当 X0 闭合 3s 后 Y0 接通；当 X0 断开 4s 后 Y0 断开。

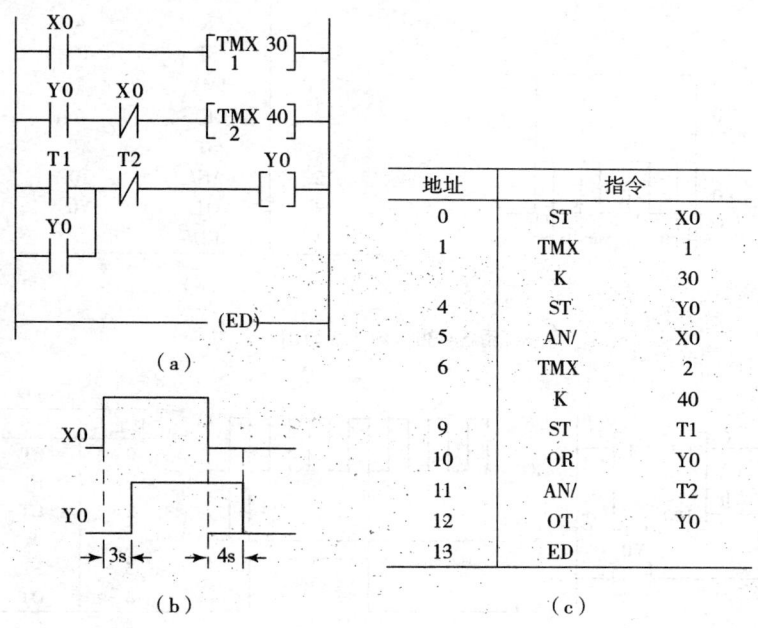

图 5–35　例 5.2 的图

例 5.3 振荡输出电路的动作时序图如图 5–36（b）所示，试编制相应的梯形图和指令语句表。

解： 梯形图和指令语句表分别如图 5–36（a）和（c）所示。

当 X0 刚闭合时，Y0 接通；定时器 T0 定时 4s 后，Y0 断开；定时器 T1 定时 6s 后，Y0 再次接通。如此不断循环，输出振荡波形如图 5–36（b）所示。

当 X0 断开时，无振荡输出。

5.4.4.6　计数器指令 CT

在图 5–37（a）中，"100" 为计数器的编号，"4" 为计数设置值。用 CT 指令编程时，一定要有计数脉冲信号和复位信号。因此，计数器有两个输入端：计数脉冲端 C 和复位端 R。在图中，它们分别由输入触点 X0 和 X1 控制。当计数到 4 时，计数器的常开触点 C100 闭合，线圈 Y0 接通。

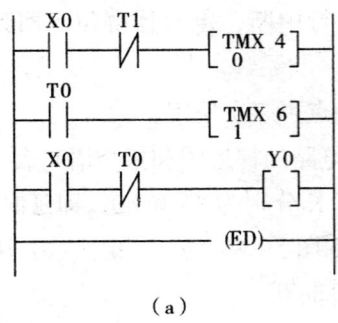

（a）

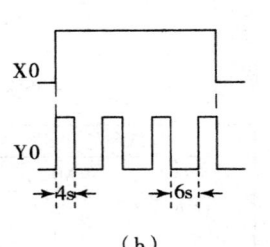

（b）

地址	指令	
0	ST	X0
1	AN/	T1
2	TMY	0
	K	4
6	ST	T0
7	TMY	1
	K	6
11	ST	X0
12	AN/	T0
13	OT	Y0
14	ED	

（c）

图 5-36　例 5.3 的图

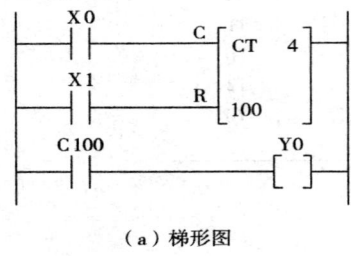

（a）梯形图

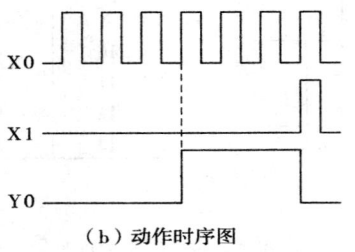

（b）动作时序图

地址	指令	
0	ST	X0
1	ST	X1
2	CT	100
	K	4
5	ST	C100
6	OT	Y0

（c）指令语句表

图 5-37　CT 指令的用法

指令使用说明：

（1）计数设置值为 K0～K32767 范围内的任意一个十进制常数。

（2）计数器为减 1 计数，即每来一个计数脉冲的上升沿，计数设置值逐次减 1，直至减为 0 时，计数器动作，其常开触点闭合，常闭触点断开。

（3）如果在计数其工作期间，复位端 R 因输入复位信号［在图 5-53（a）中，即 X1 闭合］而使计数器复位，则运行中断，回到原设置值，同时其常开、常闭触点恢复常态。

（4）程序中每个计数器只能使用一次，但其触点可多次使用。

例 5.4　分析由定时器与计数器组成的长延时电路的工作过程，其梯形图如图 5-38（a）所示。

解：当需要的延时时间超过定时器的最大延时范围时，可将定时器与计数器配合使用，以扩大延时范围。

在图 5-38（a）中，当输入常开触点 X1 开始闭合时，定时器 T1 随即接通开始延时，

10s 后，其常开触点 T1 闭合，即为计数器 C100 输入一个计数脉冲。同时 T1 的常闭触点断开，待下一次扫描时，使定时器 T1 自复位，断开常开触点 T1。再下一次扫描时，定时器 T1 又接通延时。周而复始，不断循环。定时器 T1 的常开触点每隔 10s 闭合一次，每次闭合时间为一个扫描周期。而计数器 C100 则对这个脉冲计数，当计数 150 次时，其常开触点 C100 闭合，接通线圈 Y0。可见，从 X1 闭合到 Y0 接通所需的时间为 $10 \times 150 = 1500s$。图 5 – 38（b）是动作时序图。因此，由定时器与计数器可组成长延时电路。

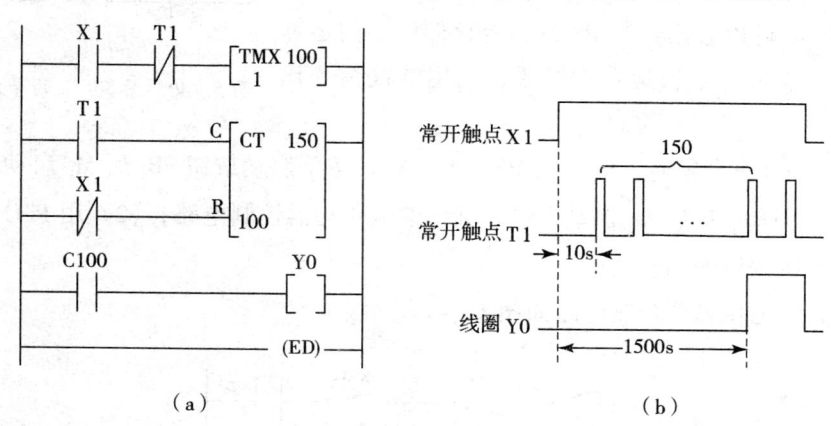

（a）　　　　　　　　　　　　　（b）

图 5 – 38　例 5.4 的梯形图和动作时序图

当常开触点 X1 断开时，定时器和计数器复位。

5.4.4.7　堆栈指令 PSHS，RDS，POPS

PSHS 指令用于存储该指令处的运算结果（即压入堆栈）；RDS 指令用于读出由 PSHS 指令存储的运算结果（即读出堆栈）；POPS 指令用于读出和清除 PSHS 指令存储的运算结果（即弹出堆栈）。它们的用法如图 5 – 39 所示。

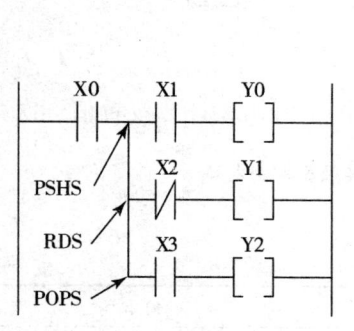

地址	指令	
0	ST	X0
1	PSHS	
2	AN	X1
3	OT	Y0
4	RDS	
5	AN/	X2
6	OT	Y1
7	POPS	
8	AN	X3
9	OT	Y2

图 5 – 39　PSHS，RDS，POPS 指令的用法

指令使用说明：

（1）堆栈指令常用于梯形图中多条联于同一点的支路要用到同一中间运算结果的

场合。

（2）堆栈指令是一种组合指令，不能单独使用。PSHS，POPS 在堆栈程序中各出现一次（开始和结束时），而 RDS 在程序中视联接在同一点的支路数目的多少可多次使用。

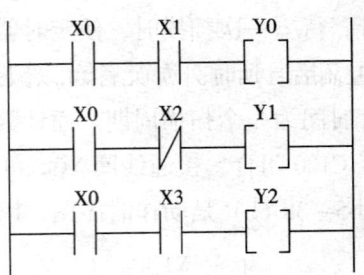

图 5-40 为图 5-39 的等效梯形图。

从图 5-40 可以看出，若 PSHS 指令存储的中间运算结果是多个触点进行逻辑运算的结果，则用堆栈指令比较方便。

图 5-40 图 5-39 的等效梯形图

例 5.5 今有三台鼠笼式电动机 M_1、M_2、M_3，按下启动按钮 SB_2 后 M_1 启动，延时 5s 后 M_2 启动，再延时 4s 后 M_3 启动。（1）画出继电接触器控制电路；（2）用 PLC 控制时编制其梯形图和指令语句表。

解：（1）继电接触器控制电路如图 5-41 所示。

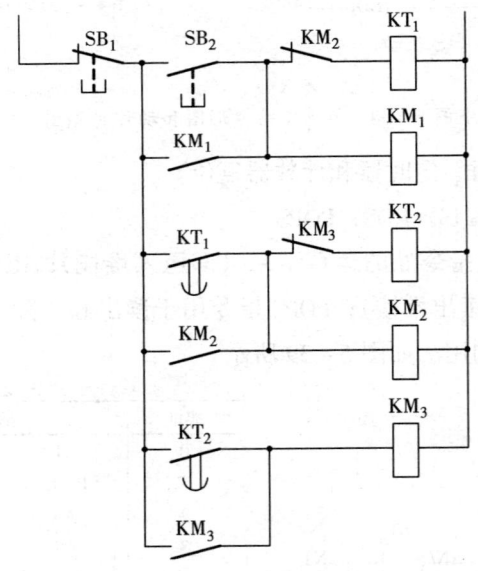

图 5-41 例 5.5 的继电接触器控制电路

（2）首先确定 I/O 点数及其分配：

输入		输出	
SB_1	X_1	KM_1	Y_1
SB_2	X_2	KM_2	Y_2
		KM_3	Y_3

而后编制梯形图，如图 5-42（a）所示。

最后写出指令语句表，如图 5-42（b）所示。比较图 5-41 和图 5-42（a），两者一一对应，只要将电器符号改为 PLC 对应的符号，就很容易画出梯形图。此外，改用 PLC 控制后，所需外部元件可以减少，使整个系统大为简化，易于接线和调试，并可提高可靠性。

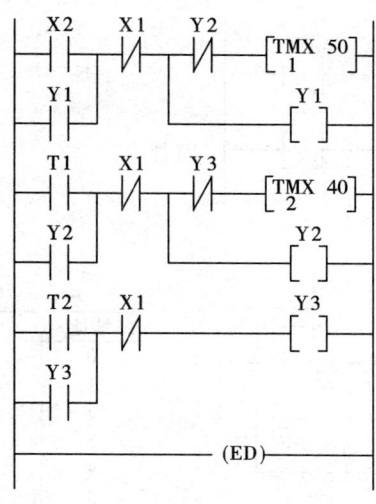

（a）

地址	指令		地址	指令	
0	ST	X2	13	PSHS	
1	OR	Y1	14	AN/	Y3
2	AN/	X1	15	TMX	2
3	PSHS			K	40
4	AN/	Y2	18	POPS	
5	TMX	1	19	OT	Y2
	K	50	20	ST	T2
8	POPS		21	OR	Y3
9	OT	Y1	22	AN/	X1
10	ST	T1	23	OT	Y3
11	OR	Y2	24	ED	
12	AN/	X1			

（b）

图 5-42　例 5.5 的梯形图和语句指令表

5.4.4.8　微分指令 DF，DF／

DF：当检测到触发信号上升沿时，线圈接通一个扫描周期。

DF／：当检测到触发信号下降沿时，线圈接通一个扫描周期。

它们的用法如图 5-43 所示。

在图 5-43 中，当 X0 闭合时，Y0 接通一个扫描周期；当 X1 断开时，Y1 接通一个扫描周期。这里，触点 X0，X1 分别称为上升沿和下降沿微分指令的触发信号。

指令使用说明：

（1）DF，DF/指令仅在触发信号接通或断开这一状态变化时有效。

（2）DF，DF/指令没有使用次数的限制。

（3）如果某一操作只需在触点闭合或断开时执行一次，可以使用 DF 或 DF/指令。

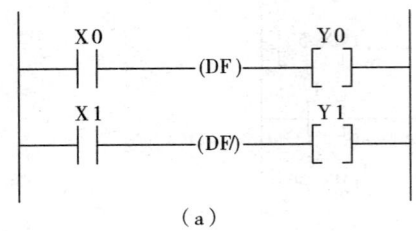

（a）

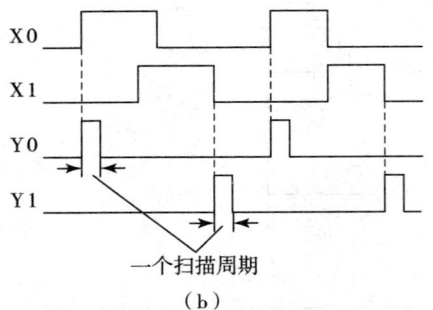

（b）

地址	指令	
0	ST	X0
1	DF	
2	OT	Y0
3	ST	X1
4	DF/	
5	OT	Y1

（c）

图 5 - 43 DF，DF/指令的用法

5.4.4.9 置位、复位指令 SET，RST

SET：触发信号 X0 闭合时，Y0 接通。

RST：触发信号 X1 闭合时，Y0 断开。

它们的用法如图 5 - 44 所示。

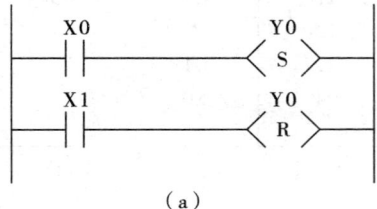

（a）

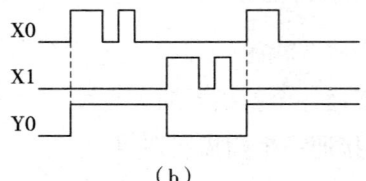

（b）

地址	指令	
0	ST	X0
1	SET	Y0
4	ST	X1
5	RST	Y0

（c）

图 5 - 44 SET，RST 指令的用法

指令使用说明：

（1）SET，RST 指令的使用元件为 Y，R。

（2）当触发信号一接通，即执行 SET（RST）指令。不管触发信号随后如何变化，线圈将接通（断开）并保持。

（3）对同一继电器 Y（或 R），可以使用多次 SET 和 RST 指令，次数不限。

（4）当使用 SET 和 RST 指令时，输出线圈的状态随程序运行过程中每一阶段的执行结果而变化。

（5）当输出刷新时，外部输出的状态取决于最大地址处的运行结果。

5.4.4.10　保持指令 KP

KP 指令的用法如图 5 – 45 所示。S 和 R 分别为置位和复位输入端，图中它们分别由输入触点 X0 和 X1 控制。当 X0 闭合时，指定继电器线圈 Y0 接通并保持；当 X1 闭合时，Y0 断开复位。

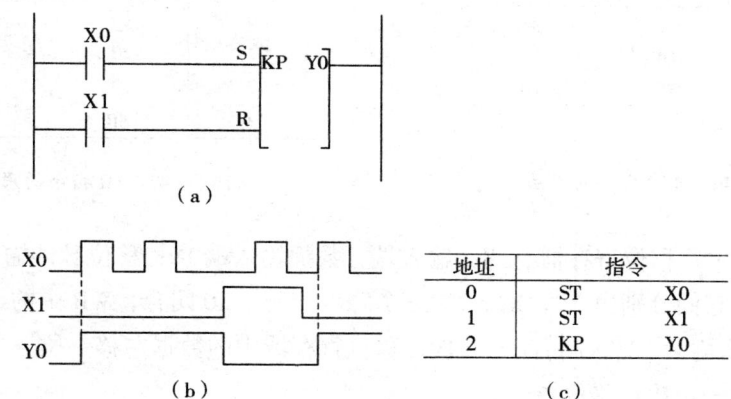

图 5 – 45　KP 指令的用法

指令使用说明：

（1）KP 指令的使用元件为 Y，R。

（2）置位触发信号一旦将指定的继电器接通，则无论置位触发信号随后是接通状态还是断开状态，指定的继电器都保持接通，直到复位触发信号接通。

（3）如果置位、复位触发信号同时接通，则复位触发信号优先。

（4）当 PLC 电源断开时，KP 指令的状态不再保持。

（5）对同一继电器 Y（或 R）一般只能使用一次 KP 指令。

5.4.4.11　空操作指令 NOP

NOP：指令不完成任何操作，即空操作，其用法如图 5 – 46 所示。

在图 5 – 46 中，当 R1 闭合时，Y0 接通。

指令使用说明：

（1）NOP 指令占一步，当插入 NOP 指令时，程序容量将有所增加，但对运算结果没有影响。

(2) 插入 NOP 指令可使程序在检查或修改时容易被阅读。

5.4.4.12　移位指令 SR

SR：实现对内部移位寄存器 WR 中的数据移位，其用法如图 5 – 47 所示。

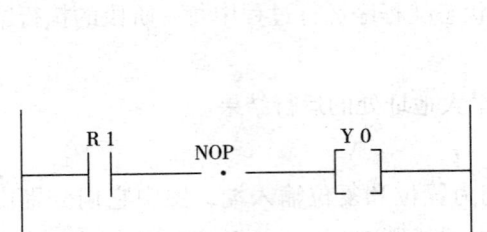

地址	指令	
0	ST	R1
1	NOP	
2	OT	Y0

图 5 – 46　NOP 指令的用法

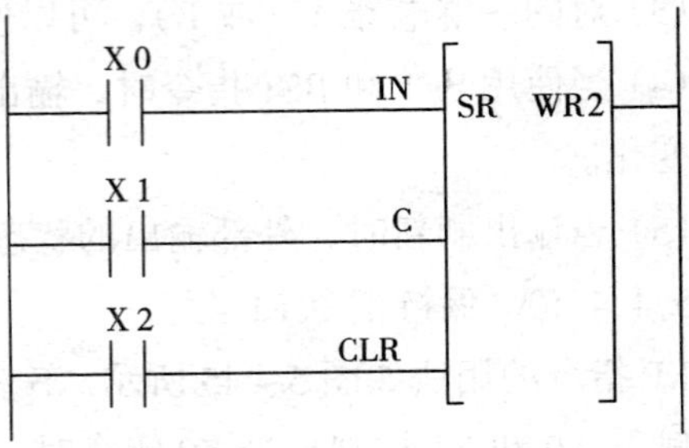

地址	指令	
0	ST	X0
1	ST	X1
2	ST	X2
3	SR	WR2

图 5 – 47　SR 指令的用法

在图 5 – 47 中，移位寄存器有三个输入端：数据输入端 IN；移位脉冲输入端 C；复位端 CLR。图中，它们分别由 X0，X1，X2 三个触点控制。X0 闭合，WR 中的最低位输入为 1；断开，则输入为 0。当 X1 每闭合一次，移位寄存器中的数据左移一位。当 X2 闭合时，则寄存器复位，停止执行移位指令。

指令使用说明：

(1) SR 指令的使用元件为 WR。可指定内部通用"字"寄存器中任意一个作移位寄存器用。

(2) 用 SR 指令时，必须有数据输入、移位脉冲输入和复位信号输入，而其中以复位信号优先。

例 5.6　今有 8 只节日彩灯，排成一行。现要求从左至右以 1s 点亮 1 只的速度依次点亮。当灯全亮后再以同样的速度从左至右依次熄灭。如此反复 3 次后停止。

解：此例可用移位指令 SR 对移位寄存器（由辅助继电器 R0 ~ RF 组成）的状态进行移位，其结果通过 Y0 ~ Y7 输出来实现（Y0 和 Y7 分别对应最左和最右的灯）。其中移位脉冲利用特殊内部继电器 R901C（1s 时钟脉冲继电器）产生；使用计数器 C100 累计计数；X0 为重新开始启动触点。

图 5 – 48 是本例的梯形图，请自行分析。

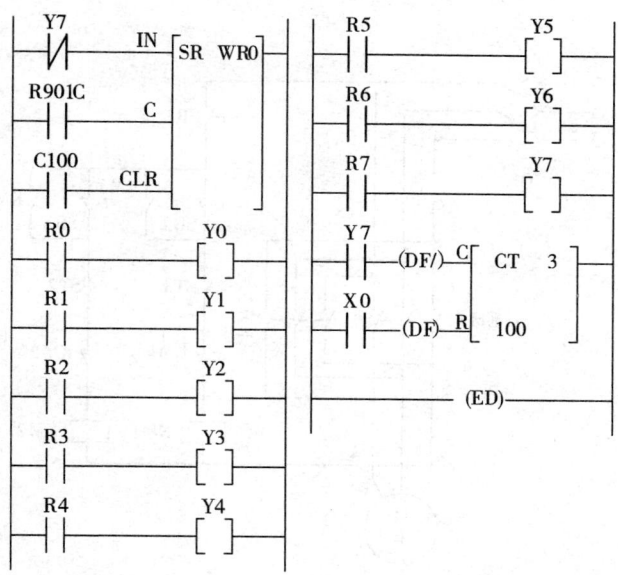

图 5-48 例 5.6 的梯形图

复习思考题五

5.1 为什么热继电器不能作短路保护？为什么在三相主电路中只用两个（当然用三个也可以）热元件就可以保护电动机？

5.2 试画出能在两处用按钮起动和停止电动机的控制电路。

5.3 试画出三相鼠笼式电动机既能连续工作，又能点动工作的继电接触器控制线路。

5.4 今要求三台鼠笼式电动机 M_1，M_2，M_3 按照一定顺序起动，即 M_1 起动后 M_2 才可以起动，M_2 起动后 M_3 才可起动。试绘出控制线路。

5.5 下图是三相异步电动机正反转起停控制电路。控制要求是：在正转和反转的预定位置能自动停车，并具有短路、过载和失压保护。请找出图中错误，画出正确的控制电路。

5.6 下图所示电路也是三相笼型异步电动机的星形-三角形起动控制电路，试简要说明其操作和动作过程。

5.7 简述交流异步电动机的变频调速原理。

5.8 试画出图中所示梯形图中 Y0 的动作时序图。

5.9 有两台三相鼠笼式电动机 M_1 和 M_2。今要求 M_1 先起动，经过 5s 后 M_2 起动；M_2 起动后，M_1 立即停车。试用 PLC 实现上述控制要求，画出梯形图，并写出指令语句表。

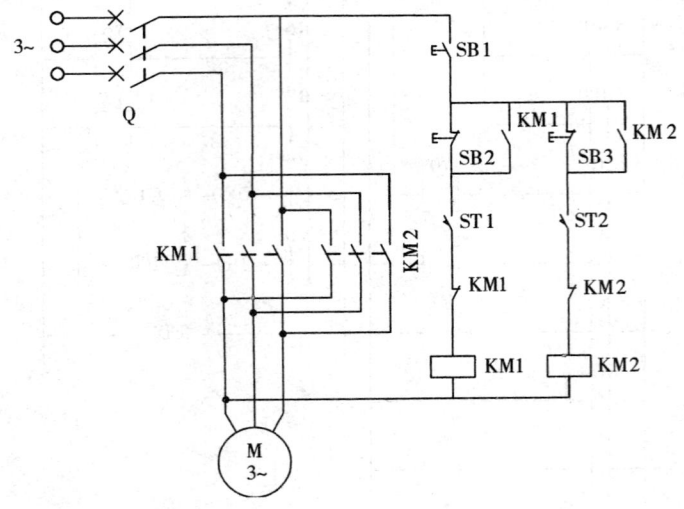

题 5.5 图

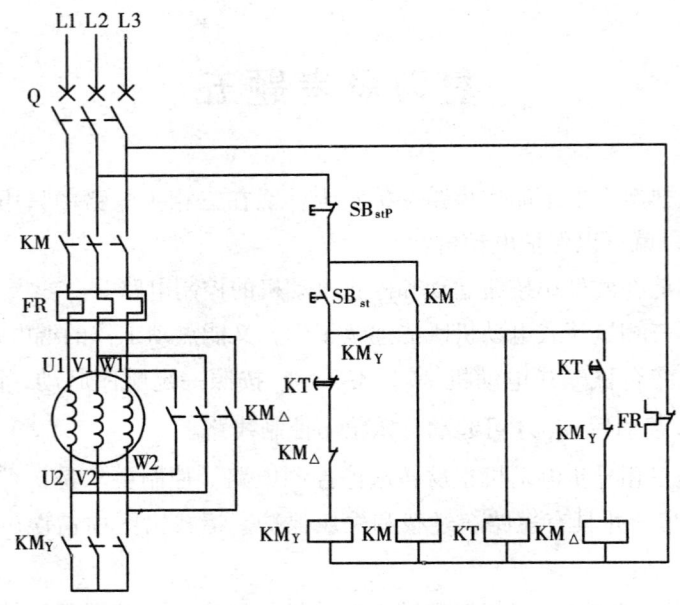

题 5.6 图

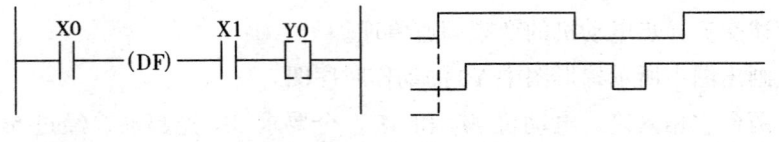

题 5.8 图

6 印刷机械电气控制

本章首先介绍了纸张检测控制电路、张力控制电路等印刷机械中的典型控制电路，然后以 J2108A 型对开单色胶印机为例，系统分析了国产胶印机的控制电路。最后分析了海德堡 102V 四色胶印机的主控制电路。

6.1 印刷机械中的典型控制电路

6.1.1 纸张检测控制电路

印刷机的纸张输送正常与否，对印刷品质量影响很大，严重的输纸故障还会造成机器损坏，因而纸张检测非常重要。印刷机中常用的纸张检测控制电路，主要有触点式和无触点式光电检测电路两种。下面重点介绍无触点式光电检测电路。

6.1.1.1 触点式纸张检测电路

图 6-1 所示为折角、侧规与撕纸晶体管控制检测电路原理图，主要应用于德国全张二回转（ZT ⅡB）印刷机。图中 QS1 为折角触点，QS2 为侧规触点，QS3 为撕纸触点。电路由直流 12V 供电，-12V 与地线相接（即与机壳相连）。当纸张定准位置并被叼纸牙叼走之前，触点 QS1、QS2 下压检测。若输纸正常，QS1、QS2 的动触点与静触点被纸张绝缘隔离，此时三极管 T3 基极无信号输入而截止。当产生折角、侧规无纸张故障时，QS1 或 QS2 动触点与机壳接通（即接通 -12V 电源），经电阻 R_5 和 R_6 分压，T3 获正偏置而饱和导通，使继电器 KA1 得电吸合。同时，限位开关 SQ1 与 KA1 常开触点闭合，T3 维持导通，使 KA1 保持吸合状态。KA1 吸合使机器产生离压，与纸张跳出等控制作用。待上述控制作用完成后，SQ1 被触压，常闭打开，从而切断 T3 基极电流，使 T3 截止，KA1 释放。

当发生撕纸故障时，堆积的纸张推动金属排架，使触点 QS3 接通，T4 饱和导通，继电器 KA2 吸合，从而切断控制电路，使机器停车。

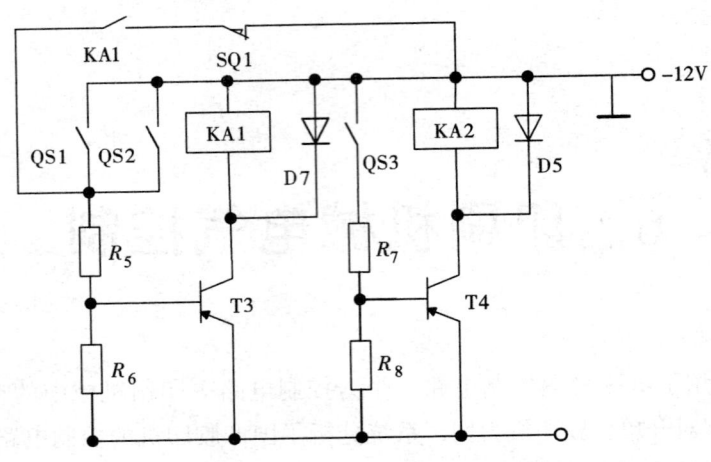

图 6-1 折角、侧规与撕纸检测电路

6.1.1.2 光电式双张检测电路

双张检测电路如图 6-2 所示。

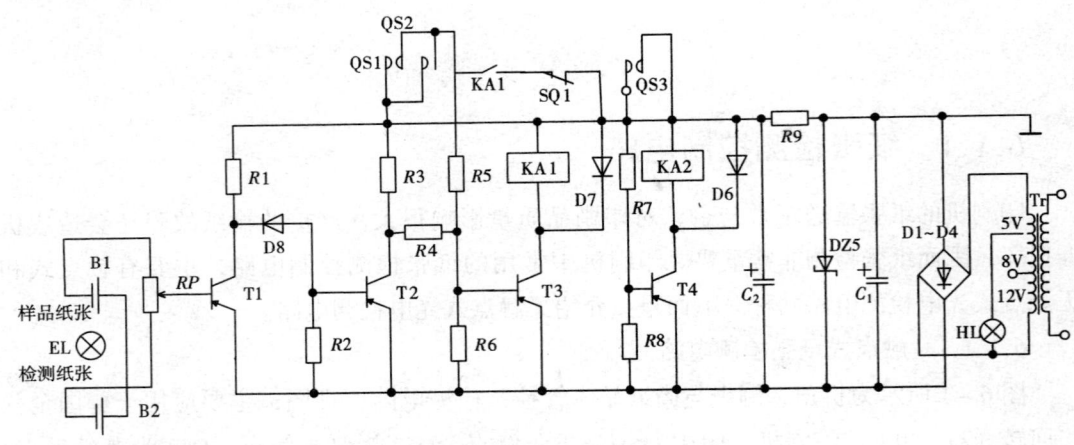

图 6-2 光电式双张检测电路

（1）电源电路。电路由 3～5V 变压器 Tr 提供交流电源，经二极管 D1～D4 桥式整流，电容 C_1、C_2 与 R_9 π 形滤波，DZ5 稳压，为电路提供 12V 直流稳压电源。电源正极为 0V，负极为 -12V 与机壳（地线）接在一起，HL 为电源指示灯。

（2）控制电路。电路中的晶体三极管 T1～T3 及偏置电阻组成三级直接耦合放大器，继电器 KA1 作信号输出。EL 为光源灯泡，在其上下各安装着两只硅光电池。在光源 EL 与 B1 间预先放置一张样品纸张，其厚度应与印刷用纸相同。另一硅光电池 B2 装在输纸板下方，此时通过输纸板移动的纸张就是待检测纸张。电路中 B1 与电位器 RP 组成一检测电桥。当输纸正常时（无双张时），B1 与 B2 产生电压相等，但极性相反。这时电位器 RP 的滑动端和直流电源地线之间的电压为 0V（如不为 0，可调节 RP 使之为 0）。即 T1 的 U_{b1} 为零，则 T1 截止，T2 导通，T3 截止，继电器 KA1 失电释放。当输纸出现双张时，B2

产生的光电势减少，而 B1 上光电势保持不变，则 RP 上滑动端与地之间产生一电压，使 T1 的基极电位 U_{b1} 为负，U_{be1} 为正偏压，使 T1 导通。电路变化的过程为

$$I_{c1}\uparrow \rightarrow U_{c1}\uparrow \rightarrow U_{b2}\uparrow \rightarrow T2\ 截止 \rightarrow U_{c2}\downarrow \rightarrow U_{b3}\downarrow \rightarrow T3\ 导通 \rightarrow I_{c3}\uparrow \rightarrow KA1\ 吸合$$

KA1 吸合使机器产生离压与纸张跳出动作。同时 KA1 的常开触点与 SQ1 使 T2 维持导通信号，待控制作用完成后 SQ1 受触压断开，T3 截止，KA1 释放。

为保证检测电路的正常工作，在更换纸张之前，应做如下调试：首先应使光电头上固定纸样与印刷所用纸张相同。然后将一张纸放于输纸板上，使之处于 EL 与 B2 之间，此时继电器 KA1 应释放，否则需调节 RP，直到 KA1 释放为止。再将第二张纸放在第一张纸上（即为双张），此时 KA1 应有吸合动作，若不吸合，则需调整电位器 RP，使 KA1 实现吸合，此时，电路调整完毕。

6.1.2 纸张张力控制电路

保证卷筒纸带有一恒定的张力是卷筒纸印刷机能正常印刷的关键问题，通常在卷筒纸印刷机的输纸装置中安装有张力控制系统，以保证印刷压力均匀适中，印品字迹清晰及折切位置准确。本节将结合实例对卷筒纸印刷机中纸张张力控制电路进行介绍。

6.1.2.1 张力控制系统

（1）系统结构

为自动调节纸带的张力，常采用各种不同的结构系统。系统结构基本都由弹性缓冲辊、阻尼机构和电气控制装置三大部分组成。其中电气控制装置包括控制电路、传感器与磁粉制动器等。图 6 - 3 所示为 JJ201 型卷筒纸胶印机给纸机纸带张力自动调节系统的工作原理。其各部分作用如下。

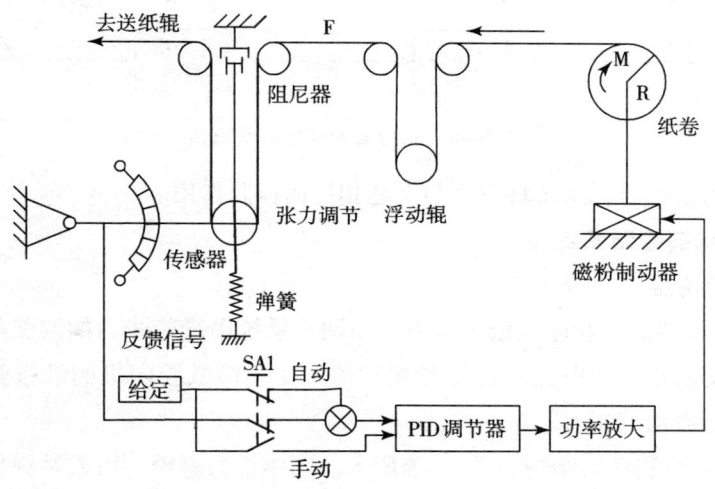

图 6 - 3 张力自动调节系统工作原理

①弹性缓冲辊。由于纸卷的松紧程度不同，纸卷本身不规则及机器拖动的不稳定，会产生纸带松飘或拉紧，从而使张力不断变化。设置弹性缓冲辊可吸收瞬时变化的能量，使张力变化得到缓冲减弱。

②阻尼机构。阻尼机构的摆动辊在纸带张力作用下产生摆动并使传感器动作。传感器将张力变化转换成电压信号，然后反馈至控制电路的输入端，以调节张力。阻尼能够吸收张力瞬时变化，对频率较高的小信号进行缓冲和滤除，对摆动辊起到阻尼减振作用；可使纸张在经弹性缓冲辐之后，张力得到又一次的稳定调节。

③电气控制装置。由于张力控制系统不同，所采用控制电路、传感器及磁粉制动器也不相同。如传感器元件有电位器、负重传感器及差动变压器等种类。又如磁粉制动器有单机和双机工作方式，冷却方法有自然冷却和水冷等。

（2）控制原理

尽管张力控制系统结构各异，但其控制原理基本相同，都设有"手动"与"自动"两种控制状态。开机前，将系统置"手动"位，此时系统为开环控制，磁粉制动器的励磁电流可进行手动调节，即进行纸张张力值预选。开机时，置"自动"位，系统为闭环控制，即由摆动辊及传感器将检测出的张力变化信号反馈到控制电路输入端，与给定信号综合后的差值信号经比例积分、功率放大到可控整流电路，使磁粉制动器的励磁电流不断改变，其制动力矩也随之变化，从而使纸张张力维持恒定。

图6-4所示为张力自动调节系统框图。系统控制作用可表示为

张力 $F\uparrow \rightarrow U_f\uparrow \rightarrow U_入(U_g-U_f)\downarrow \rightarrow I_励\downarrow \rightarrow M\downarrow \rightarrow F\downarrow \rightarrow F$ 回到预选给定值。

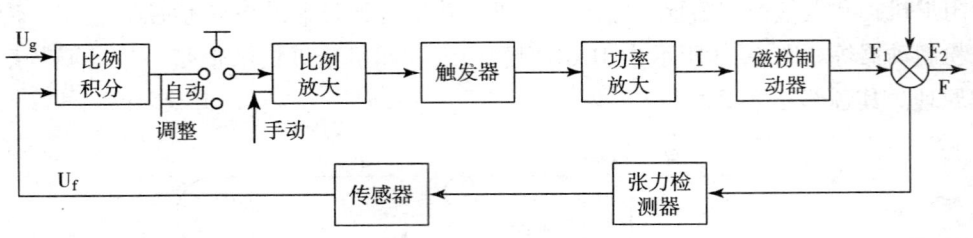

图6-4 张力自动调节系统框图

当纸张张力变小时，系统将发生与上述相反的控制作用。

6.1.2.2 电器控制系统

（1）磁粉制动器

国产 JJ201 型卷筒纸胶印机纸带张力自动调节系统中纸带张力的改变是靠制动器来调节的。磁粉制动器是一种电磁离合器和制动器，在卷筒纸胶印机的纸张张力控制系统中用来对纸卷进行制动控制。

① 结构。磁粉制动器结构如图6-5所示。图中2为磁粉，由铁钴镍粉或铁铬铝粉等材料组成。将其填充在内定子7和转子3之间，内定子可通水冷却，图中8、9为进出水口。图中6为转子冷却风扇。轴1与纸卷机构做联接。

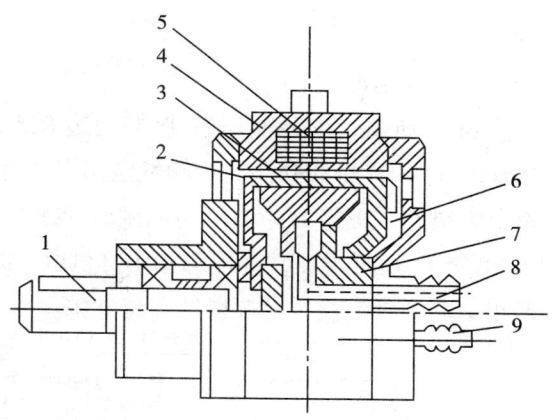

图 6-5 磁粉制动器结构

1—轴；2—磁粉；3—转子；4—外壳；5—线圈；6—转子冷却风扇；7—内定子；8—进水口；9—出水口

②工作原理。当磁粉制动器的励磁线圈未通入直流电流时，定子转子及磁粉间不存在磁力相互作用，磁粉呈松散状态，因而不产生制动力矩。当励磁线圈通入直流电流时，内外定子、转子和磁粉间形成磁场，磁粉受磁化形成链条状。此磁粉链将内定子与转子进行联接，产生拉力即形成对转子的制动作用。励磁电流越大，制动器转子力矩也越大。励磁电流 I 与 M 的关系可以表示为图 6-6 所示力矩特性曲线。

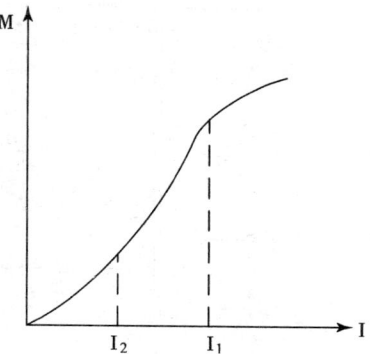

图 6-6 力矩特性曲线

由图可知，当励磁电流控制在 I_1 与 I_2 时，曲线为直线，M 与 I 为线性关系。因此，改变励磁电流的大小，可使磁粉制动器的制动力矩得到改变。在印刷中，随着纸卷半径的不断减小，纸卷阻力矩会变小，为了使纸带张力保持恒定，要求磁粉制动器的制动力矩 M 的大小作相应的改变，即使励磁电流 I 实现自动跟踪控制。

（2）传感器

多数卷筒纸胶印机都采用电位器为传感器，以实现纸带张力自动控制。图 6-7 所示为该传感器结构图。滑动臂由张力摆动辊、阻尼机构等驱动。正常印刷时，摆动辊所受张力与弹簧力平衡，张力发生变化与摆动辊位移相对应。于是，若使该机构中的扇形齿轮偏转一定角度，与扇形齿轮啮合的小齿轮也随之转动，并带动传

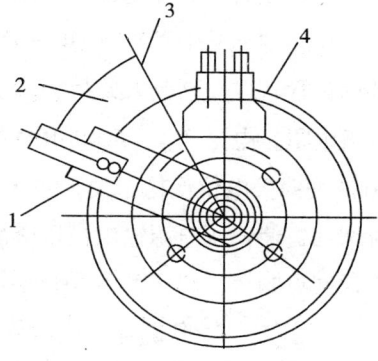

图 6-7 传感器结构

1—滑动片；2—弹性金属片；
3—电刷；4—电阻丝

感器的滑臂转动。滑动臂带动电刷在电阻丝上滑动，即在电阻丝上调节取得一电压数值，该电压值即作为张力反馈信号，该信号与给定信号综合后，其差值输入比例积分等控制电路。由于张力反馈信号为负反馈，从而使磁粉制动器的励磁电流、制动力矩发生变化，

实现纸卷张力的稳定调节。

（3）电路工作原理

①直流稳压电源。如图 6-8 所示，电源变压器 Tr 的副边有 5 组线圈，由 3、4 端输出交流 60V，该电压经二极管 D1～D4 桥式整流，为触发电路提供直流电源；由 5、6 端输出交流 30V 电压，为功率放大级的二极管 D9、D10 与晶闸管 T11、T12 组成的可控整流电路提供电源；由 7、8 端输出交流 6.3V 电压，为电源指示灯供电；9、10 与 11、12 端输出两组交流 20V 电压，为两组串联型直流稳压电源提供交流电源。

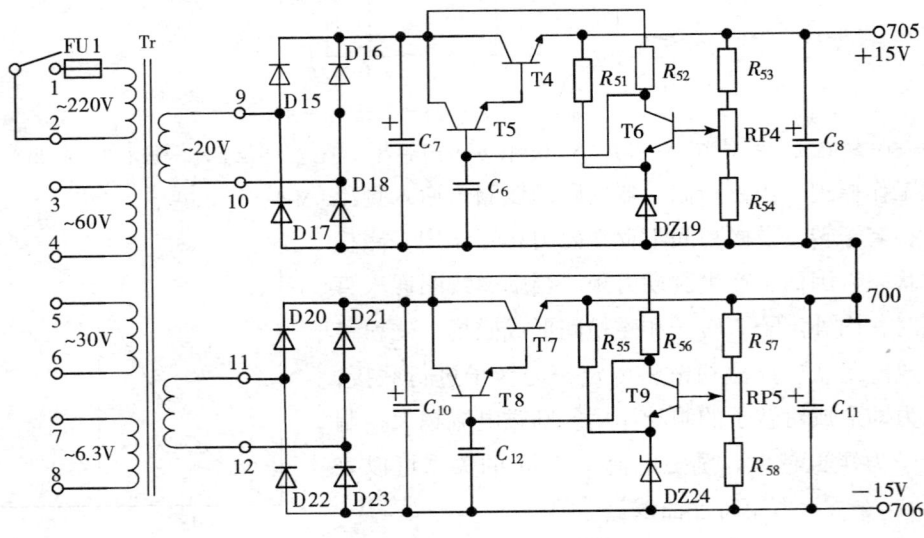

图 6-8 直流稳压电源

串联型直流稳压电源的电路，由两组完全相同的电路串联组成。现以一组为例分析其电路工作原理。其中二极管 D15～D18 作桥式整流，电容 C_8 进行滤波。三极管 T4 与 T5 组成复合调整管，以提高放大倍数和减小基极控制电流。T6 和 DZ19 提供基准电压，R_{52} 为 T6 的集电极电阻。电阻 R_{53}、R_{54} 与 RP4 的分压后，使 T6 的基极电位下降。由于 DZ19 的稳压作用，T6 的发射极电位保持不变，故 U_{be6} 下降，I_{c6} 下降，U_{c6} 上升，U_{b5} 随之上升，T4 的集电极电流增加，使稳压电源输出电压恢复原值，即为 15V 直流稳定电压。另一组稳压电源以 700 端为公共点联接，由 705 与 706 端输出 ±15V 直流稳定电压，向控制电路供电。

②给定、比例积分、比例放大与反馈电路。控制系统电路原理如图 6-9 所示。

此系统分开环与闭环两种工作状态。通常按钮在"手动"位置时电路处在开环状态，在"自动"位置上时电路处在闭环工作状态。根据不同纸张张力有不同的要求，调试时先用"手动"进行张力预选。具体过程是将琴键开关 SA1 置于"手动"位置，开关触点将 N1 的输出端 9 与 711 端断开，将 711 端接于公共点 700，此时，运算放大器 N1 与反馈回路不起作用，系统为开环状态。调整时一般可根据操作者的工作经验用手摸拭纸张张力大小，同时，手动顺时针调整电位器 RP4，将负电压信号通过电阻 R_{10} 输入到运算放大器 N2 的反向输入端 1。经 N2 的比例放大作用，其输出端 9 获得正极性电压 U_{02}，U_{02} 输入触发电路 T11 的基极。晶闸管 T1、T2 被触发导通，磁粉制动器的励磁线圈获得直流控制电流，并由电流表显示出来。调整到张力合适为止，记下此时制动器电流表数值，此值即为预选张力值。

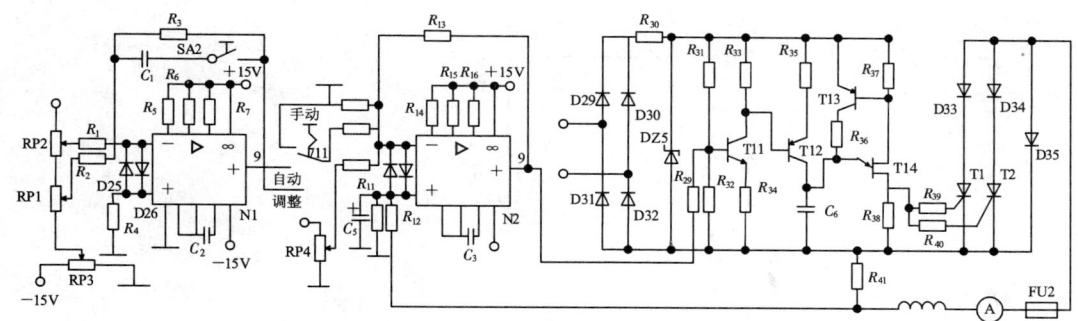

图 6-9　控制系统电路原理

张力预选后，将电位器 RP4 旋回零位，将琴键开关选择按在"调整"位置。由于 709 与 711 端接通反馈回路，N1 及 N2 都投入工作（但积分电路并没起作用）。调整"给定"电位器 RP2 正电压经 R_1 送至 N1 反相输入端 1，由于 SA2 开关断开，积分电压 C_1 此时不起作用，N1 只作比例放大而无积分作用。N1 对"给定"电压信号作比例放大后输出负电压 U_{01}，U_{01} 经 R_9 输入 N2，经 N2 作比例放大后输出正电压 U_{02}，U_{02} 输入 T11 基极，又经功放电路使磁粉制动器励磁线圈得到电流。调整 RP2 使电流表指向预选值，"给定"信号就调整好了。调整工作状态虽是闭环系统，并具有自动调节作用，但由于 N1 没有积分作用，因此，系统控制精度较低，但已能对纸卷由大变小或其他原因所造成的张力不稳定作出自动调整。只有将选择开关置于"自动"挡，积分电路通过开关 SA2 闭合，将接入 N1 电路，使 N1 成为比例积分调节器，系统将成为比例积分自动控制系统。其自动控制作用如下：机器运转输纸后，将选择开关置"自动"挡，调节"给定"与"放大"电位器 RP2、RP1 使张力为预选值。该电位器调好后，在整个印刷过程中不要再调动，调节原理如图 6-10 所示。

由图可见，当"给定"电位器与"放大"电位器已调整好时，A、B 点将固定不动。因电位器 RP3 的 C 点基本不动，反馈电压 U_f 不变，给定电压 U_g 一定，所以，差值电压 $\Delta U = U_g - U_f$ 也为定值。D 点电位将确定。但此状态是瞬时的，当各种干扰引起张力发生变化时，将通过摆动辊、扇形齿轮及小齿轮作用，推动传感器上电刷移动，C 点产生位移，U_f 产生变化，导致 D 点电位改变，N1 随即进行比例积分运算，经电路控制作用，使励磁电流改变，即制动力矩变化，使张力稳定。

例如，当干扰使张力减小时，电位器 RP3 上的 C 向右移动，反馈电压 U_f 减小，因 U_g 一定使差值 ΔU 增大，经控制电路作用，制动器励磁电流增大，制动力矩增大，使张力回升原值。当张力由于干扰而增大时，C 点向左方移动，电压负反馈信号 U_f 增加，ΔU 下降，D 点电位也随之下降，励磁电流 I 减小，制动力矩 M 减小，使张力恢复原值，并维持恒定。

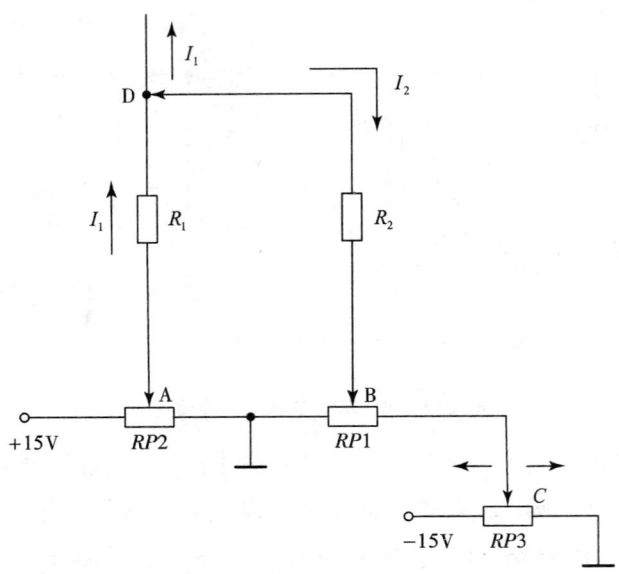

图 6 – 10 张力控制系统电路调节原理

③触发与功率放大电路。电路如图 6 – 9 所示，触发电路主要由晶体三极管 T11、T12、T13 和单结晶体管 T14 及偏置电阻组成。

当给定电压 U_2 与反馈电压 U_f 比较综合后的差值电压 ΔU 小于零时，N1 的输出 U_{01} 为正值，N2 的输出 U_{02} 为负值。U_{02} 输入触发电路 V 的基极，触发电路无触发脉冲产生，功放电路不工作，磁粉制动器因无励磁电流而不能产生制动力矩。当 U_g 与 U_f 比较综合后的差值电压 ΔU 大于零时，U_{01} 为负值，U_{02} 为正值，T11 获得正偏置电压而导通，其集电极电位 U_{cl1} 下降变负，T12 的基极电位 U_{bl2} 也随之下降。由于 T12 为 PNP 型三极管，T12 的 U_{be} 为正偏置，于是 T12 导通，其集电极电流 I_{cl2} 向电容 C_6 充电。当 C_6 上的电压 U_{c6} 充至单结晶体管 T14 的峰点电压 U_p 时，T14 导通，在 R_{38} 上产生脉冲电压。

在一般的单结晶体管触发电路中，导通后将会很快关断，因此，脉冲输出为窄脉冲。若在此触发电路中增加 PNP 三极管 T13，当单结晶体管 T14 导通，其 e、b1 之间的内阻及 b1、b2 之间的内阻都瞬间减小，流过 b1、b2 之间的电流增大，电阻 R_{37} 上产生的压降使 T13 和 U_{be} 为正偏置，T13 由截止变为导通，从而使 T14 的发射极电流增大并大于谷点电流，以维持 T14 继续导通。这样，使 R_{38} 上产生的电压脉冲增宽，此宽脉冲输入功放电路对晶闸管进行触发。

功率放大级主要由二极管 D33、D34 和晶闸管 T1、T2 组成单相桥式半控晶闸管整流电路。D35 为续流二极管，电流表与磁粉制动器励磁线圈相串联，用于控制电流指示，熔断器 FU2 作短路保护。电阻 R_{38} 上的宽脉冲信号，经电阻 R_{39}、R_{40} 分别触发晶闸管 T1、T2 并使其导通。整流输出直流经过电阻 R_{41} 通入励磁线圈，使制动器产生制动力矩。

6.2 J2108A 型对开单色胶印机控制电路

J2108A 型对开单色胶印机是目前国内印刷厂使用较多的一种机型，很具有代表性，它具有工作性能稳定、高速高效等特点，最高时速达 8000 张/h，从给纸、湿润、匀墨到印刷和收纸等过程已全部实现了自动化。本节将选择 J2108A 型机作为典型，对其电气控制系统进行分析介绍。

6.2.1 主电路原理

图 6-11 所示为主电路，全机共有电动机 8 台，主电机 M1 是一台滑差电机，配有 ZLK-1S 和 ZLK-10 型转差离合器自动调速控制装置，调速范围为 1:10，转速为 120~1200r/min。低速电机 M2（0.8kW，1400r/min）是配有行星摆线针轮减速器的三相异步电动机，可使印刷机获 3.5r/min 的转速。M6、M2 为收纸气泵，给纸气泵电机均为 3kW 的三相鼠笼式异步电动机，M4 为主收纸台升降电机（0.6kW，1400r/min）；M8 为接纸手电机，采用微型电机（60W，1400r/min）。

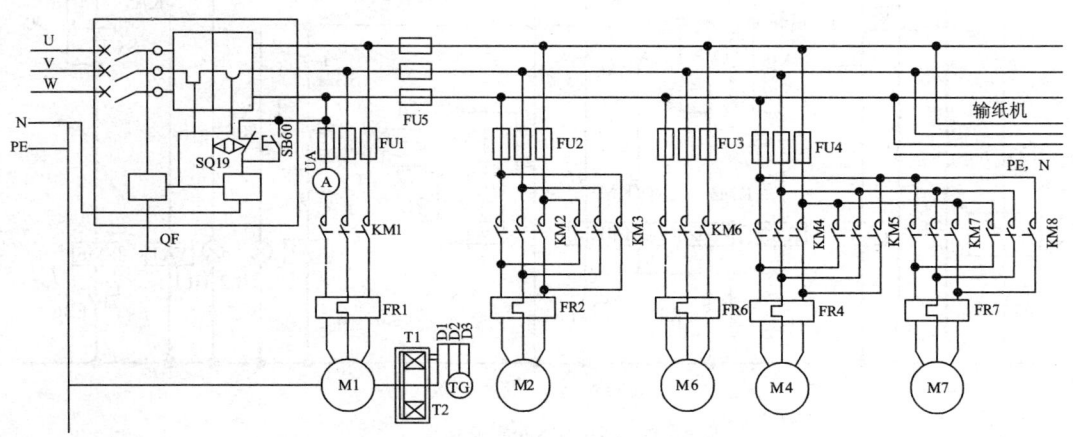

图 6-11　J2108 机电气原理图（一）

其主电机 M1（滑差电机）与低速电机 M2 的传动与制动机构如图 6-12 所示。

当主电机运转时，电磁制动器 8 处于非制动状态，主电机通过皮带轮 2、三角皮带 7 及大皮带轮 6 驱动器运转。此时电磁离合器 10 也处于断电离开状态。所以，主电机运转时对低速电机没有影响，需点动或低速运转时，电磁离合器 10 通电吸合，低速电机由减速器 4 以 3.5r/min 的转速经皮带轮 5、皮带 11、皮带轮 9、电磁离合器 10、皮带轮 2、皮带 7、皮带轮 6 传动使机器低速转动。同时，控制电路使主电机停止运转，此时电磁制动器仍处于非制动状态。当停车时，即切断主电机电源时，电磁制动器 8 随之通电制动，使机器迅速停止转动。

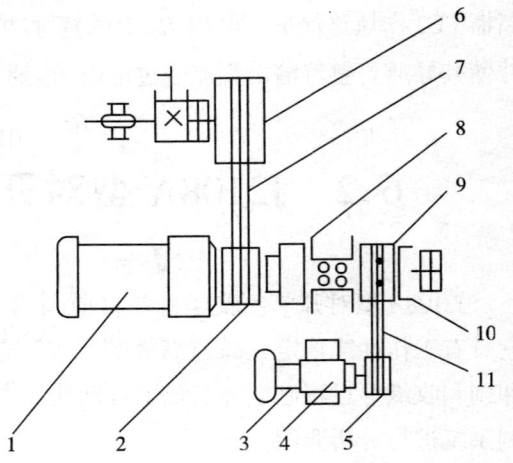

图 6 - 12　主、辅电机传动与制动简图
1—电磁调速异步电机（主电机）；
2—皮带轮；3—低速电机 M2；
4—行星摆线针轮减速器；5—皮带轮；
6—大皮带轮；7—三角皮带；8—电磁制动器 YB；9—小皮带轮；10—电磁离合器 YC；
11—三角皮带

6.2.2　控制电路原理与操作

J2108A 型胶印机控制电路由传动控制、印刷控制、纸张故障控制等部分组成。现分别介绍如下。

6.2.2.1　传动控制电路

传动控制电路如图 6 - 13 所示。

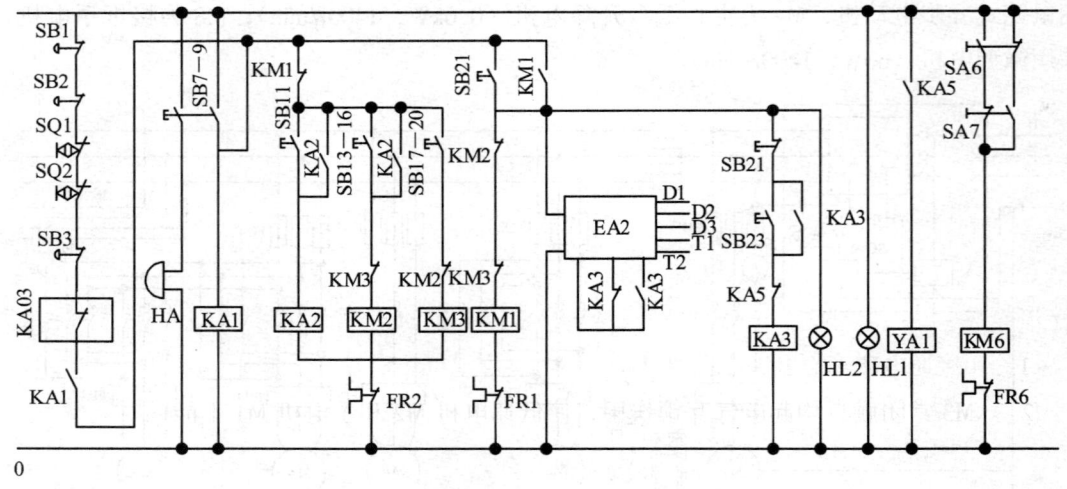

图 6 - 13　J2108 机电气原理图 (二)

（1）报警电路

为了人员的安全，电路设有响铃报警装置，SB7 ~ SB9 为响铃报警按钮。当按下 SB7 ~ SB9 中任何一个按钮时，电铃 HA 可通电发声报警。同时当 SB1 ~ SB3 总停按钮，SQ1 和 SQ2 限位开关，KA03 输纸机安全杠继电器触点均闭合的情况下，继电器 KA1 得电工作，其常开触点将控制电路接通，为接通点动慢车、运转控制电路做好准备。松开 SB7 ~ SB9

任一个按钮后铃声立即停止。因 KA1 仍保持得电吸合，其常闭触点断开（见图 6 – 14），切断电磁制动器 YB 的线圈电路，使刹车松开，为启动控制做好准备。

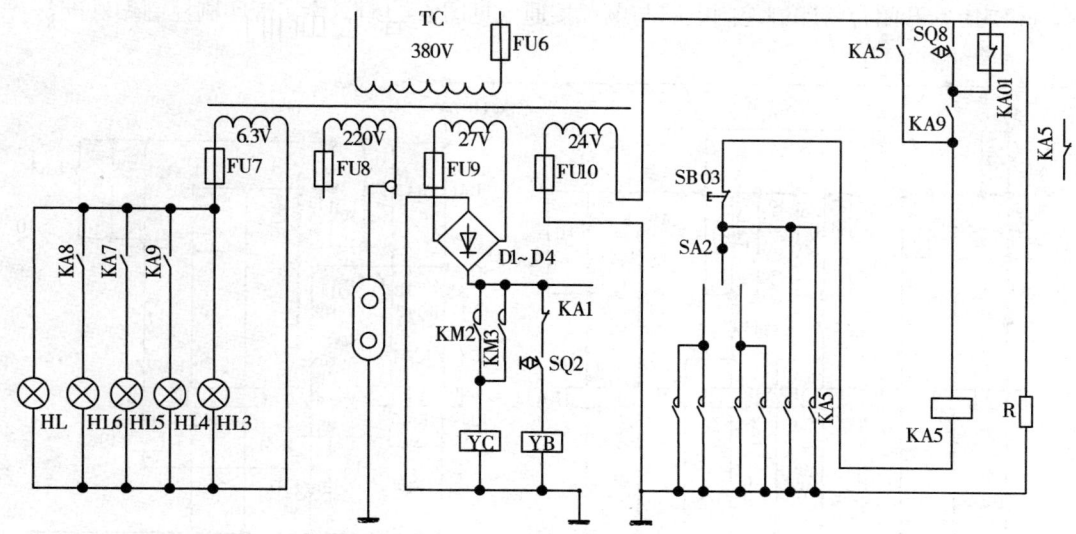

图 6 – 14　J2108 机电气原理图（三）

（2）慢车控制电路

慢车是由低速电机 M2 拖动的。机器以慢车方式运转，以便于印版装校、滚筒擦洗、滚筒试转、印刷压力调试等印刷准备工作的进行。

慢车控制电路中分点动和长车两种形式，慢车中的点动是通过操作按钮 SB13～SB16 和 SB17～SB20 实现的（见图 6 – 13）。SB13～SB16 控制正向点动。SB17～SB20 是控制反向点动（倒车）。松开上述按钮开关，KM2 或 KM3 失电，M2 即停止运转。

慢车中的长车，则通过操作按钮开关 SB11 来实现。当按下 SB11 继电器 KA2 得电吸合并自锁，交流接触器 KM2 获电吸合，于是 M2 以 3.5r/min 速度运行，另外 KA2 常开闭合还接通合压控制电源（见图 6 – 15），为低速试印做好准备。同时 KM2 常开闭合（见图 6 – 14），接通电磁离合器 YC 线圈电路，使 M2 与主机传动轴联接起来。图 6 – 13 中 KM1、KM2、KM3 常闭触点均起电气互锁作用，使低速电机 M2 和主电机 M1 不能同时运转。

（3）运转控制电路

运转控制电路主要由按钮开关 SB21、接触器 KM2 组成（见图 6 – 13），接触器 KM1 的主触头直接控制主电机 M1 的运转。主电机 M1 作为滑差电机的原动机，可通过转差离合器去拖动主机运转。

其控制原理是：当按下 SB21 时，接触器 KM1 获电吸合并自锁，使主电机 M1 启动，运转指示灯 HL2 亮。同时，KM1 常开触点闭合，接通转差离合器速度负反馈闭环控制系统 EA2 电源，进行速度控制，交流接触器 KM1 触点将产生以下作用：

①KM1 常开闭合，使调速装置接通电源。由于 KA3（定速）呈释放状态，故调速系

统使主机处于定速前的低速运转。

②KM1 常开闭合，接通了 KA3 电路的一处，为启动定速做好准备。

③KM1 常开闭合将印刷控制电路与电源接通（见图 6 – 15），为实现印刷控制做好准备。

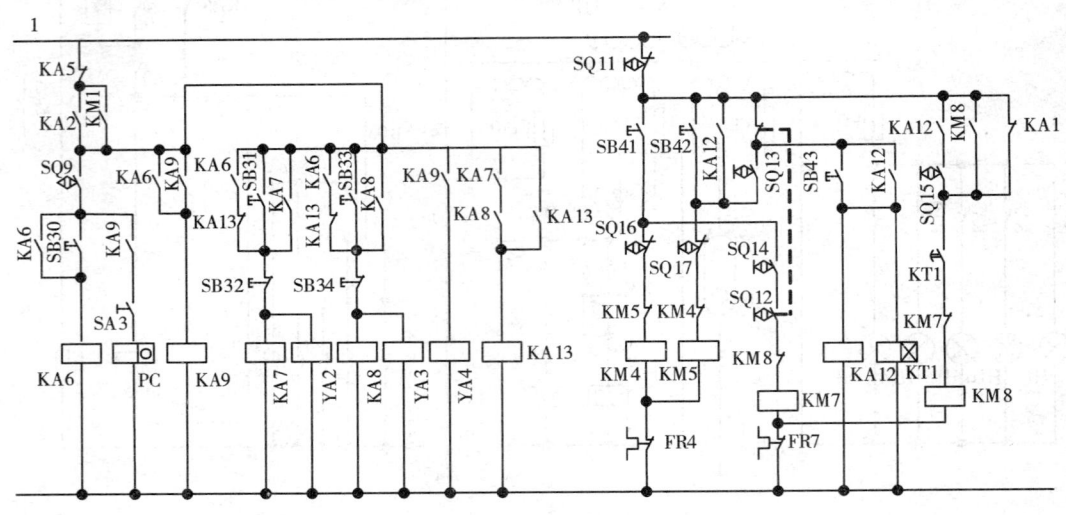

图 6 – 15　J2108 机电气原理图（四）

④KM1 常开触点断开，切断 M2（低速电机）的控制电源，实现与慢车电气互锁。

当按下按钮 SB21 时，SB21 的机械联锁常闭开关断开，切断继电器 KA3 线圈电路，可实现机器从定速向低速运转切换。

（4）定速控制电路

定速控制可在"运转"控制启动后和输纸处于正常状态时进行。此时按下 SB23 后（见图 6 – 13），KA3 得电吸合并自锁，转差离合器速度负反馈闭环控制系统 EA2 中 KA3 一对触点将发生切换，原常闭触点断开低给定电压电位器电路，其常开触点接通另一个已预先选定速度的高给定电压电位器电路，于是印刷机就按预选速度运行。

（5）停机与制动控制

按下停车按钮 SB1 ~ SB3 中的任意一个或触压安全杠限位开关 SQ1、SQ2 中的任一个或输纸器安全杠常闭触点断开，均可使继电器 KA1 释放，其串入电路的常开触点断开（见图 6 – 13），切断控制电路电源，此时，接触器 KM1 失电，使主电机 M1 停止运转。由于 KA1 失电，其常闭触点闭合，制动离合器 YB 得电迅速制动（见图 6 – 14）。

6.2.2.2　输纸控制电路

（1）输纸

在图 6 – 16 中，SB03 为输纸器开按钮，当 SB03 按下后，继电器 KA01 得电吸合并自锁，KA01 常开触点闭合，使输纸离合器 YA02 得电吸合，于是输纸器开始运行。同时 KA01 的另一常开闭合接通电磁铁 YA01 线圈电路的一处，为给纸台自动上升做好准备，同时，另一处 KA01 常闭触点断开，可为实现接近开关 SQ05 的同步控制作用准备条件。

当按下输纸停按钮 SB04、SB05、SB06 中的任一个，都可以使输纸机停止运转。随后在前规处将造成空纸故障实现停印、降速过程。

如果输纸安全杠开关 SQ06 分断，也将出现输纸机停。

（2）输纸气泵控制

输纸气泵电机 M02 控制电路如图 6-16 所示。在输纸前由开关 SA01 可单独进行气泵控制。若要在输纸后启动气泵则要依靠接近开关 SQ05，以便控制在压脚压住纸堆时开泵，否则将吹乱纸堆。

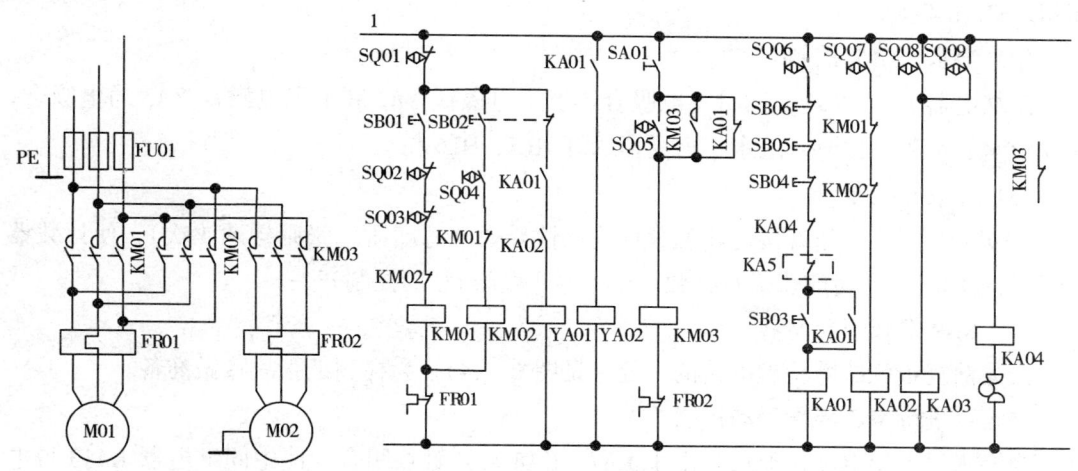

图 6-16　J2108 机电气原理图（五）

如果在印刷过程中要通过 SA01 关闭气泵，则输纸前规处会出现空张，也将发生一系列的相关动作而实现停印。

（3）输纸台的升降控制

输纸台升降控制电机为 M01。M01 正转时纸台上升；M01 反转时纸台下降（见图 6-16）。

SQ01 是手动升降时的安全开关，当手摇柄插入 M01 电机转轴时，使 SQ01 分断，将电动升降控制电路的电源切断，防止手动与自动同时进行而出现事故。

限位开关 SQ07 起控制纸台自动间歇上升作用。印刷过程中随着纸张的不断输送，给纸堆顶的高度会不断下降。通过压纸脚机构对纸堆高度进行检测，当纸堆下降到一定高度时，压纸脚杠杆将触压限位开关 SQ07，继电器 KA02 通电吸合，使自动升电磁铁 YA01 得电吸合，通过棘爪和棘轮及曲柄连杆装置推动链轮使纸台上升，纸台升高后 SQ07 复位，使上升停止。当纸堆高度继续出现下降时，这一过程可反复进行控制。

给纸台的升降也可由按钮开关 SB01、SB02 控制。当按下给纸台升按钮 SB01，接触器 KM01 得电吸合，其常开闭合，使 M01 正转，实现纸台上升。

按下给纸台降按钮 SB02 时，其联锁常闭开关断开，使 YA01 失电，其电磁铁释放时触压 SQ04 接通，使 KM02 得电吸合，使 M01 反转，实现纸台下降。同时，因 YA01 失电，使自动升机构失效。

图中限位开关 SQ02 和 SQ03 用于纸台上升过程中的限位保护。

6.2.2.3 印刷控制电路

印刷控制电路包括合压、计数、水量、墨量控制等控制电路，如图 6 - 15 所示。

当按下合压按钮开关 SB30 时，则由接近开关 SQ9 控制压印与进纸同步。当输纸正常时，SQ9 接通，KA6 得电吸合，将产生以下结果：

（1）滚筒合压控制

使 KA9 通电吸合并自锁，其常开闭合，使合压电磁铁 YA4 得电吸合，滚筒合压。合压指示灯 HL4 亮。

（2）给水、给墨控制

使继电器 KA7 和 KA8 同时得电吸合。上水电磁铁 YA2 和上墨电磁铁 YA3 通电吸合，实现给水、给墨。此时，上水、上墨指示灯 HL5、HL6 亮。

（3）计数器控制

KA9 常开闭合，随着接近开关 SQ9 周期性导通（每印刷一张则导通 1 次），使计数器 PC 周期性的吸合，对印张进行计数。SA3 为计数器 PC 的控制开关。

（4）KA9 常开闭合

接通前规纸张故障检测电路的一处（见图 6 - 14），为检测纸张故障做准备。

（5）可进行水、墨量手动控制

当上水、上墨电路接通后，由于 KA7、KA8 常开触点闭合，使中间继电器 KA13 得电吸合并自锁，KA13 两常闭触点断开。当按下停水、停墨按钮 SB32、SB34 后，即可切断水墨自动开启电路。这样，即可使用给水按钮 SB31，停水按钮 SB32，给墨按钮 SB33，停墨按钮 SB34，随时进行水墨量手动控制。

6.2.2.4 纸张故障检测控制

（1）前规纸张故障检测控制

J2108A 型机纸张故障检测，是采用触点式检测控制的。在前规定位板的底面装有 5 块弹簧片，在铺纸板上面相应位置装有 5 个金属触点，这些成对的簧片和触点通常称电牙，如图 6 - 14 所示，其中 4 对主要用来检测空张、歪张、晚到等故障用；另一对触点可用来检测超张故障。

正常印刷时，纸张将弹片与触点隔断，检测电路无信号输出。继电器 KA5 处于失电状态。

当出现空张、歪张等纸张故障时，电牙接通。这时，当接近开关 SQ8 处于接通位置时，中间继电器 KA5 得电吸合并自锁，KA5 吸合电路将产生如下结果：

①输纸电路中（见图 6 - 16），KA5 常闭断开，继电器 KA01 失电，其常开复位，使输纸离合器 KA02 失电，输纸机停止工作。

②KA5 常闭断开，使印刷停止，即滚筒离压，计数停，停水、停墨（见图 6 - 17）。

③KA5 常开闭合，使进纸电磁铁 YA1 吸合，停止进纸（见图 6 - 13）。

④KA5 常闭分断，使 KA3 失电，使印机由定速向低速运转切换（见图 6－13）。

⑤KA5 常开闭合，使短暂接触的接近开关实现自锁。同时又与地接通，实现电牙短暂接触时的自锁。这两个自锁均可通过输纸按钮 SB03 的启动而得到解除（见图 6－14）。在前规轴上还装有另一对电牙，当纸张出现超张（早到）时，该电牙会接通，产生一系列与上述空张故障发生时相同的动作。

根据印张幅面大小（四开或对开），将电牙分为两组进行，可使用开关 SA2 进行"大张"和"小张"的选择。外侧电牙用于大纸张检测，内侧电牙用于小纸张检测。

由于电路中没有离压按钮（见图 6－15），需进行离压操作时，可按下"输纸停"按钮 SB06、SB05、SB04 中任一个或关断输纸气泵开关 SA01，利用电牙的空张检测作用使 KA5 得电吸合；从而达到离压目的。

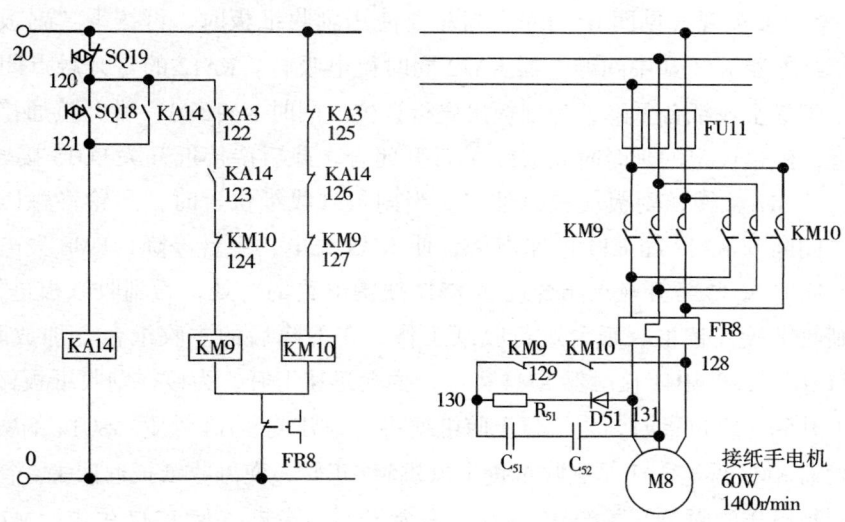

图 6－17　开牙板控制电路

（2）双张故障控制

当印刷过程中出现双张故障时，输纸机进纸辊上方检测双张的导纸滚轮等机构，使图 6－16 所示一对触点闭合，KA04 得电吸合，其常闭触点断开，切断输纸控制电路，输纸机停止输纸，前规随即出现空张故障，故后面的控制过程和结果与空张故障完全相同。

6.2.2.5　收纸控制

（1）收纸气泵控制

其控制电路如图 6－13 所示。收纸泵电机 M6 是通过接触器 KM5 控制的。SA6 和 SA7 分别安装在主按钮板和收纸操作面板上并接成双联控制开关。

（2）主收纸台升降控制

主收纸台的升降是由电机 M4 控制，M4 可由正、反转电路控制，以实现主收纸台的升降。

电动升降分别依靠按钮 SB41 和 SB42 实现。限位开关 SQ16 和 SQ17 起上、下终端限位保护作用（见图 6 – 15）。SQ11 是作人工升降时起作用的保护开关，电机尾盖揭开时，SQ11 受触压而分断，SQ11 将电动升降电带切断，以保护手动操作时的安全。当插入手动摇柄时，可摇动手柄控制升降。与给纸装置中的自动升相呼应，收纸装置中的主收纸台有自动降的功能。印刷进行过程中，当纸堆顶面增高到一定程度时，纸堆侧垂面触压限位开关 SQ18，其常开触头闭合，接触器 KM5 通电吸合，使纸台下降。随着纸堆台下降，SQ13 将脱离纸堆侧垂面的触压而复位，使 KM5 释放，纸堆台即停止下降。这样，主收纸台便完成一次自动微量下降。当纸堆再次增高时，电路将重复进行上述动作。

（3）副收纸板进出控制

为便于在不停机的情况下交换纸台或加放晾纸架，在收纸装置中设置副收纸板。

机器的主收纸台与副收纸板是交替进行工作的。副收纸板的进出可通过对按钮 SB43 和 SB41 的操作来实现（见图 6 – 15）。当需要使用副收纸板时，可按下"副板出"按钮 SB43。时间继电器 KT1 和中间继电器 KA12 同时得电吸合。KA12 的常开触点闭合使 KM5 得电吸合，于是主收纸台下降，为副板出先行让位。同时 KA12 另一常开接通接触器 KM8 电路的一处，经过设定的延时时间 KT1 的常开闭合。此后待接近开关 SQ15 接通时，KM8 得电吸合，使 M7 反转，副板便快速伸出。当副板到收纸位置时，凸轮将触压行程开关 SQ12，其常闭断开 KA12 和 KT1 电路电源，使 KM5 失电，主台停降；KM8 失电使副收纸板移动停。同时 SQ13 常开触点闭合接通 KM7 线圈电路的一处，为副收纸板进做好准备。这时，由副收纸板代替主收纸台进行收纸工作。在下降后的主收纸台上加放晾纸架后，按下"主台升"按钮 SB41 接触器 KM4 得电，主台迅速上升，为接待副收纸板做准备；待主收纸台上升到一定位置时，主纸台上晾纸架将行程开关 SQ14 触压。SQ14 的常开触点闭合，使接触器 KM7 得电，于是副收纸进出电机 M7 正转，使副收纸板退回去。待退到终止位置时，原被触压的限位开关 SQ12 复位，其常开触点分断，使 KM7 失电，M7 停转，副收纸板退移停，其常闭触点闭合，为副收纸板再次移出做好准备。松开按钮 SB41，主台即停止上升。

电路中的接近开关 SQ15，主要是为了掌握好副板滑出时间，使之与收纸链咬牙的运动位置相协调，使副收纸板到位时，能正好托住第一张纸以防止撞纸现象的发生。

副板出控制电路中使用了常闭触点 KA1，是为了在停机的情况下，使副收纸板出控制仍然有效。因为此时 SQ15 一般不通。

（4）开牙板与能耗制动控制

在收纸工作中，此机采用了接纸手自动调整装置，也称开牙板调节装置。当收纸牙排叼着印张运行到收纸台时，在开牙板作用下，叼纸牙开牙，使印张降落于收纸台上。机速不同，印张下落时具有的速度及惯性也不同。为保证印张叠落整齐，需对叼纸开牙时间进行调整。机速低时，印张运行速度慢，冲击力小，开牙时间应当晚些，可将开牙板调节到靠近前齐纸板的位置。当机速较高时，印张运行速度快，冲击力大，开牙时间就应早些，可调整开牙板使其远离前齐纸板。

开牙板位置的调节，是由电机 M8 带动齿轮、丝杆及导母进行的，开牙板控制电路如图 6-17 所示。随着机速的变化，开牙板的位置也会相应移动。开牙板通常适用于两个位置，即"运转"位和"定速"位。其所处位置可由电机 M8 驱动调整。

当按下"运转"按钮开关 SB23 时，接触器 KM1 得电吸合并自锁（见图 6-13），主电机 M1 以"运转"速度旋转。此时 20 号线得电，接触器 KM10 通电吸合；电机 M8 旋转。如图 6-17 所示，M8 通过齿轮、丝杆、导母等机件带动开牙板及支架向左移动，当碰块 P1 触压 SQ18 时，中间继电器 KA14 得电吸合并自锁，其常闭触点（125 与 126）断开，接触器 KM10 释放，M8 停止旋转。开牙板停止移动，此后，开牙便在此位置上对收纸咬牙进行开牙控制。

当按下"定速"按钮 SB23 时，继电器 KA3 得电吸合并自锁，其常开（120 与 122）闭合，由于 KA14 仍处于通电吸合状态。其常开触点（122 与 123）仍闭合，此时接触器 KM9 得电吸合，电机 M8 反转。在 M8 及传动机构作用下，开牙板与支架向右移动。当碰块 P2 触压行程开关 SQ19 使其常闭触点断开（20 与 120），KA14 与 KM9 同时释放，电机 M8 停转，开牙板与支架停止移动。在此位置可使咬纸牙提前开牙。

为使开牙板到达预定位置立即停止，电机 M8 采用了能耗制动控制。其控制电路如图 6-17 所示。在电机 M8 运转时（无论正转或反转）接触器 KM9 和 KM10 得电吸合，其辅助常闭触点将断开，即 128 - 129 - 130 线路不通。交流电自 131 号线引出，经二极管 VD51 整流，再经电阻 R_{51}，向电容 C_{51} 和 C_{52} 充电。当切断电机 M8 电源时，接触器 KM9 和 KM10 均释放，此时电容 C_{51} 和 C_{52} 便通过 KM9、KM10 常闭触点向 M8 定子绕组放电，由于 M8 的定子绕组中通入直流电而产生一方向恒定的磁场。电机 M8 由于惯性继续转动时，转子中产生的感应电流与磁场相互作用，其产生的电磁转矩与 M8 原转动方向相反，对电机 M8 起制动作用，使电机 M8 迅速停止转动。

6.3 海德堡四色胶印机典型控制电路

6.3.1 报警控制

如图 6-18 所示，无论进行哪一种启动操作，通过 d_{6a}、d_7、b_{14} 或 b_{14a} 中的任何一个触点，都可以使延时记忆组件 U_{18} 置位，于是其常开触点 U_{18-I} 将电铃电路接通，使 h_5 发出报警声（见图 6-19）。另一个常开触点 U_{18-II} 具有延时闭合的特性，故在报警开始后的一段时间里，继电器 d_{22} 呈释放状态，其常开触点将控制主传动电机的三个接触器 c_1、c_{100}、c_{101} 的线圈电路分断，使任何启动操作都无效。

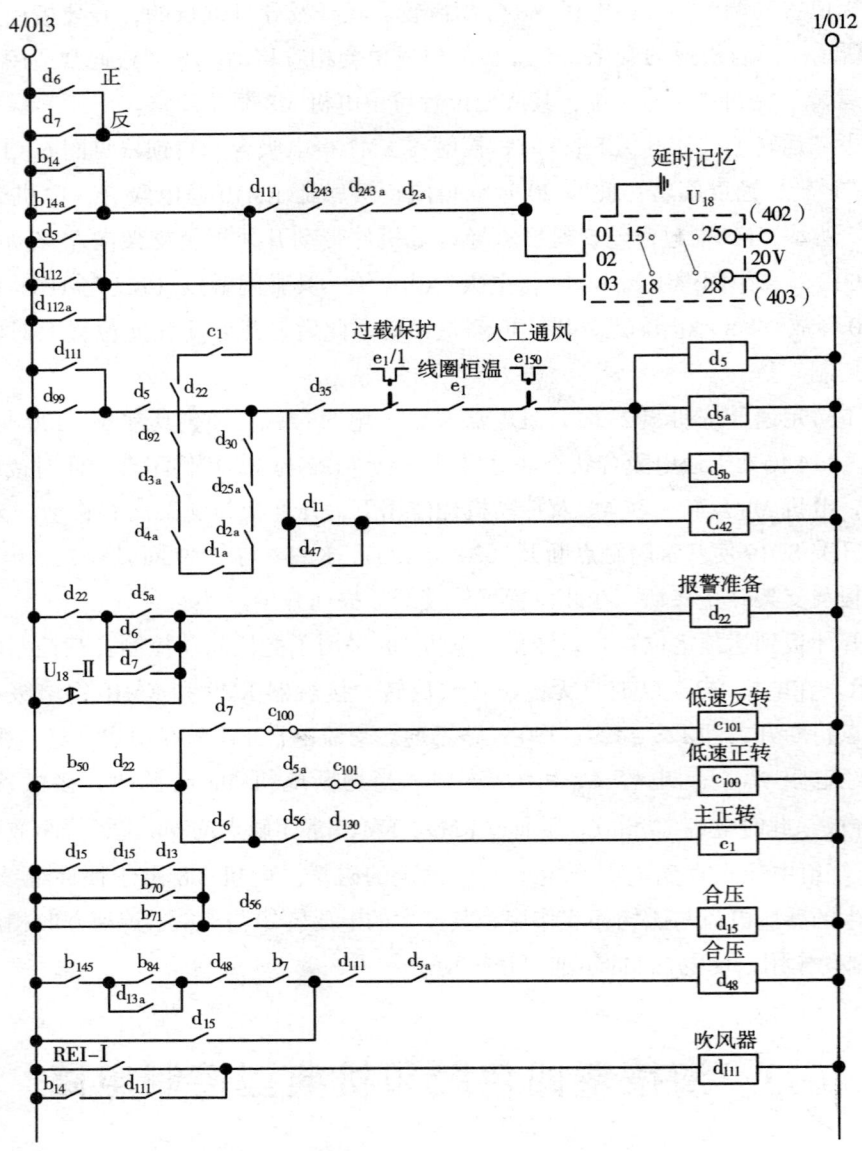

图 6 - 18　海德堡 102V 机控制电路（一）

待过了一段时间，报警声止，$U_{18-Ⅱ}$ 也闭合，使 d_{22} 得电吸合。对于长车操作，d_{22} 还能自锁。此时再次进行启动操作，就能通过继电器 d_{5a}、d_{5b}、d_6 或 d_7 的触点对 c_1、c_{100} 或 c_{101} 产生作用，即操作无效。

6.3.2　点动控制

如图 6 - 20 所示，正点动操作可以在 6 个操作部位 10 处中的任何一处进行，而反点动操作只有 9 处，在给纸部位不设反点动。

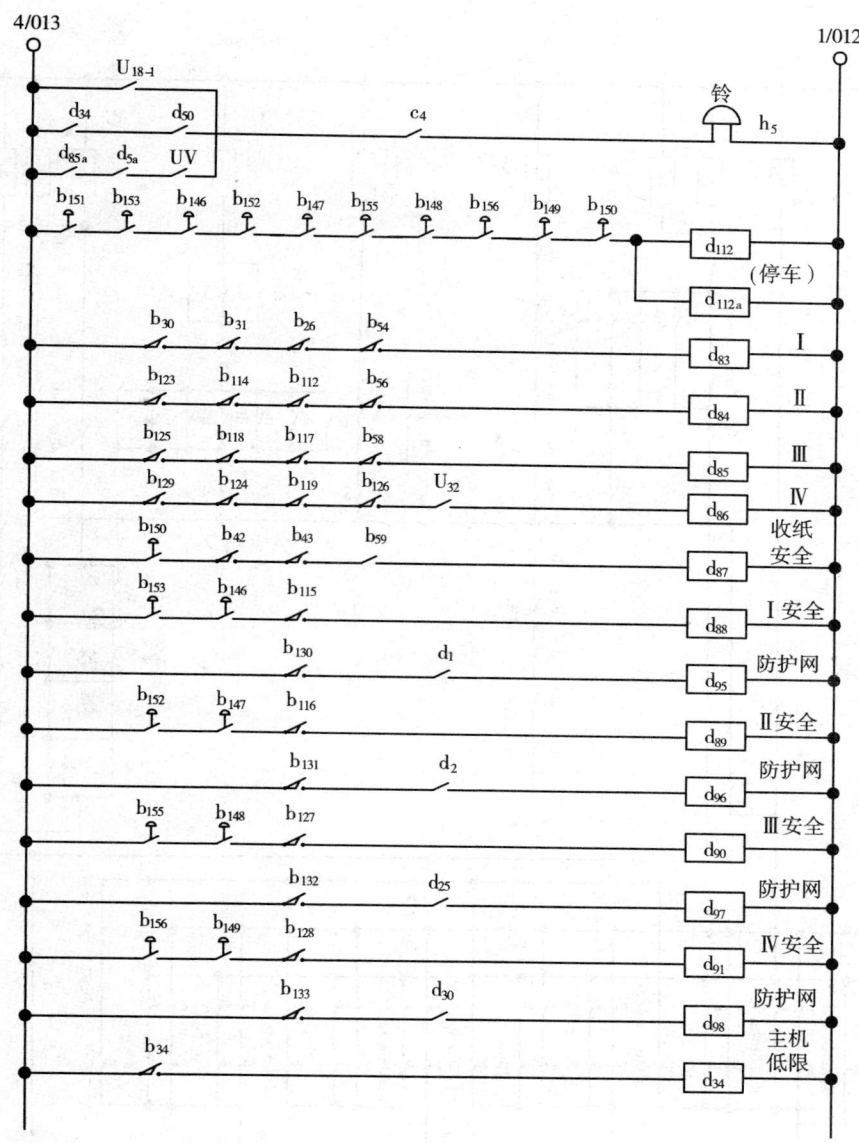

图 6-19 海德堡 102V 机控制电路 (二)

在进行操作前如果情况正常，则安全继电器 d_{243} 和 d_{243a} 应呈吸合状态。

按下正点动按钮 b_3、b_{3a}、b_9、b_{12}、b_{6a}、b_6、b_{246}、b_{246a}、b_{138}、b_{138a} 其中之一后，继电器 d_{244} 得电，其常开触点接通时间继电器 d_{210} 的线圈电路，并通过它进一步使继电器 d_6 和 d_{6a} 得电。d_6 的一个常开触点接通 d_{130} 的线圈并使之自锁，于是低速电机 m_3 的电磁离合器 s_{100} 吸合，同时制动器 s_4 松开。d_6 的第一个常开触点使 m_3 的正转接触器 c_{100} 得电，于是 m_3 正转。松开按钮后 m_3 即停止工作。在这个过程中，d_{210} 的作用是对点动实行限时。

反向点动由 b_4 等实现的控制过程与上述类似，不再详述。

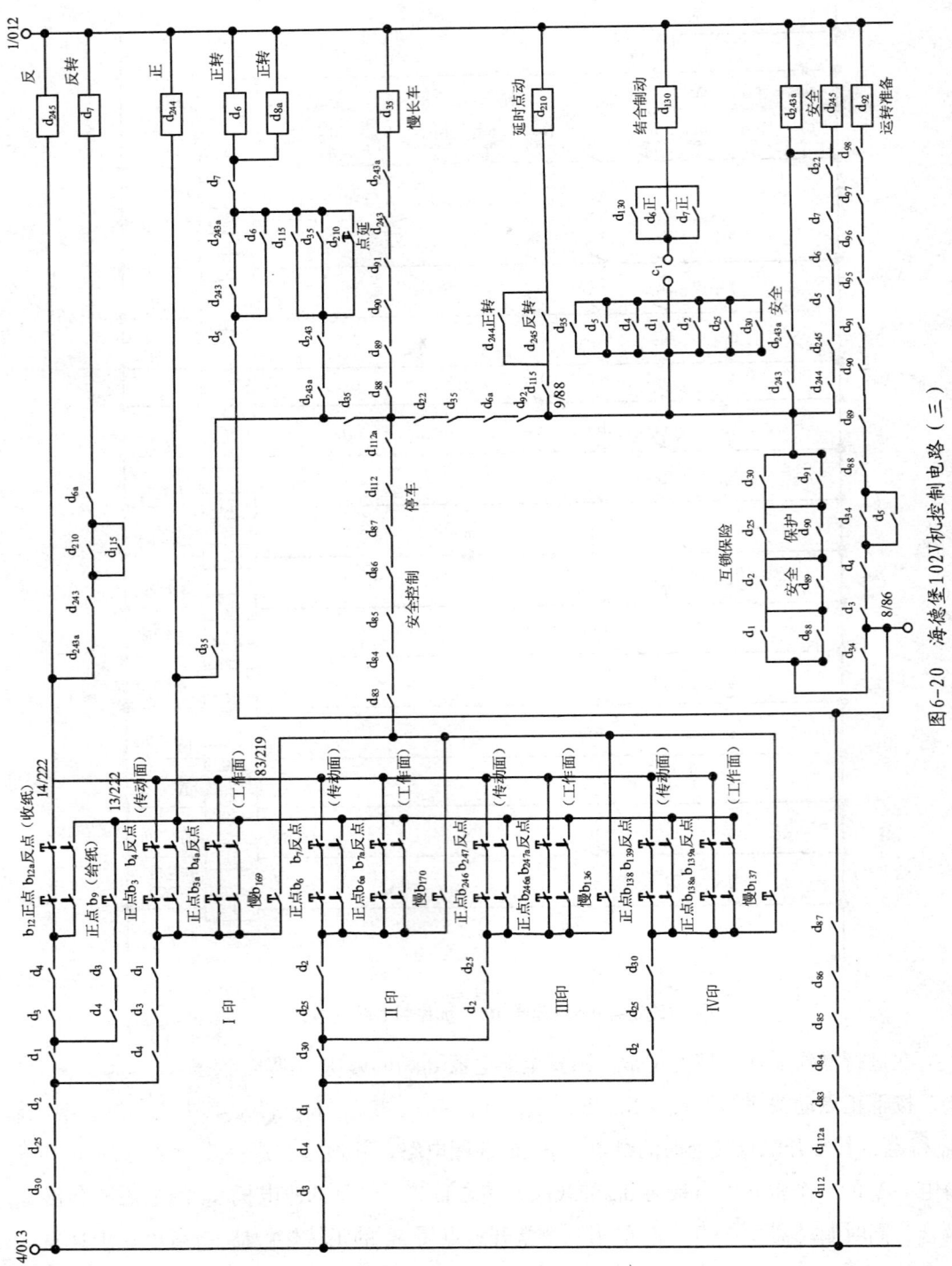

图6-20　海德堡102V机控制电路（三）

6.3.3 慢长车控制

慢长车只能在四个色组进行操作，当按下慢长车按钮 b_{169}、b_{170}、b_{136}、b_{137} 其中之一时，继电器 d_{35} 得电，其两个常开触点闭合使继电器 d_6 和 d_{6a} 得电。另一个常开触点与 d_{6a} 常开触点把自锁线 9/88 接通。第四个常开触点则使 d_{130} 得电并自锁，产生与点动时相同的效应。d_6 的常开触点则使低速电机的正转接触器 c_{100} 吸合，于是 m_3 正转。由于已实现了自锁，故当按钮松开后，运转不停。

6.3.4 运转控制

如图 6-18 所示，主电机 m_1 的运转操作，是通过分别安装在给纸部位和收纸部位的两个按钮 b_{14} 和 b_{14a} 进行的。主要的中间继电器为 d_5、d_{5a} 和 d_{5b}。

为使操作有效，慢长车必须停止，即 d_{35} 应失电。同时风冷电机自动开关中的热保护触点 e_{150}、主电机绕组的热保护触点 e_1 和过载保护开关 $e_{1/1}$ 均需处在闭合状态。所有的安全操作开关都断开，故运转准备继电器 d_{92} 吸合，停机指示灯 h_{72} 熄灭，运转准备指示灯 h_{71} 亮。

按下 b_{14} 或 b_{14a} 后，d_5、d_{5a}、d_{5a} 得电。若 d_{111} 的常闭触点或 d_{111} 的常开触点闭合，则 d_5 等能自锁。d_{5a} 的常闭触点立即切断 c_{100} 的线圈通路，d_{5b} 的常开触点则接通主电机接触器引线圈电路的一处。而 d_5 的一个常开触点使 d_6、d_{6a} 得电并自锁，通过 d_6 的常开触点使 c_1 得电，d_6 的第二个常开触点把制动器 s_4 的电源接通，即把刹车松开，于是主电机便运转起来。

6.3.5 主电机调速与定速

三相整流子主电机 m_1 的调速主要依靠伺服电机 m_2 正、反向旋转以改变整流子碳刷位置即感应电动势 E_K 与 E_2 的方向与夹角来实现的。

主电机每次启动总是从低速极限开始，这是由于每次停机时继电器总能自动复位。

主电机调速控制电路由图 6-21 给出，下面分别分析增速和减速的控制过程。

（1）增速

当调速电机自动开关 a_4 的热保护触点闭合，运转快慢选择继电器 d_5 的常闭触点亦闭合时（允许主机运转）。在按动收纸部位增速按钮 b_{15a} 或给纸部位增速按钮 b_{15}，都会使接触器 c_3 得电工作，于是 m_2 带动整流子碳刷朝增速方向旋转。增速的程度视按钮按的时间长短而定。B_{23} 为增速限位开关，当增速到极点时会切断增速电源起保护作用。另外利用定速按钮 b_{17}、b_{71} 通过 d_8 继电器也可以得到所要求的预定速度，得到自动增速，到时由定

速限位开关 b_{35} 与调速电磁铁 S_1 配合，在达到规定的速度时切断 d_8 和 c_1 的电源停止增速。

（2）减速

在 a_4 闭合的条件下，如果按动 b_{16} 或 b_{16a} 减速按钮，会使 c_4 通电工作。于是电动机 m_2 带动整流子碳刷朝减速方向转动，减速程度视按钮按动的时间长短而定。另外，如果机器从高速运转中突然停车，d_{6a} 常闭触点闭合；或者 U_2 控制器给出输纸停信号时，d_{10} 常开触点闭合，都会使 c_4 通电工作。m_2 朝减速方向运转，实现自动减速直到碰到低速限位开关 d_{34} 切断 c_4 电源为止。

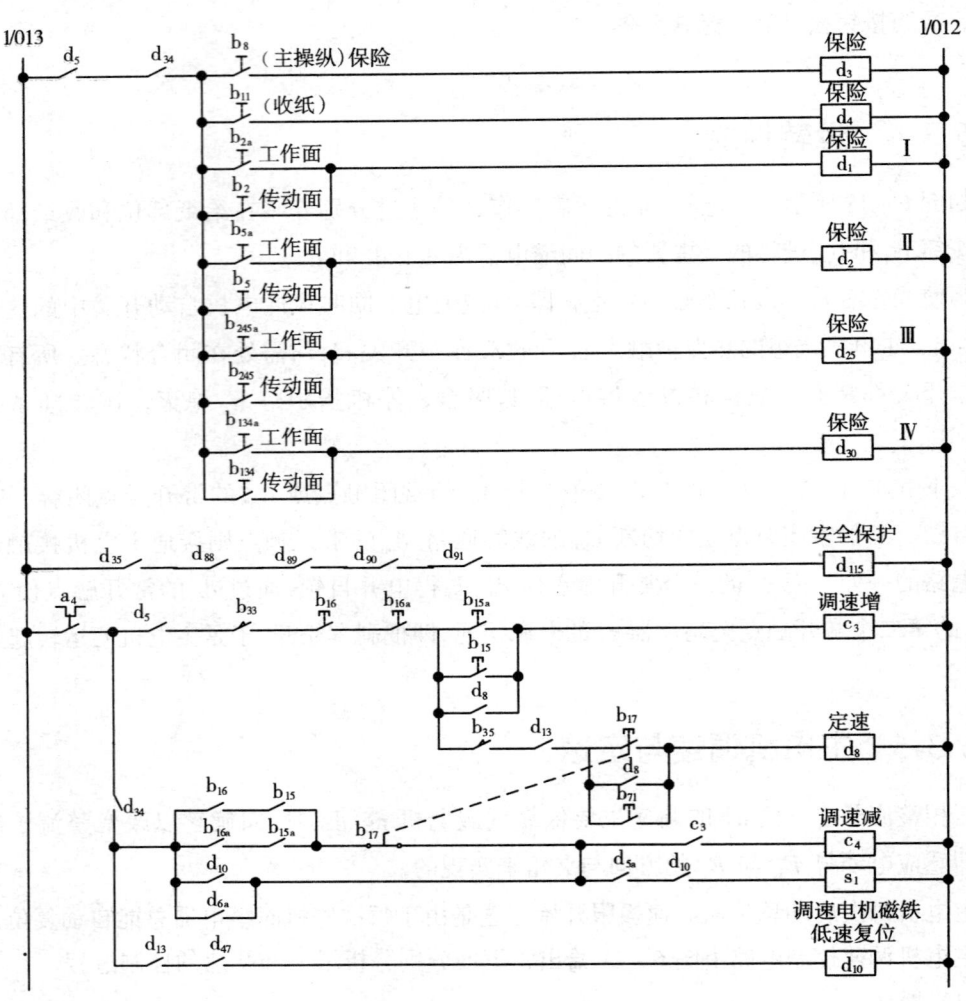

图 6-21 海德堡 102V 机控制电路（四）

6.3.6 停车和制动控制

如图 6-19 所示，在 b_{151} 等十来个串联的停车按钮中只要有一个被按下，停车继电器

d_{112} 和 d_{112a} 就释放，将 d_{35} 和 d_{92} 的线圈通路切断，使 d_5、d_6 等控制主传动的中间继电器均释放。因此无论机器处在慢车或运转、定速状态，都能使拖动电机 m_1 或 m_3 停止工作。同时由于 d_6 与 d_{130} 均失电，故刹车电磁铁 s_4 失电进行制动，使主机急速停下来。又因 d_{92} 释放，停机指示灯 h_{72} 亮，运转指示灯 h_{71} 灭。另外，在 d_{112} 和 d_{112a} 释放后，纸台自动升、降控制电路的电源也被切断，如图 6−22 所示。

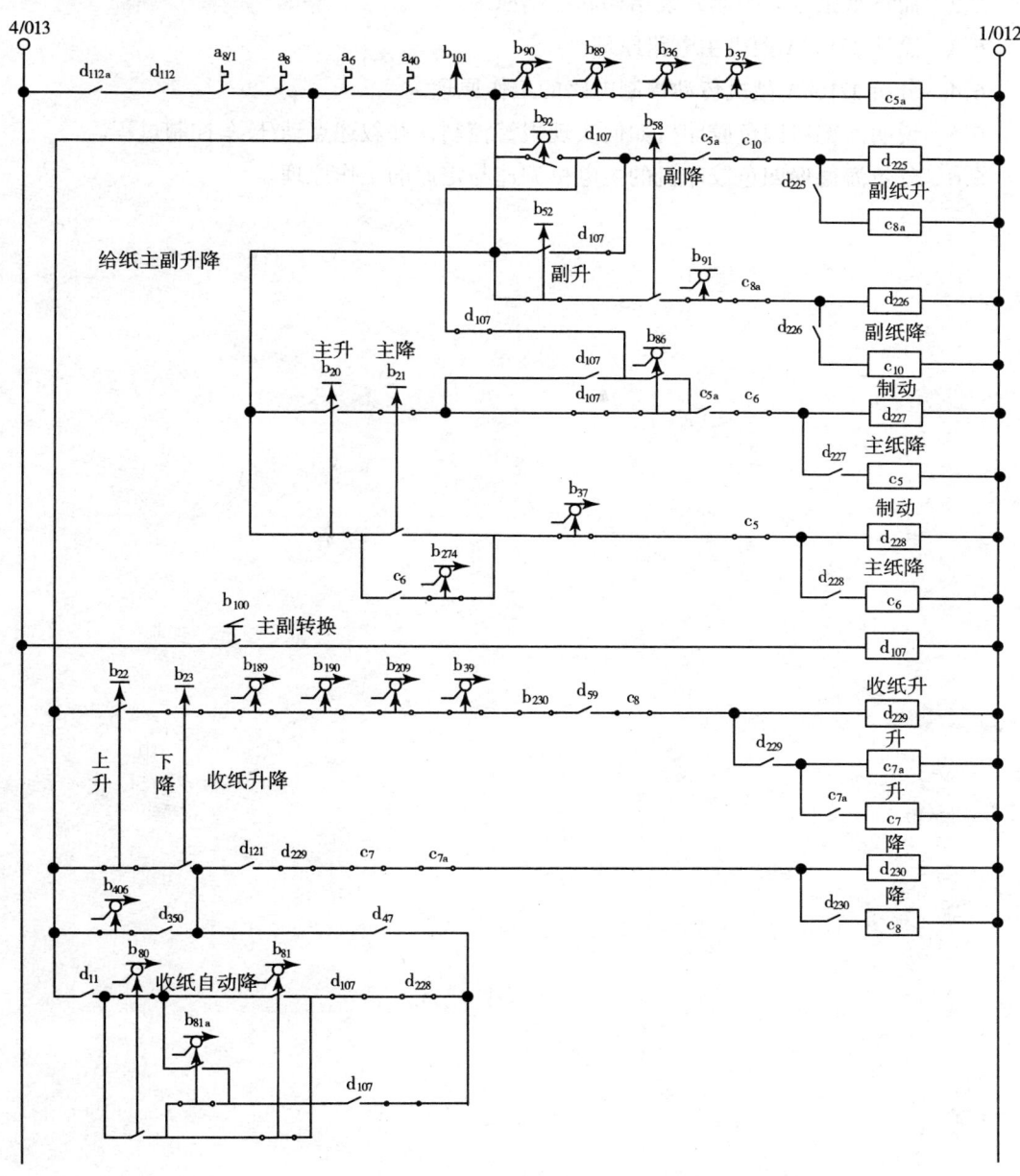

图 6−22 海德堡 102V 机控制电路（五）

复习思考题六

6.1　印刷机纸张检测电路的种类及其工作原理是什么？

6.2　简述纸张张力控制系统结构和控制原理。

6.3　简述 J2108A 型机主电路原理。

6.4　分析 J2108A 型机传动控制电路的工作原理。

6.5　说明海德堡四色胶印机如何实现报警控制，并叙述点动/长车控制过程。

6.6　分析海德堡四色胶印机的主电机调速与定速的工作原理。

7　半导体器件

绝大多数的电子器件都是由半导体材料制造的，掌握半导体的基础知识对理解半导体器件的物理结构和半导体电子电路的工作特性有很大帮助。

本章首先介绍半导体的特性，然后介绍半导体二极管的结构和工作特性，重点介绍双极型晶体管的基本结构和工作特性。

7.1　半导体的特性

自然界的各种物质按照其导电能力的差别，分为导体、绝缘体和半导体三大类。一般来讲，把电阻率比较小（小于 $10^{-4}\Omega\cdot cm$）的物质称为导体，例如铜、银和铝等金属材料都是良导体；电阻率较大（大于 $10^{9}\Omega\cdot cm$）的物质成为绝缘体，例如橡胶、塑料等材料为绝缘体；半导体是指导电性能介于导体和绝缘体之间的一大类物质，常见的半导体材料是硅（Si）和锗（Ge）等四价元素。半导体器件成为研究与应用热点的原因在于其具有以下几种特性：

（1）光敏特性。某些半导体的电阻率受光照强度的改变而产生变化，这就是光敏效应。常见的硫化镉（CdS）半导体材料在一般光照条件下导电率相对无光照条件下导电率提高几十倍甚至上百倍。利用这种特性，人们已经研制出光敏二极管、光敏电阻等器件。

（2）热敏特性。某些半导体材料的导电性能随其表面温度的升高而发生明显增大，这就是热敏效应。根据这种特性，研制出各种热敏元件如热敏电阻等，例如电脑主板的CPU 温度监控、超温报警功能就是利用了热敏电阻。

（3）杂敏特性。在人为掺入微量的特定杂质元素时，半导体的导电率可能得到显著增强，这就是杂敏效应。利用该特性制成各种杂质半导体材料的导电性能具有较强的可控性。例如常见的 P 型和 N 型半导体就是分别在本征半导体内掺杂了少量的硼（B）和磷（P）。

7.1.1　本征半导体

本征半导体就是指纯净的、未掺杂任何杂质并且没有晶格缺陷的完整的半导体。图

7－1表明了本征半导体的晶体结构。由于相邻原子间的距离很小，因此，相邻的两个原子的最外层电子（即价电子）不但各自围绕自身所属的原子核运动，而且出现在相邻原子所属的轨道上，成为共用电子，这样的组合成为共价键结构，在共价键结构中，原子最外层虽然拥有 8 个电子并处于相对稳定状态，但并不会像绝缘体中的价电子那样稳定。在一定条件下，外层电子可能受到激发成为自由电子。

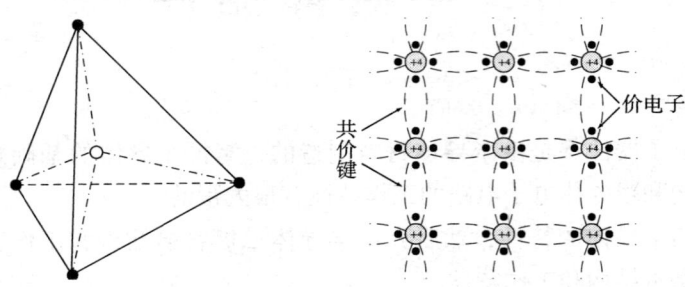

图 7－1　本征半导体结构示意图

在绝对零度，同时又无外界（光、磁、电）作用时，本征半导体的价电子所具有的能量无法冲破共价键的束缚。这种情况下的半导体与绝缘体十分相似，没有自由电子，不导电。当温度为绝对零度以上时，每一个电子都能够获得一定热能。当其能量大小足以使共价键断裂时，例如室温条件下，电子便可挣脱原来的原子并形成自由电子，并在其原来所在的晶格原子的外层轨道上留下一个空位，叫做空穴。

在热能、外电场或其他能量激发下，自由电子不断产生。当自由电子移动到一个空穴附近，就会填补到这个空穴上，该过程叫做复合。同时这个电子原来的位置又留下了新的空穴，而其他的自由电子也能够移动并填补在新的空穴上。复合过程不断重复并连续进行，其效果可视为带正电荷的空穴和带负电荷的自由电子同时沿相反方向在移动。可以理解为半导体中的电流由两部分组成，一是自由电子定向运动形成的电流；二是与其方向相反的空穴运动形成的电流。其中空穴和自由电子都可称为本征半导体中的载流子。自由电子浓度和空穴浓度相等，称为本征载流子浓度，用 n_i 表示。本征硅在室温下，$n_i = 1.5 \times 10^{10} \, \text{cm}^{-3}$。本征锗在室温下，$n_i = 2.5 \times 10^{13} \, \text{cm}^{-3}$。本征硅载流子浓度受温度的影响很大，在室温下，温度每升高 11℃，载流子浓度将增加一倍。

7.1.2　杂质半导体

本征半导体虽然同时存在自由电子和空穴两种载流子，但数量极少，电阻率很大，导电能力很差。如果在本征半导体中掺入微量纯净的有用杂质元素，其导电性可大大提高，这种掺入杂质后的半导体，称为杂质半导体。根据掺入杂质的不同，杂质半导体分为 N 型半导体和 P 型半导体。

7.1.2.1 N型半导体

在本征半导体中掺入微量的 V 族元素（例如磷 P），硅晶体点阵中某些位置的硅原子被磷原子取代。由于 V 族元素有 5 个价电子，其中只有 4 个能与周围的硅原子形成紧密的共价键，从而产生 1 个游离于共价键之外的电子。如图 7-2 所示，在外界能量的作用下，这个多余的电子比共价键上的电子更容易脱离原子核的束缚形成自由电子。由于共价键上的电子在获得能量后依然可以脱离原子核束缚形成自由电子，所以这种半导

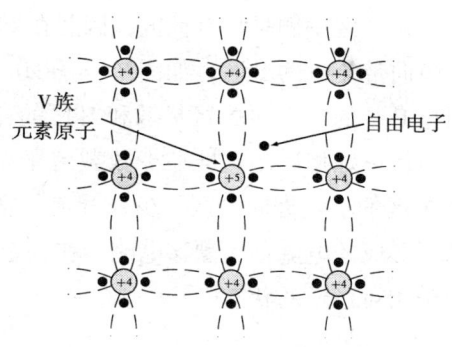

图 7-2　N型半导体的晶体结构平面示意图

体比本征半导体中有更多的自由电子，空穴被复合的机会也更多，相对本征半导体有较高的导电能力。这种具有多余电子的半导体材料称为 N 型半导体，其中自由电子为多数载流子（简称"多子"），空穴为少数载流子（简称"少子"）。

7.1.2.2 P型半导体

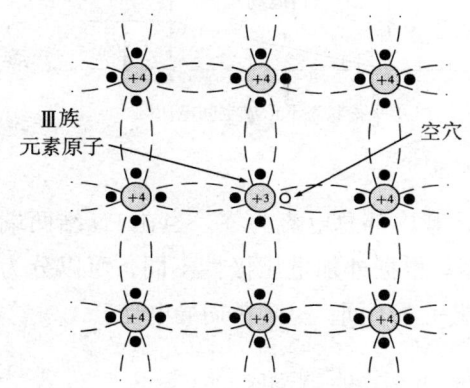

图 7-3　P型半导体结构的平面示意图

在本征半导体硅中掺入微量的 Ⅲ 族元素（例如硼 B），硅晶体中某些位置的硅原子被硼原子取代。如图 7-3 所示，硼元素有 3 个价电子，硼原子只能够与周围的 3 个硅原子形成共价键，缺少一个电子而产生了一个空穴。每个硼原子都会提供一个空穴，该型半导体空穴载流子的浓度较高为"多子"，自由电子浓度降低成为"少子"。这种主要依靠空穴运动提高其导电作用的半导体材料称为 P 型半导体。

需要注意的是，无论是 N 型半导体还是 P 型半导体，它们虽然相比本征半导体具有较强的导电能力，但是对外都显示电中性。

7.1.3　PN结

大多数半导体器件都是以 PN 结为核心进行工作的。利用适当工艺将 P 型半导体和 N 型半导体做在同一基片上，使 P 型半导体和 N 型半导体之间形成一个交界面，由于两种半导体中载流子种类和浓度的差异，将产生载流子的相对扩散运动。这种 P 型半导体材料和 N 型半导体材料相结合的区域叫做 PN 结。

PN 结的相对扩散运动是指，P 区的空穴向 N 区扩散，在 P 区界面附近因失去空穴而留下带负电的离子；同时 N 区的自由电子也向 P 区扩散，在 N 区界面附近留下带正电的离子。因两种多数载流子浓度差相互扩散而形成的电流叫做扩散电流。这些不能移动的

带电离子在交界面两侧形成空间电荷区，这就是 PN 结。空间电荷区在 N 区一侧是正电荷区，在 P 区一侧是负电荷区，因此在 PN 结内部存在一个内电场，其方向是从带正电的 N 区指向带负电的 P 区，如图 7-4 所示。内电场一方面会阻碍多数载流子的扩散运动，即阻止 P 区的空穴向 N 区扩散和 N 区的自由电子向 P 区扩散。另一方面它对少数载流子的作用却正好相反，它推动少数载流子越过空间电荷区，即把 P 区的自由电子推向 N 区；把 N 区的空穴推向 P 区。少数载流子在内电场作用下的这种运动称为漂移运动。漂移运动所形成的电流称为漂移电流。在一定的条件下，漂移和扩散运动达到动态平衡，PN 结处于相对稳定的状态。

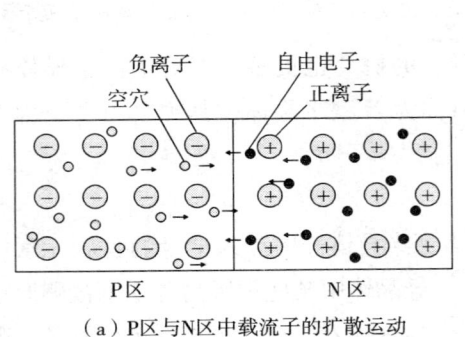
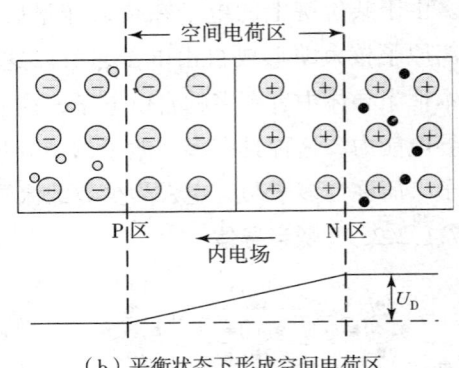

（a）P区与N区中载流子的扩散运动　　　（b）平衡状态下形成空间电荷区

图 7-4　PN 结的形成

在无外加电压的情况下，PN 结处于平衡状态，其内部总电流为零。当在 PN 结两端外加电压时，平衡状态被破坏，内部电流不再为零。根据外加电压极性不同，可以分为正向偏置和反相偏置，两种情况下 PN 结的导电性能完全不同，呈现单向导电性。

当 PN 结外加正向电压（或称正向偏置）时，即高电位端接 P 区，低电位端接 N 区，如图 7-5 所示。外加电场与 PN 结内电场方向相反，因而削弱了内电场，空间电荷区变薄，多数载流子的扩散加强，形成正向扩散电流 I_f，外加电压越大，正向电流就越大。

当 PN 结外加反向电压（或称反向偏置）时，即高电位端接 N 区，低电位端接 P 区，如图 7-6 所示。外加电场与 PN 结内电场方向相同，因而增强了内电场，空间电荷区变厚，少数载流子的漂移加强，形成反向漂移

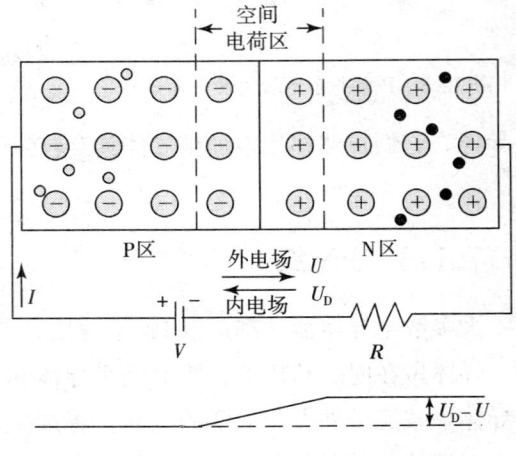

图 7-5　正向偏置的 PN 结

电流 I_s。由于少数载流子的数量很少且与温度有关，所以 I_s 很小且与温度有关，而几乎与外加电压无关。

从上述分析中可以得出，PN结的单向导电性是指：当PN结正向偏置时，PN结内部产生较大的正向电流，此时PN结导通，呈现低阻态；当PN结反向偏置时，PN结内部产生可以忽略不计的反向电流，此时PN结截止，呈现高阻态。正向导通时，PN结的正向电压为：硅半导体材料为$0.6V \sim 0.8V$，锗半导体材料为$0.2V \sim 0.3V$。二极管、晶体管等半导体器件的工作特性都是以PN结的单向导电性为基础的。

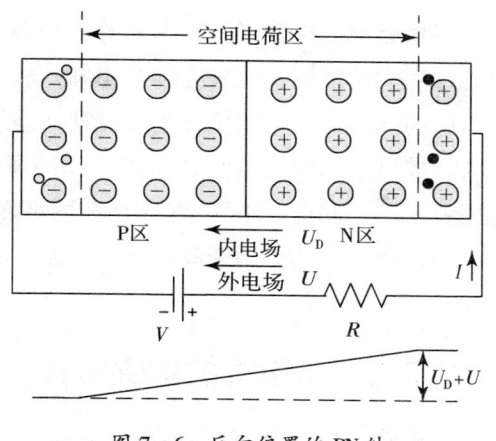

图7-6　反向偏置的PN结

7.2　半导体二极管

7.2.1　二极管的结构

将PN结用外壳封装起来，并加上点击引线就构成了半导体二极管，简称二极管。由P极引出的为阳极，由N极引出的为阴极。图7-7所示为二极管的电路符号。按照材料不同，二极管可以分为硅半导体二极管和锗半导体二极管；如图7-8所示，按照结构二极管可以分为：点接触型、面接触型、平面型。

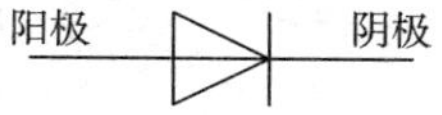

图7-7　二极管的电路符号

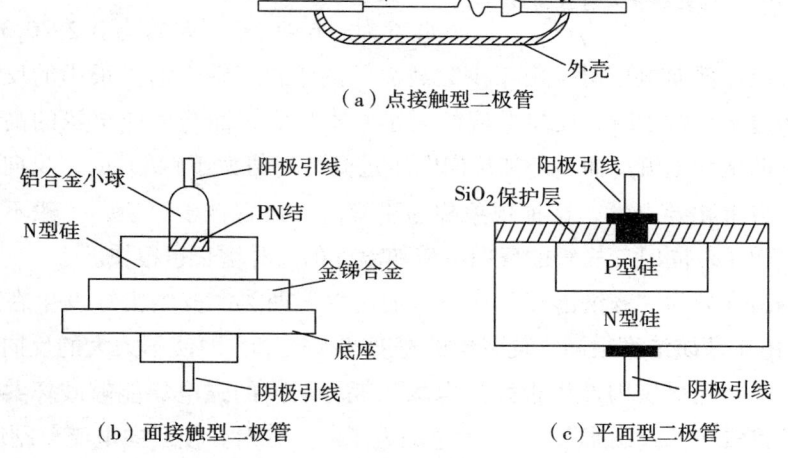

（a）点接触型二极管

（b）面接触型二极管　　　（c）平面型二极管

图7-8　半导体二极管的常见结构

点接触型二极管（一般为锗管）如图 7-8（a）所示。它的 PN 结面积很小，出此不能通过较大的电流，但其高频性能好，故一般适用于高频和小功率的工作，也可作数字电路中的开关器件。面接触型二极管（一般为硅管）如图 7-8（b）所示。它的 PN 结面积大，故可通过较大电流，但其工作频率较低，一般用作整流。平面型二极管可以根据电路要求的不同选择不同 PN 结面积的平面型二极管，一般结面积较大的应用于整流电路中，结面积较小的应用于高频开关电路。

7.2.2　二极管的伏安特性

二极管是由一个 PN 结简单构成的，所以二极管同样具有单相导电性。二极管的伏安特性是指二极管两端的电压 U 和流过二极管的电流 I 之间的关系，可以表示为：

$$I_D = I_S(e^{U_D/U_T} - 1) \tag{7.1}$$

其中 U_D 为 PN 结两端外加电压；I_D 为流经 PN 结的电流；I_S 为反向饱和电流。在室温下（及 $T = 300K$ 时），$U_T \approx 26mV$，称为温度电压当量。根据该方程，可以画出 PN 结的伏安特性曲线，如图 7-9 所示。

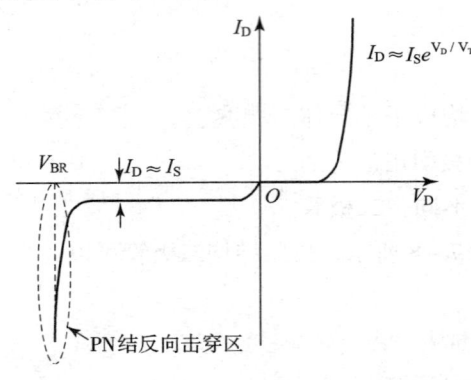

图 7-9　PN 结的理论伏安特性曲线

当二极管外加正向电压很低时，由于外电场还不能克服 PN 结内电场（对于多数载流子，除少数能量较大者外）和扩散运动的阻力，故正向电流很小，几乎为零。当正向电压超过一定数值后，内电场被大大削弱，电流增长很快。这个一定数值的正向电压称为开启电压 U_{ON} 或门限电压，也称阀值电压，其大小与材料及环境温度有关。通常硅管的开启电压约为 0.5V，锗管的死区电压约为 0.1V。导通时的正向压降，硅管为 0.6~0.8V，锗管为 0.2~0.3V。

当二极管上加反向电压时，由于少数载流子的漂移运动，形成很小的反向电流。在反向电压不超过某一范围时，反向电流的大小基本恒定，而与反向电压的高低无关，故通常称之为反向饱和电流。而当外加反向电压过高绝对值大于 $|U_{BR}|$ 时，反向电流忽然增大，二极管失去单相导电性，这种现象称为击穿。二极管被击穿后，一般不能恢复原来的性能，即失效了。同时二极管的反向电流随温度的上升增长也很快。

二极管的击穿分为"齐纳击穿"和"雪崩击穿"两类。齐纳击穿发生在高浓度掺杂的 PN 结中。由于杂质浓度很高。耗尽层的宽度变得很窄，即使不太大的反向电压（一般为几伏）就可以在耗尽层内产生很强的电场。耗尽层内的强电场能够破坏共价键，把价电子直接从共价键中"拉出来"，产生大量的电子–空穴对，使反向电流急剧增加。

雪崩击穿的机理与齐纳击穿完全不同。雪崩击穿的过程是：当反向电压增大时，耗尽层内的电场也随着增强，而耗尽层又有一定的宽度，因此，在耗尽层内漂移的少数载流子受到强电场的加速作用而获得足够大的能量，在与原子发生碰撞时将价电子"撞出"共价键，产生电子－空穴对。新产生的电子－空穴对在强电场作用下又可获得足够大的能量，再去碰撞其他的原子，产生更多的电子－空穴对，使耗尽层内载流子的数目成雪崩式地倍增，使反向电流急剧增大。

二极管的特性对温度的变化很敏感。随着温度升高，正向特性曲线往左移，反向特性往下移。当保持正向电流不变时，在室温附近湿度每升高 $1℃$，正向电压减小 $2mV \sim 2.5mV$。在室温附近温度每升高 $10℃$，反向电流约增大一倍。

7.2.3　二极管的主要参数

二极管参数是对其特性和极限运用条件的定量描述，是合理选择和正确使用器件的依据。下面介绍二极管的几个主要参数：

（1）最大整流电流 I_F——二极管长时间工作时允许通过的最大正向平均电流。若通过二极管的平均电流超过这个数值，有可能因 PN 结过热而烧坏二极管。

（2）最大反向工作电压 U_{DRM}——二极管工作时允许的最大反向电压。若反向电压超过该数值，有反向击穿的危险。一般情况下，U_{DRM} 是反向击穿电压 U_{BR} 的一半。

（3）反向电流 I_R——二极管未发生击穿时的反向电流值，其大小与二极管性能成反比关系。

（4）最高工作频率 f_{max}——二极管具有单向导电性的最高交流信号频率。工作频率超过此值时，由于结电容的影响，二极管的单向导电性能降低。

7.2.4　稳压二极管

稳压二极管简称稳压管，实质上就是一种面接触型硅二极管。由于它具有稳压特性，所以常应用与稳压设备和其他一些电子电路中。当二极管两端的反向电压超过击穿电压时，反向电流迅速上升。只要此时反向电流不超过某一定值，二极管就不会因过热而烧毁，反向击穿过程仍然是可逆的。在反向击穿状态下，流过二极管的电流在一定范围内变化时，二极管两端电压的变化范围很小，利用反向击穿的这种特性就可以达到"稳压"效果。反向击穿电压值 U_Z 称为稳压管的稳压值。反向击穿特性曲线越陡，稳压管的稳压性能越好。稳压管的特性曲线如图 7－10 所示。

稳压二极管的特性参数包括：

（1）稳定电压 U_Z——稳压管在反向击穿区域内的稳定工作电压，是判断稳压管特性的主要依据之一。不同型号的稳压管，其稳定电压不同；对于同一型号的稳压管，由于制造工艺的分散性，各个管子的稳定电压值也有差别。

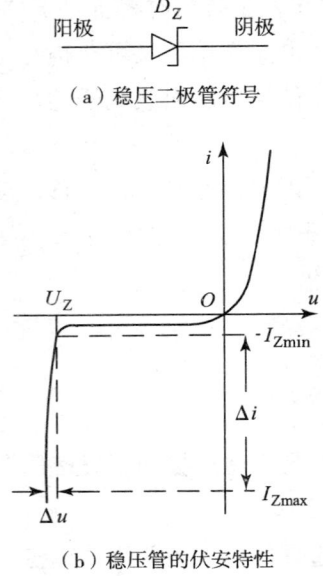

（a）稳压二极管符号

（b）稳压管的伏安特性

图 7-10　稳压二极管的符号和伏安特性

（2）动态电阻 r_Z——稳定工作时，稳压管两端电压和电流的变化量之比 $r_Z = \Delta u / \Delta i$。动态电阻 r_Z 值越小稳压作用越好。对于同一稳压管，工作电流越大，动态电阻 r_Z 越小，稳压作用越明显。

（3）稳定电流 I_Z——稳压管正常工作时的参考电流。工作电流小于稳定电流 I_Z 时，动态电阻 r_Z 增大，稳压效果变差；工作电流大于稳定电流 I_Z 时，动态电阻 r_Z 减小，稳压效果得到改善。当流经稳压管电流过小时（$I_Z < I_{Zmin}$），无法反向击穿稳压管，稳压管无法正常工作，其中 I_{Zmin} 称为最小稳定电流。

（4）额定功耗 P_Z——稳压管正常工作情况下的最大功率损耗。稳压管工作时的部分功耗转化为热能，使稳压管发热升温，额定功耗 P_Z 取决于稳压管允许的最高温升。$P_Z = U_Z \cdot I_{Zmin}$，其中 I_{Zmax} 为稳压管的最大稳定电流。所以稳压管的正常工作电流应为 $I_{Zmin} \leqslant I_Z \leqslant I_{Zmax}$。

（5）电压温度系数 α——当温度变化 1℃时稳定电压变化的百分数，$\alpha = \Delta U_Z / \Delta T$，所以 α 越小稳压管的温度稳定性越好。通常硅稳压管在 U_Z 低于 4 V 时具有负温度系数（齐纳击穿），即温度升高时稳定电压值下降；高于 6V 时具有正温度系数（雪崩击穿），即温度升高时稳定电压值上升；U_Z 在 4V ~ 6V 之间时，温度系数很小，即稳定电压值基本不变。

7.2.5　其他类型二极管

7.2.5.1　变容二极管

对于高频电压，在研究 PN 结二极管是需要考虑 PN 结的电容效应。PN 结的电容包括势垒电容和扩散电容。

如前所述，PN 结交界面处形成的空间电荷区（势垒区）是由不能移动的正、负离子组成的，正、负离子各具有一定的电量。因此，空间电荷区是存储空间电荷的区域。当外加电压改变时，就会引起空间电荷量的改变，形成电容效应，这个电容称为势垒电容 C_b。当外加正向电压增大时，P 区的空穴和 N 区的自由电子便进入空间电荷区，各自中和一部分负离子或正离子，这就好像有一部分空穴和自由电子"存入" PN 结，相当于电源向 PN 结"充电"。当外加正向电压减小时，则有一部分空穴和自由电子离开空间电荷区，好像有一部分空穴和自由电子从 PN 结"取出"，相当于 PN 结"放电"。当外加反向电压变化时，亦出现类似的"充电"或"放电"过程。势垒电容与普通电容不同，其电容量随外加电压变化而变化。根据势垒电容的非线性特性可制作变容二极管。变容二极管在反向偏置时的变容特性曲线如图 7 – 11 所示。

势垒电容 C_b 与 PN 结的面积 S 成正比、与空间电荷区的宽度 δ 成反比。实际应用中，利用变容二极管反向偏置时的变容特性，将变容二极管当做压控可变电容器使用。不同型号的变容二极管，其最大电容量可能是几皮法至几百皮法，最大电容量与最小电容量之比约为 5:1。变容二极管在高频电路中应用较多，如用于参量放大、参量混频和参量倍频等。

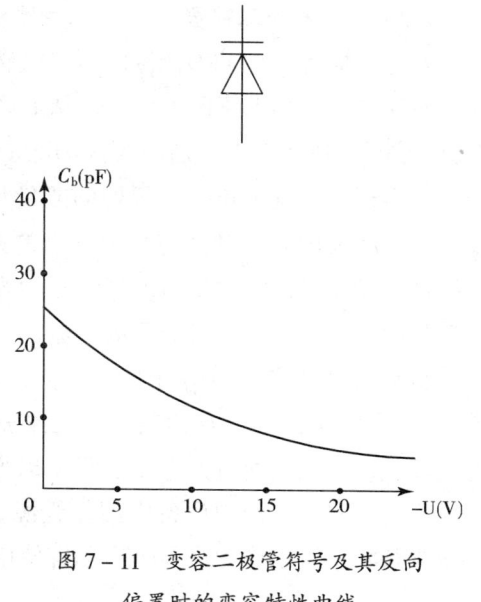

图 7 – 11　变容二极管符号及其反向
偏置时的变容特性曲线

7.2.5.2　隧道二极管

隧道二极管的特点是在其制作过程中掺杂较高的杂质并且具有较窄的耗尽层。重掺杂使得势垒电压相对较高，而较窄的耗尽层又使得电子能够被强迫穿透耗尽层。当隧道二极管处于一定的偏置电压时将产生隧道效应，这将使这种二极管进入一种特别的工作状态，成为 I– V 曲线的负阻区域，如图 7 – 12 所示。这意味着在特性曲线上存在一段特殊的情况，即当增加正向电压时，正向电流反而下降。

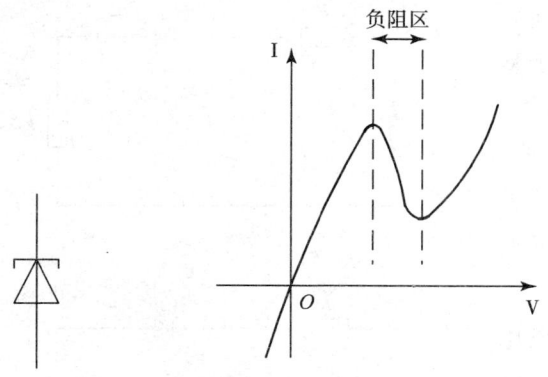

图 7 – 12　隧道二极管符号及其特性曲线

具有负阻效应的隧道二极管在产生高频交流信号的振荡电路中应用较为广泛。此外由于具有很高的开关速度和较低的功耗，也常用来构成电子开关。

7.2.5.3　肖特基二极管

肖特基二极管也称肖特基势垒二极管（SBD），是一种低功耗、超高速半导体器件，广泛应用于开关电源、变频器、驱动器等电路，作高频、低压、大电流整流二极管、续流二极管、保护二极管使用，或在微波通信等电路中作整流二极管、小信号检波二极管使用。

肖特基整流管的结构原理与 PN 结整流管有很大的区别，通常将 PN 结整流管称做结整流管，而把金属 – 半导体整流管叫做肖特基整流管，近年来，采用硅平面工艺制造的铝硅肖特基二极管也已问世，这不仅可节省贵金属，大幅度降低成本，还改善了参数的一致性。

肖特基整流管仅用一种载流子（电子）输送电荷，在势垒外侧无过剩少数载流子的积累，因此，不存在电荷储存问题，使开关特性获得时显改善。其反向恢复时间已能缩短到 10ns 以内。但它的反向耐压值较低，一般不超过 100V。因此适宜在低压、大电流情况下工作。利用其低压降这特点，能提高低压、大电流整流（或续流）电路的效率。

7.2.5.4 发光二极管

发光二极管简称 LED，与普通二极管一样是由一个 PN 结组成，也具有单向导电性。但给发光二极管加上正向电压后，从 P 区注入到 N 区的空穴和由 N 区注入到 P 区的电子，在 PN 结附近数微米内分别与 N 区的电子和 P 区的空穴复合，产生自发辐射的荧光。不同的半导体材料中电子和空穴所处的能量状态不同。当电子和空穴复合时释放出的能量多少不同，释放出的能量越多，则发出的光的波长越短。常用的是发红光、绿光或黄光的二极管。发光二极管的反向击穿电压约为 5V，它的正向伏安特性曲线很陡，使用时必须串联限流电阻以控制通过管子的电流。

与小白炽灯泡和氖灯相比，发光二极管的特点是：工作电压很低（有的仅一点几伏）；工作电流很小（有的仅零点几毫安即可发光）；抗冲击和抗震性能好，可靠性高，寿命长；通过调制通过的电流强弱可以方便地调制发光的强弱。由于有这些特点，发光二极管在一些光电控制设备中用作光源，在许多电子设备中用作信号显示器。把它的管心做成条状，可以作为半导体数码管使用。

7.2.6 二极管应用电路

二极管的应用很广，利用二极管的单向导电性和导通正向压降较小等特性，可应用于整流、开关、限幅、续流、检波、变容等电路中。

7.2.6.1 削峰电路

二极管削峰电路可以用来将输入波形的尖峰消除，可以用于消除信号中的毛刺。削峰电路分串联和并联两种形式，下面举例说明。

例 7.1 如图 7–13 所示电路，输入电压 $u_i = U\sin\omega t$，二极管开启电压 $U_{ON} << U$，试画出 u_o 的波形。

电路如图 7–13 （a），当输入电压 u_i 为正半周时，输入电压幅值 U 远大于二极管开启电压 U_{ON}，二极管正向偏置并导通，所以输入波形

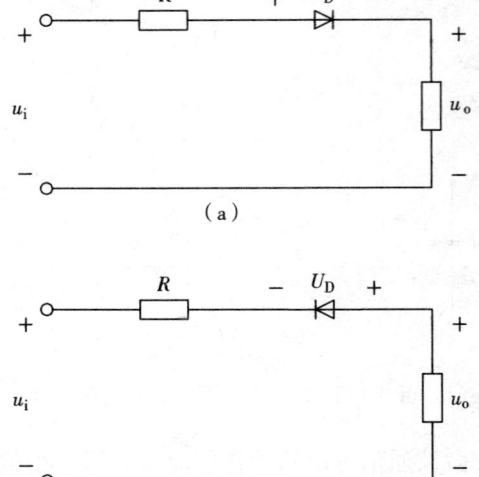

图 7–13 例 7.1 电路图

的正半部分可以传递给输出电阻；当输入电压 u_i 为负半周时，二极管处于反向偏置状态，输入波形无法通过。输出波形如图 7–14 （a）为输入波形的正半周。

如果将二极管换个方向，电路如图 7–13 （b）所示，则输出波形如图 7–14 （b）为

输入波形的负半周。由于负载阻抗，输出波形幅值比输入波形幅值略小。以上两个电路中，二极管与输出端为串联关系。

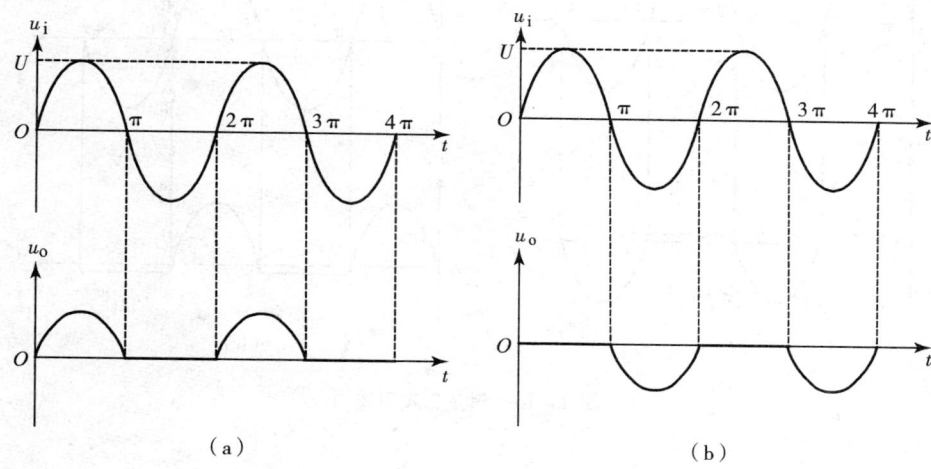

图 7-14　例 7.1 波形图

例 7.2　如图 7-15 所示电路，输入电压 $u_i = U\sin\omega t$，试画出 u_o 的波形。

解：两电路中的二极管与输出端为并联关系。图 7-15（a）中，当输入波形为正半周，且幅值大于二极管的开启电压 U_{ON} 时，二极管导通，此时输出电压 $u_o = U_{ON} \approx 0.7V$；当输入电压小于二极管开启电压 U_{ON} 时，二极管反偏截止，此时输入波形可以传递到输出端。所以图 7-16（a）电路输入波形的正半周被消除了 ［如图 7-16（a）所示］。类似情况，在图 7-15（b）电路中，输出波形时消除了负半周的输入波形 ［如图 7-16（b）所示］。由于负载阻抗，输出波形幅值比输入波形幅值略小。

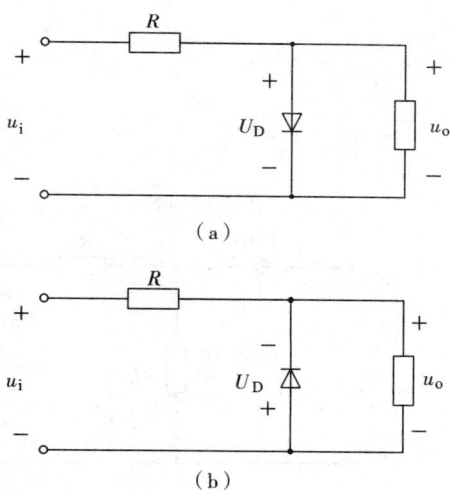

图 7-15　例 7.2 电路图

7.2.6.2　限幅电路

将前面提到的削峰电路稍加修改就可以得到限幅电路，主要用于限制输出电压的幅度。

例 7.3　图 7-17（a）所示电路，输入电压 $u_i = U_{max}\sin\omega t$，试画出 u_o 的波形（$U_{max} > U$）。

解：如图所示的电路中，虚线左边部分为串联型整流电路，此部分电路具有消除输入波形负半波的功能；虚线右边部分电路中，二极管 D_2 在 $u_{R1} > U$ 时导通，$u_o = u_{D2} + U \approx U$，当 $u_{R1} < U$ 时截止，$u_o = U_{R1}$。所以，输入波形经过该限幅电路后的输出 u_o 幅度被限定在零到 U 之间。输出波形如图 7-17（b）所示。

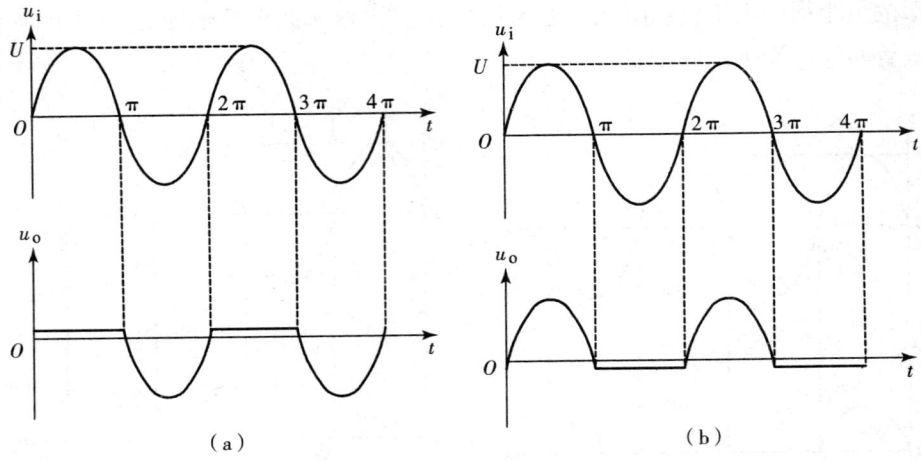

图 7 – 16　例 7.2 波形图

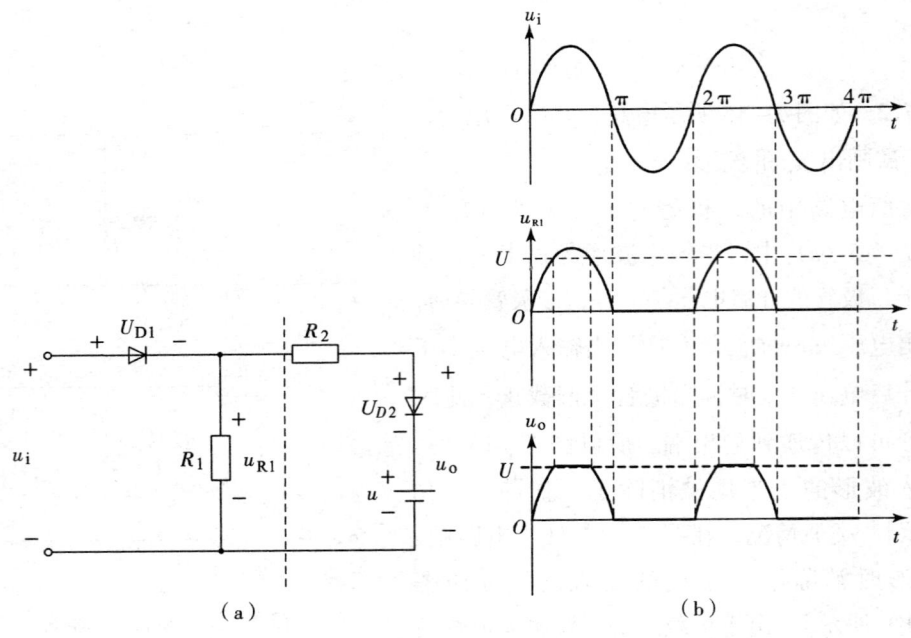

图 7 – 17　例 7.3 电路图及波形图

7.2.6.3　钳位电路

钳位电路是指能够改变一个交流波形的直流值的电路。图 7 – 18（a）为常见的二极管钳位电路。输入信号是幅值为 U 的方波，在零时刻，输出端产生一个幅值为 U 的正向跳变，u_o（$t = 0$）$= U$；在 $0 \sim t_1$ 时间段，二极管导通，电容充电至 $u_c = U$，致使输出电压 u_o（$t = t_1$）$= 0$；$t_1 \sim t_2$ 时间段中，输入电压变为零，输出电压跳变至 $-U$，二极管截止，电容通过电阻放电；$t_2 \sim t_3$ 时间段，输入电压变为 U，二极管导通，电容重新充电，因为此时电容内储备有大量电荷，电容充电时间很短，输出端电压又迅速降为零。之后整个过程不断重复，从 u_c 和 u_o 的波形图可以看出，输出电压 u_o 的最大值被限定在零电瓶上，该电路起到电压钳位作用。

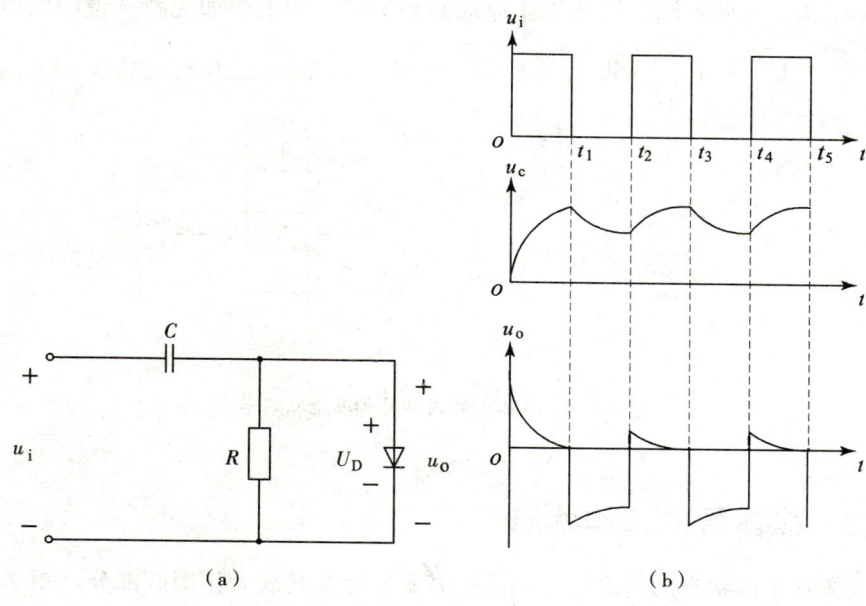

图 7 - 18   半导体二极管的常见结构

7.3   双极型晶体三极管

双极型晶体三极管（BJT）简称晶体管，因其存在两种类型的载流子（电子和空穴）同时参与导电而得名。晶体管具有开关特性和功率放大特性，是模拟电路和数字电路中最基本的器件。

7.3.1   晶体管的基本结构

晶体管按结构可以分为 NPN 型和 PNP 型，按其制造使用材料可以分为硅管和锗管，按工作频率可以分为高频和中低频，按功耗可以分为大功率管和中小功率管。

图 7 - 19 画出了 NPN 管与 PNP 管的内部结构，器件通常封装在金属或塑料外壳中，以便为器件提供机械保护，并有利于散热。晶体管的内部有 3 个工作区域，分别称为发射区（e 区）、基区（b 区）及集电区（c 区），所引出的电极分别成为发射极（e）、基极（b）及集电极（c）。晶体管内部有两个 PN 结：发射区与基区之间的成为发射结 J_e，基区与集电区之间的是集电结 J_c。

不论是 NPN 型还是 PNP 型，都具有两个共同的特点：第一，在 3 个半导体区内，基区非常薄，使得两个 PN 结之间的工作互相影响，从而使它们与两个独立二极管串联存在

167

本质上的性能差别；第二，基区掺杂浓度很低，发射区的掺杂浓度很高。NPN 型和 PNP 型晶体管在结构上有所不同，但其工作原理是相同的。本书中如无特殊说明均以 NPN 硅管为例来介绍。

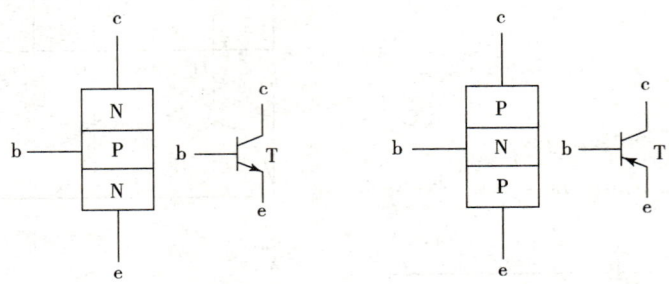

图 7 - 19　晶体管的内部结构及电路符号

7.3.2　晶体管的工作状态

关于晶体管工作状态的讨论包括晶体管电流分配及其放大作用两部分。图 7 - 20（a）所示电路中，晶体管接成了两个电路：基极电路和集电极电路，发射极是公共端，这种接法因此称为晶体管的共发射极接法。

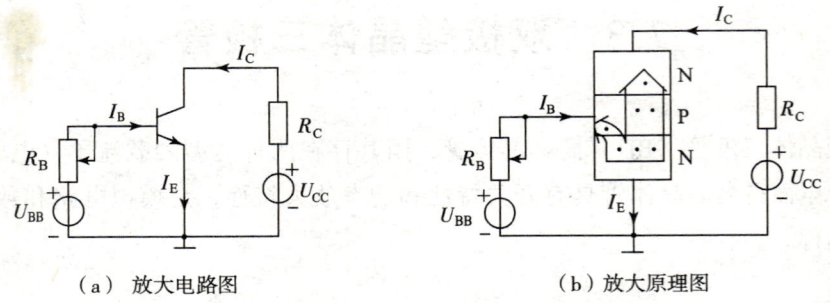

（a）放大电路图　　　　　　　　　　（b）放大原理图

图 7 - 20　晶体管的电流放大原理

要使晶体管能正常工作，晶体管外加电压必须满足"发射结加正向电压，集电结加反向电压"这两个外部放大条件，电源 U_{CC} 和 U_{BB} 正是为了满足这两个条件而设置的。图 7 - 20（a）说明了管内载流子的运动情况：

（1）发射区向基区注入电子的过程。由于发射结正向偏置，发射区的多数载流子——自由电子将在浓度差压力下扩散穿越发射结进入基区，由于带电粒子的定向移动将形成电路中的电流，所以由发射区出发的自由电子的外电路就构成了晶体管的发射极电流 I_E，其方向与电子流动方向相反，与此同时，基区的多数载流子——空穴也向发射区扩散，由于基区掺杂浓度很低，其空穴浓度比发射区的电子浓度小得多，故可以忽略不计。一般认为发射极的电流主要是电子电流。

（2）电子在基区中的扩散和复合的过程。电子到达基区后，发射结一侧的电子浓度势必高于集电结一侧，形成电子浓度差，促使电子继续向集电结扩散。在扩散过程中，一部分电子与基区空穴相遇而复合，电子不断地与空穴复合，同时接在基区的电源正极则不断从基区拉走电子，好像不断供给基区空穴。这样就形成了基极电流 I_B，所以基极电流就是电子在基区与空穴复合形成的电流。

扩散与复合是晶体管内部载流子运动的特点，三极管的电流放大能力就取决于两者之比。为减少复合量，在设计和制造晶体管时采取两项措施：一是减小基区掺杂浓度；二是减小基区厚度以缩短载流子的基区渡越时间，从而减少复合机会。

（3）集电区收集电子的过程。集电极所加的是反向电压，使集电区的电子和基区的空穴很难通过集电结，但对基区扩散到集电结边缘的电子却有很强的吸引力，可使电子很快地漂移过集电结为集电区所收集，形成集电极电流 I_C。

从外电路看，当给晶体管的基极送入一个微小的电流 I_B，就可以在晶体管的集电极得到一个放大了很多倍的、数值远大于 I_B 的输出电流 I_C。晶体管的这种电流放大能力与外电路中的电路元件没有关系，只与晶体管的制造工艺有关，当晶体管制作完成后，晶体管的电流放大能力也就同时确定下来。由晶体管的电流放大原理，可以得到晶体管的电流分配关系：

$$I_E = I_B + I_C \tag{7.2}$$

该式反映了晶体管三个电极电流之间的关系，发射极电流 I_E 等于基极电流 I_B 与集电极电流 I_C 的和。晶体管的共射电流放大能力是指，当发射区发出的载流子数为定值时，集电极电流与基极电流的关系，即

$$\frac{I_C}{I_B} = \beta \tag{7.3}$$

发射极直流电流放大系数 β 反映了三极管的电流放大能力，或者说 I_B 对 I_C 的控制能力。正是这种小电流对大电流的控制能力，说明了三极管具有放大作用。

7.3.3 晶体管的特性曲线

晶体管的特性曲线是指晶体管各极电压与电流之间的关系曲线，它对于正确使用晶体管非常有用。晶体管有三个点击，按输入、输出回路的联接方式不同，可以有共发射极、共集电极和共基极三种接法。最常见的是晶体管共发射极电路的输入、输出特性曲线。

7.3.3.1 共发射极输入特性曲线

输入特性是指在晶体管的集电极和发射极间所加的电压 U_{CE} 为常数时，基极与发射极间电压 U_{BE} 与基极电流 I_B 之间的关系，即

$$I_B = f(U_{BE}) \big| U_{CE} = 常数$$

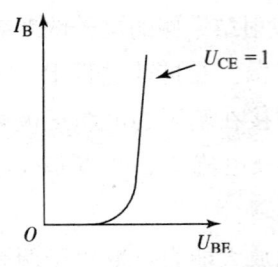

图 7-21 晶体管的输入特性

图 7-21 示出了硅管 3DG6 的输入特性曲线。一般情况下，当 $U_{CE} \geq 1V$ 时，集电结处于反向偏置，此时再增大 U_{CE} 对 I_B 的影响很小，也即 $U_{CE} \geq 1V$ 以后的输出特性与 $U_{CE} = 1V$ 时的特性曲线重合，所以，通常只画出 $U_{CE} \geq 1V$ 的一条特性曲线。由该图可见，晶体管的输入特性和二极管的伏安特性一样。当 $U_{BE} < 0.5V$ 时，$I_B \approx 0$，即此时晶体管处于截止状态，该区域同样称为死区。当 $U_{BE} \geq 0.5V$ 后，I_B 增长很快。在正常工作情况下，NPN 型硅管的发射结电压 $U_{BE} = 0.6V \sim 0.7V$。

7.3.3.2 共发射极输出特性曲线

输出特性是在基极电流 I_B 一定的情况下，集电极和发射极 U_{CE} 之间的电压与集电极电流 I_C 之间的关系，即

$$I_C = f(U_{CE}) \big| I_B = 常数$$

图 7-22 所示为硅管 3DG6 的输出特性曲线。可见对于不同的 I_B 所得到的输出特性曲线也不同。所以，晶体管的输出特性曲线是一族曲线。

根据晶体管的工作状态不同，可将输出特性分为四个区域：

首先是输出特性曲线的截止区，截止区在输出特性曲线下面靠近坐标横轴的位置，截止区的明显特征

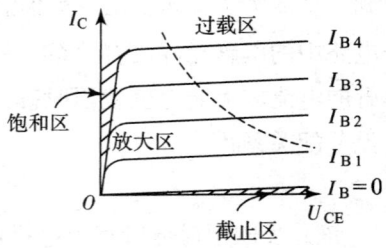

图 7-22 晶体管的输出特性

是基极电流 $I_B = 0$。截止时的晶体管发射结反偏，集电结也反偏，晶体管没有放大作用，这时仅有一个由反偏电压产生的反向漏电流 I_{CEO} 穿过晶体管。截止时的晶体管管压降 U_{CE} 数值比较大，而集电极电流 I_C 的数值近似为零，晶体管不导通。

其次是输出特性曲线的放大区，放大区在输出特性曲线的中部，输出特性曲线在放大区近似水平。工作在放大区的晶体管发射结正偏，集电结反偏，这时晶体管的 $I_C = \beta I_B$，晶体管将会对收到的微小电流信号进行放大。

第三个区域是输出特性曲线的饱和区，饱和区在输出特性曲线左边靠近纵轴的地方，饱和区的明显特征是管压降 $U_{CE} < 1V$，饱和时的晶体管发射结正偏，集电结也正偏，这时的晶体管没有电流放大作用，晶体管的深度饱和管压降 $U_{CE} \approx 0.3V$，饱和时晶体管的集电极电流 I_C 数值比较大。

第四个区域是输出特性曲线的过载区，过载区在输出特性曲线中放大区的上面，如图 7-22 所示。在正常放大时由于电流的流过将会在晶体管中产生功率损耗，功率损耗的热量应当由晶体管的外表面散发掉。如果晶体管的 I_C、U_{CE} 数值均比较大，晶体管的外表面不能完全散发掉自身功耗所产生的热量，晶体管内部的热量积累将会使晶体管因过热而烧掉。所以晶体管正常工作时，如果 U_{CE} 数值较大，则 I_C 的数值就应当减小；如果 I_C

的数值较大，U_{CE} 的数值就应当减小，以保证晶体管不会由于过热而损坏。

7.3.4 晶体管的主要参数

晶体管的参数分为两类，一类是晶体管的性能参数，性能参数反映了晶体管工作时性能的优劣，另一类是晶体管的极限参数，极限参数表示出晶体管工作时不能超过的极限条件。

7.3.4.1 电流放大倍数（β）

在共发射极放大电路中，定义晶体管的直流电流放大倍数 $\overline{\beta}$ 为集电极电流 I_C 与基极电流 I_B 的比值，定义晶体管的交流电流放大倍数 β 为集电极电流的增量 ΔI_C 与基极电流的增量 ΔI_B 的比值，两个电流放大倍数的定义式分别如下式所示。

$$\overline{\beta} = \frac{I_C}{I_B} \qquad \beta = \frac{\Delta I_C}{\Delta I_B}$$

按照两个定义式分别计算晶体管在静态时（直流）的电流放大倍数与动态时（交流）的电流放大倍数时，得到的计算结果有差别，但是当输出特性曲线近似平行并且 I_{CEO} 数值很小时，两者之间的偏差很小，在估算分析时可以近似认为 $\beta \approx \overline{\beta}$。

7.3.4.2 极间反向漏电流

晶体管的集电结在工作时是反偏状态，反偏电压促使少数载流子空穴漂移形成反向漏电流，晶体管的第一个反向漏电是集—基极间反向漏电流 I_{CBO}，图 7-23（a）画出了 I_{CBO} 的测量电路。在集电结反偏电场力的作用下，集电区的少数载流子漂移穿过集电结形成了 I_{CBO}，由于少数载流子的数值比较少，所以 I_{CBO} 的数值也比较小，对普通的硅晶体管来说，I_{CBO} 的数值大约在几个 μA，对锗晶体管来说，I_{CBO} 的数值大约在十几到几十个 μA。

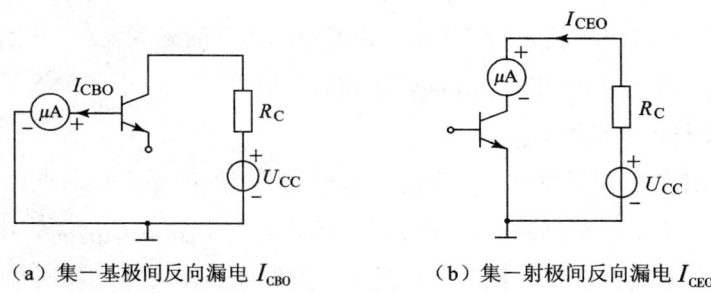

（a）集—基极间反向漏电 I_{CBO}　　　　（b）集—射极间反向漏电 I_{CEO}

图 7-23　I_{CBO} 和 I_{CEO} 的测量电路

晶体管的第二个极间反向漏电是集—射极反向漏电流 I_{CEO}，图 7-23（b）画出了 I_{CEO} 的测量电路。在电源电压 U_{CC} 作用下，反偏的集电结有反向漏电 I_{CBO}，由于晶体管的基极开路，进入基区的 I_{CBO} 使基区内的正电荷数增加，而基区内的掺杂浓度不能改变，这样发射区将发射相应数量的自由电子进入基区与基区内的 I_{CBO} 复合。由于发射区出发的自由电子在基区内被复合掉的数目与到达集电区的数目的比例是一个定值，所以当发射区给基区注入与 I_{CBO} 数值相同的自由电子时，将有数量为 βI_{CBO} 的自由电子到达集电区，这就形成了晶体管集—射极之间的反向漏电流 I_{CEO}，I_{CEO} 与 I_{CBO} 之间存在下述关系式：

$$I_{CEO} = I_{CBO} + \beta I_{CBO} = (1 + \beta) I_{CBO} \tag{7.4}$$

I_{CEO} 的数值对硅管来说大约在几个 μA，对锗管来说大约为几十到几百个 μA。由于晶体管的反向漏电是由少数载流子构成的，极间反向漏电随温度变化比较明显，晶体管的工作温度升高，反向漏电的数值也就变大，当极间反向漏电的数值大到不能被忽略时，晶体管的输出电流应考虑漏电流的影响，这时集电极电流为

$$I_C = \beta I_B + I_{CEO} \tag{7.5}$$

7.3.4.3　集电极最大电流 I_{CM}

定义晶体管电流放大倍数 β 值下降到正常值 2/3 倍时的集电极电流为晶体管集电极电流的最大值 I_{CM}。晶体管的电流放大倍数 β 值在某个范围内是一个定值，当集电极电流 I_C 的数值比较大或 I_C 的数值比较小时，电流放大倍数 β 值会出现下降。β 值下降到一定程度，电路的理论分析值与电路的实际工作值之间将会出现比较大的误差，晶体管工作时，应当取 $I_C < I_{CM}$，以减小电路分析的误差。

7.3.4.4　晶体管最大耗散功率 P_{CM}

晶体管外表面能够散发掉的热量决定晶体管的最大耗散功率，如果晶体管在工作时产生的功耗不能由其外表面散发掉的话，这些功耗的积累将会使晶体管内部的温度升高，最终使晶体管过热损坏，晶体管正常工作时产生的功率损耗应当小于晶体管的最大功耗 P_{CM}，晶体管功率的表示式为

$$P_C = I_C U_{CE} \tag{7.6}$$

由公式 7.6 可以看出，如果晶体管工作时的集电极电流 I_C 的数值比较大时，晶体管的管压降 U_{CE} 的数值就应当相应地降下来，以避免晶体管的温度太高。正常工作时的晶体管不允许集电极电流 I_C 与管压降 U_{CE} 同时达到最大值。

7.3.4.5　反向击穿电压 $U_{CEO(BR)}$

$U_{CEO(BR)}$ 是晶体管工作时集电极与发射极之间允许施加的最大反向电压，$U_{CEO(BR)}$ 中 BR 的意思为击穿，如果电源施加到晶体管的集—射极电压 $U_{CEO} \geqslant U_{CEO(BR)}$，则晶体管的集电结将会被过高的反偏电压击穿，使晶体管损坏。为保证晶体管在工作时集电结不被击穿，通常限制放大电路的电源电压，令电源电压 U_{CC} 满足下式，晶体管的集电结就不会出现反向击穿。

$$U_{CC} = \left(\frac{1}{2} \sim \frac{2}{3} \right) U_{CEO(BR)}$$

晶体管在正常工作时还有其他一些参数，如工作频率等，在实际为放大电路选配晶体管时需要考虑那些参数，根据电路的要求选择参数合适的晶体管。但是在放大电路的

理论分析中，经常接触到的是上面几个参数，在放大电路的理论分析时应注意不能使晶体管的工作参数超过晶体管的极限参数。

例 7.4 若测得某晶体管当 $I_B = 20\mu A$ 时，$I_C = 2mA$；当 $I_B = 60\beta A$ 时，$I_C = 5.2mA$，试求该晶体管 β、I_{CEO} 及 U_{CBO} 的数值。

解： 由集电极电流的表示式 $I_C = \beta I_B + I_{CEO}$，可以得到方程组

$$\left. \begin{array}{l} 2 = 20 \times 10^{-3}\beta + I_{CEO} \\ 5.2 = 60 \times 10^{-3}\beta + I_{CEO} \end{array} \right\}$$

解方程组，有 $\beta = 80$、$I_{CEO} = 400\mu A$，再由 $I_{CEO} = (1+\beta)I_{CBO}$，解出 $I_{CBO} = 4.9\mu A$。

例 7.5 若放大电路中测得某晶体管三个电极的电位分别为 5V、1.2V、0.5V，试确定晶体管的三个电极并判断其类型。

解： 由于晶体管的三个电极电位均为正值，所以该晶体管为 NPN 型；在测得的三个电位数值中，有 1.2V − 0.5V = 0.7V，这是硅管的死区电压数值，所以该晶体管为硅管；在晶体管工作时，发射结正偏，集电结反偏，所以 $U_C = 5V$、$U_B = 1.2V$、$U_E = 0.5V$，该晶体管的类型为 NPN 硅管。

复习思考题七

7.1 判断下列说法是否正确

(1) 在 P 型半导体中参入足够量的五价元素，可将其改型为 N 型半导体。

(2) 因为 N 型半导体的多子是自由电子，所以它带负电。

(3) PN 结根据其 P 型或 N 型区域的大小而确定其带电性质。

(4) PN 结加正向电压时，空间电荷区将变窄。

(5) 稳压管的稳压区是其工作在反向击穿状态。

(6) 当温度升高时，二极管的反向饱和电流将增大。

7.2 计算下列各电路的输出电压值，设二极管的导通电压 $U_D = 0.7V$。

7.3 如图（a）是输入电压 u_i 的波形。试画出对应图（b）所示电路中的输出电压 u_o、电阻 R 上的电压 u_R 和二极管上的电压 u_D 的波形。

7.4 电路如图所示，已知 $u_i = 5\sin\omega t$（V），二极管导通电压 $U_D = 0.7V$。并画出 U_i 与 u_o 的波形。

7.5 电路如下图所示，试求下列集中情况下输出端电位及各元器件中通过的电流：(1) $V_1 = 0V$，$V_2 = 0V$；(2) $V_1 = 3V$，$V_2 = 0V$；(3) $V_1 = 3V$，$V_2 = 3V$；(4) $V_1 = 0V$，$V_2 = 3V$。设二极管的正向电阻为零，反向电阻为无穷大。

7.6 稳压管电路如下图所示，设稳压管的 $U_Z = 6V$，其正向压降不计。试画出输出电压 u_o 的波形。

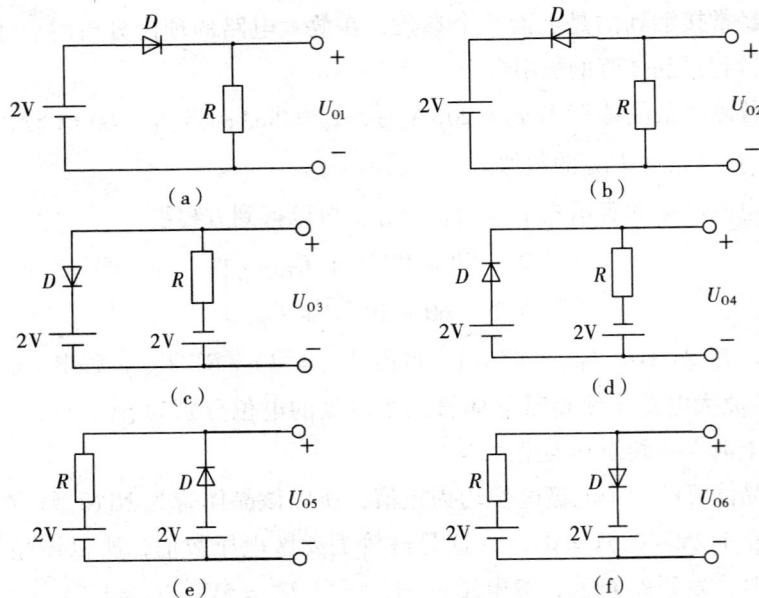

题 7.2 图

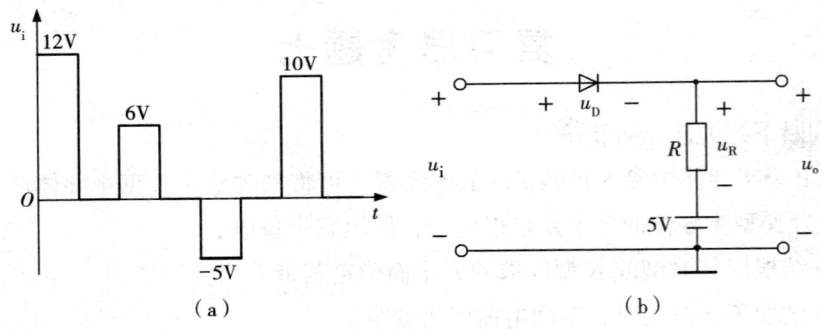

（a）　　　　　　　　（b）

题 7.3 图

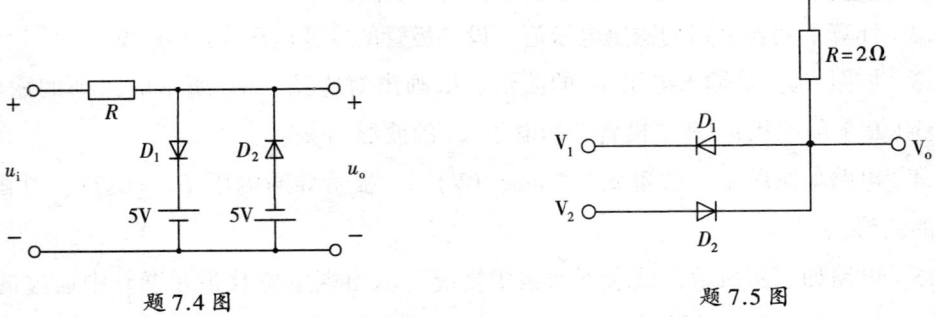

题 7.4 图　　　　　　　　　　题 7.5 图

7.7　现有两只稳压管，它们的稳定电压分别是 6V 和 8V，正向导通电压为 0.7V。试求：当它们串联时可得到几种稳压值？分别为多少？并联时情况又为怎样？

7.8　电路如图所示，稳压管 D_{Z1} 和 D_{Z2} 的稳压值分别为 $U_{Z1} = 6V$，$U_{Z2} = 8V$，稳压特

性理想，正向压降为 0.7V。根据输入电压波形画出输出电压波形。

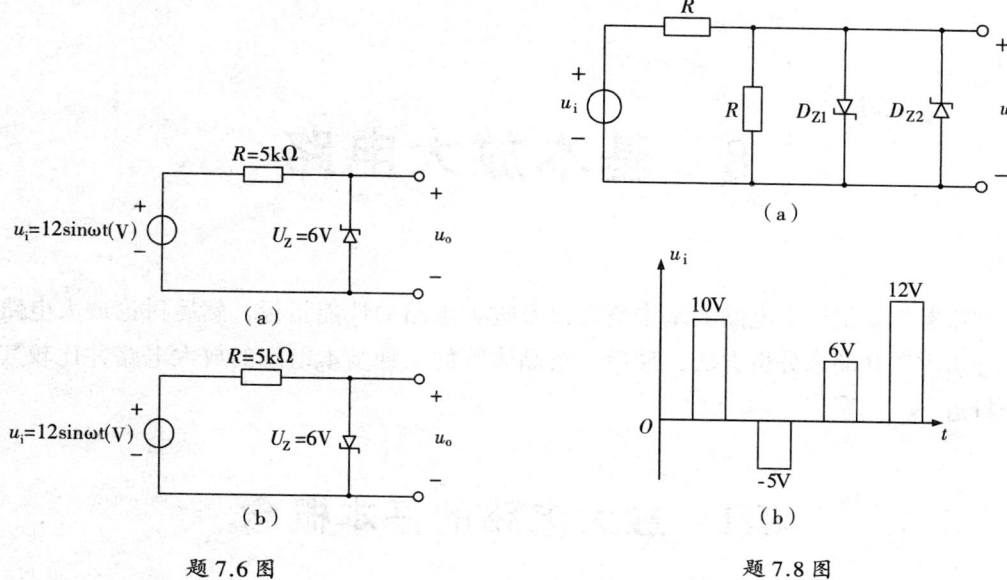

（a）

题 7.6 图　　　　　　　　　　题 7.8 图

7.9　放大电路中某晶体管的三个电极电位分别为 −6V，−3.2V，−3V，判断三个电极中哪个是基极，哪个是发射极，哪个是集电极，并判断晶体管是 NPN 管还是 PNP 管，是硅管还是锗管。

7.10　放大电路中某晶体管的三个电极电流为 2mA，0.04mA，2.04mA，判断这三个电极的名称，并判断晶体管是 NPN 管还是 PNP 管，该晶体管的电流放大倍数 β 是多少？。

7.11　已知某放大电路的电源电压 $U_{CC} = 12V$，今测得放大电路中两个晶体管的参数分别为 $I_{C1} = 5.8mA$，$U_{CE1} = 0.3V$；$I_{C2} = 0.01mA$，$U_{CE2} \approx 12V$，判断两个晶体管的工作状态。

7.12　有两个晶体管，其电流放大倍数及穿透电流为 $\beta = 100$，$I_{CEO} = 180\mu A$；$\beta = 60$，$I_{CEO} = 12\mu A$，哪个晶体管的性能更好一些？

8 基本放大电路

本章首先介绍放大电路的基本概念以及放大电路的性能指标，然后讨论放大电路的静态分析方法和动态分析方法，最后介绍晶体管的三种基本组态的放大电路并比较其性能和特点。

8.1 放大电路的基本概念

8.1.1 放大电路的概念

放大电路的应用十分广泛，在我们日常使用的家用电器、通信工具，或者精密测量仪器和复杂的自动控制系统中，通常都有各种各样的放大电路。这些电子设备中，放大电路的作用是将微弱的电信号加以放大，以便于人们测量和利用。例如，从手机天线接收到的信号，或者从传感器得到的信号，有时只有微伏或毫伏数量级，必须经过放大才能驱动扬声器发出声音，或者驱动指示设备和执行机构，便于进行观察、记录和控制。因此，放大电路是电子设备中使用最为普遍的一种单元电路，也是模拟电子技术中最基本的电路之一。

所谓放大，从现象上来看是将微弱信号的幅度由小变大，但放大的本质是要实现能量的转换。由于输入信号（例如从天线或传感器得到的信号）能量过于微弱，不足以推动负载（如扬声器或指示仪表、执行机构等），因此需要在放大电路中另外提供一个能源，由能量较小的输入信号控制这个能源，使之输出按输入信号规律变化的较大的能量，然后推动负载。这种小能量对大能量的控制作用就是放大作用。

要组成放大电路，首先要有能够实现能量控制的器件。我们已经知道，半导体三极管具有小电流控制大电流的作用，所以三极管是组成放大电路的核心元件。根据所选用三极管及不同形式的电路与要求输出能量的大小，应采用不同极性和大小的直流电源作为能源，因此放大电路中，必须要有直流电源，有放大器件，并使放大器件工作在能够进行能量控制的放大状态。

8.1.2　放大电路的性能指标

放大电路的主要任务是放大微弱的电信号,那么,不同形式的电路放大信号的能力是否相同? 放大电路能将微弱信号放大多少倍? 不同形式的电路对提供微弱信号的信号源会有什么不同的影响等,这都是我们非常关心的问题。为了反映放大电路的技术性能,用技术指标来描述。放大电路的技术指

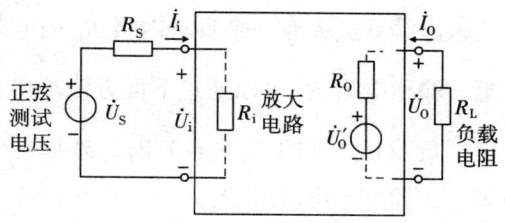

图 8 – 1　放大电路技术指标测试示意图

标是放大电路有关技术性能的定量描述。放大电路的技术指标可以进行测试,测试时通常在放大电路的输入端加上一个正弦测试电压,然后测量电路中的其他有关电量。

测试技术指标的示意图见图 8 – 1。下面扼要介绍放大电路的主要技术指标。

8.1.2.1　放大倍数

放大倍数是描述一个放大电路放大能力的指标,电压放大倍数定义为输出电压与输入电压的变化量之比。当输入一个正弦测试电压时,可用输出电压与输入电压的正弦相量之比来表示,即

$$\dot{A}_{u} = \frac{\dot{U}_{o}}{\dot{U}_{i}} \qquad (8.1)$$

与此类似,电流放大倍数定义为输出电流与输入电流的变化量之比,同样也可用两者的正弦相量之比来表示,即

$$\dot{A}_{i} = \frac{\dot{I}_{o}}{\dot{I}_{i}} \qquad (8.2)$$

必须注意,以上两个表达式只有在输出电压和输出电流基本上也是正弦波,即输出信号没有明显失真的情况下才有意义。这一点也适用于以下各项有关指标。

8.1.2.2　输入电阻

输入电阻是描述放大电路从信号源索取电流的大小或者衡量信号源负载大小的一项指标。从放大电路的输入端看进去的交流等效电阻称为放大电路的输入电阻 R_i,见图 8 –1。输入电阻的大小等于外加正弦输入电压与相应的输入电流之比,即

$$R_{i} = \frac{\dot{U}_{i}}{\dot{I}_{i}} \qquad (8.3)$$

通常希望放大电路的输入电阻越大越好,R_i 越大,说明放大电路从信号源索取的电流越小,信号源的负载越小,放大电路对信号源的影响越小。

8.1.2.3 输出电阻

输出电阻是描述放大电路带负载能力的一项技术指标。当信号电压加在放大电路的输入端时，如果改变接到输出端负载的大小，输出电压 U_o 也要随着改变。这种情况相当于从输出端看进去有一个具有内阻 R_o 的电源一样，如图 8 – 1 所示。把电阻 R_o 称为输出电阻。输出电阻 R_o 可以通过下面方法求得：将输入端信号短路（即 $\dot{U}_s = 0$，但保留 R_s），输出端负载开路（即 $R_L = \infty$）时，外加一个正弦输出电压 $\dot{U}_o$，得到相应的输出电流 $\dot{I}_o$，两者之比即是输出电阻 R_o。

即

$$R_o = \left.\frac{\dot{U}_o}{\dot{I}_o}\right|_{\substack{\dot{U}_s = 0 \\ R_L = \infty}} \tag{8.4}$$

实际工作中测试输出电阻时，通常在输入端加上一个固定的正弦交流电电压 $\dot{U}_i$，首先使负载开路，测得输出电压为 $\dot{U}'_o$，然后接上阻值为 R_L 的负载电阻，测得此时的输出电压为 $\dot{U}_o$，根据图 8 – 1 的输出回路可得到

$$R_o = \left(\frac{\dot{U}'_o}{\dot{U}_o} - 1\right) R_L \tag{8.5}$$

通常希望放大电路的输出电阻越小越好，R_o 越小，放大电路的输出作为信号源时，此信号源的内阻越小，说明放大电路的带负载能力越强。

8.1.2.4 最大输出幅度

表示在输出波形没有明显失真的情况下，放大电路能够提供给负载的最大输出电压（或最大输出电流）。一般指电压的有效值，以 U_{om} 表示。也可用峰 – 峰值表示，正弦信号的峰 – 峰值等于其有效值的 $2\sqrt{2}$ 倍。

8.1.2.5 通频带

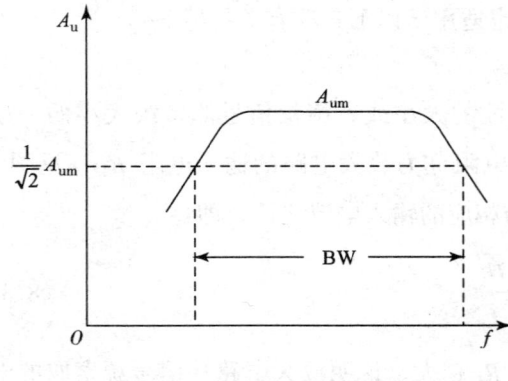

图 8 – 2 放大电路的通频带

由于放大器件本身存在极间电容，还有一些放大电路中接有电抗性元件。因此，放大电路的放大倍数将随着信号频率的变化而变化。一般情况下，当频率升高或降低时，放大倍数都将减小，而在中间某一段频率范围内，因各种电抗性元件的作用可以忽略，故放大倍数基本不变，如图 8 – 2 所示。通常将放大倍数在高频段和低频段分别下降至中频段放大倍数的 $1/\sqrt{2}$ 时所包括的频率范

围，定义为放大电路的通频带，用 BW 表示。显然，通频带愈宽，表明放大电路对输入信号频率的变化具有更好的适应能力。

以上介绍了放大电路的几个主要技术指标。此外，在不同的使用场合，还可能有其他一些指标，例如输出功率、效率、抗干扰能力及信号噪声比等。

8.2 放大电路分析

8.2.1 放大电路的静态分析

8.2.1.1 静态工作点的确定

静态时，在晶体管的输入特性和输出特性上所对应的工作点称为静态工作点，用 Q 表示。静态分析的目的就是要确定放大电路的静态工作点。静态工作点既与所选用的晶体管的特性曲线有关，也与放大电路的结构有关。下面以晶体管共射极接法的放大电路为例，如图 8-3 所示，说明如何确定静态工作点。

在输入特性上，只要由电路结构求得偏流 I_B，便可如图 8-4（a）所示确定静态工作点 Q，并求出 U_{BE}。

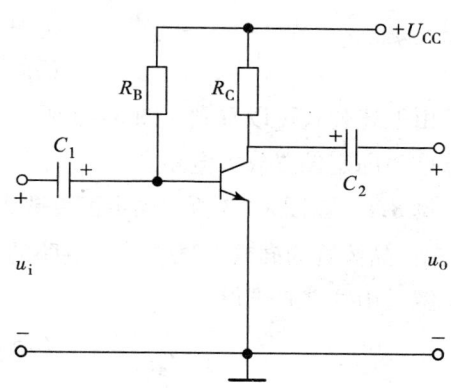

图 8-3 单管共射极放大电路

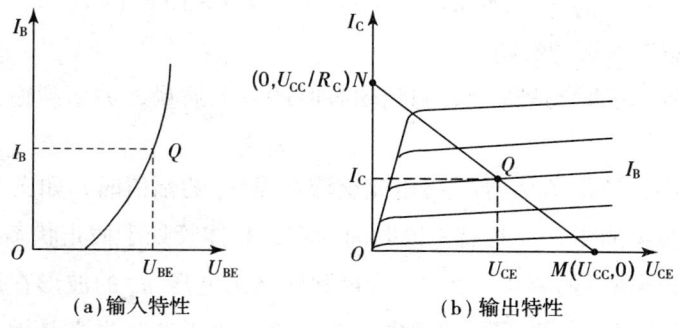

(a) 输入特性　　　　　(b) 输出特性

图 8-4 静态工作点

在输出特性上，由于 I_C 与 U_{CE} 之间既要满足晶体管的输出特性，对图 8-3 所示放大电路来说，又要满足方程 $U_{CE} = U_{CC} - R_C I_C$，由这一方程所确定的直线称为直流负载线。静态工作点应位于直流负载线与由已知 I_B 所确定的输出特性的交点上。由交点便可求得 I_C 和 U_{CE}。可见，求静态工作点也就是要确定 I_B、U_{BE}、I_C 和 U_{CE} 这四个静态值。

除上述图解法外，求静态工作点还可以采用计算法。由于晶体管输入特性的工作段

很陡峭，U_{BE} 变化不大，硅管约为 0.7V，锗管约为 0.3V。因此计算时，U_{BE} 取值为 0.7V（硅管）或 0.3V（锗管），剩下来就只要计算 I_B、I_C 和 U_{CE}。计算时，为便于分析，可以将原电路中只含有静态直流分量的这部分电路画出来。这种只研究放大电路中的直流分量时的电路，也就是直流电源单独作用时的电路称为放大电路的直流通路。画直流通路的原则是将信号源中的电动势短路，将所有电容开路。根据这一原则，作出图 8-3 所示放大电路的直流通路如图 8-5 所示。

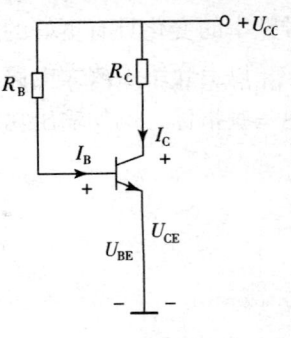

图 8-5　直流通路

由此直流通路便可求出

$$
\left.
\begin{aligned}
I_B &= \frac{U_{CC} - U_{BE}}{R_B} \\
I_C &= \beta I_B \\
U_{CE} &= U_{CC} - R_C I_C
\end{aligned}
\right\}
\tag{8.6}
$$

由上述公式可以看到，图 8-3 所示放大电路，在电路的参数一定时，偏流是固定的，因此称为固定偏置放大电路。

例 8.1　在图 8-3 所示固定偏置放大电路中，已知 $U_{CC} = 6V$，$R_B = 180k\Omega$，$R_C = 2k\Omega$，$\beta = 50$，晶体管为硅管。试求放大电路的静态工作点。

解：由式 8.6 求得

$$I_B = \frac{U_{CC} - U_{BE}}{R_B} = \frac{6 - 0.7}{180} = 0.0294 \;(mA)$$

$$I_C = \beta I_B = 50 \times 0.0294 = 1.47 \;(mA)$$

$$U_{CE} = U_{CC} - R_C I_C = (6 - 2 \times 1.47) = 3.06 \;(V)$$

8.2.1.2　静态工作点的影响

静态工作点选择是否合适将会影响到动态时的放大质量，关系到输出和输入信号的波形是否相同。

当偏流 I_B 太小，使得 I_B 小于基极电流交流分量 i_B 的幅值时，如图 8-6（a）所示，在输入信号 u_i 的负半周中，i_B 将有一段时间为零，晶体管处于截止状态。因而 i_C 和 u_{CE} 的波形也发生了如图所示的变化。经 C_2 后得到的输出电压 u_o 的波形在后半周发生了畸变，输出电压与输入电压波形不同的现象称为失真。由于这一失真是因为晶体管有一段时间进入截止状态引起的，故称为截止失真。

当偏流 I_B 太大，使得 $i_C \approx \frac{U_{CC}}{R_C}$，$u_{CE} \approx 0$ 时，如图 8-6（b）所示，在输入信号的正半周中，晶体管有一段时间处于饱和状态，使得 u_{CE} 也发生了相应的变化，输出电压 u_o 的波形在前半周发生了畸变。由于这一失真是因为晶体管进入饱和状态而引起的，故称为

饱和失真。

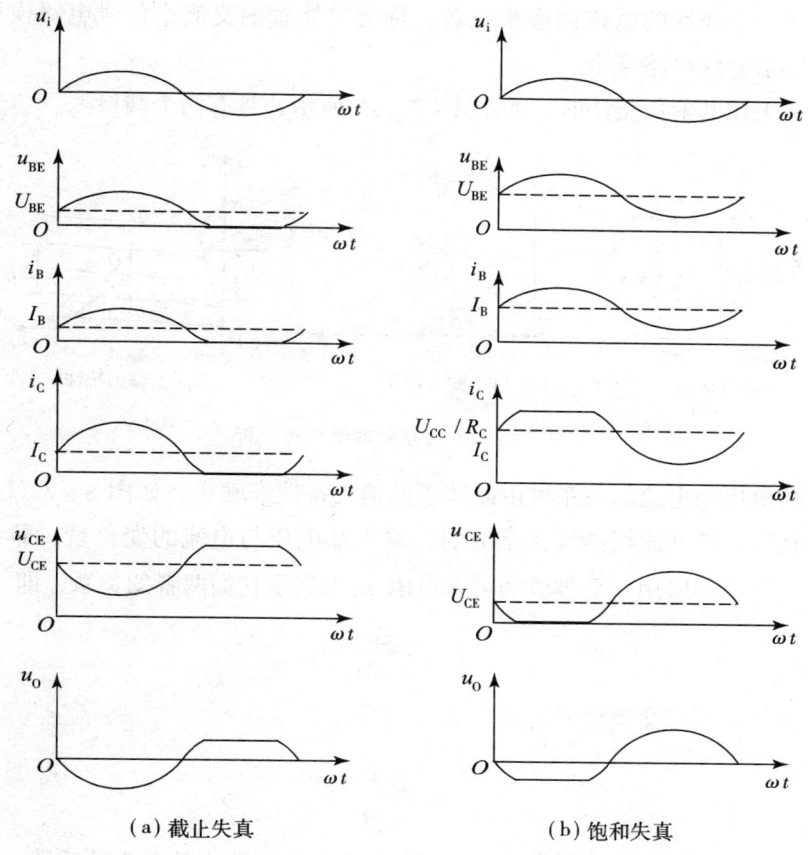

（a）截止失真　　　　　　　　　　（b）饱和失真

图 8-6　非线性失真

可见，I_B 太小，Q 点太低，会引起输出电压的负半周期出现截止失真；I_B 太大，Q 点太高，会引起输出电压的正半周期出现饱和失真。截止失真和饱和失真都是由特性的非线性引起的，统称为非线性失真。为了不引起非线性失真，静态工作点的选择应保证动态时在输入信号的整个周期内晶体管都处于放大状态。

8.2.2　放大电路的动态分析

由于晶体管是非线性元件，对放大电路进行动态分析的最直接的方法是图解法。显然，这种方法非常麻烦。如果能将晶体管用一个线性的电路模型来表示，则实际的放大电路便可用一个线性等效电路来代替，就可以用以前学过的线性电路的分析方法对放大电路进行动态分析了。

8.2.2.1　晶体管的交流小信号电路模型
由于晶体管的特性曲线在放大区部分近似为直线。因此，在小信号情况下，晶体管的电压和电流的交流分量之间的关系基本上是线性的。所以在作小信号动态分析时，可以将晶体管用一个线性的电路模型来代替，称为晶体管的交流小信号电路模型。下面就来分析这个小信号的电路模型。

晶体管在采用共射极接法时，如图 8-7（a）所示，具有两个端口。

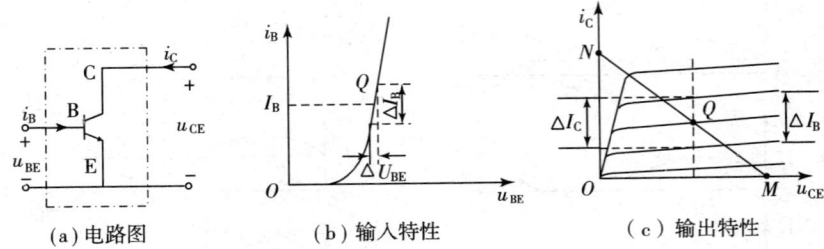

| （a）电路图 | （b）输入特性 | （c）输出特性 |

图 8-7　小信号电路模型的分析

输入端的电压与电流的关系可由晶体管的输入特性来确定。如图 8-7（b）所示。当晶体管工作在输入特性曲线的线性部分时，输入端电压与电流的变化量，即 ΔU_{BE} 与 ΔI_B 成正比关系，因而可以用一个等效的动态电阻 r_{be} 来表示它们两者的关系，即

$$r_{be} = \frac{\Delta U_{BE}}{\Delta I_B} \tag{8.7}$$

在输入信号为正弦交流信号时可写成

$$r_{be} = \frac{\dot{U}_{be}}{\dot{I}_b} \tag{8.8}$$

称为晶体管输入电阻。在手册中 r_{be} 常用 h_{ie} 表示，一般为数百至数千欧。除利用输入特性和公式（8.7）求 r_{be} 外，低频小功率晶体管的输入电阻还可以用下面的公式估算

$$r_{be} = 200\Omega + \beta \frac{26}{I_C}\Omega \tag{8.9}$$

其中 I_C 的单位为 mA，由此求得从输入端看进去的电路模型如图 8-8（a）左边所示。

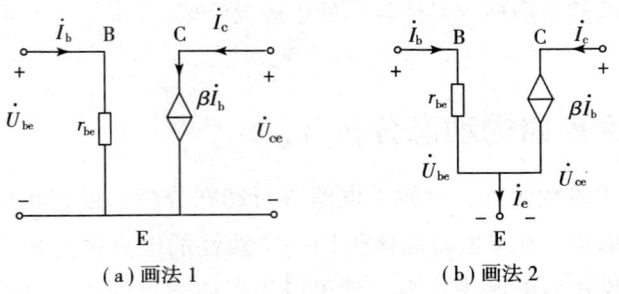

| （a）画法 1 | （b）画法 2 |

图 8-8　晶体管小信号电路模型

输出端的电压与电流的关系可由晶体管的输出特性来确定，如图 8-7（c）所示，由于晶体管工作在放大区时，$\Delta I_C = \beta \Delta I_B$，$\Delta I_C$ 只受 ΔI_B 控制，与 ΔU_{CE} 几乎无关，因此，从

晶体管的输出端看进去，可用一个等效的电流源来表示，不过这个电流源的电流 ΔI_C 不是一个固定值，而是受 ΔI_B 控制的，故称为电流控制电流源，简称受控电流源。在输入信号为正弦交流信号时，可表示为

$$\dot{I}_c = \beta \dot{I}_b \tag{8.10}$$

由此求得从输出端看进去的电路模型如图 8-8（a）右边所示。最后得到晶体管的交流小信号电路模型如图 8-8（a）或（b）所示。

8.2.2.2 放大电路的交流通路

晶体管的交流小信号电路模型只适用于交流小信号，只能用来分析放大电路中的交流分量。只研究放大电路中的交流分量时的电路，也就是信号源单独作用时的电路称为放大电路的交流通路。也就是说，在对放大电路进行静态分析时要画出它的直流通路，而在进行动态分析时，则要画出它的交流通路。画交流通路的原则是将放大电路中的直流电源的电动势和所有电容短路。例如根据这一原则作出图 8-3 所示放大电路的交流通路如图 8-9 所示。

8.2.2.3 放大电路中的微变等效电路

将交流通路中的晶体管用交流小信号电路模型代替，便得到在小信号（即微变信号）情况下对放大电路进行动态分析的等效电路，称为放大电路的微变等效电路。例如，将图 8-8（a）代替图 8-9 所示交流通路中的晶体管，便可得到固定偏置放大电路的微变等效电路，如图 8-10 所示。图中将输入接上了信号源，输出端接上了负载。利用微变等效电路便可根据公式求出放大电路的主要性能指标。例如求得固定偏置放大电路的主要性能指标如下：

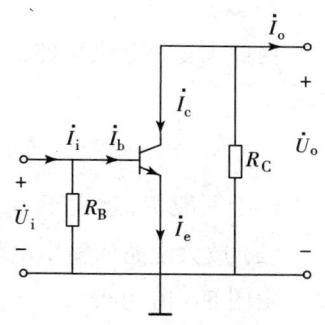

图 8-9 交流通路

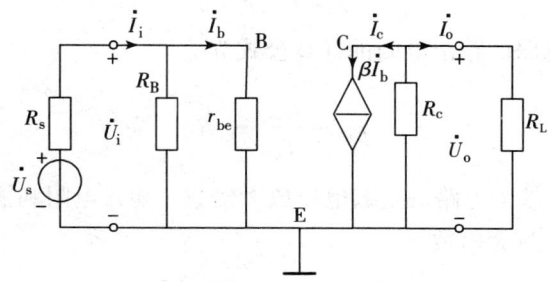

图 8-10 微变等效电路

（1）电压放大倍数

由图 8-10 可得

$$\dot{U}_i = r_{be} \dot{I}_b$$

$$\dot{U}_o = - R'_L \times \dot{I}_c = - R'_L \times \beta \dot{I}_b$$

式中取负号是因为 $\dot{U}_o$ 与 $\dot{I}_c$ 的参考方向不一致。R'_L 是 R_C 与 R_L 的并联等效电阻，称为总负载电阻或等效负载电阻。空载时

$$R'_L = R_C \tag{8.11}$$

输出端接有负载电阻 R_L 时

$$R'_L = \frac{R_C R_L}{R_C + R_L} \tag{8.12}$$

由此求得该放大电路的电压放大倍数的计算公式为

$$\dot{A}_u = \frac{\dot{U}_o}{U_i} = -\beta \frac{R'_L}{r_{be}} \tag{8.13}$$

式中负号说明 $\dot{U}_o$ 与 $\dot{U}_i$ 相位相反。

(2) 放大电路的输入电阻

由图 8 – 10 可得

$$\dot{U}_i = (R_B // r_{be}) \dot{I}_i$$

由此求得该放大电路的输入电阻的计算公式为

$$r_i = \frac{\dot{U}_i}{\dot{I}_i} = R_B // r_{be} \tag{8.14}$$

由于一般 R_B 远大于 r_{be}，所以 $r_i \approx r_{be}$。

(3) 放大电路的输出电阻

由图 8 – 10 可得

$$\dot{U}_{OC} = -\beta R_c \dot{I}_b$$

$$\dot{I}_{SC} = -\beta \dot{I}_b$$

由此求得该放大电路的输出电阻的计算公式为

$$r_o = \frac{\dot{U}_{OC}}{\dot{I}_{SC}} = R_C \tag{8.15}$$

例 8.2　求例 8.1 放大电路的空载电压放大倍数、输入电阻和输出电阻。

解：(1) 空载电压放大倍数

$$r_{be} = 200 + \beta \frac{26}{I_C} = (200 + 50 \times \frac{26}{1.47})\Omega = 1084\Omega$$

$$A_o = -\beta \frac{R_C}{r_{be}} = -50 \times \frac{2}{1.084} = -92.25$$

(2) 输入电阻

$$r_i = \frac{R_B r_{be}}{R_B + r_{be}} = \frac{180 \times 1.084}{180 + 1.084} k\Omega = 1.078 K\Omega$$

（3）输出电阻

$$r_o = R_C = 2k\Omega$$

8.3 晶体管单管放大电路

本节介绍双极型晶体管的三种基本组态的放大电路，即共发射极、共集电极和共基极放大电路。

8.3.1 共射放大电路

8.3.1.1 电路组成

共发射极放大电路简称共射放大电路。前面介绍的固定偏置放大电路是共射放大电路的一种。这种电路虽然简单，但因偏流 I_B 是固定的，当外部条件发生变化，例如温度变化时，β 和 I_{CEO} 随之变化，致使 I_C 和 U_{CE} 发生变化，引起静态工作点的不稳定。因而限制了这种电路的应用，在要求静态工作点比较稳定的场合，常采用如图 8 – 11 所示的分压偏置共射放大电路。与固定偏置放大电路的不同之处是：

（1）增加了一个偏置电阻 R_{B2}，使得 U_{CC} 通过 R_{B1} 和 R_{B2} 的分压固定静态基极的对地电压 U_B。

因为从图 8 – 12 可以看出：只要满足 $I_2 >> I_B$，则静态时 $I_1 \approx I_2$，便可将 U_B 基本固定为

$$U_B = \frac{R_{B2}}{R_{B1} + R_{B2}} U_{CC}$$

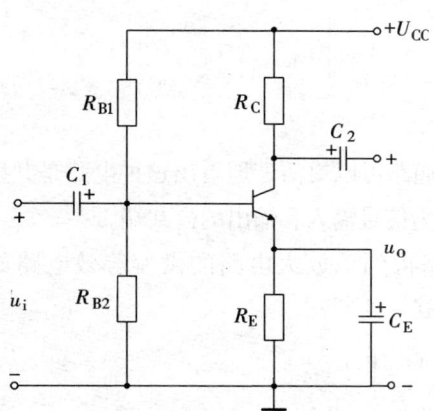

图 8 – 11　共射放大电路

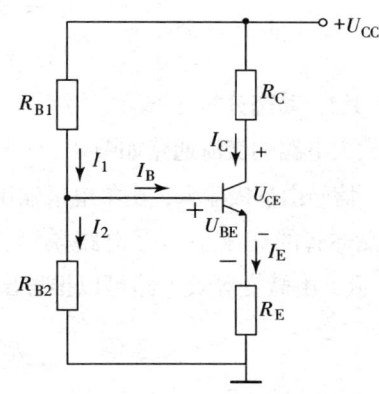

图 8 – 12　共射放大电路的直流通路

为此，一般取

$$I_2 = (5 \sim 10) I_B \tag{8.16}$$

（2）增加了发射极电阻 R_E，使得 I_C 基本固定，从而基本稳定了静态工作点。

因为只要满足 $U_B >> U_{BE}$，则静态时，$U_E = U_B - U_{BE} \approx U_B$，便可将 I_C 基本固定为

$$I_C = \frac{\beta}{1 + \beta} I_E \approx \frac{U_B}{R_E}$$

因此，一般取

$$U_B = (5 - 10) U_{BE} \tag{8.17}$$

这种电路在温度变化时，β 和 I_{CEO} 虽然同样会发生变化，但当 I_C 增加时，I_E 增加，使得 $U_{BE} = U_B - R_E I_E$ 下降，I_B 自动减小，I_C 保持基本不变，从而使静态工作点基本稳定，其稳定静态工作点的过程如下：

$$温度 \uparrow \rightarrow I_C \uparrow \rightarrow I_E \uparrow \rightarrow R_E I_E \uparrow \rightarrow U_{BE} \downarrow \rightarrow I_B \downarrow \rightarrow I_C \downarrow$$

（3）R_E 两端并联了一个发射极旁路电容 C_E，以免放大电路的电压放大倍数下降。

因为没有 C_E，则 $u_{be} = u_i - R_E i_e$，与图 8－3 所示放大电路相比，在 u_i 相同时，u_{be} 减小，使得 i_b 和 i_c 减小，u_{ce} 减小，u_o 减少，$|A_u|$ 下降。有 C_E 时，发射极电流的交流分量 i_e 被 C_E 短路（旁路），$u_{be} = u_i$，$|A_u|$ 不会降低。

8.3.1.2　静态分析

这种共射放大电路的直流通路如图 8－12 所示，由直流通路求得以下计算公式

$$\left.\begin{array}{l} U_B = \dfrac{R_{B2}}{R_{B1} + R_{B2}} U_{CC} \\[3mm] I_E = \dfrac{U_B - U_{BE}}{R_E} \\[3mm] I_B = \dfrac{I_E}{1 + \beta} \\[3mm] I_C = \beta I_B \\[2mm] U_{CE} = U_{CC} - R_C I_C - R_E I_E \end{array}\right\} \tag{8.18}$$

8.3.1.3　动态分析

该放大电路的交流通路如图 8－13 所示。由交流通路可以更清楚地看出这种电路是共射放大电路。信号由基极输入，由集电极输出，发射极作为信号输入和输出的公共端。

将晶体管的交流小信号电路模型代入交流通路得到该放大电路的微变等效电路如图 8－14所示。由微变等效电路可以推导出如下计算公式

$$\left.\begin{array}{l} R'_L = \dfrac{R_C R_L}{R_C + R_L} \\[3mm] \dot{A}_u = -\beta \dfrac{R'_L}{r_{be}} \\[3mm] r_i = R_{B1} // R_{B2} // r_{be} \\[2mm] r_o = R_C \end{array}\right\} \tag{8.19}$$

共射放大电路信号是由基极输入，由集电极输出，对电压、电流和功率都有放大作用。是放大电路中最基本最常用的电路。输出电压与输入电压的相位相反。

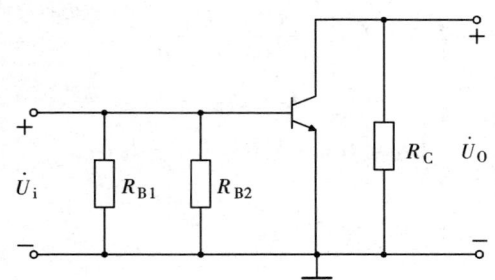

图 8-13　共射放大电路的交流通路

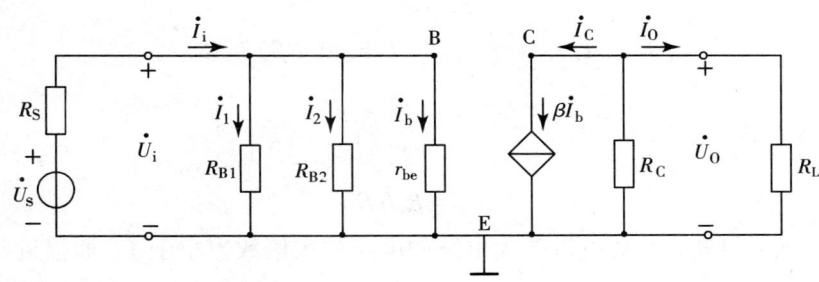

图 8-14　共射放大电路的微变等效电路

8.3.2　共集放大电路

8.3.2.1　电路组成

图 8-15 (a) 是一个共集电极组态的单管放大电路，由图 8-15 (b) 的等效电路可以看出，输入信号与输出信号的公共端是三极管的集电极。又由于输出信号从三极管的发射极引出，因此这种电路也称为射极输出器。下面对共集电极放大电路进行静态和动态分析。

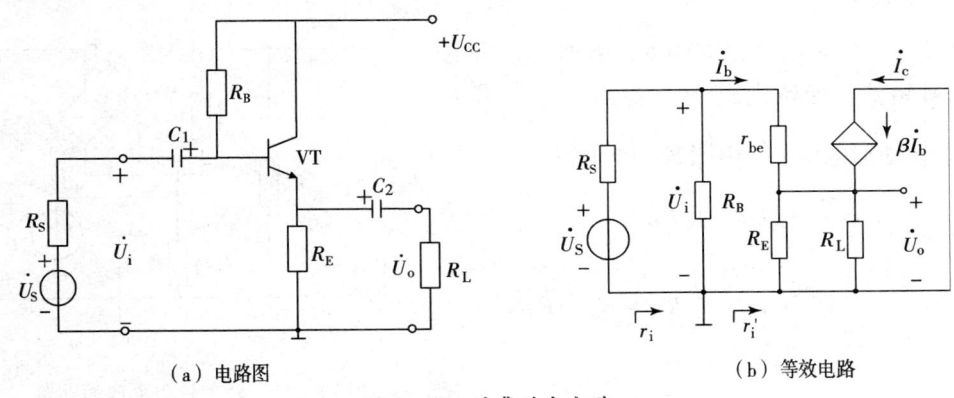

（a）电路图　　　　　　　　　　　　　（b）等效电路

图 8-15　共集放大电路

8.3.2.2 静态分析

根据图 8 – 15（a）电路的基极回路可求得静态基极电流为

$$I_B = \frac{U_{CC} - U_{BE}}{R_B + (1 + \beta) R_E}$$

则

$$I_C \approx \beta I_B$$

$$U_{CE} = U_{CC} - I_B R \approx U_{CC} - I_C R_E$$

8.3.2.3 动态分析

（1）电压放大倍数

由图 8 – 15（b）可得

$$\dot{U}_o = \dot{I}_e R'_L = (1 + \beta) \dot{I}_b R'_L$$

$$\dot{U}_i = \dot{I}_b r_{be} + \dot{I}_e R'_L = \dot{I}_b r_{be}(1 + \beta) \dot{I}_b R'_L$$

故

$$\dot{A}_u = \frac{\dot{U}_o}{\dot{U}_i} = \frac{(1 + \beta) R'_L}{r_{be} + (1 + \beta) R'_L} \tag{8.20}$$

其中

$$R'_L = R_e // R_L$$

由式（8.20）可知，共集电极放大电路的电压放大倍数恒小于 1，而接近于 1，且输出电压与输入电压同相，因为从三极管的发射极输出，所以又称为射极输出器（跟随器）。

（2）输入电阻

由图 8 – 15（b）可得

$$R_i = R_B // r'_i$$

$$r'_i = \frac{\dot{U}_i}{\dot{I}_b} = r_{be} + (1 + \beta) R'_L$$

故

$$R_i = R_B // [r_{be} + (1 + \beta) R'_L]$$

由此可见，射极输出器的输入电阻比共射极放大电路的输入电阻大得多。

（3）输出电阻

计算输出电阻的电路如图 8 – 16 所示，将电压源信号短路，保留内阻 R_s，然后在输出端去掉 R_L，并外加电压 $\dot{U}$，由图 8 – 16 可得

$$i = \dot{I}_b + \beta \dot{I}_{be} + \dot{I}_{RE}$$

$$= \frac{\dot{U}}{R'_s + r_{be}} + \beta \frac{\dot{U}}{R'_s + r_{be}} + \frac{\dot{U}}{R_E}$$

$$R'_s = R_s // R_B$$

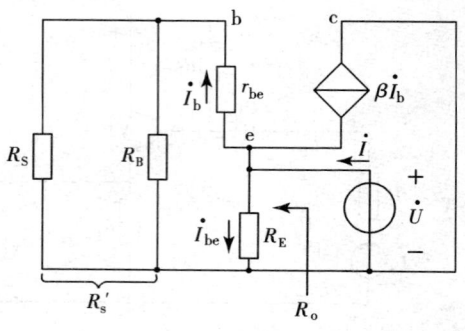

图 8 – 16　计算输出电阻的电路

其中

$$R_o = \frac{\dot{U}}{\dot{I}} = \frac{1}{\dfrac{1}{R'_s + r_{be}} + \dfrac{\beta}{R'_s + r_{be}} + \dfrac{1}{R_E}}$$

$$= R_E // \frac{R'_s + r_{be}}{1 + \beta}$$

又因为

$$R_e >> \frac{R'_s + r_{be}}{1 + \beta}$$

所以

$$R_o \approx \frac{R'_s + r_{be}}{1 + \beta}$$

由此可见，射极输出器的输出电阻比共射极放大电路的输出电阻小得多，因此射极输出器的带负载能力较强。

例 8.3　在图 8 – 15 所示的共集放大电路中，设 $U_{cc} = 10V$，$R_E = 5.6kΩ$，$R_B = 240kΩ$，三极管的 $\beta = 40$，信号源内阻 $R_s = 10kΩ$，负载电阻 R_L 开路。试估算静态工作点，并计算其电压放大倍数、输入和输出电阻。

解：首先估算 Q 点

$$I_B = \frac{U_{CC} - U_{BE}}{R_B + (1 + \beta) R_E} = \frac{10 - 0.7}{240 + 41 \times 5.6} \approx 0.02 \text{ （mA）}$$

$$I_C \approx \beta I_B = 40 \times 0.02 = 0.8 \text{ （mA）}$$

$$U_{CE} = U_{CC} - I_E R_c \approx U_{CC} - I_C R_E = 10 - 0.8 \times 5.6 = 5.52 \text{ （V）}$$

然后计算 $\dot{A}_u$、R_i 和 R_o

$$\dot{A}_u = \frac{\dot{U}_o}{\dot{U}_i} = \frac{(1 + \beta) R'_L}{r_{be} + (1 + \beta) R'_L} = \frac{41 \times 5.6}{1.6 + 41 \times 5.6} = 0.993$$

式中

$$R'_L = 5.6kΩ$$

$$r_{be} = 300 + (1 + \beta) \frac{26}{I_E} = 300 + \frac{41 \times 26}{0.8} \approx 1.6 \text{ （kΩ）}$$

$$R_i = R_B // [r_{be} (1 + \beta) R'_L] = \frac{240 \times (1.6 + 41 \times 5.6)}{240 + (1.6 + 41 \times 5.6)} = 118 \text{ （kΩ）}$$

$$R_o \approx \frac{R'_s + r_{be}}{1 + \beta} = \frac{9.6 + 1.6}{41} = 273 \text{ （Ω）}$$

式中

$$R'_s = R_B // R_s = \frac{10 \times 240}{10 + 240} = 9.6 \text{ （kΩ）}$$

8.3.3　共基放大电路

8.3.3.1　电路组成

图 8 – 17 （a）是共基极放大电路，基极偏置电流 I_B 由 U_{CC} 通过基极偏置电阻提供，

C_b 为旁路电容，对交流信号视为短路，因而基极交流接地，输入信号加到三极管的发射极和基极之间。图 8 – 17（b）是图 8 – 17（a）电路的交流通路，从此可以看出，三极管的基极是输入回路与输出回路的公共端，因此称为共基极放大电路。

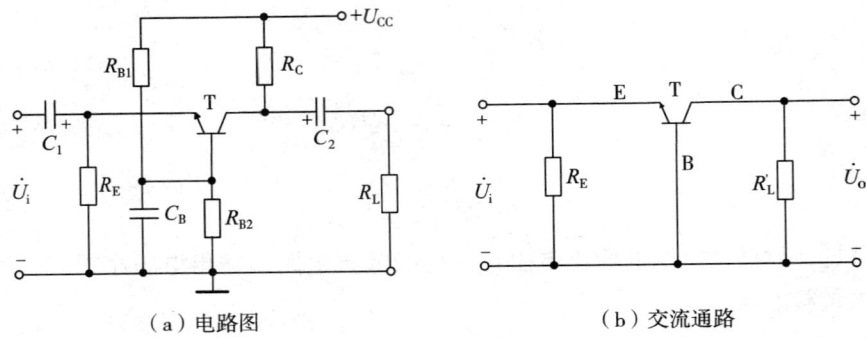

（a）电路图　　　　　　　　　　　（b）交流通路

图 8 – 17　共基极放大电路

8.3.3.2　静态分析

图 8 – 17 电路的直流通路如图 8 – 18 所示，则静态工作点

$$U_B = \frac{R_{B2}}{R_{B1} + R_{B2}} U_{CC}$$

$$I_C \approx I_E = \frac{U_E - U_{BE}}{R_E} \approx \frac{U_B}{R_E}$$

$$U_{CE} = U_{CC} - I_C R_C - I_C R_E$$

$$I_B = \frac{I_C}{\beta}$$

8.3.3.3　动态分析

（1）电压放大倍数

图 8 – 17（a）电路的微变等效电路如图 8 – 19 所示，由图 8 – 19 可得

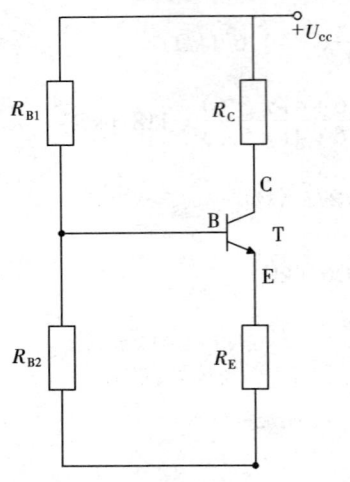

图 8 – 18　电路的直流通路图

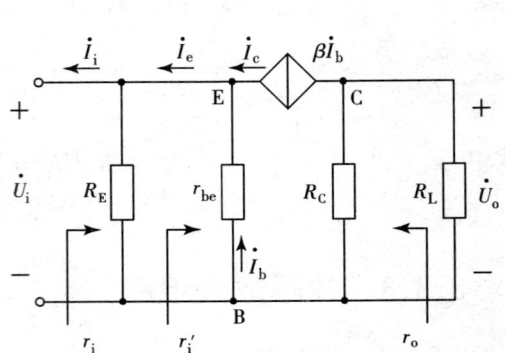

图 8 – 19　微变等效电路

$$\dot{U}_i = - \dot{I}_b r_{be}$$

$$\dot{U}_o = - \dot{I}_c R'_L$$

$$\dot{A}_u = \frac{\dot{U}_o}{\dot{U}_i} = \frac{- \dot{I}_c R'_L}{- \dot{I}_b r_{be}} = \frac{\beta R'_L}{r_{be}} \tag{8.21}$$

其中

$$R'_L = R_c // R_L$$

由式（8.21）可知，共基极放大电路的电压放大倍数与共射极放大电路相同，但共基极放大电路的输入与输出信号相位始终相同。

（2）输入电阻

由图 8 - 19 可得

$$r'_i = \frac{\dot{U}_i}{- \dot{I}_e} = \frac{- \dot{I}_b r_{be}}{- (1 + \beta) \dot{I}_b} = \frac{r_{be}}{1 + \beta}$$

$$R_i = R_E // r'_i \approx \frac{r_{be}}{1 + \beta} \tag{8.22}$$

由式（8.22）可见，共基极放大电路的输入电阻比共射极电路的输入电阻小，约为共射极电路输入电阻的 $1/(1 + \beta)$。

（3）输出电阻

$$R_o = r_{ee} // R_C \approx R_C$$

例 8.4　在图 8 - 17 所示的共基极放大电路中，已知 $R_C = 5.1 \text{k}\Omega$，$R_E = 2 \text{k}\Omega$，$R_{B1} = 10 \text{k}\Omega$，$R_{B2} = 3 \text{k}\Omega$，负载电阻 $R_L = 5.1 \text{k}\Omega$，$U_{CC} = 12 \text{V}$，三极管的 $\beta = 50$。试估算静态工作点及电压放大倍数、输入电阻和输出电阻。

解：估算静态值

$$U_B = \frac{R_{B2}}{R_{B1} + R_{B2}} U_{CC} = \frac{3}{3 + 10} \approx 2.78 \text{ （V）}$$

$$I_C \approx I_E = \frac{U_B - U_{BE}}{R_E} = \frac{2.78 - 0.7}{2} = 1.04 \text{ （mA）}$$

$$U_{CE} = U_{CC} - I_C R_E \approx 12 - 1.04 \times (5.1 + 2) = 4.7 \text{ （V）}$$

$$I_B = \frac{I_C}{\beta} \approx \frac{1.04}{50} = 20 \text{ （}\mu\text{A）}$$

估算电压放大倍数、输入和输出电阻

$$\dot{A}_u = \frac{\dot{U}_o}{\dot{U}_i} = \frac{\beta R'_L}{r_{be}} = \frac{50 \times 2.55}{1.6} = 79.9$$

其中

$$r_{be} = 300 + (\beta + 1) \frac{26}{I_{eQ}} = 300 + \frac{51 \times 26}{1.04} \approx 1.6 \text{ （k}\Omega\text{）}$$

$$R'_L = R_E // R_L = 5.1/2 = 2.55 \text{ （k}\Omega\text{）}$$

$$R_i = R_E // \frac{r_{be}}{1 + \beta} = \frac{\dfrac{1.6}{1 + 50} \times 2}{\dfrac{1.6}{1 + 5} + 2} = 0.03 \ (k\Omega)$$

$$R_o \approx R_C = 5.1 \ (k\Omega)$$

8.3.3.4 三种基本组态的比较

根据前面的分析，现将共射极、共集电极和共基极 3 种基本组态放大电路的性能特点进行比较，归纳见表 8-1。

表 8-1　三种基本组态放大电路的性能特点比较

电路名称		共发射极电路 （反相电压放大器）	共集电极电路 （电压跟随器）	共基极电路 （电流跟随器）
静态工作点		$U_B = U_{CC} \dfrac{R_{B2}}{R_{B1} + R_{B2}}$ $I_C \approx I_E = \dfrac{U_B - U_{BE}}{R_E}$ $I_B = \dfrac{I_C}{\beta}$ $U_{CE} \approx U_{CC} - I_C (R_C + R_E)$	$I_B = \dfrac{U_{CC} - U_{BE}}{R_B + (1 + \beta) R_E}$ $I_C = \beta I_B$ $U_{CE} \approx U_{CC} - I_C R_E$	$U_B = U_{CC} \dfrac{R_{B2}}{R_{B1} + R_{B2}}$ $I_C \approx I_E = \dfrac{U_B - U_{BE}}{R_E}$ $I_B = \dfrac{I_C}{\beta}$ $U_{CE} \approx U_{CC} - I_C (R_C + R_E)$
主要性能	电压放大倍数 $\dot{A}_u$	$\dot{A}_u = -\beta \dfrac{R'_L}{r_{be}}$ $(R'_L = R_C // R_L)$	$\dot{A}_u = \dfrac{(1 + \beta) R'_L}{r_{be} + (1 + \beta) R'_L}$ $(R'_L = R_C // R_L)$	$\dot{A}_u = \dfrac{\beta R'_L}{r_{be}}$ $(R'_L = R_C // R_L)$
	输入电阻 R_i	$R_i = R_{B1} // R_{B2} // r_{be}$	$R_i = R_B // [r_{be} + (1 + \beta) R'_L]$	$R_i = R_E // \dfrac{r_{be}}{1 + \beta}$
	输出电阻 R_o	$R_o \approx R_C$	$R_o = R_E // \dfrac{r_{be} + R'_s}{1 + \beta}$ $(R'_s = R_s // R_B)$	$R_o \approx R_C$
主要特点		1. A_u 大 2. u_o 与 u_i 反相 3. R_i 较大 4. R_o 主要由 R_E 决定，较大	1. A_u 小于1，而接近于1 2. u_o 与 u_i 同相 3. R_i 大 4. R_o 小	1. A_u 大 2. $I_C \approx I_E$ 3. u_o 与 u_i 同相 4. R_i 小，R_o 较大
用途		多级放大电路的中间级	输入级、输出级、缓冲级	高频、宽频带放大电路

复习思考题八

8.1　分别判断图示各电路中晶体管是否有可能工作在放大状态。

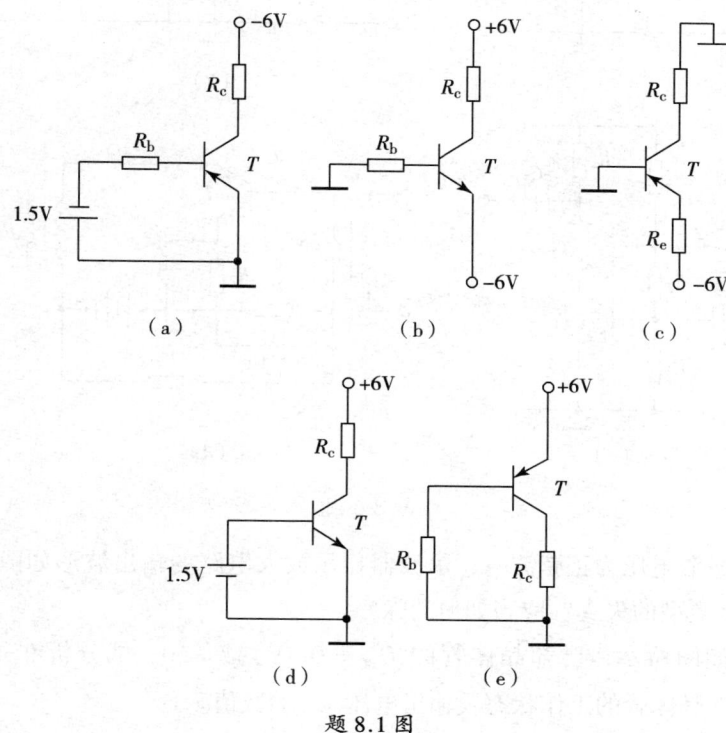

题 8.1 图

8.2　试分析下图所示各电路是否能够放大正弦交流信号，简述理由。设图中所有电容对交流信号均可视为短路。

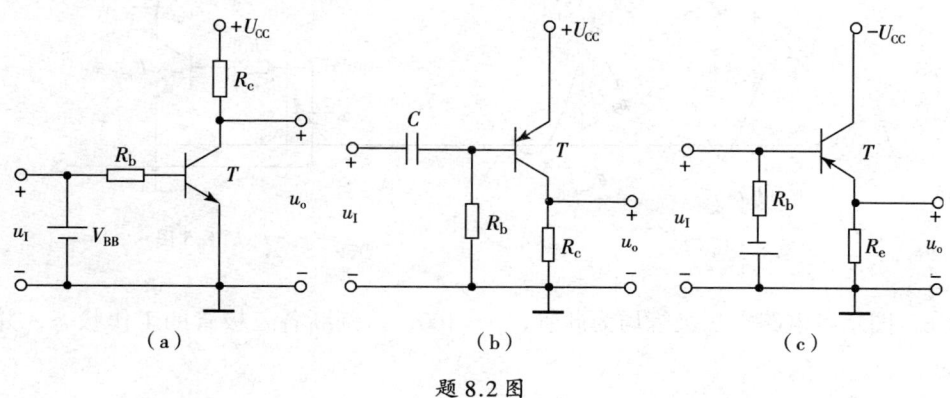

题 8.2 图

8.3　画出图中所示各电路的直流通路和交流通路。设所有电容对交流信号均可视为短路。

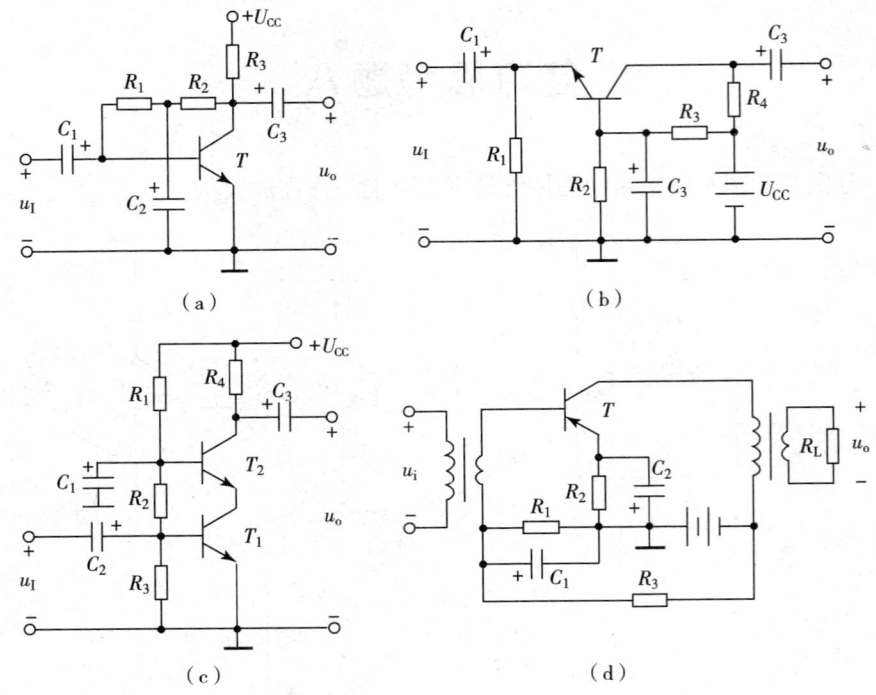

题 8.3 图

8.4 在信号源电压为正弦波时，示波器显示放大电路的输出波形如图所示，试说明电路出现了什么类型的失真？应当如何消除？

8.5 电路如图所示，已知晶体管的 $U_{BE} = 0.7V$、$\beta = 50$。试分析在 U_i 为 0V、1V、1.5V 三种情况下晶体管的工作状态及输出电压 U_o 的数值。

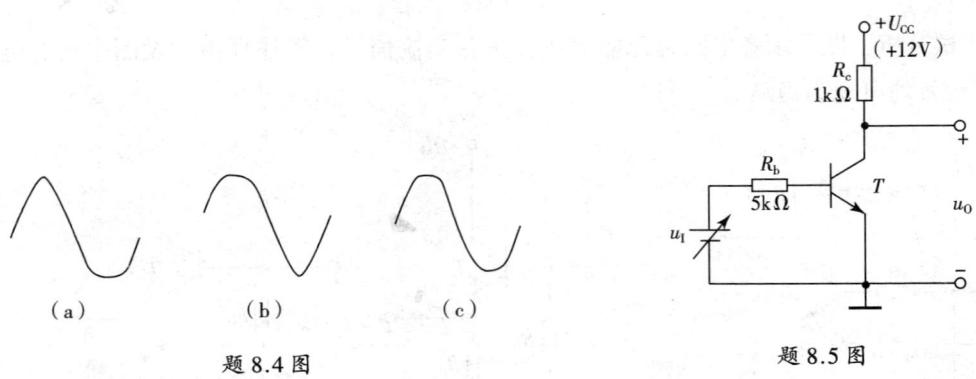

题 8.4 图

题 8.5 图

8.6 图示各电路，三极管均为硅管，$\beta = 100$，试判断各三极管的工作状态，并求解各管的 I_B、I_C、I_{CE}。

8.7 放大电路及三极管的输出特性曲线如图，设 $U_{BEQ} = 0$，在 R_B 分别为 300kΩ、150kΩ 时，试用图解法求解电路的 I_C、U_{CE}。

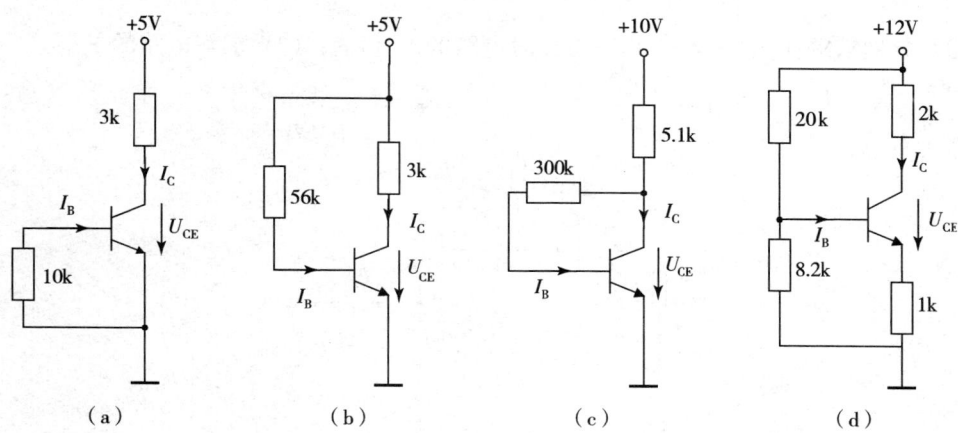

题 8.6 图

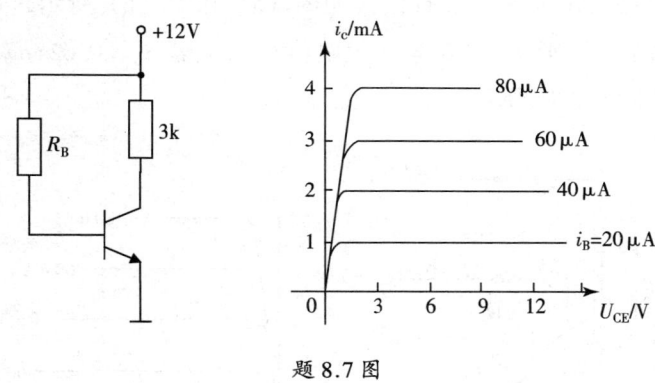

题 8.7 图

8.8 放大电路如图（a）所示，图（b）是晶体管的输出特性，已知静态时 $U_{BEQ} = 0.7V$，利用图解法分别求出 $R_L = \infty$ 和 $R_L = 3k\Omega$ 时的静态工作点和最大不失真输出电压 U_{om}（有效值）。

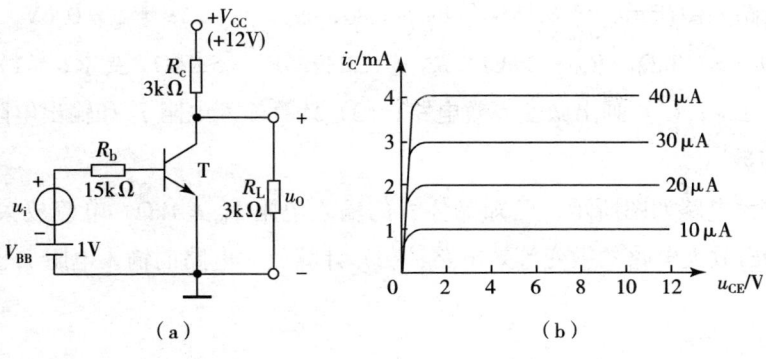

题 8.8 图

8.9 单级放大电路如图所示，已知晶体管的 $\beta = 80$，$r_{be} = 1k\Omega$。（1）求解电路的 Q 点；（2）分别求解在 $R_L = \infty$ 和 $R_L = 3k\Omega$ 时电路的 $\dot{A}_u$ 和 r_i；（3）求解电路的 r_o。

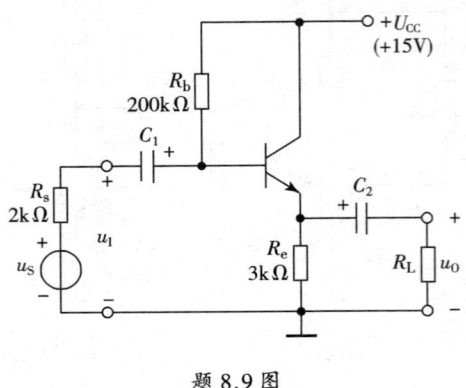

题 8.9 图

8.10 放大电路及晶体管输出特性曲线如图（a）和图（b）所示，U_{BE} 忽略不计，要求：（1）欲使 $I_C = 2mA$，则 R_B 应调至多大阻值？（2）若 $i_b = 0.02\sin\omega t\,mA$，试画出 i_C，U_{CE} 和 u_o 随时间 t 变化的波形图。

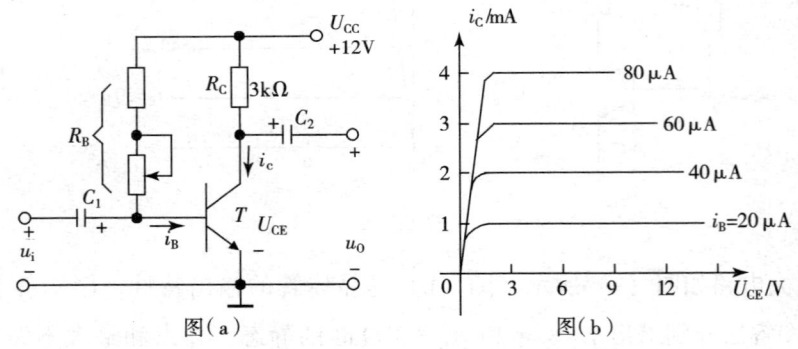

题 8.10 图

8.11 电路如图所示，已知晶体管的 $\beta = 80$，$r_{be} = 1.3k\Omega$，$U_{BE} = 0.6V$，$R_{B1} = 150k\Omega$，$R_{B2} = 47k\Omega$，$R_C = 3.3k\Omega$，$R_{E1} = 200\Omega$，$R_{E2} = 1.3k\Omega$，$R_L = 5.1k\Omega$，要求：（1）计算静态工作点 I_B，I_C，U_{CE}；（2）画出微变等效电路；（3）计算输入电阻 r_i 和输出电阻 r_o；（4）计算电压放大倍数 A_u。

8.12 放大电路如图所示，已知晶体管的输入电阻 $r_{be} = 1k\Omega$，电流放大系数 $\beta = 50$，要求：（1）画出放大电路的微变等效电路；（2）计算放大电路的输入电阻 r_i 及电压放大倍数 A_u。

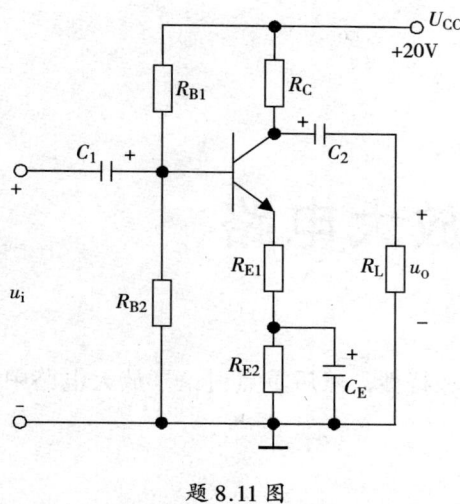

题 8.11 图

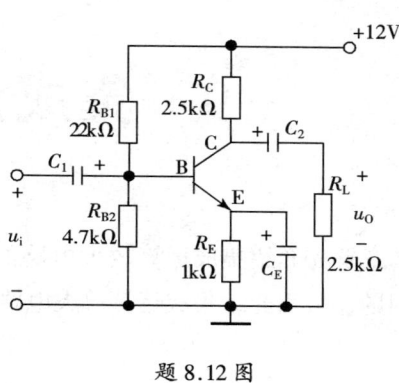

题 8.12 图

9 集成运算放大电路

本章首先介绍集成运算放大电路的基本组成和特性，然后重点讨论了放大电路中的反馈问题，最后介绍集成运算放大电路的应用。

9.1 集成运算放大电路概述

9.1.1 集成运算放大电路

由晶体管、电阻、电容等单个元件组成的电路称为分立元件电路。把分立元件电路集成在硅片上组成一个整体，就是集成电路，简称 IC。集成电路是 20 世纪 60 年代发展起来的一种新型电子器件，按照集成度不同，可以分为小规模集成电路（SSI）、中规模集成电路（MSI）、大规模集成电路（LSI）和超大规模集成电路（VLSI）；按照功能不同，可分为模拟集成电路和数字集成电路两大类。集成运算放大器是模拟集成电路的一种。由于它最初作运算、放大使用，所以取名为运算放大器。现在，集成运算放大器的应用已远远超出模拟运算的范围而作为一种高增益器件广泛用于各种电子设备中。模拟集成电路的种类很多，有集成运算放大器（简称运放）、集成功率放大器、集成乘法器、集成锁相环、集成稳压器等。其中，集成运算放大器应用最为广泛。本章将要介绍的是其中的集成运算放大电路及其在信号运算、处理方面的应用。

运算放大器实质上是一种高增益的直流放大器，最早在 20 世纪 40 年代就诞生了，主要用于模拟计算机中进行线性和非线性的各种计算，故称为运算放大器。那时电子管是运算放大器的核心器件，到了 20 世纪 50 年代，晶体管运算放大器制成，不仅缩小了体积，而且降低了功耗和电源电压，形成了比较理想的部件，其功能也远远超过了模拟运算的范围，被广泛地应用于各种电子技术领域中。但这种电路由彼此分开的晶体管、电容、电阻、电感组成，我们称为分离电路。在电路上有许多焊接点，这些焊接点，只要有一点虚焊，就可能影响整个电路的性能。随着电路复杂性的增加，元器件越来越多，电路的可靠性成为突出矛盾。1964 年，制成了世界上第一块单片集成运算放大器（简称集成运放）。它把电路中所有的集成管和电阻以及元件之间的连线一并制作在一小块硅片上，使之有一堆部件变成了一个小器件，人们可以直接把它作为一种通用性器件灵活使用。与电子管和晶体管运算放大器相比，它具有体积小、重量轻、功耗低、性能好、可靠性高及成本低等优点。此外，集成工艺非常适合制造特性一致的元件，使其差分放大电路中成对的晶体管匹配良好，从而大大提高了运算放大器的性能。

集成运算放大器的一些特点与其制造工艺是紧密相关的，主要有以下几点：

（1）在集成电路工艺中还难于制造电感元件；制造容量大于 $200\mu F$ 的电容也比较困难，而且性能很不稳定，所以集成电路中要尽量避免使用电容器。而运算放大器各级之间采用直接耦合，基本上不采用电容元件，因此适合于集成化的要求。必须使用电容器的场合，也大多采用外接的办法。

（2）运算放大器的输入级都采用差动放大电路，它要求两管的性能应该相同。而集成电路中的各个晶体管是通过同一工艺过程制作在同一硅片上的，容易获得特性近似的差动对管。又由于管子在同一硅片上，温度性能基本保持一致，因此，容易制成温度漂移很小的组成集成运算放大电路的运算放大器。

（3）在集成电路中，比较合适的阻值大致为 $100\Omega \sim 30k\Omega$。制作高阻值的电阻成本高，占用面积大，且阻值偏差大（$10\% \sim 20\%$）。因此，在集成运算放大器中往往用晶体管恒流源代替电阻。必须用直流高阻值电阻时，也常常采用外接方式。

（4）集成电路中的二极管都由晶体管构成，把发射极、基极、集电极三者适当组配使用。

9.1.2　集成运算放大电路的组成

集成运算放大电路是一种具有很高放大倍数、高输入电阻、低输出电阻的多级直接耦合放大电路，也是发展最早、应用最广泛的一种模拟集成电路。人们常见的和应用最多的音频处理电路就是由普通集成运放构成的。如图 9 - 1 所示，集成运放一般由四部分组成。其中：

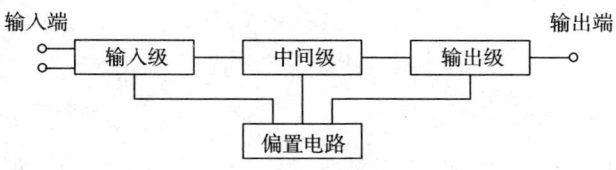

图 9 - 1　集成运放结构图

输入级一般采用双端输入的高性能差分放大电路，具有输入电阻高、差模放大倍数大、抑制共模信号的能力强、静态电流小等特点。输入级的性能直接决定了集成运放的质量。

中间级是一个高放大倍数的放大器，多采用共射极放大电路。

输出级多为互补对称输出电路，具有输出电压线性范围宽、输出电阻小、非线性失真小等特点。

偏置电路用于设置集成运放各级放大电路的静态工作点，一般由电流源电路为各级提供合适的静态工作电流。

在实际应用中，不需要知道运放内部的具体构造，只需要知道它的管脚的用途以及放大器的主要参数。集成运放的符号如图 9 - 2 所示，可以看出运放具有两个输入端（同相输入端 u_+ 和反相输入端 u_-）和一个输出端 u_o。同相端和反相端说明了输入电压和输出电压之间的关系，若输入正电压从同相输入端输入，则输出端为正电压；若输入正电压从反相输入端输入，则输入端为负电压。

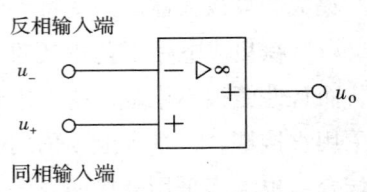

图 9 - 2　集成运放符号

9.1.3　集成运算放大电路的电压传输特性

集成运算放大器的输出信号和输入信号之间的关系曲线称为传输特性，即

$$u_o = f(u_+ - u_-) = f(u_{id})$$

其电压传输特性如图 9 - 3 所示。

可以看出集成运放有两个工作区，线性放大区和非线性饱和区。在线性区域，u_{id} 较小，曲线的斜率为电压放大倍数；在非线性区域，u_{id} 超出一定范围，运放输出达到饱和状态，输出电压只可能有两种情况，$+ U_{OM}$ 或 $- U_{OM}$（即接近正电源或负电源的电压值）。

由于集成运放放大的对象是差模信号，而且没有外界电路反馈，故称其电压放大倍数为差模开环放大倍数，记做 A_{od}，通常用分贝表示，即

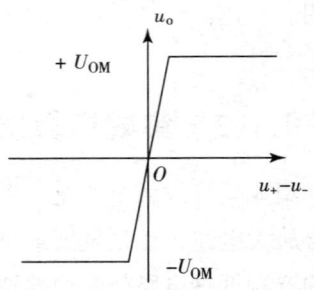

图 9 - 3　集成运放电压传输特性

$$A_{od} = 20\lg \left| \frac{U_o}{U_+ - U_-} \right| \tag{9.1}$$

通常 A_{od} 的值在 80 ~ 140dB 之间。

由上述分析可见，运放的线性范围是非常小的，若开环使用，很难实现输出与输入电压的线性关系，输入信号稍微大一点，输出便进入饱和状态。因此，作为放大器，运放不能开环使用，必须加负反馈才能使其工作在线性区域。

9.2 理想运算放大器

在大多数工程计算中，常用运算放大器的理想模型来替代实际模型。按这种理想模型计算所带来的误差非常小，在工程上可以忽略不计，并大大简化分析计算。

9.2.1 理想运算放大器的性能指标

集成运放除了具有高增益、高可靠性、低功耗、低成本、小尺寸等特点外，还具有许多性能技术指标，以下为几个常见的指标：

（1）差模开环放大倍数，是指集成运放在无外加反馈回路情况下的差模电压放大倍数，常用 A_{od} 表示，即

$$A_{od} = 20\lg \left| \frac{U_o}{U_+ - U_-} \right|$$

目前高增益的集成运放的差模开环放大倍数可达 140dB。

（2）最大输出电压 U_{OPP}，是指在一定电源电压下，集成运放的最大不失真输出电压的峰 – 峰值。如 F007 电源电压为 ± 15V 时的最大输出电压为 ± 10V，按 $A_{od} = 10^5$ 计算，输出为 ± 10V 时，输入差模电压的 u_{id} 峰 – 峰值为 ± 0.1mV 时，输出恒为 ± 10V，u_{id} 不再随输入变化，此时集成运放进入非线性工作状态。

（3）差模输入电阻 r_{id} 很高，差模输入电阻是差模输入电压 U_{Id} 与相应的输入电流 I_{Id} 的变化量之比，即

$$r_{id} = \frac{\Delta U_{Id}}{\Delta I_{Id}} \tag{9.2}$$

是衡量差分管向输入信号源索取电流大小的标志，一般的集成运放的差模输入电阻为几兆欧，而以场效应管作为输入级的集成运放的 r_{id} 可达到 10^6 MΩ。

（4）共模抑制比 K_{CMRR} 很大，共模抑制比是开环差模电压增益与开环共模电压增益之比，一般也用对数表示，即

$$K_{CMRR} = 20\lg \left| \frac{A_{od}}{AI_{oc}} \right| \tag{9.3}$$

常用来衡量集成运放抑制温漂的能力。

（5）输入失调电压 U_{IO} 比较小。实际运放的差分输入级很难做到完全对称，零输入时，输出并不为零。在室温及标准电压下，为了使输出电压为零，输入端所加的补偿电压称为输入失调电压。一般 U_{IO} 的值为（1 ~ 10）mA。

（6）输入失调电流 I_{IO} 比较小。零输入时，两输入偏置电流之差称为输入失调电流，

反映了输入级差分管输入电流的对称性，一般普通运放的 I_{IO} 值为 1nA ~ 0.1μA。

（7）输出电阻 R_O，反映了集成运放在小信号输出时的负载能力。有时只用最大输出电流 I_{Omax} 表示它的极限负载能力。认为理想集成运放的 R_O 为零。

9.2.2　理想运算放大器的工作特性

集成运放的理想化参数是：

开环差模电压增益 $A_{od} \to \infty$；

差模输入电阻 $r_{id} \to \infty$；

输出电阻 $r_o = 0$；

共模抑制比 $K_{CMRR} \to \infty$；

输入失调电压 U_{IO} 和输入失调电流 I_{IO} 均为零。

理想运放并不存在，但实际运放与理想运放的各项技术指标非常接近。因此在具体分析计算集成运放的电路时，将其理想化一般是允许的。

理想运放的电压传输特性如图 9 - 3 所示，当理想运放工作在线性区域时，有以下两个特点：

（1）理想运放的差模输入电压等于零，即"虚短"。由于 $A_{od} \to \infty$，而 u_o 是有限值，因此 $u_+ - u_- = \dfrac{u_o}{A_{od}} \approx 0$，即 $u_+ = u_-$ 就是两个输入端电位相同，但又不是短路，所以称为"虚短"。

（2）理想运放的输入电流等于零，即"虚断"。由于 $r_{id} \to \infty$，所以在两个输入端均没有电流，即 $i_+ = i_- = 0$，表示同相输入端和反相输入端的电流都等于零，如同该两点被断开一样，称为"虚断"。

当理想运放工作在非线性区域时，放大关系已经明显不存在，并有以下两个特点：

（1）输入电压 u_+ 和 u_- 可以不等，输出电压有两种可能：

当 $u_+ \geqslant u_-$ 时，$u_o = U_{om}$；

当 $u_+ < u_-$ 时，$u_o = -U_{om}$；

（2）由于 $r_{id} \to \infty$，输入电流为零，"虚断"在非线性区域内依然成立。

分析运放电路中，当运放工作在线性区域时，"虚短"和"虚断"的概念成立；当运放工作在非线性区域时，"虚短"的概念不再成立，但"虚断"的概念依然成立。

9.3 放大电路中的反馈

9.3.1 反馈的基本概念

在各种电子设备中,人们经常利用反馈的方法来改善放大电路的性能。例如,组成多级放大电路时,后级电路的输入端要接在前级电路的输出端,前级电路的输出电阻相当于信号源的内阻,后级电路的输入电阻就是信号源的负载,当前后级电路的输出电阻与输入电阻相差较大时(即不匹配),后级电路无法从前级获得较大的信号功率;若为了前后级的匹配,只改变前级的输出电阻或后级的输入电阻,可能会严重影响前后级电路的其他技术指标;在这种情况下,可在前级或后级电路中引入适当的反馈,达到匹配的目的。因此,凡是在精度、稳定性等方面要求比较高的放大电路中,大都包含着某种形式的反馈。

9.3.1.1 反馈概念的建立

电路中反馈的运用实际上在前面的章节中已经接触到了,如图 9-4 所示稳定工作点的电路,就利用了直流负反馈,使该电路具有了自动稳定静态工作点的功能。

在该电路中,通过电阻 R_{b1} 和 R_{b2} 的分压,使输入回路的基极直流电位基本固定,然后通过发射极电阻 R_e 两端的直流电压来反映输出回路直流电流的大小和变化,而发射极电阻 R_e 又接

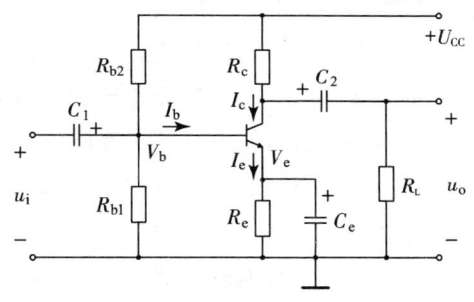

图 9-4 静态工作点稳定的电路

在输入回路中,当输出回路中静态的集电极电流由于某种原因发生变化(如温度升高、集电极电流增大)时,三极管发射结上的直流电压将发生变化,引起基极电流变化,使集电极直流电流向相反方向变化,从而自动稳定了静态的集电极电流,使电路的静态工作点自动保持稳定。

放大电路中的反馈,是指将电路输出量(电压或电流)的一部分或全部,经过一定的电路(反馈网络或支路)回送到放大电路的输入端,就构成了放大电路中的反馈。

在放大电路中,为了实现反馈,必须要有一个既联接输出回路又联接输入回路的反馈网络(或称反馈支路),反馈网络一般由电阻、电容元件组成。具有反馈的放大电路叫做反馈放大器,反馈放大器的结构如图 9-5 所示。为了表示一般的规律,图中用相量符号表示有关变

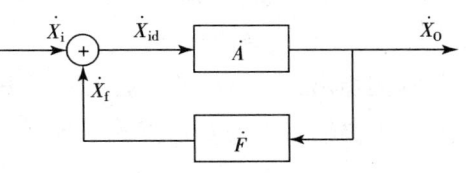

图 9-5 反馈放大电路的结构

量。其中 $\dot{X}_i$、$\dot{X}_o$、$\dot{X}_f$ 分别表示输入信号、输出信号和反馈信号，它们可以是电压，也可以是电流。$\oplus$ 表示 $\dot{X}_i$ 与 $\dot{X}_f$ 两个信号的比较，$\dot{X}_{id}$ 是比较后的净输入信号。

在放大电路中，除了有目的地引入某种反馈（称为人工反馈）外，有时因为某种杂散参数（杂散电容和杂散电感）的存在，将输出信号反馈到输入回路从而产生所谓的寄生反馈。寄生反馈有时是有害的，严重时可使放大电路不能正常工作，在实践中应竭力设法避免和消除。

要识别一个电路是否存在人工反馈，只需分析放大电路的输出回路与输入回路之间是否存在起联系作用的反馈网络，即输入回路与输出回路之间是否存在公共器件。例如图 9-4 中的 R_e 电阻就是输入回路与输出回路的公共器件，因此该电路中存在着反馈。

9.3.1.2 反馈的分类与判断

（1）反馈的分类

①正反馈与负反馈

根据反馈极性的不同，可将反馈分为正反馈和负反馈。如果反馈信号使净输入信号增强，这种反馈就称为正反馈；反之，若反馈信号使净输入信号减小，则称为负反馈。放大电路中一般都采用负反馈。

②直流反馈与交流反馈

如果反馈信号中只有直流成分，即反馈只能反映直流量的变化，这种反馈就叫直流反馈；如果反馈信号中只有交流成分，即反馈只能反映交流量的变化，这种反馈就叫交流反馈。应当说明，有些情况下，反馈信号中既有直流成分，又有交流成分，这种反馈称为交直流反馈。

③电压反馈与电流反馈

如果反馈信号取自输出电压，即反馈信号与输出电压成正比，称为电压反馈；如果反馈信号取自输出电流，即反馈信号与输出电流成正比，称为电流反馈。

④串联反馈与并联反馈

如果反馈信号在放大电路的输入回路以电压形式出现，那么从放大电路的净输入端向外看，反馈信号必然与外加输入信号是串联关系，就叫串联反馈。如果反馈信号在放大电路的输入回路以电流形式出现，那么从放大电路的净输入端向外看，反馈信号必然与外加输入信号是并联关系，就叫并联反馈。如图 9-6 表示了反馈信号在输入回路中的不同联接方式，显然，串联反馈与并联反馈是按反馈信号在输入端的联接方式不同来分类的。

应当指出，反馈信号在输入回路中是以电压形式出现还是以电流形式出现，仅仅由其放大电路输入端的联接方式是串联还是并联来决定，而与输出回路的取样方式无关。也就是说，无论是电压反馈还是电流反馈，它们的反馈信号在输入端都可能以串联或并联方式的一种与输入信号相比较。

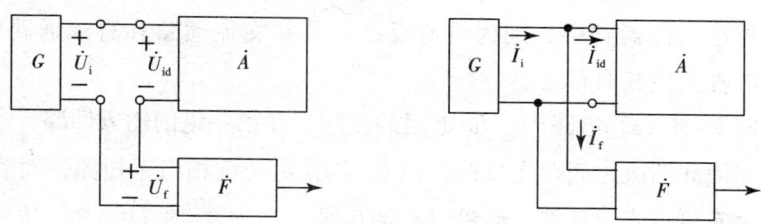

图9-6　反馈信号在输入回路中的联接方式

（2）反馈类型的判断

不同类型的反馈电路其性质是不同的。因此，在分析实际反馈电路时，应首先判断属于哪种反馈类型。

①正、负反馈的判断

通常采用瞬时极性法来判别实际电路反馈极性的正、负。即先假定输入信号在某一瞬时的极性，然后根据各级输入、输出的相位关系（对于工作在放大区的三极管，其基极与发射极的相位相同，基极与集电极的相位相反；对于工作在线性区的集成运放，反相输入端与输出端的相位始终相反，同相输入端与输出端的相位始终相同），逐级推出电路其他有关各点的瞬时极性，最后判断反映到电路输入端的作用使净输入增大了还是减小了。若使净输入增大了为正反馈，减小了为负反馈。

例如，在图9-7（a）中，假设在输入端加上一个瞬时极性为正的输入电压 u_i（在电路中用符号"+"、"-"分别表示各点对公共端瞬时极性的正或负），因输入电压加在集成运放的反相输入端，故输出电压 u_o 的瞬时极性为负，而反馈电压 u_f 由输出端经电阻 R_f 引回到集成运放的同相输入端，因此反馈电压的瞬时极性也为负，从净输入端（反相输入端与同相输入端之间）向外看，显然，输入电压与反馈电压顺向串联并使净输入增大，因此该电路为正反馈。在图9-7（b）中，输入电压 u_i 加在集成运放的反相输入端，当其瞬时极性为正时，输出电压的瞬时极性为负，通过电阻 R_f 后将反馈信号引到集成运放的反相输入端，从净输入端看，引入反馈后使净输入减小，因此该电路为负反馈。

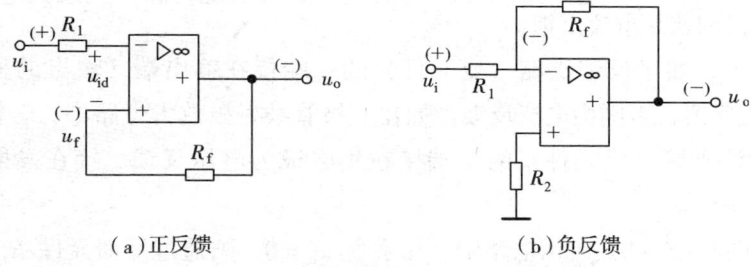

（a）正反馈　　　　　　　　　　　　（b）负反馈

图9-7　正反馈与负反馈

②直流反馈与交流反馈的判断

如前所述，交流反馈与直流反馈分别反映了交流量与直流量的变化。因此，可以通过观察放大电路中反馈元件出现在哪种电流通路中来判断。若出现在交流通路中，则交流反馈；若出现在直流通路中，则为直流反馈；若在交流通路和直流通路中同时出现，则交流、直流两种反馈兼而有之。

例如，在图 9-8 (a) 电路中，R_f 电阻的左端接在第一级的输入回路，右端接在第二级的输出回路，因此两级之间存在反馈，但电容 C_f 对交流相当于短路，对直流相当于开路，所以两级之间只有直流反馈，而没有交流反馈。在图 9-8 (b) 中，R_f 与 C_f 串联支路的左端接在第一级的输入回路，右端接在第二级的输出回路，因此两级之间存在着反馈，但电容 C_f 具有隔直流通交流的作用，所以两级之间只有交流反馈，而没有直流反馈。

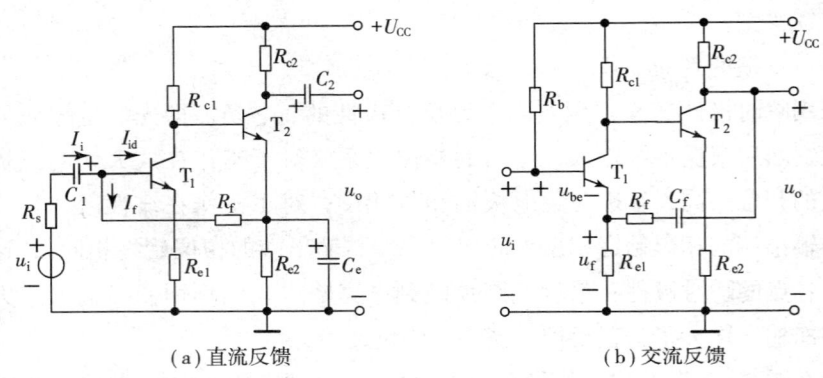

(a) 直流反馈　　　　(b) 交流反馈

图 9-8　直流反馈与交流反馈

放大电路中引入的交流反馈和直流反馈毫无例外都是负反馈，若引入正反馈，放大电路则无法正常工作。直流负反馈的作用是稳定静态工作点，而对放大电路的各项动态性能（如放大倍数、通频带、输入及输出电阻等）没有影响。各种不同类型的交流负反馈将对放大电路的各项动态性能产生不同的影响，是用来改善电路技术指标的主要手段。

③电压反馈与电流反馈的判断

为了判断放大电路中引入的反馈是电压反馈还是电流反馈，一般可假设将输出端交流短路（即令输出电压等于零），此时观察是否仍有反馈信号。如果反馈信号不存在，则为电压反馈，否则就是电流反馈。

一般情况下，如果反馈支路（或元件）的一端接在输出端（输出的另一端通常为地），则为电压反馈，否则为电流反馈。如在三极管共射极放大电路中，若输出从集电极对地输出，反馈支路（或元件）的一端接在集电极为电压反馈，接在发射极则为电流反馈。

例如，在图 9-8 (b) 所示电路中，如果令 $u_o = 0$，则通过反馈元件 R_f 与 C_f 引入的反馈信号 u_f 将消失，可见反馈信号 u_f 正比于 u_o，说明它属于电压反馈。

放大电路中引入电压负反馈，将使输出电压保持稳定，其效果是降低了电路的输出电阻；而电流负反馈将使输出电流保持稳定，因而提高了输出电阻。

④串联反馈与并联反馈的判断

可根据反馈信号与输入信号在放大电路输入回路中的联接方式来判断。从放大电路的净输入端（三极管电路为 b、e 之间，集成运放为反相输入端与同相输入端之间）向外看，如果反馈信号与输入信号在输入回路中是串联的，则为串联反馈；如果反馈信号与输入信号在输入回路中是并联的，则为并联反馈。换句话说，如果反馈信号在输入回路中以电压形式出现，则为串联反馈；如果反馈信号在输入回路中以电流形式出现，则为并联反馈。

一般情况下，如果反馈支路（或元件）接在输入回路的一端与外加输入信号接在同一端点上（输入信号的另一端往往是地），则为并联反馈，否则为串联反馈。如在三极管共射极放大电路中，若外加输入信号接在三极管的基极与地之间，反馈支路（或元件）的一端接在基极则为并联反馈，如果接在发射极则为串联反馈；如在反相输入的集成运放电路中，如果反馈支路（或元件）接在输入回路的一端也接在反相输入端则为并联反馈。如在同相输入的集成运放电路中，如果反馈支路（或元件）接在输入回路的一端也接在反相输入端则为串联反馈。

以上是几种常见的反馈分类方法和判断方法。除此之外，反馈可以按其他方面来分类。例如，在多级放大电路中，可以分为本级反馈和级间反馈；又如在差分放大电路中，可以分为差模反馈和共模反馈等。

9.3.1.3 交流负反馈的四种组态

实际放大电路中的反馈形式是多种多样的，这里将着重分析各种形式的交流负反馈。对于交流负反馈来说，根据反馈信号在输出端采样方式及在输入回路中联接方式的不同，共有四种组态，它们分别是：电压串联负反馈、电压并联负反馈、电流串联负反馈和电流并联负反馈。

下面结合具体电路分析上述 4 种负反馈组态的特点。

（1）电压串联负反馈

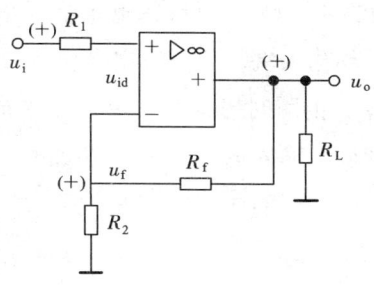

在图 9-9 所示的电路中，输出回路与输入回路之间有公共元件 R_f，R_f 的左端接在输入回路，右端接在输出回路，即通过电阻 R_f 引入一个反馈。由图 9-9 可知，反馈电压 u_f 等于输出电压 u_o 在电阻上 R_2 的分压值，即反馈电压与输出电压成正比。在输入回路中，集成运放的净输入电压（即差模输入电压）等于同相输入端的外加输入电压与反相输入端的反馈电压之差，即

图 9-9 电压串联负反馈

$$u_{id} = u_i - u_f$$

显然，反馈信号使净输入减小，为负反馈。而且反馈信号与输入信号在输入回路中串联，以上分析说明，图 9-9 电路中引入的反馈是电压串联负反馈。

电压负反馈有稳定输出电压 u_o 的作用。设外加输入信号为某一固定值时，若反馈环内由于某种原因使输出电压 u_o 减小，则反馈信号也减小，净输入将增大，于是输出电压

u_o 又回到接近原来的值。

在串联负反馈电路中，信号源内阻越小，反馈效果越好，当 $R_s = 0$ 时，即

$$u_{id} = u_i - u_f = u_s - u_f$$

可见，反馈信号 u_f 的大小对净输入的影响很大，因此反馈作用越明显。

例9.1 判断图9-10所示电路两级之间交流反馈的组态形式。

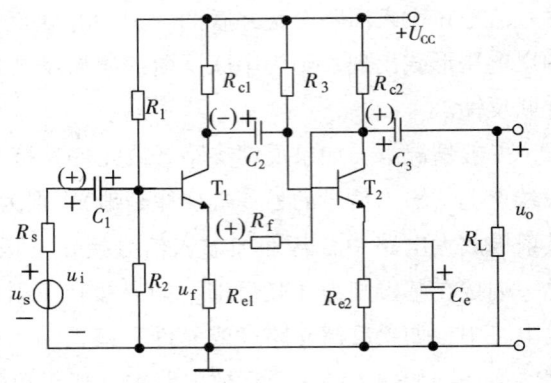

图9-10 例9.1电路图

解：从图9-10所示的电路可知，R_f 的左端接在两级放大电路的输入回路中，R_f 的右端接在两级放大电路的输出回路中，R_f 电阻为两级之间的反馈支路。假设输入信号 u_i 某一瞬时极性为+，根据瞬时极性法可知，引回到输入回路的反馈信号 u_f 极性为+，显然，反馈信号使净输入减小，所以是负反馈。当输出电压 u_o 为零时，u_f 也为零，属于电压反馈。而且反馈信号与输入信号在输入回路中是串联的，所以此电路两级之间交流反馈的组态形式是电压串联负反馈。

（2）电压并联负反馈

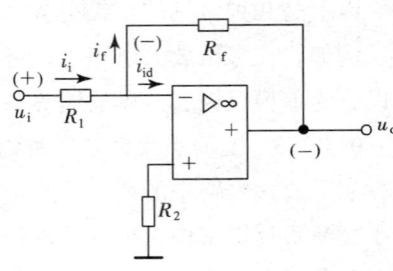

图9-11 电压并联负反馈

在图9-11所示的放大电路中，R_f 为接在输入回路与输出回路的公共元件，根据瞬时极性法，设输入电压 u_i 的瞬时极性为正，则输入电流 i_i 的瞬时方向如图9-11中向右，由于输入电压加在集成运放的反相输入端，所以输出电压 u_o 的极性为负，反馈信号 i_i 的瞬时方向如图9-11中向上。可见，引入反馈后净输入电流 i_{id} 等于外加输入电流 i_i 与反馈电流 i_i 之差，即

$$i_{id} = i_i - i_f$$

引入反馈后使净输入减小，为负反馈；若将输出端对地短接，反馈信号 i_f 将不存在，因此属于电压反馈。而在输入回路中，输入信号与反馈信号为并联关系，所以此电路中的反馈是电压并联负反馈。

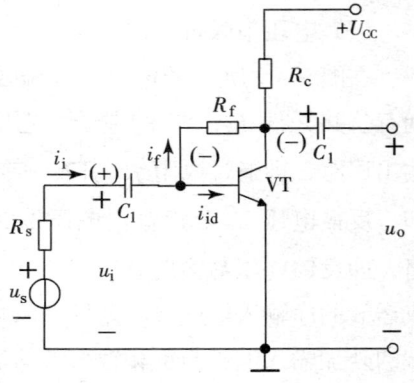

图9-12 分立式电压并联负反馈

图9-12所示电路中，用上述的分析方法也可以得出电路中的反馈是电压并联负反馈。

在并联负反馈电路中，信号源内阻越大，反馈效果越好。若信号源内阻 $R_s = 0$，净输入电流 i_{id} 只由 $u_s = u_i$ 决定，反馈信号 i_f 不能改变净输入 i_{id} 的大小，因而反馈不起作用。因此，并联负反馈要求信号源内阻 $R_s \neq 0$。

（3）电流串联负反馈

在图 9 – 13 所示的放大电路中，R_2 电阻既在输入回路也在输出回路中，根据瞬时极性法，设输入电压 u_i 的瞬时极性为正，由于输入电压加在集成运放的同相输入端，所以输出电压 u_o 的极性为正，不难判断出，反馈电压 u_f 使净输入减小，为负反馈；反馈电压为 $u_f = i_o R_2$，即反馈电压与输出电流成正比，为电流反馈；反馈信号 u_f 与输入信号 u_i 在输入回路中串联后加到净输入端，因此该电路的反馈是电流串联负反馈。

（4）电流并联负反馈

在图 9 – 14 所示的放大电路中，电阻 R_f 为反馈元件，设输入电压 u_i 的瞬时极性为正，则输入电流 i_i 的瞬时方向如图中向右，由于输入电压加在集成运放的反相输入端，所以输出电压 u_o 的极性为负，反馈信号 i_i 的瞬时方向如图中向上。可见，引入反馈后净输入电流 i_{id} 等于外加输入电流 i_i 与反馈电流 i_f 之差，即

$$i_{id} = i_i - i_f$$

可见，引入反馈后使净输入减小，为负反馈；若将输出 u_o 两端短接，反馈信号 i_i 仍然存在，因此属于电流反馈；而在输入回路中，输入信号与反馈信号为并联关系，所以此电路中的反馈是电流并联负反馈。

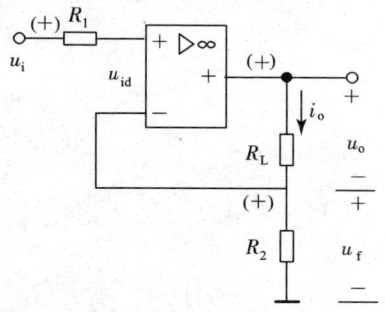

图 9 – 13　电流串联负反馈

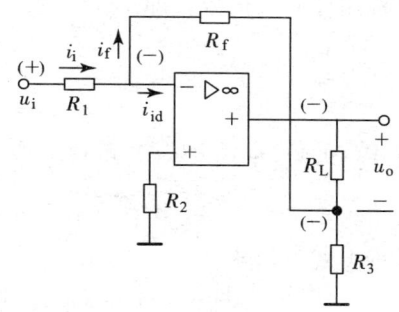

图 9 – 14　电流并联负反馈

电流负反馈具有稳定输出电流的作用。设外加输入为某一固定值时，若反馈环内由于某种原因使输出电流减小，则反馈信号也减小，净输入将增大，于是输出电流 i_o 又回到接近原来的值。

9.3.1.4　反馈的一般表达式

为便于深入研究放大电路中反馈的一般规律，将各种不同极性、不同组态的反馈使用一个统一的方块图来表示，如图 9 – 15 所示。

为了表示一般情况，方块图中的输入信号、输出信号和反馈信号分别用相量符号 $\dot{X}_i$、

$\dot{X}_o$ 和 $\dot{X}_f$ 表示，它们可能是电压量，也可能是电流量。图 9 – 15 中上面一个方块表示基本放大电路，无反馈时的放大倍数用 $\dot{A}$ 表示，也称 $\dot{A}$ 为开环放大倍数。下面一个方块表示反馈网络，反馈系数用 $\dot{F}$ 表示。信号在放大电路中为正向传递，在反馈网络中为反向传递。信号传递的方

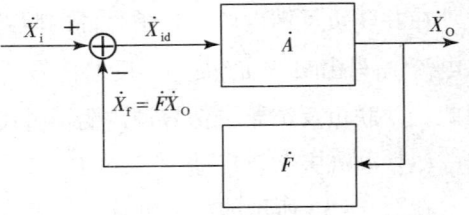

图 9 – 15　反馈放大电路的方框图

向如图 9 – 15 中箭头所示。图中的符号 ⊕ 表示比较环节，外加输入信号 $\dot{X}_i$ 与反馈信号 $\dot{X}_f$ 经过比较环节后得到净输入信号 $\dot{X}_{id}$，根据图示极性，净输入信号 $\dot{X}_{id}$ 是 $\dot{X}_i$ 与 $\dot{X}_f$ 之差，即

$$\dot{X}_{id} = \dot{X}_i - \dot{X}_f \tag{9.4}$$

基本放大电路的输出信号 $\dot{X}_o$ 与净输入 $\dot{X}_{id}$ 之比为基本放大电路的放大倍数，即

$$\dot{A} = \frac{\dot{X}_o}{\dot{X}_{id}} \tag{9.5}$$

反馈系数 $\dot{F}$ 是反馈网络的输出 $\dot{X}_f$ 与反馈网络的输入 $\dot{X}_o$ 之比，即

$$\dot{F} = \frac{\dot{X}_f}{\dot{X}_o} \tag{9.6}$$

有反馈时放大电路的输出 $\dot{X}_o$ 与外加输入信号 $\dot{X}_i$ 之比，称为反馈放大电路的放大倍数，也称闭环放大倍数，即

$$\dot{A}_f = \frac{\dot{X}_o}{\dot{X}_i}$$

由式 （9.4） ~ 式 （9.6） 可得

$$\dot{X}_o = \dot{A} \dot{X}_{id} = \dot{A} (\dot{X}_i - \dot{X}_f) = \dot{A} (\dot{X}_i - \dot{F} \dot{X}_o)$$

整理上式可得

$$\dot{A}_f = \frac{\dot{X}_o}{\dot{X}_i} = \frac{\dot{A}}{1 + \dot{A} \dot{F}} \tag{9.7}$$

式 （9.7） 就是放大电路引入反馈后的一般表达式。在式 （9.7） 中，有关符号的名称和含义如下所述。

$\dot{A}_f$ 为反馈放大电路的闭环放大倍数，表示引入反馈后，放大电路的输出信号与外加输入信号之间总的放大倍数。

$\dot{A} \dot{F}$ 称为回路增益，表示在反馈放大电路中，信号沿着放大电路和反馈网络组成的环路传递一周后所得到的放大倍数。

$1 + \dot{A} \dot{F}$ 称为反馈深度，表示引入反馈后放大电路的放大倍数与无反馈时相比所变化

的倍数。反馈深度是一个十分重要的参数，引入负反馈以后，放大电路各项性能的改善程度，皆与 $|1 + \dot{A}\dot{F}|$ 的大小有关。

由式（9.7）所示反馈的一般表达式，可以得到有关反馈放大电路的一般规律，如下所述。

（1）在式（9.7）中，若 $|1 + \dot{A}\dot{F}| > 1$，则 $|\dot{A}_f| < |\dot{A}|$，说明引入反馈后使放大倍数比原来减小，这种反馈称为负反馈；反之，若 $|1 + \dot{A}\dot{F}| < 1$，则 $|\dot{A}_f| > |\dot{A}|$，即引入反馈后使放大倍数比原来增大，这种反馈称为正反馈。

（2）在负反馈的情况下，如果反馈深度 $|1 + \dot{A}\dot{F}| \gg 1$，，则称为深度负反馈。此时式（9.7）可简化为

$$\dot{A}_f = \frac{\dot{A}}{1 + \dot{A}\,\dot{F}} \approx \frac{\dot{A}}{\dot{A}\,\dot{F}} = \frac{1}{\dot{F}} \tag{9.8}$$

式（9.8）表明，在深度负反馈条件下，闭环放大倍数 $\dot{A}_f$ 基本上等于反馈系数 $\dot{F}$ 的倒数。也就是说，深度负反馈放大电路的放大倍数 $\dot{A}_f$ 几乎与基本放大电路的放大倍数 $\dot{A}$ 无关，而主要决定于反馈网络的反馈系数 $\dot{F}$。因而，即使由于温度等因素变化而导致放大电路的放大倍数 $\dot{A}$ 发生变化，只要 $\dot{F}$ 的值一定，就能保持闭环放大倍数 $\dot{A}_f$ 稳定，这是深度负反馈放大电路的一个突出优点。实际的反馈网络常常由电阻等元件组成，反馈系数通常决定于某些电阻值之比，基本上不受温度等因素的影响。在设计放大电路时，为了提高稳定性，往往选用开环电压增益很高的集成运放，以便引入深度负反馈。

（3）在式（9.7）中，如果 $1 + \dot{A}\dot{F} = 0$，即 $\dot{A}\dot{F} = -1$，则 $\dot{A}_f = \infty$，说明当 $\dot{X}_i = 0$ 时，$\dot{X}_o \neq 0$。此时放大电路虽然没有外加输入信号，但有一定的输出信号。放大电路的这种状态称为自激振荡。当反馈放大电路发生自激振荡时，输出信号将不受输入信号的控制，也就是说，放大电路失去了放大作用，不能正常工作，这是我们所不希望的。但是，有时为了产生正弦波或其他波形信号，有意识地在放大电路中引入一个正反馈，并使之满足自激振荡的条件。

由以上讨论可知，对于不同组态的负反馈放大电路来说，其中基本放大电路的放大倍数与反馈网络反馈系数的物理意义和量纲都各不相同，因此，统称为广义的放大倍数与广义的反馈系数。为了便于比较，现将四种负反馈组态放大倍数和反馈系数的比较列于表9–1中。

表 9-1　四种负反馈组态放大倍数和反馈系数的比较

	输出信号	反馈信号	放大倍数	反馈系数
电压串联	$\dot{U}_o$	$\dot{U}_f$	$\dot{A} = \dfrac{\dot{U}_o}{\dot{U}_{id}}$ 电压放大倍数	$\dot{F} = \dfrac{\dot{U}_f}{\dot{U}_o}$
电压并联	$\dot{U}_o$	$\dot{I}_f$	$\dot{A} = \dfrac{\dot{U}_o}{\dot{I}_{id}}$ (Ω) 转移电阻	$\dot{F} = \dfrac{\dot{I}_f}{\dot{U}_o}$ (S)
电流串联	$\dot{I}_o$	$\dot{U}_f$	$\dot{A} = \dfrac{\dot{I}_o}{\dot{U}_{id}}$ (S) 转移电导	$\dot{F} = \dfrac{\dot{U}_f}{\dot{I}_o}$ (Ω)
电流并联	$\dot{I}_o$	$\dot{I}_f$	$\dot{A} = \dfrac{\dot{I}_o}{\dot{I}_{id}}$ 电流放大倍数	$\dot{F} = \dfrac{\dot{I}_f}{\dot{I}_o}$

9.3.2　负反馈对放大电路性能的改善

放大电路引入负反馈后，会使放大倍数有所下降，但其他各项性能却可以得到改善，例如，能提高放大倍数的稳定性、减小非线性失真和抑制干扰、展宽通频带及根据需要灵活地改变放大电路的输入电阻和输出电阻等。下面分别进行介绍。

9.3.2.1　提高放大倍数的稳定性

放大电路的放大倍数取决于电路元件的参数，当元件老化或更换、电源电压波动、负载发生变化及环境温度变化时，都会引起放大倍数的变化。因此，通常要在放大电路中引入负反馈以提高放大倍数的稳定性。

由式 (9.7) 可知，引入负反馈以后，放大电路的闭环放大倍数为

$$\dot{A}_f = \frac{\dot{A}}{1 + \dot{A}\dot{F}}$$

如果放大电路工作在中频范围，且反馈网络为纯电阻性，则 $\dot{A}$ 和 $\dot{F}$ 均为实数，则 $\dot{A}_f$ 可表示为

$$A_f = \frac{A}{1 + AF}$$

对变量 A 求导数，可得

$$\frac{\mathrm{d}A_f}{\mathrm{d}A} = \frac{1}{1 + AF} - \frac{AF}{(1 + AF)^2} = \frac{1}{(A + AF)^2}$$

或

$$dA_f = \frac{dA}{(1 + AF)^2}$$

将上式等号的两边都除以 A_f，则可得

$$\frac{dA_f}{A_f} = \frac{1}{1 + AF} \cdot \frac{dA}{A} \tag{9.9}$$

式（9.9）表明，负反馈放大电路闭环放大倍数的相对变化量 dA_f/A_f，等于开环放大倍数相对变化量 dA/A 的 $1/(1 + AF)$。也就是说，虽然负反馈的引入使放大倍数下降了 $(1 + AF)$ 倍，但放大倍数的稳定性提高了 $(1 + AF)$ 倍。

例如，某负反馈放大电路的 $(1 + AF) = 101$，$dA/A = \pm 10\%$，$dA_f/A_f \approx \frac{1}{101}$（ $\pm 10\%$ ） $\approx \pm 0.1\%$，可见引入负反馈后，放大倍数的稳定性提高了 100 倍。

9.3.2.2 减小非线性失真

由于放大器件特性曲线的非线性，当输入信号为正弦波时，输出信号的波形可能不再是一个真正的正弦波，而将产生或多或少的非线性失真。当输入信号幅度较大时，非线性失真现象更为明显。

引入负反馈可以减小非线性失真。例如，由图 9-16 可见，如果正弦波输入信号 x_i 经过放大后产生的失真波形为正半周大，负半周小。经过反馈后，在 F 为常数的条件下，反馈信号 x_f 也是正半周大，负半周小。但它和输入信号 x_i 相减后得到的净输入信号 x_{id} $= x_i - x_f$ 的波形却变成正半周小，负半周大，这样就把输出信号的正半周压缩，负半周扩大，结果使正负半周的幅度趋于一致，从而改善了输出波形。

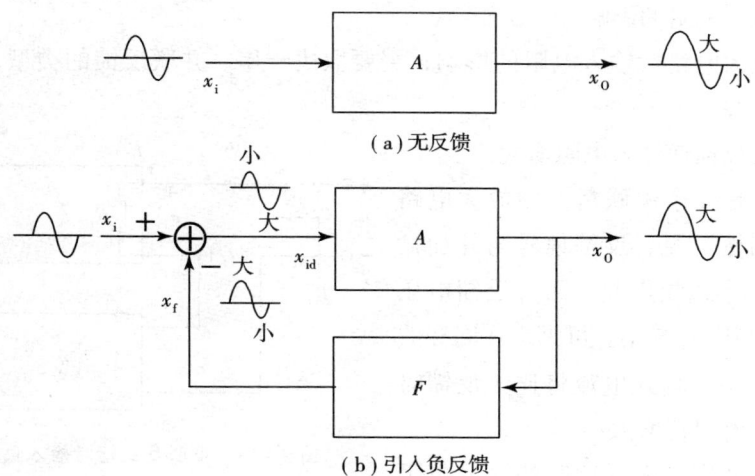

（a）无反馈

（b）引入负反馈

图 9-16 利用负反馈减小非线性失真

9.3.2.3 展宽通频带

由于放大电路中电抗性元件的存在，以及三极管本身结电容的存在，造成了放大倍数随频率而变化。即中频段放大倍数较大，高频段和低频段放大倍数随频率的升高和降

213

低而减小。这样放大电路的通频带就比较窄，如图 9 – 17 中的 BW。

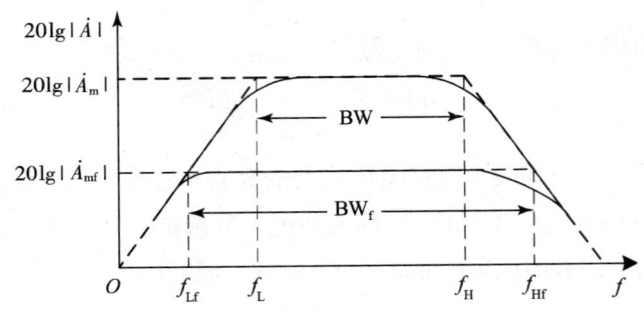

图 9 – 17 负反馈对通频带的影响

引入负反馈后，就可以利用负反馈的自动调整作用将通频带展宽。具体来讲，在中频段，由于放大倍数大，输出信号大，反馈信号也大，使净输入信号减小得也多，即使中频段放大倍数有较明显的降低。而在高频段和低频段，放大倍数较小，输出信号小，在反馈系数不变的情况下，其反馈信号也小，使净输入信号减小的程度比中频段要小，即使高频段和低频段放大倍数降低得少。这样，就使幅频特性变得平坦，上限频率升高、下限频率下降，通频带得以展宽。如图 9 – 17 中 BW_f 所示。

9.3.2.4　改变输入电阻和输出电阻

放大电路中引入不同组态的负反馈后，对输入电阻和输出电阻将产生不同的影响。人们经常利用各种形式的负反馈来改变输入、输出电阻的数值，以满足实际工作中的特定要求。

（1）对输入电阻的影响

负反馈放大电路对输入电阻的影响，主要取决于串、并联反馈的类型，而与输出端的取样方式无关。

①串联负反馈使输入电阻增大

图 9 – 18 是一个串联负反馈放大电路的示意图。由图可见，反馈信号与外加输入信号以电压形式相串联，而且反馈电压 u_f 使净输入电压 u_{id} 减小。可见，在同样的外加输入电压下，输入电流将比无反馈时小，因此输入电阻将增大。

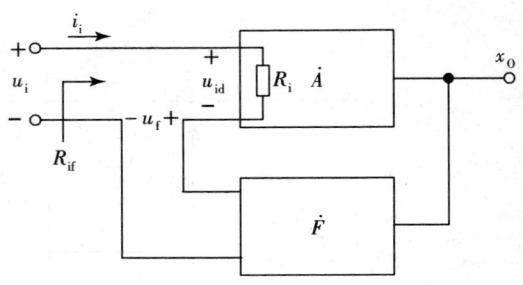

图 9 – 18　串联负反馈对输入电阻的影响

在图 9 – 18 中，无反馈时的输入电阻为

$$R_i = \frac{u_{id}}{i_i}$$

引入串联负反馈后，输入电阻为

$$R_{if} = \frac{u_i}{i_i} = \frac{u_{id} + u_f}{i_i} \tag{9.10}$$

式中的反馈电压 u_f 是净输入电压经放大电路放大，再经反馈网络以后得到的，即

$$u_f = AFu_{id}$$

代入式（9.10）中，可得

$$R_{if} = \frac{u_{id} + AFu_{id}}{i_i} = (1 + AF)R_i$$

由此得出结论，只要引入串联负反馈，放大电路的输入电阻都将增大，成为无反馈时的 $(1 + AF)$ 倍。无论电压串联或电流串联的负反馈均如此。

但要注意，引入串联负反馈后，只是将反馈环路内的输入电阻增大了 $(1 + AF)$ 倍，如图 9 – 19 中 R_{b1} 和 R_{b2} 并不包括在反馈环路内，因此不受影响。该电路总的输入电阻为

$$R'_{if} = R_{if} /\!/ R_{b1} /\!/ R_{b2}$$

其中只有 R_{if} 增大了 $(1 + AF)$ 倍。如果 R_{b1}、R_{b2} 不够大，则即使 R_{if} 增大很多，总的 R'_{if} 将增大不多。

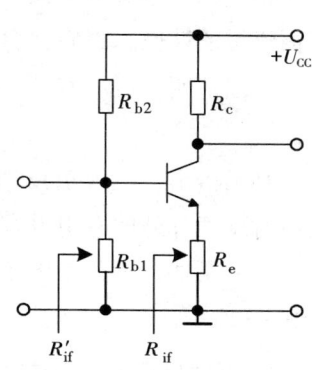

图 9 – 19 R_{if} 与 R'_{if} 的区别

②并联负反馈使输入电阻减小

图 9 – 20 所示的是并联负反馈放大电路的示意图。

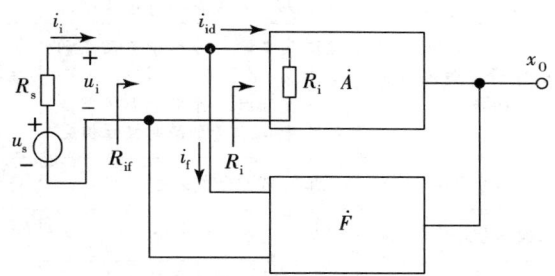

图 9 – 20 并联负反馈对输入电阻的影响

在并联负反馈电路中，反馈网络与基本放大电路的输入电阻并联，由于反馈信号 i_f 对 i_i 起分流作用，所以在净输入信号 i_{id} 一定的条件下，并联负反馈的输入电流 i_i 将增大，即输入电阻比无反馈时小。有反馈的输入电阻为

$$R_{if} = \frac{u_i}{i_i} = \frac{u_i}{i_{id} + i_f} = \frac{u_i}{i_{id} + AFi_{id}} = \frac{R_i}{1 + AF}$$

由以上分析可知，只要引入并联负反馈，放大电路的输入电阻都将减小，成为无反馈时的 $1/(1 + \dot{A}\dot{F})$。无论是电压并联负反馈还是电流并联负反馈均如此。

（2）对输出电阻的影响

负反馈对放大电路输出电阻的影响仅与反馈信号在输出回路中的取样方式有关，即

215

与电压或电流反馈类型有关，而与输入端联接方式无关。

前面已指出，电压负反馈具有稳定输出电压的作用。这就是说，电压负反馈放大电路具有恒压源的性质。因此引入电压负反馈后的输出电阻 R_{of} 比无反馈时的输出电阻 R_{o} 小，可以证明：

$$R_{\text{of}} = \frac{R_{\text{o}}}{1 + AF}$$

相应的，电流负反馈具有稳定输出电流的作用。这就是说，电流负反馈放大电路具有恒流源的性质。因此，引入电流负反馈后的输出电阻 R_{of} 要比无反馈时的输出电阻 R_{o} 大，可以证明：

$$R_{\text{of}} = (1 + AF) R_{\text{o}}$$

必须指出，引入负反馈后，对输出电阻的影响也是指反馈环内的输出电阻的影响。反馈对反馈环外的电阻没有影响。

综上所述，可归纳出各种反馈类型、定义、判断方法和对放大电路性能的影响，如表9-2所示。

表9-2　放大电路中的反馈类型、定义、判断方法和对放大电路性能的影响

	反馈类型	定义	判断方法	对放大器性能的影响
1	正反馈	反馈信号使净输入信号加强	串联反馈时，作用于不同点的 u_i 和 u_f 信号的瞬时极性相反；并联反馈时，作用于同一节点的 i_i 和 i_f 信号的瞬时极性相同	使放大倍数增加，电路工作不稳定
	负反馈	反馈信号使净输入信号削弱	串联反馈时，作用于不同点的 u_i 和 u_f 信号的瞬时极性相同；并联反馈时，作用于同一节点的 i_i 和 i_f 信号的瞬时极性相反	使放大倍数减小，且改善放大电路的性能
2	直流反馈	反馈信号为直流信号	直流通路中存在反馈	稳定静态工作点
	交流反馈	反馈信号为交流信号	交流通路中存在反馈	交流反馈改善放大器的性能
3	电压反馈	反馈信号从输出电压取样	反抗信号从输出电压取出，或令 $u_o = 0$（将负载 R_L 短接），反馈信号消失	稳定输出电压，减小输出电阻
	电流反馈	反馈信号从输出电流取样	反馈信号与输出端无联系，或令 $u_o = 0$（将负载 R_L 短接），反馈信号依然存在	稳定输出电流，增加输出电阻
4	串联反馈	反馈信号与输入信号在输入回路中以电压的形式相串联	输入信号和反馈信号在不同节点引入（如三极管 b 极和 e 极，或运放的反相端和同相端）	增加输入电阻
	并联反馈	反馈信号与输入信号在输入回路中以电流的形式相并联	输入信号和反馈信号在同一节点引入（如三极管 b 极，或运放的反相端）	减小输入电阻

续表

	反馈类型	定义	判断方法	对放大器性能的影响
5	本级反馈	反馈信号返送到本级输入回路	本级的输入回路与本级的输出回路有联系	改善本级放大电路的性能
	级间反馈	反馈信号从后级获得	前级的输入回路与后级输出回路有联系	改善放大电路的各项性能

9.4　信号运算电路

集成运放的应用相当普遍，使用不同的输入形式，外加不同的负反馈网络，即可实现多种数学运算。在运算电路中，输入电压为自变量，输出电压作为函数，当输入电压发生变化时，输出电压反映输入电压某种运算的结果。本节所讨论的就是以理想运放为基础构成的运算电路的特点和分析方法。

9.4.1　比例运算电路

比例运算电路的输出电压与输入电压之间存在比例关系，即电路可以实现比例运算。比例运算电路可以分为反相比例运算电路和同相比例运算电路，下面将分别讨论。

9.4.1.1　反相比例运算电路

如图 9 – 21 所示，输入电压信号 u_1 经电阻 R_1 加在运放的反相输入端，其同相端经电阻 R_2 接地。同时电路中引入了电压并联负反馈，即输出电压 u_o 经过电阻 R_f 接回到反相输入端。为使集成运放内部差动放大电路的参数保持对称，应使两个差分对管基极对地的电阻尽量一致，即同相输入端所接电阻等于反相输入端对地的等效电阻，因此把电阻 R_2 作为平衡电阻，通常选择 R_2 的阻值为

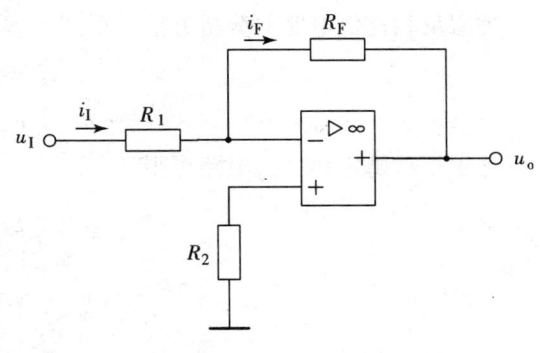

图 9 – 21　反相比例运算电路

$$R_2 = R_1 // R_F \tag{9.11}$$

在理想情况下，运放的两个输入端有"虚短"的关系，同相端和反相端的电位相同，而同相端接地，则 $u_- = u_+ = 0$，即反相端电位为零，相当于接地但又没有实际接地，称为"虚地"；同时利用"虚断"的概念可知反相端流入电流为零，则 $i_1 = i_F$。

利用欧姆定律分析电路可知

$$i_{\mathrm{I}} = \frac{u_{\mathrm{I}} - u_{-}}{R_1} = \frac{u_{\mathrm{I}}}{R_1}$$

$$i_{\mathrm{F}} = \frac{u_{-} - u_{\mathrm{o}}}{R_{\mathrm{F}}} = -\frac{u_{\mathrm{o}}}{R_{\mathrm{F}}}$$

所以

$$u_{\mathrm{o}} = -\frac{R_{\mathrm{F}}}{R_1} u_{\mathrm{I}} \tag{9.12}$$

上式表明电路的输出电压与输入电压相位相反，大小成一定比例关系，即电路完成了对输入电压信号的反相比例运算，故称此电路为反相比例运算电路。当时 $R_{\mathrm{F}} = \dot{R}_1$ 时，$u_{\mathrm{o}} = -u_{\mathrm{I}}$，即输出电压与输入电压大小相等方向相反，称为反相器。

9.4.1.2　同相比例运算电路

同相比例运算电路如图 9-22 所示，输入信号加在同相输入端，电路中引入了电压串联负反馈。其中电阻 $R_2 = R_1 // R_{\mathrm{F}}$，为平衡电阻。

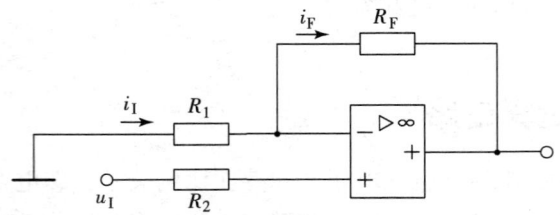

图 9-22　同相比例运算电路

类似反相比例电路的分析方法，根据"虚断"和"虚短"的原理可得

$$i_1 = i_{\mathrm{F}}$$

$$u_{-} = u_{+} = u_{\mathrm{I}}$$

又根据欧姆定律分析电路可得

$$i_1 = \frac{0 - u_{-}}{R_1} = -\frac{u_{\mathrm{I}}}{R_1}$$

$$i_{\mathrm{F}} = \frac{u_{-} - u_{\mathrm{o}}}{R_{\mathrm{F}}} = \frac{u_{\mathrm{I}} - u_{\mathrm{o}}}{R_{\mathrm{F}}}$$

于是可以得到输入电压与输出电压的关系表达式

$$u_{\mathrm{o}} = \left(1 + \frac{R_{\mathrm{F}}}{R_1}\right) u_{\mathrm{I}} \tag{9.13}$$

上式表明该电路的输出电压与输入电压相位相同，大致成一定比例关系，但一定大于或等于1，电路完成了对输入电压信号的同相比例运算。

9.4.2　加减运算电路

9.4.2.1　减法运算电路

图 9 - 23 所示是用一个集成运放组成的基本减法运算电路，运放的两个输入端分别接有输入信号。从电路的结构来看，减法电路就是由同相比例运算电路和反相比例运算电路组合而成。

在理想情况下，利用"虚断"的原理可知，

对于反相输入端

$$i_1 = i_F$$

即

$$\frac{u_{I1} - u_-}{R_1} = \frac{u_- - u_o}{R_F}$$

对于同相输入端

$$u_+ = u_{I2} \cdot \frac{R_3}{R_3 + R_2}$$

再利用"虚短"的原理可知

$$u_- = u_+$$

可得

$$u_o = u_{I2} \cdot \frac{R_3}{R_3 + R_2} \cdot \frac{R_1 + R_F}{R_1} - u_{I1} \frac{R_F}{R_1}$$

当外电路电阻满足平衡对称条件 $R_1 = R_2$，$R_3 = R_F$ 时，上式可以改为

$$u_o = -\frac{R_F}{R_1}(u_{I1} - u_{I2}) \tag{9.14}$$

由式（9.14）可知输出电压与两个输入电压的差值成正比，电路实现了差值运算，这种电路称为差动运算放大器。当该电路中 $R_1 = R_F$ 时，电路变为简单的减法器电路。

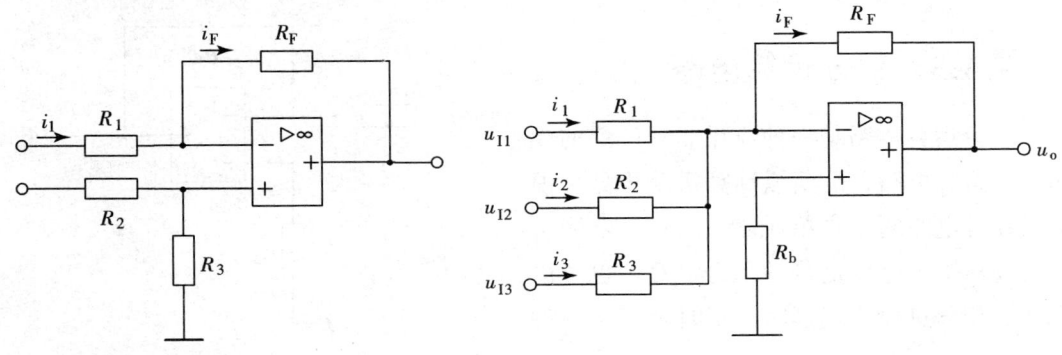

图 9 - 23　减法运算电路　　　　　　　图 9 - 24　反相加法电路

9.4.2.2　加法运算电路

在反相比例运算放大器的基础上增加几个输入支路便组成反相加法运算电路，也称反相加法器，如图 9 - 24 所示为基本的反相加法器电路。电路中同相输入端接平衡电阻 R_b，其阻值为 $R_b = R_1 // R_2 // R_3 // R_F$。

在理想情况下，根据"虚断"、"虚短"原理可知

$$i_F = i_1 + i_2 + i_3$$

其中 $$i_1 = \frac{u_{I1} - u_N}{R_1} = \frac{u_{I1}}{R_1}$$

同理 $$i_2 = \frac{u_{I2}}{R_2}, \qquad i_3 = \frac{u_{I3}}{R_3}$$

所以

$$u_o = u_- - i_F R_F$$

$$= -i_F R_F = -(i_1 + i_2 + i_3) \cdot R_F$$

$$= -\left(\frac{R_F}{R_1} u_{I1} + \frac{R_F}{R_2} u_{I2} + \frac{R_F}{R_3} u_{I3} \right)$$

当电路中 $R_1 - R_2 = R_3 = R$ 时，上式可变为

$$u_o = -\frac{R_F}{R}(u_{I1} + u_{I2} + u_{I3})$$

当 $R_F = R_1 = R_2 = R_3 = R$ 时，电路的输入输出关系为

$$u_o = -(u_{I1} + u_{I2} + u_{I3}) \tag{9.15}$$

即输出电压与各项输入电压代数和成比例关系，在式（9.15）情况下实现加法运算。但该电路的输入与输出的相位相反，常称为反相加法器。反相加法器的优点在于当改变某一输入回路的电阻时，仅仅改变输出电压与该路输入电压之间的比例关系，对其他各路没有影响，电路调节比较灵活方便。另外由于"虚地"现象，加在集成运放输入端的共模电压比较小，在实际工程中，反相加法器应用比较广泛。

9.4.3 积分运算电路

积分运算电路是一种应用非常广泛的模拟信号运算电路，是模拟计算机及积分型模数转换等电路的基本单元之一。积分电路可以实现对输入电压信号的积分运算，也可以利用其积分过程实现延时、定时及产生各种波形的功能。

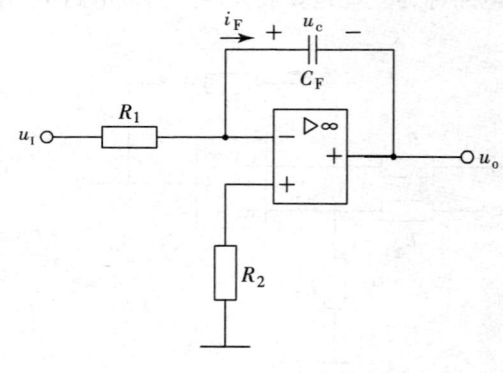

图 9 – 25　积分电路

电路的积分功能是利用电容器上的电压和电流的关系 $u_c = \frac{1}{C}\int i_c \mathrm{d}t$，如图 9 – 25 电路所示，通过电路使电容电流与输入电压产生关联，即可实现积分运算。利用"虚短"和"虚断"的概念可得

$$i_I = i_F = \frac{u_I}{R_1}, \quad u_- = u_+ = 0$$

所以 $$u_o = -u_F = -\frac{1}{C_F}\int i_F \mathrm{d}t = -\frac{1}{C_F R_1}\int u_I \mathrm{d}t \tag{9.16}$$

即输出电压信号与输入电压信号为积分关系，并且输入与输出反相。其中 $C_F R_1$ 为积分电路的时间常数 τ。在实际的积分电路中，由于集成运放参数并不是理想的，还有电容器的漏电等原因会造成积分电路的误差。

9.4.4 微分运算电路

微分是积分的逆运算，所以如图 9－26 所示，积分电路中的电容和电阻元件位置互换，即可组成基本的微分电路。

类似积分电路分析方法，利用"虚断"和"虚短"原理，可得

$$i_F = I_C$$

$$u_O = -I_F R = -I_c R = -RC \frac{du_C}{dt} = -RC \frac{du_I}{dt} \qquad (9.17)$$

可见，输出电压正比于输入电压对时间的微分，电路实现了微分功能。此外，微分电路还具有波形变换及相移功能。

由于当信号频率很高时，电容的容抗减小并使放大倍数增大，造成电路对输入信号中的的高频噪声信号非常敏感，电路的信噪比大大下降。所以在实际应用中，需要对图 9－26 中的电路稍做改造，即在输入回路中接入一个电阻与微分电容串联，在反馈回路中接入一个电容与微分电阻并联，以减少高频噪声。

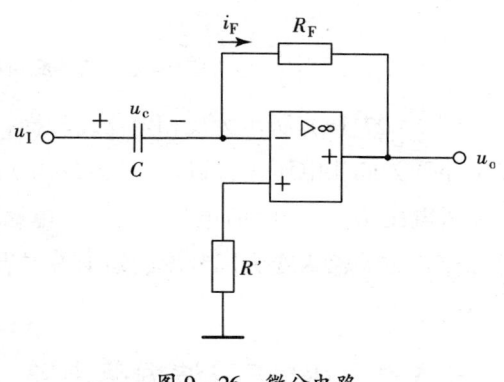

图 9－26 微分电路

9.5 信号处理电路

9.5.1 单限电压比较器

电压比较器是对输入信号进行鉴幅与比较的电路，它将一个模拟量输入电压与一个参考电压进行比较，并将比较的结果输出。比较器的输出只可能有两种状态：高电平和低电平。电压比较器是组成非正弦波发生电路的基本电路单元，也经常应用于模拟/数字转换电路。

单限电压比较器如图 9－27（a）所示，U_I 为输入电压，U_R 为基准电压。当 $U_I > U_R$ 时，U_o 输出为反相饱和电压 $-U_{om}$；当 $U_I < U_R$ 时，U_o 输出为正相饱和电压 U_{om}。传输特性曲线如图 9－27（b）所示。这样根据输出电压的高低可以判断输入电压 U_I 与基准电压 U_R 的大小关

系。我们通常把使比较器的输出电压发生跃变的输入电压称为阈值电压或者门限电压 U_T，对于图 9－27（a）所示电路，$U_T = U_R$，当阈值电压 $U_T = 0$ 时，称为过零比较器。

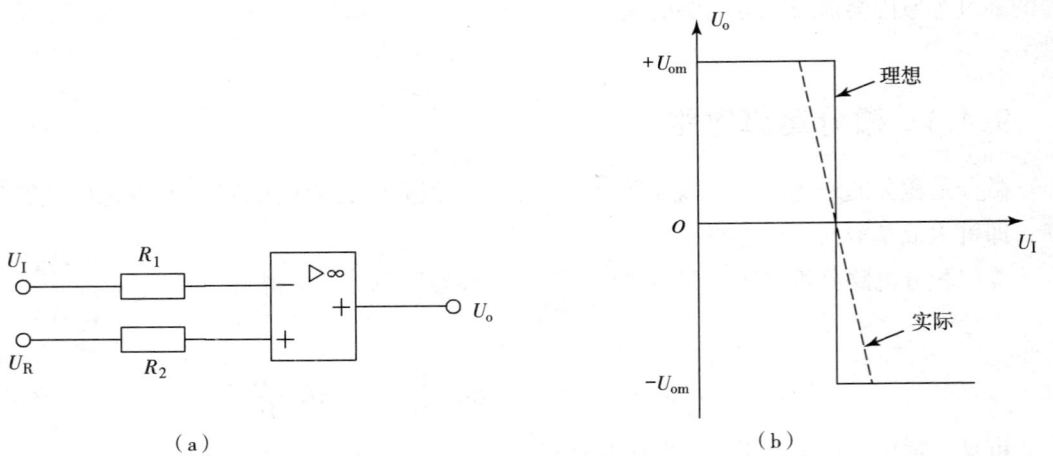

图 9－27　简单反相电压比较器及其传输特性

图 9－27（a）所示为反相电压比较器，当把其中的输入电压和阈值电压位置互换时，该电路变为同相电压比较器，即当输入电压 U_I 大于阈值电压 U_R 时，电路输出 $U_o = U_{om}$；当输入电压 U_I 小于阈值电压 U_R 时，电路输出 $U_o = -U_{om}$。利用这种简单电压比较器，可以将正弦波输入变为同频率的矩形波或者方波输出。

9.5.2　*RC* 正弦波振荡电路

振荡电路按波形分为正弦波振荡器和非正弦波振荡器两大类。下面介绍的是由集成运放和 *RC* 元件组合而成的正弦波振荡电路。正弦波振荡电路是在没有外加输入信号的情况下，依靠电路自激振荡而产生正弦波输出电压的电路。它广泛应用于测量、遥控、通信、自动控制、热处理和超声波电焊等加工设备之中，也作为模拟电路的测试信号。

正弦波电路的基本条件是电路自身的自激振荡。通过反馈电路的学习可知，电路中如果存在负反馈，反馈信号会使得放大器输入端的净输入信号减弱，故引入负反馈后，电路的闭环增益会下降；如果存在正反馈，则反馈信号会使放大器输入端的净输入信号增强，电路闭环增益会增大。自激振荡是一种强烈的正反馈过程，也就是说，自激振荡电路就是正反馈原理的应用。振荡电路由放大电路和反馈电路两个基本环节组成，正弦波振荡电路的原理可以用图 9－28 所示电路来说明。它利用反

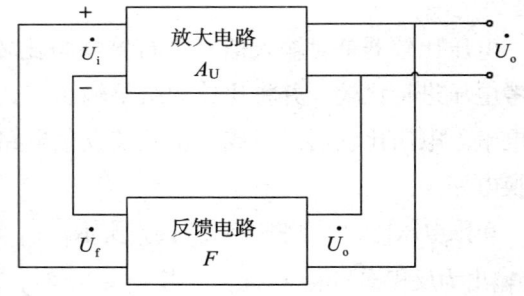

图 9－28　自激振荡的条件

馈电路的反馈电压作为放大电路的输入电压，从而可以在没有外加输入信号的情况下，将直流电源提供的直流电变换成一定频率的正弦交流电信号，像这种在没有外加输入信号的情况下，依靠电路自身的条件而产生一定频率和幅值的交流输出信号的现象称为自激振荡。那么，怎样才能建立自激振荡呢？

由于放大电路要输出一定的交流电压 $\dot{U}_\mathrm{o}$，所需要的输入电压应为

$$\dot{U}_\mathrm{i} = \frac{\dot{U}_\mathrm{o}}{A_\mathrm{u}}$$

而反馈电路所能提供的反馈电压应为

$$\dot{U}_\mathrm{f} = F U_\mathrm{o}$$

要想建立自激振荡则必须满足

$$\dot{U}_\mathrm{f} = \dot{U}_\mathrm{i}$$

所以，得出

$$A_\mathrm{u} F = 1 \tag{9.18}$$

式 9.18 说明了要产生自激振荡，反馈电压 $\dot{U}_\mathrm{f}$ 与放大电路所需要的输入电压 $\dot{U}_\mathrm{i}$ 在大小和相位两方面都必须相等，因此，自激振荡的条件可以分述为以下两点：

（1）自激振荡的相位条件：是指反馈电压 $\dot{U}_\mathrm{f}$ 的相位必须与放大电路所需要的输入电压 $\dot{U}_\mathrm{i}$ 的相位相同，即必须是正反馈。

（2）自激振荡的幅度条件：是指反馈电压的大小必须与放大电路所需要的输入电压的大小相等，即必须有合适的反馈量。用公式表示即为

$$| A_\mathrm{u} | | F | = 1 \tag{9.19}$$

由于振荡电路中没有信号源，所以自激振荡建立的最初信号是开关动作引起的电扰动信号，这个电扰动信号非常小且只出现一次，在扰动信号作用下电路第一次输出给反馈电路。尽管电扰动信号消失了，但振荡电路有了反馈信号作为第二个输入信号。如此循环，振荡电路增幅振荡，电路输出信号的幅值一直增大到某一特定值时，电路满足自激振荡的条件 $\dot{A}\dot{F} = 1$，输出信号的幅值稳定，电路建立稳定的输出。由此可以看出，在振荡建立之初，电路工作在 $\dot{A}\dot{F} > 1$ 的状态，这时反馈信号大于输入信号。随着输出电压幅值的增加，电路的放大倍数 A 数值逐渐减小，反馈信号也就随着减小。当反馈信号减小到与输入信号大小相等的情况下时，电路建立稳定的振荡输出。

由于振荡建立最初的信号是开关动作产生的一个微小电扰动，电扰动信号是由多个频率叠加的杂波信号，如果不对扰动信号进行频率选择，振荡电路的输出就成为无用的杂波信号，因此振荡电路由三部分组成：放大电路、反馈电路及选频电路。其中放大电路负责将输入信号的幅值放大到足够大，反馈电路为放大电路提供输入信号，而选频电

路则负责从最初的电扰动信号中挑选出需要的信号频率，这三部分电路完成的功能就可以使振荡电路输出具有一定频率、一定幅值的交流信号。按照选频电路的结构，振荡电路可以分为 RC 振荡电路与 LC 振荡电路，RC 振荡电路的频率选择是由 R、C 元件的组合电路来完成的，LC 振荡电路的频率选择是由 L、C 元件的组合电路来完成的。

图 9 – 29 所示为 RC 正弦波振荡电路，电路中的放大电路由集成运算放大器构成，选频电路由 RC 串联与 RC 并联结构构成，选频电路联接的两个电阻 R 数值相同，两个电容 C 数值也相同，在调节输出频率时，两个电阻（或两个电容）同时改变，正反馈电路是 RC 并联电路，当集成运算放大器同相端瞬时极性为正时，电路输出极性为正，反馈电压的极性同为正，返送到集成运算放大器输入端的极性是正，反馈类型是正反馈，电路满足自激振荡建立的相位条件。图中 R_f 电阻（$R_f = R_{f1} + R_{f2}$）

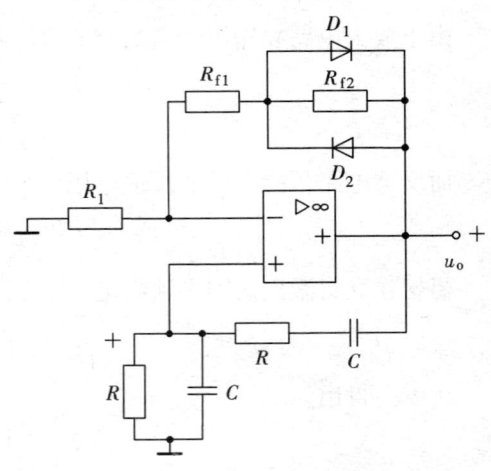

图 9 – 29　振荡电路

是集成运算放大电路的负反馈电阻，其作用是改善放大电路的工作性能，稳定电路的输出信号，与 R_{f2} 电阻正、反向并联的两个二极管是振荡电路的稳幅二极管，以减小输出信号的失真。

RC 振荡电路输出信号的频率可以由选频电路参数推导出来，设选频电路中串联部分的复阻抗为 Z_1，并联部分的阻抗为 Z_2，Z_1 与 Z_2 的表示式分别为

$$Z_1 = R - jX_C \qquad Z_2 = \frac{-jRX_C}{R - jX_C}$$

由于正反馈电路是选频电路的一部分，所以由分压公式可以得到反馈电压

$$\dot{U}_f = \frac{Z_2}{Z_1 + Z_2} \dot{U}_o$$

将 Z_1 与 Z_2 代入上式，可以写出反馈系数的表示式

$$\dot{F} = \frac{\dot{U}_f}{\dot{U}_o} = \frac{\dfrac{-jRX_C}{R - jX_C}}{R - jX_C + \dfrac{-jRX_C}{R - jX_C}} = \frac{-jRX_C}{(R - jX_C)^2 + -jRX_C} = \frac{1}{3 + j\left(\dfrac{R^2 - X_C^2}{RX_C}\right)}$$

由于放大电路的放大倍数为

$$\dot{A} = \frac{\dot{U}_o}{\dot{U}_f} = 1 + \frac{R_f}{R_1}$$

电路建立稳定振荡的条件是 $\dot{A}\dot{F} = 1$，由上式可以看出放大倍数 $\dot{A}$ 是正实数，为满足 $\dot{A}\dot{F} = 1$，反馈系数 $\dot{F}$ 也应为正实数，要使 $\dot{F}$ 为正实数，$\dot{F}$ 参数表示式中的虚部应当为零，

即 $R^2 - X_C^2 = 0$，由此 RC 可得振荡电路的振荡频率为

$$f_。= \frac{1}{2\pi RC} \tag{9.20}$$

公式中的 $f_。$ 就是电路输出信号的频率，如果需要调节输出信号的频率，应同时改变选频电路中的两个电阻 R 或两个电容 C。由于普通的集成运算放大器通频带比较窄，这就限制了 RC 振荡电路的工作频率，通常 RC 振荡电路产生的信号频率在 1MHz 以下。

当电路输出信号频率为 $f = f_。$ 时，反馈系数 $\dot{F}$ 是正实数，并有 $\dot{F} = 1/3$，这时在振荡电路中有

$$\dot{A}\,\dot{F} = \left(1 + \frac{R_f}{R_1}\right) \times \frac{1}{3}$$

如果要求电路满足 $\dot{A}\,\dot{F} = 1$，就要求放大电路的放大倍数

$$\dot{A} \geqslant 3 \tag{9.21}$$

即负反馈电阻 $R_f = 2R_1$，只有这样才能使振荡电路建立稳定的振荡输出。在实际应用电路中，通常选取 $R_f > 2R_1$，以保证电路能够起振，随着输出电压幅值的增大，放大倍数 $\dot{A}$ 参数自动调节减小，最终在 $\dot{A}\,\dot{F} = 1$ 时电路稳定。RC 振荡电路可以通过调节 R 或 C 的数值来改变输出信号频率，由于普通的集成运算放大器的通频带较窄，限制了振荡频率的提高，所以 RC 振荡电路产生的信号频率通常在 1MHz 以下。

RC 振荡电路利用负反馈电路中两个正反向并联二极管的非线性来实现输出幅度自动稳定。电路振荡初时，输出电压 $u_。$ 的幅值比较小，二极管 D_1、D_2 基本不导通，并联电路的阻值由电阻 R_{f2} 决定，由于电路设定 $R_{f1} + R_{f2} > 2R_1$，所以电压放大倍数 $A > 3$，电路开始增幅振荡。随着输出电压 $u_。$ 幅值的逐渐增大，二极管 D_1、D_2 逐渐进入导通状态，二极管由截止状态逐渐转向导通状态意味着二极管由高阻状态逐渐转入低阻状态，二极管等效电阻的降低将影响并联电路的等效阻值，使并联电路的等效电阻数值开始减小，这将使负反馈电阻的数值减小，从而引起电压放大倍数自动下降，直到满足条件 $R_{f1} + R_{f2} = 2R_1$、电压放大倍数 $A = 3$ 时，电路的输出信号幅值进入稳定状态。

复习思考题九

9.1 集成运放通常由哪几部分组成？各部分的作用是什么？

9.2 分析工作在线性区的理想集成运放电路的基本依据有哪些？

9.3 试比较反相运算放大器和同相输入运算放大器的电压放大倍数，输入电阻及输出电阻等的性能。

9.4 电路如图所示，指出反馈元件，并判断级间反馈极性（正，负反馈）和类型，

如果希望 R_{F1} 只起直流反馈作用，R_{F2} 只起交流反馈作用，应将电路如何改变？（要求直接在电路图上改画）。

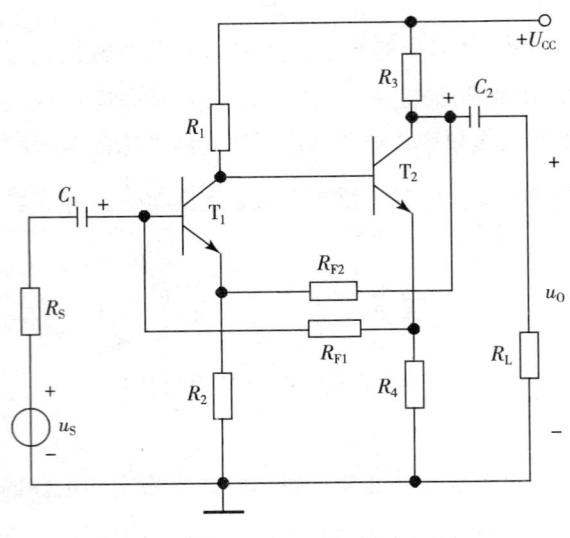

题9.4图

9.5 负反馈放大电路如图所示，要求：（1）指出电路的级间反馈类型，在图上标出反馈类型判别时的瞬时极性；（2）电容 C_3 的容量数值较小，当输入信号 u_i 的频率升高时，在电路的交流反馈中，反馈量将如何变化？为什么？

9.6 放大电路如图所示，指出电路中的反馈元件，并判断反馈类型和反馈极性（正，负反馈）。

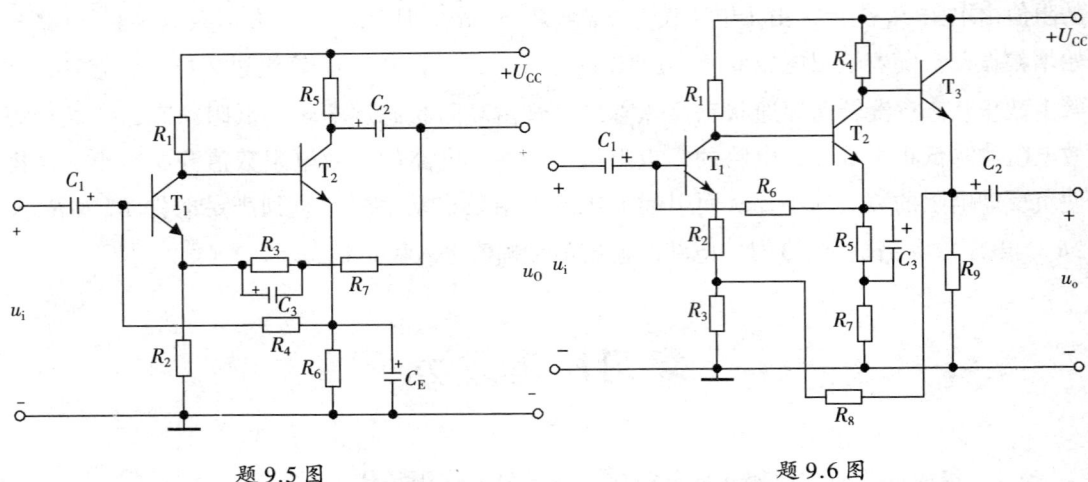

题9.5图　　　　　　　　　　　　题9.6图

9.7 放大电路如图所示，试指出各电路的反馈元件，并说明反馈的类型。（设各图中的电容器对交流信号均可以视为短路）

9.8 电路如图所示，如希望降低电路的输入电阻、稳定输出电压，试在各图中接入相应的反馈电路。

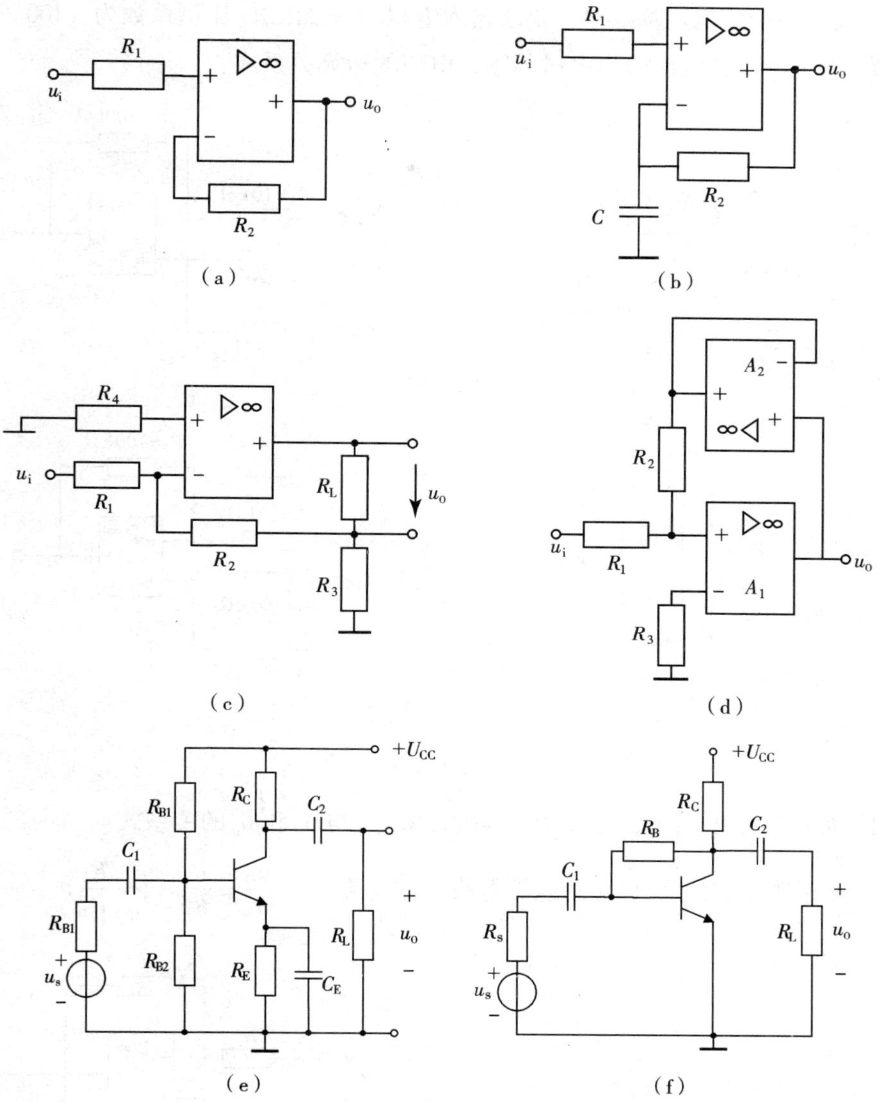

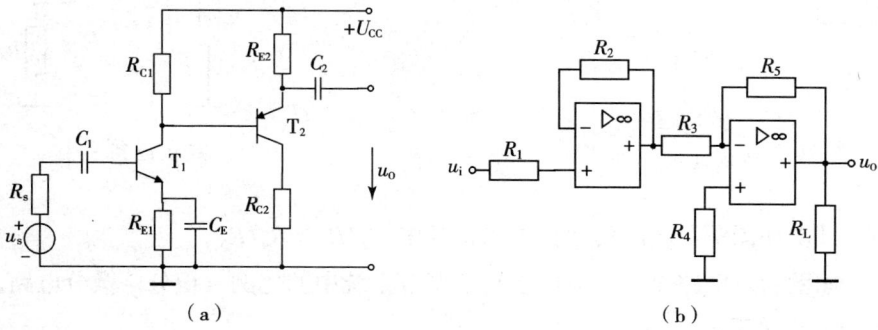

（a）

（b）

（c）

（d）

（e）

（f）

题 9.7 图

（a）

（b）

题 9.8 图

9.9 设计一个比例运算电路，要求输入电阻 $R_i = 20K\Omega$，比例系数为 -100。

9.10 求下图中各电路输出电压与输入电压的运算关系式。

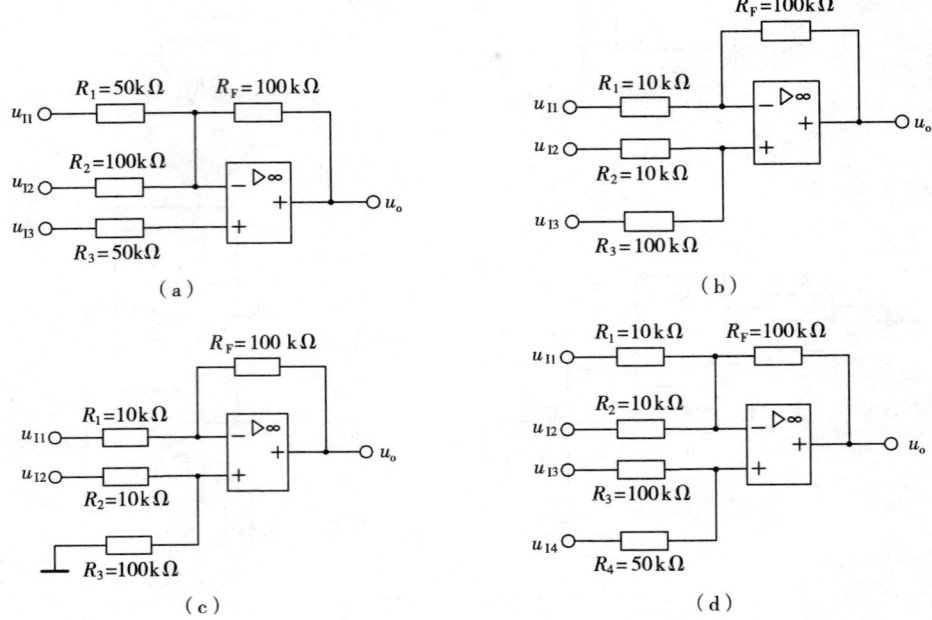

（a）

（b）

（c）

（d）

题 9.10 图

9.11 如图所示电路中，已知 $R_F = 4R_1$，求 u_O 与 u_{i1} 和 u_{i2} 的关系式。

9.12 如图所示为一反相比例运算电路，试证明 $A_r = \dfrac{u_O}{u_i} = \dfrac{R_f}{R_1}\left(1 + \dfrac{R_3}{R_4}\right) - \dfrac{-R_3}{R_1}$。

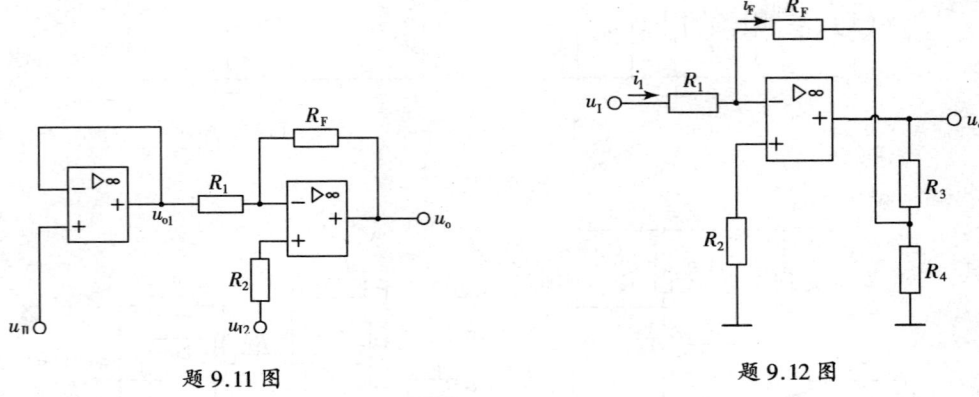

题 9.11 图

题 9.12 图

9.13 试求如图所示电路的运算关系，其中 $R_3/R_1 = R_4/R_5$。

9.14 如图所示电路是广泛应用于自动调节系统中的比例 - 积分 - 微分电路。试求该电路输入与输出关系式。

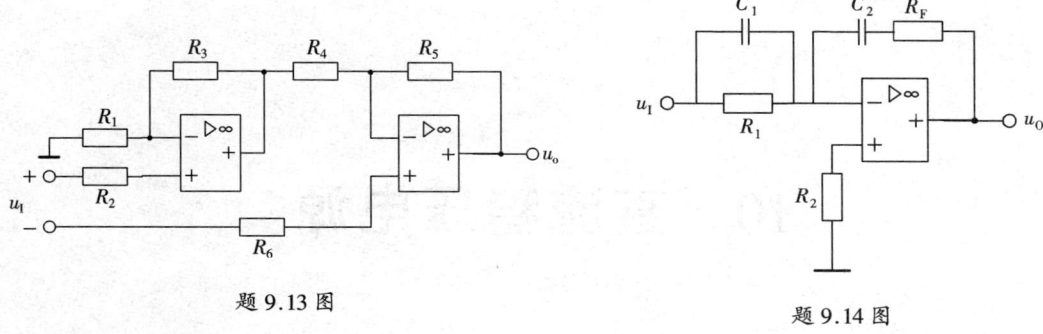

题 9.13 图   题 9.14 图

9.15 根据如图所示电路及输入电压波形画出输出电压波形。

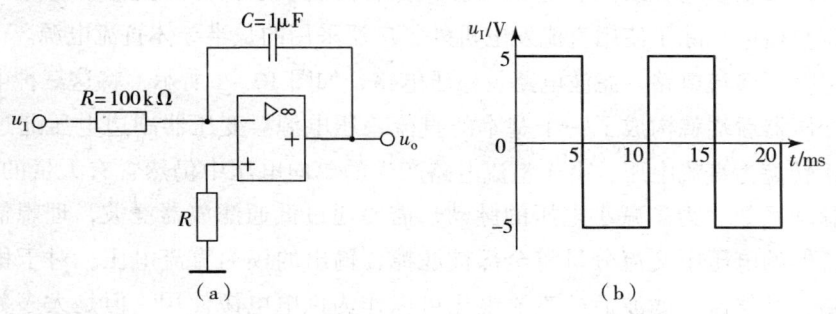

（a）   （b）

题 9.15 图

9.16 试述滤波器电路的作用和分类。

9.17 电压比较器和基本运算电路中的集成运放分别工作在电压传输特性的哪个区？

9.18 分析过零比较器的电压传输特性及输出和输入电压的关系。

9.19 试求下列各电路的运算关系。

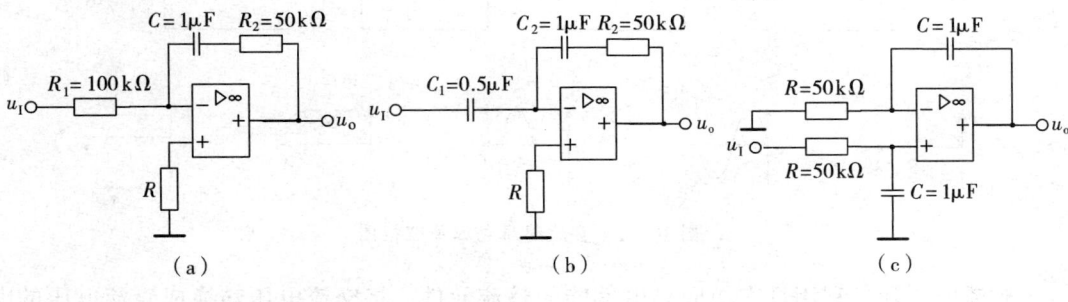

（a）   （b）   （c）

题 9.19 图

10　直流稳压电源

在工农业生产中主要采用交流电供电，但是在某些场合，例如电解、电镀、蓄电池、直流电动机以及众多电子线路、电子设备和自动控制装置都需要直流稳压电源供电。为了得到稳定直流电，除了使用直流发电机外，广泛采用的是半导体直流电源。

本章将介绍整流电路、滤波电路及稳压电路，如图10-1所示，将这三种电路依次联接在电源变压器后端就构成了一个基本的直流稳压电源。变压器副边电压通过整流电路由交流电压转换为直流电压，由于整流电路产生的单向电压中仍然含有大量的交流分量，有较大的脉动系数。为了减小电压的脉动，需要通过低通滤波器滤波，理想情况下，经过低通滤波器的电压中交流分量将全部被滤掉，输出的仅为直流电压。对于稳定性要求不高的电路，经整流、滤波后的直流电压可以作为供电电源使用。但是大多数场合，需要在滤波器电路后附加稳压电路，这样可以防止当电网电压波动或者负载变化时直流输出电压的变化。

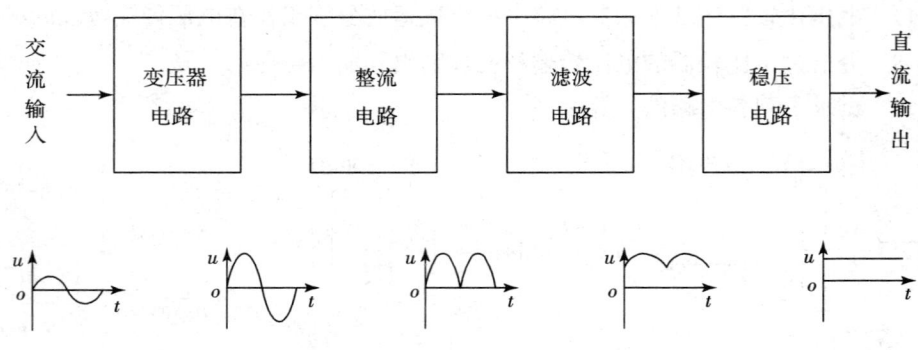

图 10-1　直流稳压电源原理框图

整流电路就是利用具有单向导电性能的整流元件，将交流电压转换成直流电压的电路，整流电路可以分为单相整流电路和三相整流电路、半波整流电路和全波整流电路等。本节将要讲述的是单相半波整流电路和单相全波整流电路。

10.1 整流电路

10.1.1 单相半波整流电路

单相半波整流电路实际上就是第 7 章中提到的二极管应用电路中的削峰电路。图 10-2 （a）所示为最简单的单相半波整流电路。

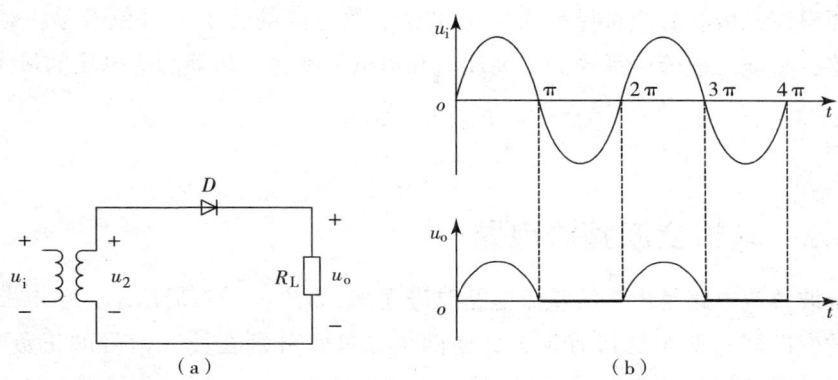

图 10-2 单相半波整流电路及输出波形

在变压器副边电压的正半周期内，二极管正偏，二极管两端的电压只是它的正偏导通电压，大部分电压落在了输出端的负载电阻上。在变压器副边电压的负半周期内，二极管反偏，电流为零，输出端的负载电阻两端电压为零。这样每隔半个周期，整流电路中都会有电流通过，且输出电压的极性保持不变，该电路称为单相半波整流电路。

设整流电路的交流输入电压 $u_i = \sqrt{2}\,U\sin\omega t$，其中 U 为变压器副边电压的有效值。由于在输入电压的一个工作周期内，在负载上得到的输出电压波形只是半个正弦波，再假设二极管上的正向压降为零，则在半波整流情况下，整流电路的输出电压瞬时值为

$$u_o = \begin{cases} \sqrt{2}\,U\sin\omega t & 0 \leqslant \omega t \leqslant \pi \\ 0 & \pi \leqslant \omega t \leqslant 2\pi \end{cases}$$

所以，输出电压平均值为

$$U_{o(AV)} = \frac{1}{2\pi}\int_0^\pi \sqrt{2}\,U_2\sin\omega t\,\mathrm{d}(\omega t) = 0.45U_2$$

在整流电路中输出电压的脉动系数 S 用来描述输出电压中交流分量与直流分量的比例关系，是评价整流输出电压的参数之一，脉动系数定义为输出电压中基波（或最低次谐波）的峰值与输出电压的平均值之比，即

单相半波整流电路的输出是非正弦周期波形，可用傅立叶级数对半波输出电压进行分析计算，计算过程不再赘述，其脉动系数 $S = 1.57$。可见，半波整流电路输出电压的脉

动系数为 157%，含有很大的脉动成分。

二极管正向平均电流 $I_{D(AV)}$ 是影响二极管工作时温升的主要因素，所以也是决定二极管使用极限的重要指标，在联接整流电路时需要注意流经二极管支路的平均电流不超过 $I_{D(AV)}$。在半波整流电路中，整流二极管串联在输出回路中，所以整流二极管正向平均电流 $I_{D(AV)}$ 任何时候都等于流过负载的平均电流，即

$$I_{D(AV)} = \frac{U_{o(AV)}}{R_L} = 0.45\frac{U_2}{R_L} = I_o$$

二极管反向峰值电压 PIV 是当二极管截止情况下二极管两端所需要承受最大反向电压降。选择整流二极管时应选择反向耐压比这个数值高的管子，以免击穿。对于单相半波整流电路，整流二极管所承受的最大反向峰值电压就是变压器副边电压的最大值

$$U_{DRM} = \sqrt{2}\,U_2$$

10.1.2 单相全波整流电路

简单全波整流电路是由半波整流电路改进而来，如图 10 – 3(a)所示，该电路利用具有中心抽头的变压器与两个二极管配合，使两个二极管分别在输入信号的正负半周导通，并且导通时流经负载的电流方向一致，从而使输入信号正负半周时负载都有输出电压。具

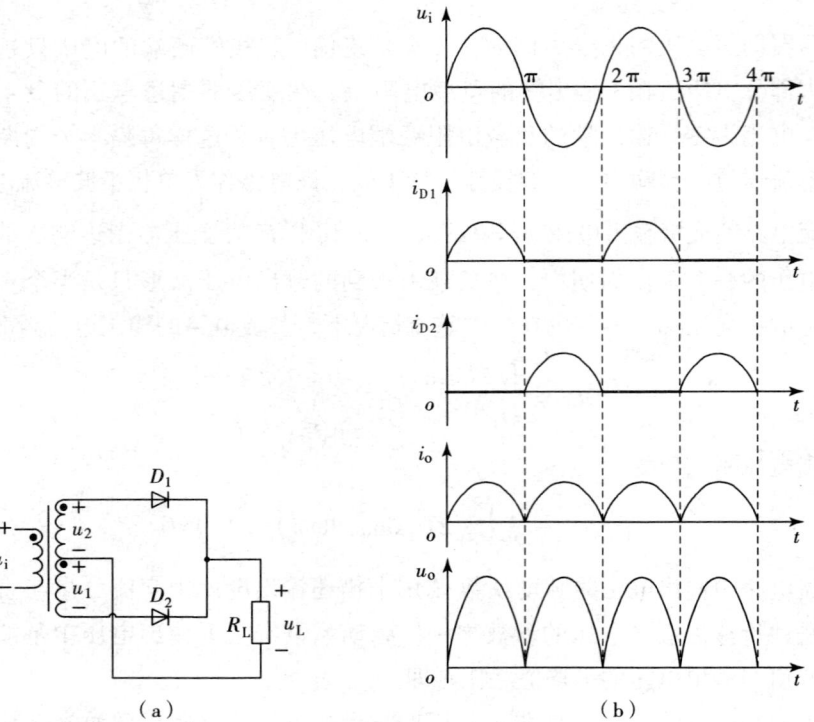

图 10 – 3 单相全波整流电路图及波形图

体来讲，当输入信号为正半周时，u_2 的极性为上正下负，二极管 D_1 导通、D_2 截止，负载的电流 i_L 经过二极管 D_1 流入，负载两端电压 u_L 为上正下负；当输入信号为负半周时，u_2 的极性为上负下正，二极管 D_1 截止、D_2 导通，负载的电流 i_L 经过二极管 D_2 流入，负载两端电压 u_L 仍然为上正下负。因此在负载上可以得到一个单方向的脉动电压。

由输出波形图可以看出，单相全波整流电路的输出电压 u_o 的波形包围面积是半波整流电路的两倍，所以其平均值也是半波整流电路的两倍，并且全波整流电路的脉动成分也比半波整流电路的有所下降。但是变压器两个副边线圈中，每个线圈只有一半时间有电流通过，其利用效率不高。为了提高变压器的利用率，并且降低整流电路的成本，需要进一步改进全波整流电路，下面将介绍一种稍微复杂的单相桥式整流电路。

桥式整流电路也是一种全波整流器电路，但不需要有中心抽头次级线圈的变压器，如图 10-4 所示，桥式整流电路由四个整流二极管构成。在输入信号 u_i 的正半周内，二极管 D_1、D_3 导通，D_2、D_4 截止；输入信号 u_i 为负半周时，二极管 D_2、D_4 导通，D_1、D_3 截止。可以注意到，无论输入信号的方向在哪个半周，电流 i_L 都是由上往

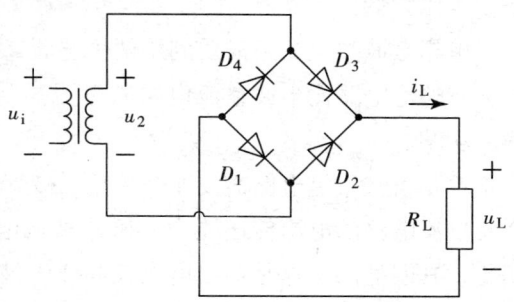

图 10-4　单相桥式整流电路

下流经负载，而且负载两端电压 u_L 都是上正下负，从而达到整流目的。该电路的特点在于，使用的二极管比全波整流多一倍，但每个二极管所承受的反向电压比较小。

桥式整流电路的输出电压波形与全波整流电路一样，其输出电压平均值为

$$U_{o(AV)} = \frac{2\sqrt{2}}{\pi} U_2 = 0.9 U_2$$

输出电压的脉动系数 S 为

$$S = \frac{U_{olm}}{U_{o(AV)}} = 0.67$$

在桥式整流电路中，整流二极管 D_1、D_3 和 D_2、D_4 是两两轮流导通的，因此，流过每个整流二极管的平均电流是电路输出电流平均值的一半，

$$I_{D(AV)} = \frac{U_{o(AV)}}{R_L} = 0.45 \frac{U_2}{R_L} = \frac{I_{o(AV)}}{2}$$

桥式整流电路因其变压器副边绕组没有中间抽头，在 U_2 正半周时，D_1、D_3 导通，D_2、D_4 截止，此时 D_2、D_4 所承受的最大反向电压为 U_2 的最大值，即 $U_{DRM} = \sqrt{2} U_2$。同理，在 U_2 负半周时，D_1、D_3 也承受同样大小的反向电压。

表 10-1 列出了本书所提到的三种整流电路的主要参数，可以归纳以上三种基本单相整流电路的特点：

表 10-1 单相整流电路的主要参数

主要参数　　　　　电路形式	输出均值电压 $U_{o(AV)}$	脉动系数 S	二极管正向平均电流 $I_{D(AV)}$	二极管反向峰值电压 U_{DRM}
半波整流	$0.45U_2$	1.57	$I_{o(AV)}$	$\sqrt{2}U_2$
全波整流	$0.9U_2$	0.67	$0.5I_{o(AV)}$	$2\sqrt{2}U_2$
桥式整流	$0.9U_2$	0.67	$0.5I_{o(AV)}$	$\sqrt{2}U_2$

单相半波整流电路只需要一个整流二极管，外加电源和负载，是三种整流电路最简单的，但是由于其每个交流输入周期内只有半个周期起作用，输出波形脉动比较大，电路效率比较低。

单相全波整流电路需要利用两个整流二极管和一个中心抽头变压器，结构相对复杂。但全波整流电路比半波整流电路效率更高，因为它能够在交流输入的整个周期内都提供输出功率。

单相桥式整流电路需要 4 个整流二极管，但不需要中心抽头变压器，却仍然具有普通全波整流电路的电源传送能力。桥式整流电路与单相半波整流电路和单相全波整流电路相比，其明显的优点是输出电压较高，纹波电压较小，整流二极管所承受的最大反向电压较低，并且因为电源变压器在正负半周内都有电流流过，所以变压器绕组中流过的是交流，变压器的利用率高。在同样输出直流功率的条件下，桥式整流电路可以使用小的变压器，因此，这种电路在整流电路中得到广泛应用。

10.2 滤波电路

整流电路的输出信号虽然确保了方向的单一性，但是脉动较大，且有较多的谐波成分，所以一般需要采取一定措施降低输出电压的脉动部分，并且尽量保留其中的直流成分，使输出信号接近于理想的直流电压。这里就需要本节所要提到的滤波电路。

10.2.1 电容滤波电路

图 10-5（a）所示是一个简单的电容滤波电路，由整流电路的负载输出端与一个滤波电容并联组成。电容滤波是通过电容的充放电过程滤掉交流部分。当变压器副边电压 u_2 处于正半周并且大于电容两端电压 u_C 时，二极管 D_1、D_3 导通，电容 C 被充电，u_C 随 u_2 按正弦规律上升。当 u_2 上升到峰值后开始下降，此时 u_C 大于 u_2，电容通过负载电阻 R_L 放电。放电初期 u_C 变化趋势与 u_2 基本相同，但由于电容按指数规律放电且时间常数 $\tau = R_L C$ 很大，当 u_2 下降到一定数值后，u_C 的下降速度小于 u_2 的下降速度，输出波

形如图中 a 点到 b 点变化曲线，期间 4 个二极管都处于截止状态。当电容放电到 b 点时，桥式电路的输出又大于电容电压，此时 u_2 处于负半周，二极管 D_2、D_4 导通，电容重新充电，并循环重复上述过程。以上分析都是在理想情况下得出的，即变压器副边无损耗，二极管导通电压为零。

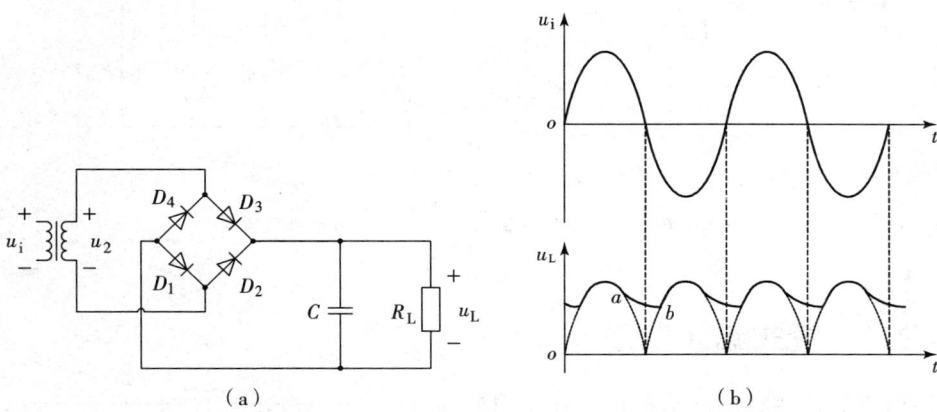

图 10 - 5　单相桥式整流、电容滤波电路及其波形图

从输出波形可以注意到，经过滤波电路后，输出电压的直流成分增加，而且平均值也得到提高。通常情况下输出平均电压 $U_{o(AV)} = (1.1 \sim 1.4) U_2$，当负载为开路时，输出平均电压 $U_{o(AV)} = \sqrt{2} U_2$。

同时由于电容储能作用的影响，输出电压的脉动成分降低。在元件参数选择时需要考虑到对于 RC 电路时间常数 τ 越大，放电过程越慢，输出电压也越高，同时脉动成分也越少，滤波电路的效果越好。在输出开路时，$\tau = R_L C \approx \infty$，脉动系数 $S = 0$。电容滤波电路参数选择时，尽量选择大容量的电容作为滤波电容，同时要求负载电阻也尽量大，因此，电容滤波电路一般应用在负载电流比较小的情况下。

一般实际电路中，为达到较好的滤波效果，时间常数选择 $\tau = R_L C > (3 \sim 5) \dfrac{T}{2}$（$T$ 为交流电源周期）。

10.2.2　电感滤波电路

简单电感滤波电路就是在输出负载上串联一个电感器 L，利用电感的储能作用减小输出电压的脉动，得到比较平滑的直流输出。如图 10 - 6（a）所示为简单电感滤波电路。

电感滤波电路输出电压平均值小于整流电路输出电压平均值，在理想状态下，$U_{o(AV)} = 0.9 U_2$。一般在 L 越大，负载电阻 R_L 越小的情况下，输出电压的直流分量越多，脉动越小，滤波效果越好。电感滤波器输出峰值电流很小，输出比较平缓，但由于铁心的存在，该电路比较笨重，容易引起电磁干扰，一般用于大电流的场合。

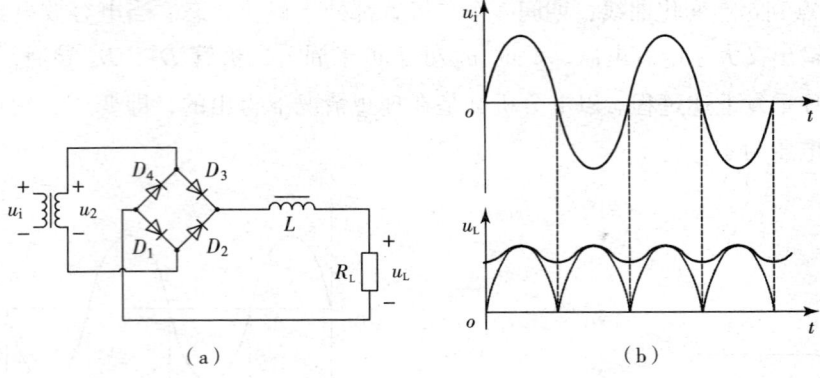

图 10 - 6 单相桥式整流、电感滤波电路及其波形图

10.2.3 复式滤波电路

前面所提到的两种滤波器都是单独使用电容或者电感构成，但为了改善滤波质量，提高滤波器的可调节性，可以采用由 R、L、C 组合而成的复式滤波器。如图 10 - 7 所示的是几种典型的复式滤波器网络。

LCπ 型滤波电路是在普通的 L 型 LC 低通滤波器电路的输入端中附加了一个电容，增加了截止频率的陡度，具有较高的滤波质量和较好的调节能力。

RCπ 型滤波电路是在普通的电容滤波器上增加了一个电容，其输出电压的脉动比普通电容滤波器小很多，虽然其滤波质量不及 LCπ 型滤波电路，但相对价格较为便宜，适合要求不高的场合。

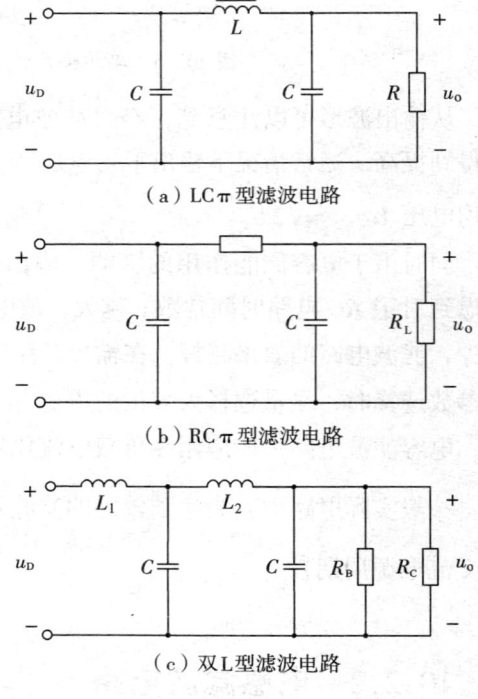

（a）LCπ 型滤波电路

（b）RCπ 型滤波电路

（c）双 L 型滤波电路

图 10 - 7 几种常见滤波器网络

双 L 型滤波电路利用了电容和电感在交流电压经过时具有不同效应的原理，使该滤波电路具有非常小的电压波动和很好的调节能力，是目前为止性能最佳的滤波电路网络，造价也比较昂贵，常用于高频信号的处理中，如雷达、核磁共振等。

10.3 稳压电路

10.3.1 稳压二极管稳压电路

稳压二极管是利用 PN 结的反向击穿特性来实现稳压作用的半导体元器件。当稳压管反向击穿时，在一定电流范围内，稳压管两端电压降基本不变，具有一定的稳压作用。稳压管的特性曲线如图 10 – 8 所示。

下面介绍稳压二极管的两个主要参数：

（1）稳定电压 U_Z——稳压管在反向击穿区域内的稳定工作电压，是判断稳压管特性的主要依据之一。不同型号的稳压管，其稳定电压不同；对于同一型号的稳压管，由于制造工艺的分散性，各个管子的稳定电压值也有差别。

（2）稳定电流 I_Z——稳压管正常工作时的参考电流。工作电流小于稳定电流 I_Z 时，动态电阻 r_Z 增大，稳压效果变差；工作电流大于稳定电流 I_Z 时，动态电阻 r_Z 减小，稳压效果得到改善。当流经稳压管电流过小时（$I_Z < I_{min}$），无法反向击穿稳压管，稳压管无法正常工作，其中 I_{min} 称为最小稳定电流。

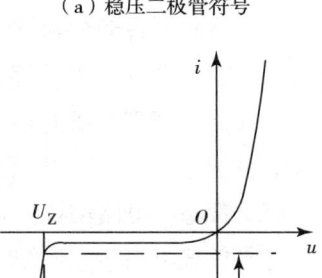

（a）稳压二极管符号

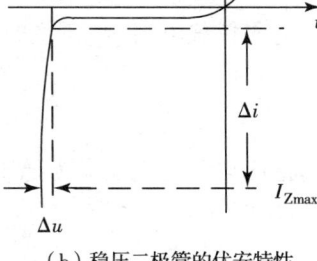

（b）稳压二极管的伏安特性

图 10 – 8 稳压二极管的符号
和伏安特性

前两节所讲的整流滤波电路能够将正弦交流电压转换为比较平滑的直流电压，但是当输入的电网电压发生波动时，输出电压的平均值也将随之产生波动。此外由于整流滤波电路本身存在内阻，所以外部所接负载阻值的变化也能够影响输出电压平均值。为了减小输出电压的波动，提供一个比较稳定的直流电压，需要采取一定的稳压措施，本节将介绍由稳压管组成的简单稳压电路。如图 10 – 9 所示，稳压管稳压电路由稳压二极管 D_Z 和限流电阻 R 组成。在保证 $I_{min} \leqslant I_Z \leqslant I_{max}$ 的情况下，稳压电路能够正常工作。

电路的稳压需要考虑两方面：

（1）假定输入电压不变，负载变化。当负载电阻 R_L 减小，负载电流 I_L 增大时，流经电阻 R 的电流 I_R 增大，电阻 R 上的压降也随之升高，输出电压 U_L 将下降。稳压管并联在输出端，根据稳压管的伏安特性，当 U_L 稍有下降时，电流 I_Z 将急剧减小。由于 $I_R = I_Z + I_L$，所以 I_Z 的减小使 I_R 也随之减小。这样使 I_R 的值基本回落到负载变化前的状态，从而使电阻 R 上的压降也回到原水平，最终使输出电压基本维持稳定。

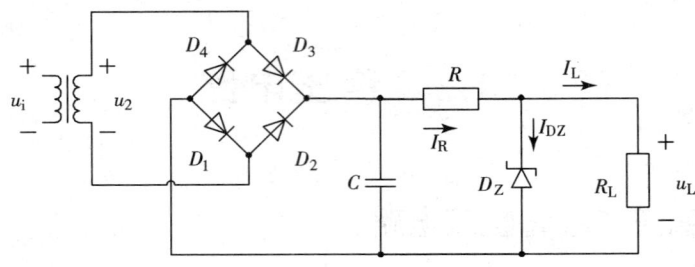

图 10 - 9 稳压管稳压电路

（2）假定负载不变，输入电压发生变化。当电网电压 U_L 升高时，输出电压也将随之升高。根据稳压管的伏安特性，当 U_L 略有升高时，电流 I_Z 将随之急剧升高，这样使电阻 R 上的分压增加，从而抵消输入电压的升高，使输出电压 U_L 基本保持稳定。

所以，稳压管组成的稳压电路，主要是利用稳压管所起的电流调节作用，通过调节限流电阻 R 上的电流及电压变化，达到使输出电压基本保持稳定的目的。

稳压管稳压电路的性能描述主要根据稳压系数 S_r 和稳压电路内阻 R_0。稳压系数 S_r 定义为当负载电阻 R_L 不变时，稳压电路的输出电压和输入电压的相对变化量之比，即

$$S_r = \left. \frac{\Delta U_L / U_L}{\Delta U_I / U_I} \right|_{R_L = 常数} = \left. \frac{U_I}{U_L} \cdot \frac{\Delta U_L}{\Delta U_I} \right|_{R_L = 常数}$$

稳压电路内阻定义为稳压电路输入电压一定时输出电压变化量与输出电流变化量之比，即

$$R_0 = \left. \frac{\Delta U_L}{\Delta I_L} \right|_{U_L = 常数}$$

一般情况下，稳压系数 S_r 越小，当电网电压发生波动时，稳压电路的稳压性能越好；内阻 R_0 越小，当负载变化时，稳压电路的稳压性能越好。

设计稳压管稳压电路时，还需要特别注意限流电阻 R 的选择，通常为了使电网电压最高和负载电流最小时经过稳压管的电流 I_Z 不超过其能承受的最大值，需要

$$R > \frac{\Delta U_{Imax} - U_Z}{\Delta I_{Zmax} + I_{Lmin}}$$

当电网电压最低和负载电流最大时，I_Z 不得低于其正常工作允许的最小值，这需要

$$R < \frac{\Delta U_{Imin} - U_Z}{\Delta I_{Zmin} + I_{Lmax}}$$

10.3.2 集成稳压电路

随着半导体工艺的发展，现在已生产并广泛应用的单片集成稳压电源，具有体积小、可靠性高、使用灵活、价格低廉等优点。最简单的集成稳压电路只有输入、输出和公共引出端，故称为三端集成稳压器。按输出电压的可调节性可以分为固定式稳压电路和可

调式稳压电路。图 10－10 所示为几种常见三端稳压器的外形和方框图。其中 W7800 系列的三端稳压器为固定式稳压电路，其输出电压有 5V、6V、9V、12V、15V、18V 和 24V 七个档次，型号后面的两个数字表示输出电压值。W117 为可调式三端稳压器。

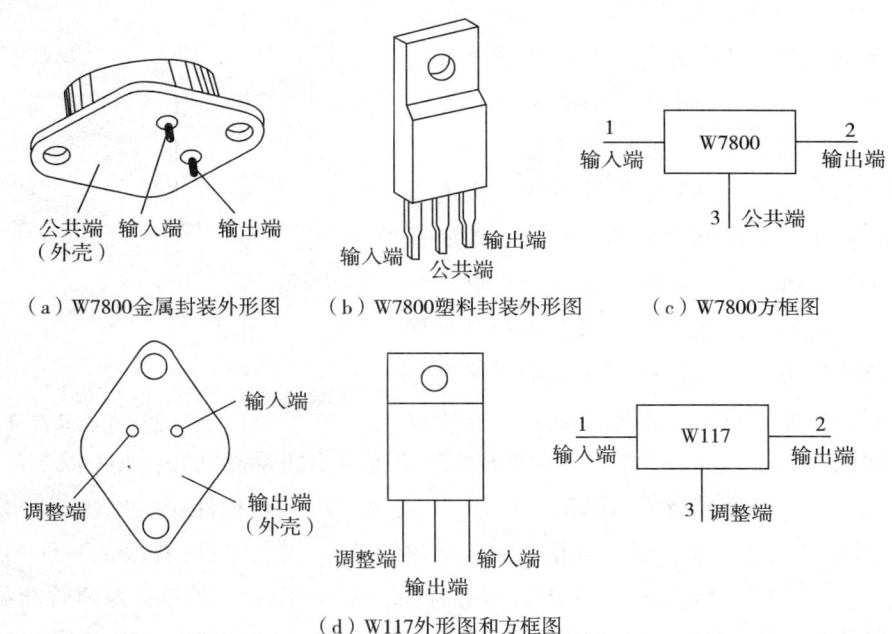

（a）W7800金属封装外形图　　（b）W7800塑料封装外形图　　（c）W7800方框图

（d）W117外形图和方框图

图 10－10　三端稳压器的外形和方框图

图 10－11 所示为 W7800 三端稳压器的基本应用电路。电容 C_i 用于抵消输入线较长时的电感效应，以防止电路产生自激振荡，其电容量一般低于 $1\mu F$。电容 C_o 用于消除输出电压中的高频噪声，可取小于 $1\mu F$ 的电容，也

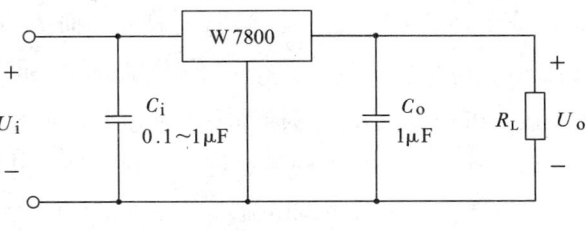

图 10－11　W7800 的基本应用电路

可取几微法甚至几十微法的电容，以便输出较大的脉冲电流。

10.4　可控整流电路

10.4.1　晶闸管

前面介绍的二极管整流电路在应用上有一个很大的局限性，就是在输入的交流电压一定时，输出的直流电压是一个固定值，一般不能任意调节。但是，在很多情况下，都要求直流电压能够进行调节，即具有可控的特点。晶体闸流管（简称晶闸管或可控硅）

就是为满足这种需求研制出来的。晶闸管具有体积小、重量轻、效率高、动作迅速、维护简单、操作方便、寿命长等许多优点；但也存在过载能力差、抗干扰能力差、控制比较复杂等缺点。

晶闸管的内部构造如图 10 – 12（a）所示。它具有三个 PN 结的四层结构，由最外层的 N 层和 P 层引出两个电极，分别称为阳极 A 和阴极 C，由中间的 P 层引出门极 G，或称控制极。

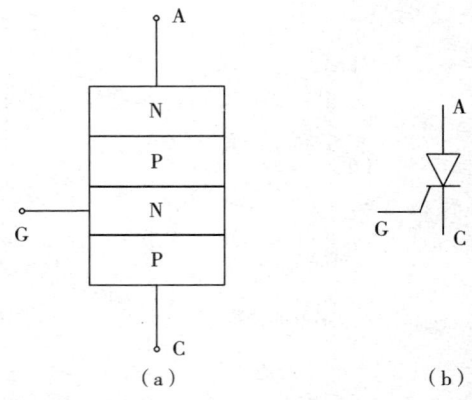

晶闸管和只有一个 PN 结的硅整流二极度管在结构上迥然不同。晶闸管的四层结构和控制极的引用，为其发挥"以小控大"的优异控制特性奠定了基础。在应用晶闸管时，只要在控制极加上很小的电流或电压，就能控制很大的阳极电流或电压。目前已能制造出电流容量达几百安培以

图 10 – 12　晶闸管的结构及其符号

至上千安培的晶闸管元件。一般把 5A 以下的晶闸管叫小功率晶闸管，50A 以上的晶闸管叫大功率晶闸管。下面分析为何晶闸管具有"以小控大"的可控性。

如图 10 – 13 所示，我们可以把从阴极向上数的第一、二、三层看做是一只 NPN 型晶体管，而二、三、四层组成另一只 PNP 型晶体管。其中第二、第三层为两管交叠共用。如果晶闸管阳极与阴极之间加正向电压，门极与阴极之间也加正向电压，如图 10 – 14 所示，那么，晶体管 T_2 处于正向偏置，T_2 的基极、T_{GC}、T_2 的发射极构成的回路有门极电流 I_G 流过，T_2 的集电极电流 $I_{C2} = \beta_2 I_G$。而 I_{C2} 又是晶体管 T_1 的基极电流，T_1 的集电极电流 $I_{C1} = \beta_1 I_{C2} = \beta_1 \beta_2 I_G$（$\beta_1$ 和 β_2 分别为 T_1 和 T_2 的电流放大系数）。此电流又流入 T_2 的基极，再一次放大。这样循环下去，形成了强烈的正反馈，使两个晶体管很快达到饱和导通。这就是晶闸管的导通过程。导通后，其压降很小，电源电压几乎全部加在负载上，晶闸管中就流过负载电流。

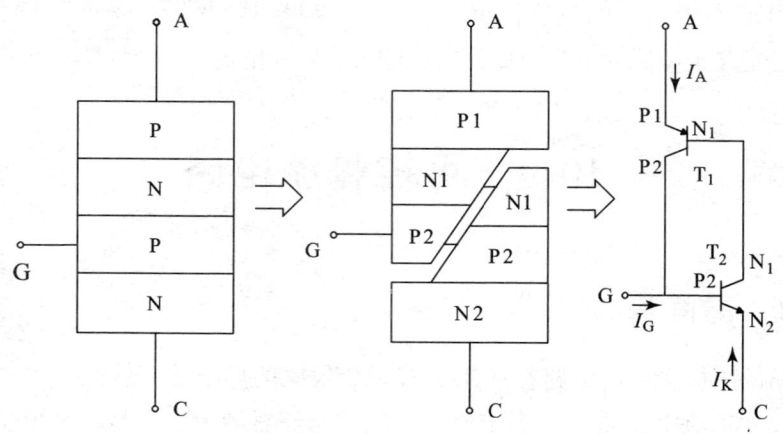

图 10 – 13　晶闸管等效电路

240

此外，在晶闸管导通后，它的导通状态完全靠管子本身的正反馈作用来维持，即使门极电流消失，晶闸管仍然处于导通状态。所以，门极的作用仅仅是触发晶闸管使其导通，导通之后，门极就失去控制作用了。要想关断晶闸管，必须将阳极电流减小到使之不能维持正反馈过程。当然也可以将阳极电源断开或者在晶闸管的阳极和阴极间加一个反向电压。

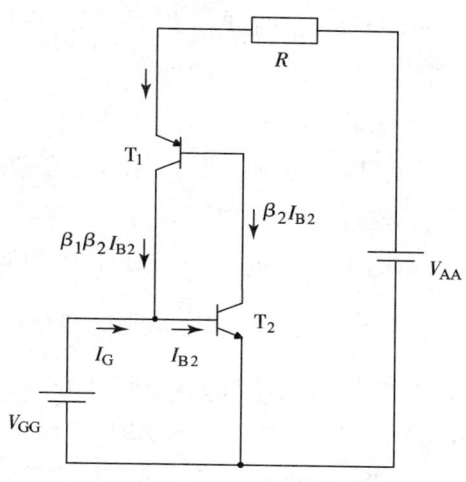

图 10 – 14　晶闸管工作原理

综上所述，晶闸管是一个可控的单向导电开关。它与具有一个 PN 结的二极管相比，其差别在于晶闸管正向导通受门极电流的控制；与具有两个 PN 结的晶体管相比，其差别在于晶闸管对门极电流没有放大作用。

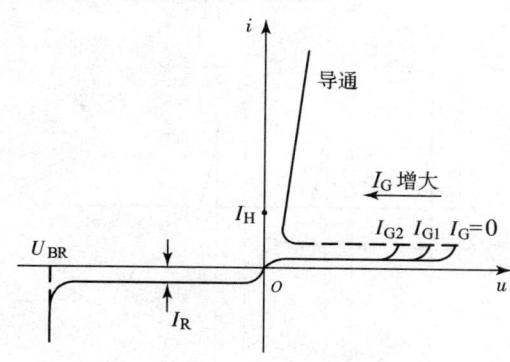

图 10 – 15　晶闸管的伏安特性曲线

图 10 – 15 所示为晶闸管的伏安特性。$u > 0$ 时的伏安特性成为正向特性，其中当 $I_G = 0$ 时，u 逐渐增大，在一定限度内，曲线与二极管的反向特性类似；当 u 增大到一定数值后，晶闸管导通，电流骤然增大，电压迅速减小，曲线与二极管的正向特性类似。为了防止电流过大损坏晶闸管，常在晶闸管 A – C 所在回路加限流电阻以限制阳极电流。当 $u < 0$ 时的伏安特性称为反向特性，与二极管的反向特性类似。当晶闸管阳极和阴极间加反向电压时，只有很小的反向电流 I_R；当反向电压增大到一定数值时，反向电流骤然增大，管子击穿。

10.4.2　可控桥式整流电路

可控整流电路由主电路和触发电路两大部分组成，其作用是将交流电压变成电压值可调的脉动直流电压。图 10 – 16 所示为单相桥式半控整流电路，其主电路和单相桥式整流电路相比，只是两个桥臂中的二极管被晶闸管所代替。

在交流电压 u_2 正半周时，T_1、D_1 处于正向电压作用下，当时 $\omega t = \alpha$，控制极引入的触发脉冲 u_G 使 T_1 导通，电流的通路为：$a \rightarrow T_1 \rightarrow$

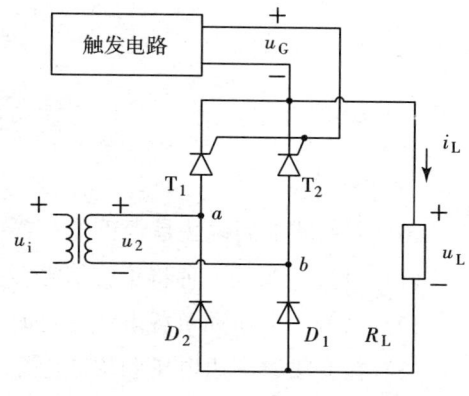

图 10 – 16　单相桥式半控整流电路

$R_L \rightarrow D_1 \rightarrow b$，这时 T_2、D_2 均承受反向电压而阻断。在电源电压 u_2 过零时，T_1 阻断，电流为零。同理，在 u_2 的负半周时，T_2、D_2 均处于正向电压作用下，当 $\omega t = \pi + \alpha$ 时，控制极引入的触发脉冲 u_G 使 T_2 导通，电流的通路为：$b \rightarrow T_2 \rightarrow R_L \rightarrow D_2 \rightarrow a$，这时 T_1、D_1 承受反向电压而阻断。当 u_2 由负值过零时，T_2 阻断。可见，无论 u_2 在正半周或负半周内，流过负载 R_L 的电流方向是相同的，其负载两端的电压波形如图 10-17 所示。

由图 10-17 可知，输出电压平均值为

$$U_0 = \frac{1}{\pi}\int_0^\pi \sqrt{2}U_2\sin\omega t\,\mathrm{d}(\omega t) = 0.9U_2 \cdot \frac{1+\cos\alpha}{2}$$

从上式可以看出，当 $\alpha = 0$ 时（$\theta = \pi$），晶闸管在半周内全导通，$U_0 = 0.9U_2$，输出电压最高，相当于不可控二极管单相桥式整流电压。若 $\alpha = \pi$，$U_0 = 0$，这时 $\theta = 0$，晶闸管全关断。

根据欧姆定律，负载电阻 R_L 中的直流平均电流为

$$I_0 = \frac{U_0}{R_L} = 0.9\frac{U_2}{R_L} \cdot \frac{1+\cos\alpha}{2}$$

流经晶闸管和二极管的平均电流为

$$I_T = I_D = \frac{1}{2}I_0$$

晶闸管和二极管承受的最高反向电压均为 $\sqrt{2}U_2$。

综上所述，可控整流电路是通过改变控制角的大小实现调节输出电压大小的目的，因此，也称为相控整流电路。

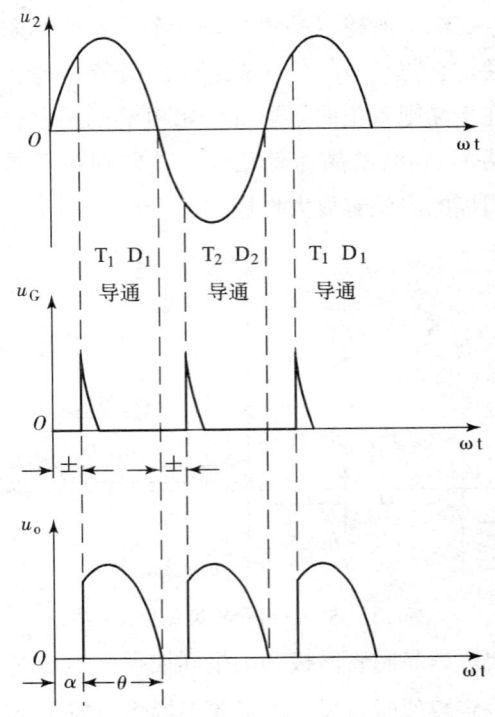

图 10-17 单相桥式半控整流电路波形

复习思考题十

10.1 判断下列说法是否正确

（1）直流电源是一种将正弦信号转换为直流信号的波形变换电路。

（2）当输入电压和负载电流变化时，稳压电路的输出电压是绝对不变的。

（3）在变压器副边电压和负载电阻相同的情况下，桥式整流电路的输出电流是半波整流电路输出电流的 2 倍。

10.2 如下图所示二倍压整流电路，输出电压 $U_0 = 2\sqrt{2}\,U_2$，试分析该电路的工作原理，并标出 U_0 的极性。。

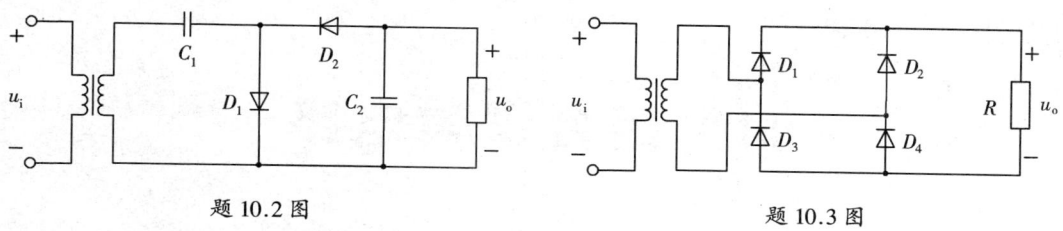

题 10.2 图　　　　　　　　　题 10.3 图

10.3 整流电路如图所示，已知输出电压平均值 $U_0 = 18V$，则变压器副边电压有效值是多少？

10.4 整流电路如下图所示，已知变压器副边电压有效值 $U_{ab} = 50V$，$U_{bc} = U_{cd} = 0V$，负载电阻，$R_{L1} = 10K\Omega$，$R_{L1} = 100K\Omega$。试求：U_{O1}，U_{O2}；负载平均电流 I_{O1} 和 I_{O2}；每个二极管承受的最高反向电压。

10.5 在下图所示电路中，已知 $R_L = 80\Omega$，直流电压表的读书为 110V，试求：直流电流表的读数，整流电流的最大值，交流电压表的读数，变压器副边电流的有效值。

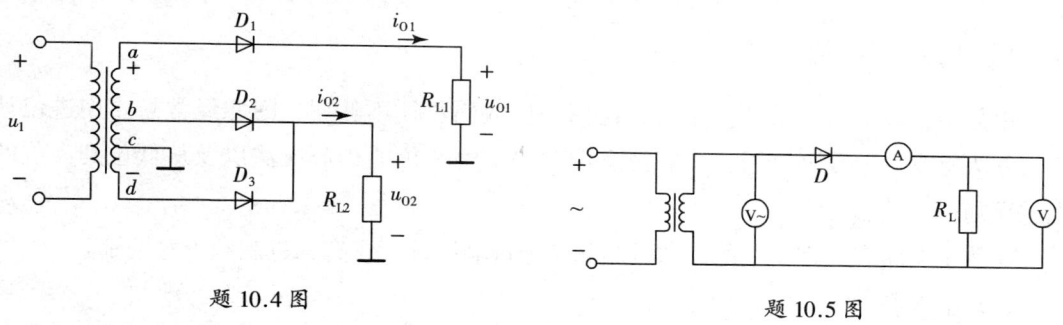

题 10.4 图　　　　　　　　　题 10.5 图

10.6 分别判断下图所示各电路能否作为滤波电路，简述理由。

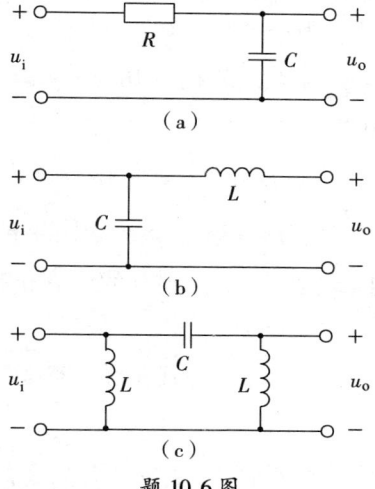

题 10.6 图

11 组合逻辑电路

本章首先扼要地介绍了逻辑代数的基本公式、基本定理和逻辑函数的表示方法，然后讲述了 TTL 门电路，最后介绍了组合逻辑电路的分析、设计方法和常用组合逻辑电路。

11.1 数制与码制

11.1.1 数制

用数字量表示物理量的大小时，仅用一位数码往往不够用，因此经常需要用进位计数的方法组成多位数码使用。我们把多位数码中每一位的构成方法以及从低位到高位的进位规则称为数制。

在数字电路中经常使用的计数进制除了十进制以外，还有二进制和十六进制。

（1）十进制

十进制是日常生活和工作中最常使用的进位计数制。在十进制数中，每一位有 0 ~ 9 十个数码，所以计数的基数是 10。超过 9 的数必须用多位数表示，其中低位和相邻高位之间的关系是"逢十进一"，故称为十进制。例如

$$143.75 = 1 \times 10^2 + 4 \times 10^1 + 3 \times 10^0 + 7 \times 10^{-1} + 5 \times 10^{-2}$$

所以任意一个十进制数 D 均可展开为

$$D = \sum k_i \times 10^i \tag{11.1}$$

其中 k_i 是第 i 位的系数，它可以是 0 ~ 9 这十个数码中的任何一个。若整数部分的位数是 n，小数部分的位数为 m，则 i 包含从 $n-1$ 到 0 的所有正整数和从 -1 到 $-m$ 的所有负整数。

若以 N 取代式（11.1）中的 10，即可得到任意进制（N 进制）数展开式的普遍形式

$$D = \sum k_i \times N^i \tag{11.2}$$

式中 i 的取值与式（11.1）的规定相同。N 称为计数的基数，k_i 为第 i 位的系数，N^i 称

为第 i 位的权。

（2）二进制

目前在数字电路中应用最广的是二进制。在二进制数中，每一位仅有 0 和 1 两个可能的数码，所以计数基数为 2。低位和相邻高位间的进位关系是"逢二进一"，故称为二进制。

根据式（11.2），任何一个二进制数均可展开为

$$D = \sum k_i \times 2^i \tag{11.3}$$

并计算出它所表示的十进制数的大小。例如

$$(101.11)_2 = 1 \times 2^2 + 0 \times 2^1 + 1 \times 2^0 + 1 \times 2^{-1} + 1 \times 2^{-2} = (5.75)_{10}$$

上式中分别使用下脚注的 2 和 10 表示括号里的数是二进制和十进制数。有时也用 B（Binary）和 D（Decimal）代替 2 和 10 这两个脚注。

（3）十六进制

十六进制数的每一位有十六个不同的数码，分别用 0~9、A（10）、B（11）、C（12）、D（13）、E（14）、F（15）表示。因此，任意一个十六进制数均可展开为

$$D = \sum k_i \times 16^i \tag{11.4}$$

并由此式计算出它所表示的十进制数值。例如

$$(2A.7F)_{16} = 2 \times 16^1 + 10 \times 16^0 + 7 \times 16^{-1} + 15 \times 16^{-2} = (42.4960937)_{10}$$

式中的下脚注 16 表示括号里的数是十六进制，有时也用 H（Hexadecimal）代替这个脚注。

由于目前在微型计算机中普遍采用 8 位、16 位和 32 位二进制并行运算，而 8 位、16 位和 32 位的二进制数可以用 2 位、4 位和 8 位的十六进制数表示，因而用十六进制符号书写程序十分简便。

11.1.2　数制转换

（1）二 – 十转换

把二进制数转换为等值的十进制数称为二 – 十转换。转换时只要将二进制数按式（11.3）展开，然后把所有各项的数值按十进制数相加，就可以得到等值的十进制数了。例如

$$(1011.01)_2 = 1 \times 2^3 + 0 \times 2^2 + 1 \times 2^1 + 1 \times 2^0 + 0 \times 2^{-1} + 1 \times 2^{-2} = (11.25)_{10}$$

（2）十 – 二转换

所谓十 – 二转换，就是把十进制数转换成等值的二进制数。

首先讨论整数的转换。

假定十进制整数为 $(S)_{10}$，等值的二进制数为 $(k_n k_{n-1} \cdots k_0)_2$，则依式（11.3）可知

$$(S)_{10} = k_n 2^n + k_{n-1} 2^{n-1} + \cdots + k_1 2^1 + k_0 2^0$$

$$= 2(k_n 2^{n-1} + k_{n-1} 2^{n-2} + \cdots + k_1) + k_0 \tag{11.5}$$

上式表明, 若将$(S)_{10}$除以 2, 则得到的商为 $k_n2^{n-1} + k_{n-1}2^{n-2} + \cdots + k_1$, 而余数即 k_0。

同理, 可将式 (11.5) 除以 2 得到的商写成

$$k_n2^{n-1} + k_{n-1}2^{n-2} + \cdots + k_1 = 2(k_n2^{n-2} + k_{n-1}2^{n-3} + \cdots + k_2) + k_1 \tag{11.6}$$

由式 (11.6) 不难看出, 若将 $(S)_{10}$ 除以 2 所得的商再次除以 2, 则所得余数即 k_1。

以此类推, 反复将每次得到的商再除以 2, 就可求得二进制数的每一位了。

例如, 将 $(173)_{10}$ 化为二进制数可如下进行

```
2 | 173  ················· 余数 = 1 = k₀
2 |  86  ················· 余数 = 0 = k₁
2 |  43  ················· 余数 = 1 = k₂
2 |  21  ················· 余数 = 1 = k₃
2 |  10  ················· 余数 = 0 = k₄
2 |   5  ················· 余数 = 1 = k₅
2 |   2  ················· 余数 = 0 = k₆
2 |   1  ················· 余数 = 1 = k₇
        0
```

故 $(173)_{10} = (10101101)_2$。

其次讨论小数的转换。

若 $(S)_{10}$ 是一个十进制的小数, 对应的二进制小数位 $(0. k_{-1} k_{-2} \cdots k_{-m})$, 则据式 (11.3) 可知

$$(S)_{10} = k_{-1}2^{-1} + k_{-2}2^{-2} + \cdots + k_{-m}2^{-m}$$

将上式两边同乘以 2 得到

$$2(S)_{10} = k_{-1} + (k_{-2}2^{-1} + k_{-3}2^{-2} + \cdots + k_{-m}2^{-m+1}) \tag{11.7}$$

式 (11.7) 说明, 将小数 $(S)_{10}$ 乘以 2 所得乘积的整数部分即 k_{-1}。

同理, 将乘积的小数部分再乘以 2 又可得到

$$2(k_{-2}2^{-1} + k_{-3}2^{-2} + \cdots + k_{-m}2^{-m+1}) = k_{-2} + (k_{-3}2^{-1} + \cdots + k_{-m}2^{-m+2}) \tag{11.8}$$

亦即乘积的整数部分就是 k_{-2}。

以此类推, 将每次乘以 2 后所得乘积的小数部分再乘以 2, 便可求出二进制小数的每一位。

例如, 将 $(0.8125)_{10}$ 化为二进制小数时可如下进行

```
   0.8125
 ×     2
   1.6250  ·························· 整数部分 = 1 = k₋₁

   0.6250
 ×     2
   1.2500  ·························· 整数部分 = 1 = k₋₂
```

```
   0.2500
 ×    2
   0.5000      ················································· 整数部分 = 0 = k_{-3}
   0.5000
 ×    2
   1.0000      ················································· 整数部分 = 1 = k_{-4}
```

故 $(0.8125)_{10} = (0.1101)_2$

（3）二－十六转换

把二进制数转换成等值的十六进制数称为二－十六转换。

由于 4 位二进制数恰好有 16 个状态，而把这 4 位二进制数看做一个整体时，它的进位输出又正好是逢十六进一，所以只要从低位到高位将每 4 位二进制数分为一组并代之以等值的十六进制数，即可得到对应的十六进制数。

例如，将 $(01011110.10110010)_2$ 化为十六进制数时可得

$$(0101,1110.1011,0010)_2$$

$$\downarrow \qquad \downarrow \qquad \downarrow \qquad \downarrow$$

$$= (5 \qquad E. \qquad B \qquad 2)_{16}$$

（4）十六－二转换

十六－二转换是指把十六进制数转换成等值的二进制数。转换时只需将十六进制数的每一位用等值的 4 位二进制数代替就行了。

例如，将 $(8FA.C6)_{16}$ 化为二进制数时得到

$$(8 \qquad F \qquad A. \qquad C \qquad 6)_{16}$$

$$\downarrow \qquad \downarrow \qquad \downarrow \qquad \downarrow \qquad \downarrow$$

$$= (1000 \quad 1111 \quad 1010. \quad 1100 \quad 0110)_2$$

（5）十六进制与十进制的转换

在将十六进制数转换为十进制数时，可根据式（11.4）将各位按权展开后相加求得。在将十进制数转换为十六进制数时，可以先转换成二进制数，然后再将得到的二进制数转换为等值的十六进制数。

11.1.3 码制

不同的数码不仅可以表示数量的不同大小，而且还能用来表示不同的事物。在后一种情况下，这些数码已没有表示数量大小的含义，只是表示不同事物的代号而已。这些数码称为代码。

例如在举行长跑比赛时，为便于识别运动员，通常给每个运动员编一个号码。显然，这些号码仅仅表示不同的运动员，已失去了数量大小的含义。

为便于记忆和处理，在编制代码时总要遵循一定的规则，这些规则就叫做码制。

例如在用4位二进制数码表示1位十进制数的0～9这十个状态时，就有多种不同的码制。通常将这些代码称为二－十进制代码，简称BCD（Binary Coded Decimal）代码。

表11－1中列出了几种常见的BCD代码，它们的编码规则各不相同。

8421码是BCD代码中最常用的一种。在这种编码方式中每一位二值代码的1都代表一个固定数值，把每一位的1代表的十进制数加起来，得到的结果就是它所代表的十进制数码。由于代码中从左到右每一位的1分别表示8、4、2、1，所以把这种代码叫做8421码。每一位的1代表的十进制数称为这一位的权。8421码中每一位的权是固定不变的，它属于恒权代码。

表11－1　几种常见的 BCD 代码

十进制数 / 编码种类	8421 码	余 3 码	2421 码	5211 码	余 3 循环码
0	0000	0011	0000	0000	0010
1	0001	0100	0001	0001	0110
2	0010	0101	0010	0100	0111
3	0011	0110	0011	0101	0101
4	0100	0111	0100	0111	0100
5	0101	1000	1011	1000	1100
6	0110	1001	1100	1001	1101
7	0111	1010	1101	1100	1111
8	1000	1011	1110	1101	1110
9	1001	1100	1111	1111	1010
权	8421		2421	5211	

余3码的编码规则与8421码不同，如果把每一个余3码看做4位二进制数，则它的数值要比它所表示的十进制数码多3，故而将这种代码叫做余3码。

如果将两个余3码相加，所得的和将比十进制数和所对应的二进制数多6。因此，在用余3码做十进制加法运算时，若两数之和为10，正好等于二进制数的16，于是便从高位自动产生进位信号。

此外，从表11－1中还可以看出，0和9、1和8、2和7、3和6、4和5的余3码互为反码，这对于求取对10的补码是很方便的。

余3码不是恒权代码。如果试图把每个代码视为二进制数，并使它等效的十进制数与所表示的代码相等，那么代码中每一位的1所代表的十进制数在各个代码中不能是固定的。

2421码是一种恒权代码，它的0和9、1和8、2和7、3和6、4和5也互为反码，这个特点和余3码相仿。

5211码是另一种恒权代码。

余3循环码是一种变权码，每一位的1在不同代码中并不代表固定的数值。它的主要特点是相邻两个代码之间仅有一位的状态不同。

11.2 逻辑代数基本公式和基本定理

英国数学家乔治·布尔（Geroge Boole）于 1847 年在他的著作中首先对逻辑代数进行了系统论述，故逻辑代数始称布尔代数，因为逻辑代数研究二值变量的运算规律，所以亦称二值代数。1938 年，香农把逻辑代数用于开关和继电器网络的分析和化简，率先将逻辑代数用于解决工程实际问题中。经过几十年的发展，逻辑代数已成为分析和设计逻辑电路所不可缺少的数学工具。

在普通代数学中，变量的取值范围从 $-\infty \sim +\infty$，而在逻辑代数中，变量的取值只能是 0 和 1，而且必须记住，逻辑代数中的 0 和 1 与十进制数中的 0 和 1 有着完全不同的含义，它代表了矛盾或者对立的两个方面，如开关的闭合与断开；一件事情的是与非、真与假；信号的有与无；电位或电平的高与低，等等。至于在某个具体问题上 0 和 1 究竟具有什么样的含义，则应该视具体研究的对象来定。

11.2.1 逻辑代数的三种基本运算

在逻辑代数中，有与、或、非 3 种基本逻辑运算。下面用 3 个指示灯的控制电路来分别说明 3 种基本逻辑运算的物理意义。设开关 A、B 为逻辑变量，约定开关闭合为逻辑1、开关断开为逻辑 0；设灯为逻辑函数 F，约定灯亮为逻辑 1，灯灭为逻辑 0。

（1）与运算

图 11 – 1（a）是用来说明与逻辑运算的电路。图中要实现的事件是指示灯 F 亮，开关 A、B 的闭合是事件发生的条件。显然，在该电路中，电压 U 通过开关 A 和 B 向灯供电，只有开关 A、B 同时闭合，灯 F 才会亮。故逻辑与（也称为逻辑乘）可定义如下：一个事件的发生具有多个条件。只有当所有的条件都具备之后，此事件才会发生。将逻辑变量所有可能取值的组合，以及与其一一对应的逻辑函数值之间的关系用表格的形式表示出来，称为逻辑函数的真值表。逻辑与运算的真值表如表 11 – 2 所示。表示逻辑与运算的逻辑函数表达式为 $F = A \cdot B$，式中"·"为与运算符号，在不致引起混淆的前提下也可默认不写。与运算的规则为 $0 \cdot 0 = 0$，$0 \cdot 1 = 0$，$1 \cdot 0 = 0$，$1 \cdot 1 = 1$。在数字电路中，实现逻辑

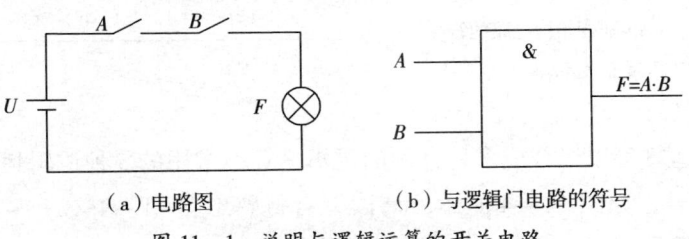

（a）电路图　　　（b）与逻辑门电路的符号

图 11 – 1　说明与逻辑运算的开关电路

表 11 – 2　与逻辑运算真值表

A	B	F
0	0	0
0	1	0
1	0	0
1	1	1

与运算的单元电路称为与门，与门的逻辑符号如图 11 – 1（b）所示。与运算可以推广到多个逻辑变量的情形，即 $F = A \cdot B \cdot C \cdots$。

（2）或运算

图 11 – 2（a）是用来说明或逻辑运算基本概念的电路，图中电压 U 通过开关 A 或 B 向灯供电，只要 A 或 B 中有任一开关闭合，灯 F 亮这一事件就会发生，故逻辑或（亦称逻辑加）运算可定义如下：在决定一事件发生的多个条件中，只要有一个条件满足，此事件就会发生。或逻辑运算的真值表如表 11 – 3 所示。其逻辑函数表达式为 $F = A + B$，式中 "+" 为或逻辑运算符号。

实现或逻辑运算的单元电路是或门，或门的逻辑符号如图 11 – 2（b）所示。或逻辑运算也可推广到多个逻辑变量的情形，即 $F = A + B + C \cdots$。

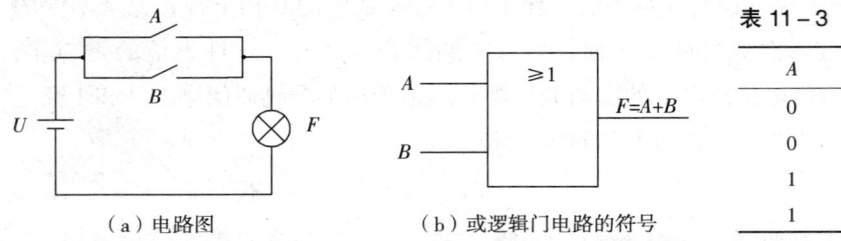

表 11 – 3　或逻辑运算真值表

A	B	F
0	0	0
0	1	1
1	0	1
1	1	1

（a）电路图　　　　（b）或逻辑门电路的符号

图 11 – 2　说明或逻辑运算的开关电路

（3）非运算

在图 11 – 3(a)电路中，电压 U 通过一个继电器触点向灯供电，NC 为继电器 A 的动断（常闭）触点，当 A 不通电时，灯 F 亮；而当继电器 A 通电时，其线圈中有电流流过，常闭触点断开，灯 F 不亮。设继电器 A 通电和灯 F 亮为 1 态，则其真值表如表 11 – 4 所示。由表可见，一件事情(灯亮)的发生是以其相反的条件为依据的，这种逻辑关系称为非逻辑。非逻辑运算的逻辑表达式为 $F = \overline{A}$，式中 A 顶置的 "–" 号为非运算符号。非运算的规则为 $\overline{0} = 1, \overline{1} = 0$。实现非运算的单元电路称为非门，非门的逻辑符号如图 11 – 3(b)所示。

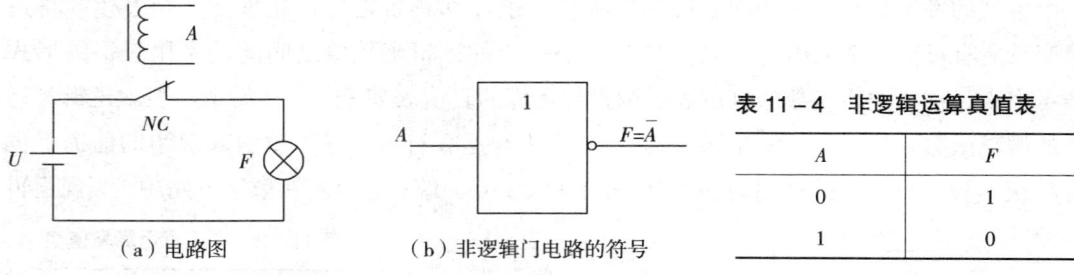

表 11 – 4　非逻辑运算真值表

A	F
0	1
1	0

（a）电路图　　　　（b）非逻辑门电路的符号

图 11 – 3　说明非逻辑运算的开关电路

（4）其他 5 种常用的逻辑运算

用与、或、非 3 种基本逻辑运算可以组合成多种常用的逻辑运算，常用的 5 种逻辑运算的逻辑函数表达式及其逻辑符号，如图 11 – 4 所示。请读者自行熟悉图 11 – 4（a）～（c）所示常用逻辑运算及其逻辑符号。

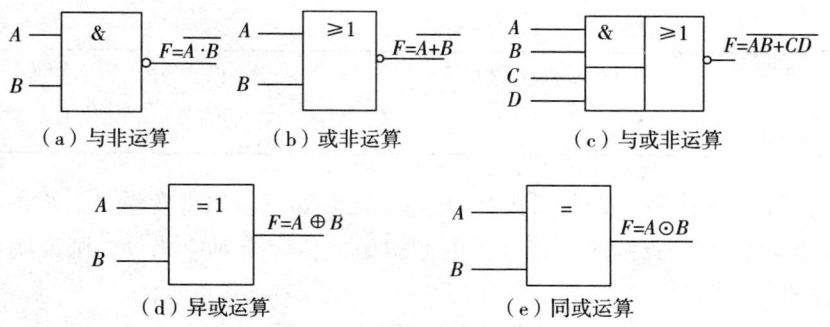

（a）与非运算　　　　（b）或非运算　　　　　（c）与或非运算

（d）异或运算　　　　　　　（e）同或运算

图 11-4　常用的 5 种逻辑运算及其逻辑符号

图 11-4（d）所示异或逻辑运算只能有两个输入变量，输入相异时输出为 1，输入相同时输出为 0，其真值表如表 11-5 所示。由真值表可得其逻辑函数表达式为 $F = A\overline{B} + \overline{A}B = A \oplus B$，式中"$\oplus$"为异或运算符号。

另外，图 11-4（e）所示同或逻辑运算一样，也只能有两个输入变量，输入相同时输出为 1，输入相异时输出为 0，其真值表如表 11-6 所示。由真值表可得其逻辑函数表达式为 $F = AB + \overline{AB} = A \odot B = \overline{A\overline{B} + \overline{A}B} = \overline{A \oplus B}$，式中"$\odot$"为同或运算符号。

表 11-5　异或逻辑真值表

A	B	F
0	0	0
0	1	1
1	0	1
1	1	0

表 11-6　同或逻辑真值表

A	B	F
0	0	1
0	1	0
1	0	0
1	1	1

11.2.2　逻辑代数的基本公式

（1）基本公式

根据逻辑代数中与、或、非 3 种基本运算规则，可导出逻辑运算的一些基本公式，如表 11-7 所示。表中的所有公式都可用逻辑函数相等的概念予以证明。所谓两个逻辑函数相等，即两个变量个数相等的逻辑函数，对于其所有变量取值之组合，两个逻辑函数的值均相等。

表 11-7　逻辑代数的一些基本公式

1	0、1 律	$0 + A = A$	$1 \cdot A = A$
		$1 + A = 1$	$0 \cdot A = 0$
2	重叠律	$A + A = A$	$AA = A$
3	互补律	$A + \overline{A} = 1$	$A\overline{A} = 0$
4	交换律	$A + B = B + A$	$AB = BA$
5	结合律	$(A + B) + C = A + (B + C)$	$(AB)\,C = A\,(BC)$

6	分配律	$A(B+C)=AB+AC$	$A+BC=(A+B)(A+C)$
7	反演律	$\overline{AB}=\overline{A}+\overline{B}$	$\overline{A+B}=\overline{A}\,\overline{B}$
8	还原律	$\overline{\overline{A}}=A$	

现对表 11 – 7 反演律用真值表（见表 11 – 8）证明如下。如将变量 A、B 各种取值的组合分别代入反演律的等式两端，若所得的逻辑函数值完全对应相等，则证明反演律成立。同理可证明：

$$\overline{ABC\cdots}=\overline{A}+\overline{B}+\overline{C}+\cdots;\quad \overline{A+B+C+\cdots}=\overline{A}\,\overline{B}\,\overline{C}\cdots$$

表 11 – 8　用真值表证明反演律

A	B	$\overline{A\cdot B}$	$\overline{A}+\overline{B}$	$\overline{A+B}$	$\overline{A}\cdot\overline{B}$
0	0	1	1	1	1
0	1	1	1	0	0
1	0	1	1	0	0
1	1	0	0	0	0

（2）常用公式

在逻辑代数中，经常使用表 11 – 9 中所列的一些常用公式。这些公式利用表 11 – 7 所列的基本公式很容易得到证明。现分别证明如下。

表 11 – 9　逻辑代数的一些常用公式

1	吸收律	(1) $A+AB=A$	(2) $A(A+B)=A$
		(3) $A+\overline{A}B=A+B$	(4) $AB+\overline{A}C+BC=AB+\overline{A}C$
2	对合律	(1) $AB+A\overline{B}=A$	(2) $(A+B)(A+\overline{B})=A$

① $A+AB=A$

证：$A+AB=A(1+B)=A$

② $A(A+B)=A$

证：$A(A+B)=A+AB=A$

③ $A+\overline{A}B=A+B$

证：$A+\overline{A}B=(A+\overline{A})(A+B)=A+B$

④ $AB+\overline{A}C+BC=AB+\overline{A}C$

证：$AB+\overline{A}C+BC=AB+\overline{A}C+(A+\overline{A})BC=AB+\overline{A}C+ABC+\overline{A}BC$

$$=AB(1+C)+\overline{A}C(1+B)=AB+\overline{A}C$$

同理可证明 $AB+\overline{A}C+BCD\cdots=AB+\overline{A}C$。

⑤ $AB+A\overline{B}=A$

证：$AB+A\overline{B}=A(B+\overline{B})=A$

⑥ $(A+B)(A+\overline{B})=A$

证：$(A+B)(A+\overline{B})=A+A\overline{B}+AB=A(1+\overline{B}+B)=A$

11.2.3　逻辑代数的基本定理

（1）代入定理

在任何一个包含变量 A 的逻辑等式中，若以另外一个逻辑式代入式中所有 A 的位置，则等式仍然成立。这就是所谓代入定理。

因为变量 A 仅有 0 和 1 两种可能的状态，所以无论将 $A=0$ 还是 $A=1$ 代入逻辑等式，等式都一定成立。而任何一个逻辑式的取值也不外 0 和 1 两种，所以用它取代式中的 A 时，等式自然也成立。因此，可以把代入定理看做无须证明的公理。

利用代入定理很容易把表 11-7 中的基本公式和表 11-9 中的常用公式推广为多变量的形式。

例 11.1　用代入定理证明德·摩根定理也适用于多变量的情况。

解：已知二变量的德·摩根定理为

$$\overline{A+B}=\overline{A}\cdot\overline{B}　及　\overline{A\cdot B}=\overline{A}+\overline{B}$$

今以 $(B+C)$ 代入左边等式中 B 的位置，同时以 $(B\cdot C)$ 代入右边等式中 B 的位置，于是得到

$$\overline{A+(B+C)}=\overline{A}\cdot\overline{(B+C)}=\overline{A}\cdot\overline{B}\cdot\overline{C}$$
$$\overline{A\cdot(B\cdot C)}=\overline{A}+\overline{(B\cdot C)}=\overline{A}+\overline{B}+\overline{C}$$

为了简化书写，除了乘法运算的"·"可以省略以外，对一个乘积项或逻辑式求反时，乘积项或逻辑式外边的括号也可以省略。

此外，在对复杂的逻辑式进行运算时，仍需遵守与普通代数一样的运算优先顺序，即先算括号里的内容，其次算乘法，最后算加法。

（2）反演定理

对于任意一个逻辑式 Y，若将其中所有的"·"换成"+"，"+"换成"·"，0 换成 1，1 换成 0，原变量换成反变量，反变量换成原变量，则得到的结果就是 $\overline{Y}$。这个规律叫做反演定理。

反演定理为求取已知逻辑式的反逻辑式提供了方便。

在使用反演定理时还需注意遵守以下两个规则：

1）仍需遵守"先括号、然后乘、最后加"的运算优先次序。

2）不属于单个变量上的反号应保留不变。

回顾一下德·摩根定理便可发现，它只不过是反演定理的一个特例而已。正是由于这个原因，才把它叫做反演律。

例 11.2　已知 $Y=A(B+C)+CD$，求 $\overline{Y}$。

解：根据反演定理可写出

$$\overline{Y}=(\overline{A}+\overline{B}\ \overline{C})(\overline{C}+\overline{D})$$
$$=\overline{A}\ \overline{C}+\overline{B}\ \overline{C}+\overline{A}\ \overline{D}+\overline{B}\ \overline{C}\ \overline{D}$$

$$= \overline{A}\ \overline{C} + \overline{B}\ \overline{C} + \overline{A}\ \overline{D}$$

如果利用基本公式和常用公式进行运算，也能得到同样的结果，但是要麻烦得多。

例 11.3　若 $Y = \overline{\overline{A + \overline{B} + C} + D + C}$，求 $\overline{Y}$。

解：依据反演定理可直接写出

$$\overline{Y} = \overline{\overline{\overline{(\overline{A} + B)}\ \overline{C} \cdot \overline{D} \cdot \overline{C}}}$$

（3）对偶定理

若两逻辑式相等，则它们的对偶式也相等，这就是对偶定理。

所谓对偶式是这样定义的：对于任何一个逻辑式 Y，若将其中的"·"换成"+"，"+"换成"·"，0 换成 1，1 换成 0，则得到一个新的逻辑式 Y'，这个 Y' 就叫做 Y 的对偶式。或者说 Y 和 Y' 互为对偶式。

例如，若 $Y = A\ (B + C)$，则 $Y' = A + BC$

若 $Y = \overline{AB + CD}$，则 $Y' = \overline{(A + B)\ (C + D)}$

若 $Y = AB + \overline{C + D}$，则 $Y' = (A + B)\ \overline{CD}$

为了证明两个逻辑式相等，也可以通过证明它们的对偶式相等来完成，因为有些情况下证明它们的对偶式相等更加容易。

例 11.4　试证明下面的等式：

$$A + BC = (A + B)\ (A + C)$$

解：首先写出等式两边的对偶式，得到

$$A\ (B + C)\ 和\ AB + AC$$

根据乘法分配律可知，这两个对偶式是相等的，亦即 $A\ (B + C) = AB + AC$。由对偶定理即可确定原来的两式也一定相等。

11.3　逻辑函数及其表示方法

11.3.1　逻辑函数

从上面讲过的各种逻辑关系中可以看到，如果以逻辑变量作为输入，以运算结果作为输出，那么当输入变量的取值确定之后，输出的取值便随之而定。因此，输出与输入之间仍是一种函数关系。这种函数关系称为逻辑函数，写作

$$Y = F\ (A,\ B,\ C,\ \cdots)$$

由于变量和输出（函数）的取值只有 0 和 1 两种状态，所以我们所讨论的都是二值逻辑函数。

任何一种具体的因果关系都可以用一个逻辑函数描述。例如，图 11 - 5 是一个举重裁

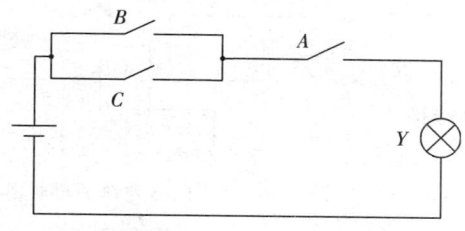

图 11-5 举重裁判电路

判电路，可以用一个逻辑函数描述它的逻辑功能。

比赛规则规定，在一名主裁判和两名副裁判中，必须有两人以上（而且必须包括主裁判）认定运动员的动作合格，试举才算成功。比赛时主裁判掌握着开关 A，两名副裁判分别掌握着开关 B 和 C。当运动员举起杠铃时，裁判认为动作合格了就合上开关，否则不合。显然，指示灯 Y 的状态（亮与暗）是开关 A、B、C 状态（合上与断开）的函数。

若以 1 表示开关闭合，0 表示开关断开；以 1 表示灯亮，以 0 表示灯暗，则指示灯 Y 是开关 A、B、C 的二值逻辑函数，即

$$Y = F(A, B, C)$$

11.3.2 逻辑函数的表示方法

常用的逻辑函数表示方法有逻辑真值表（简称真值表）、逻辑函数式（也称逻辑式或函数式）、逻辑图和卡诺图等。这里只介绍前面三种方法。

（1）逻辑真值表

将输入变量所有的取值下对应的输出值找出来，列成表格，即可得到真值表。

仍以图 11-5 的举重裁判电路为例，根据电路的工作原理不难看出，只有 $A = 1$，同时 B、C 至少有一个为 1 时，Y 才等于 1，于是可列出图 11-5 的真值表如表 11-10 所示。

（2）逻辑函数式

把输出与输入之间的逻辑关系写成与、或、非等运算的组合式，即逻辑代数式，就得到了所需的逻辑函数式。

在图 11-5 电路中，根据对电路功能的要求和与、或的逻辑定义，"B 和 C 中至少有一个合上"可以表示为 $(B + C)$，"同时还要求合上 A"，则应写作 $A \cdot (B + C)$。因此得到输出的逻辑函数式为

$$Y = A(B + C) \qquad (11.9)$$

表 11-10 图 11-5 电路的真值表

输入			输出
A	B	C	Y
0	0	0	0
0	0	1	0
0	1	0	0
0	1	1	0
1	0	0	0
1	0	1	1
1	1	0	1
1	1	1	1

（3）逻辑图

将逻辑函数中各变量之间的与、或、非等逻辑关系用图形符号表示出来，就可以画出表示函数关系的逻辑图。

为了画出表示图 11-5 电路功能的逻辑图，只要用逻辑运算的图形符号代替式 (11.9) 中的代数运算符号便可得到图 11-6 所示的逻辑图。

（4）各种表示方法间的互相转换

既然同一个逻辑函数可以用三种不同的方法描述，那么这三种方法之间必能互相转换。经常用到的转换方式有以下几种。

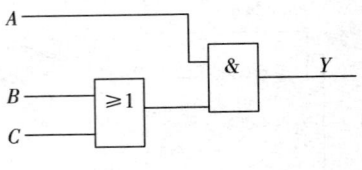

图 11 - 6　图 11 - 5 电路的逻辑图

①从真值表写出逻辑函数式

为便于理解转换的原理，先讨论一个具体的例子。

例 11.5　已知一个奇偶判别函数的真值表如表 11 - 11 所示，试写出它的逻辑函数式。

表 11 - 11　例 11.5 的函数真值表

A	B	C	Y
0	0	0	0
0	0	1	0
0	1	0	0
0	1	1	1·········→$\overline{A}BC$
1	0	0	0
1	0	1	1·········→$A\overline{B}C$
1	1	0	1·········→$AB\overline{C}$
1	1	1	0

解：由真值表可见，只有当 A、B、C 三个输入变量中两个同时为 1 时，Y 才为 1。因此，在输入变量取值为以下三种情况时，Y 将等于 1：

$$A = 0、B = 1、C = 1$$
$$A = 1、B = 0、C = 1$$
$$A = 1、B = 1、C = 0$$

而当 $A = 0$、$B = 1$、$C = 1$ 时，必然使乘积项 $\overline{A}BC = 1$；当 $A = 1$、$B = 0$、$C = 1$ 时，必然使乘积项 $A\overline{B}C = 1$；当 $A = 1$、$B = 1$、$C = 0$ 时，必然使 $AB\overline{C} = 1$，因此 Y 的逻辑函数应当等于这三个乘积项之和，即

$$Y = \overline{A}BC + A\overline{B}C + AB\overline{C}$$

通过例 11 - 5 可以总结出从真值表写出逻辑函数式的一般方法，这就是：

a. 找出真值表中使逻辑函数 $Y = 1$ 的那些输入变量取值的组合。

b. 每组输入变量取值的组合对应一个乘积项，其中取值为 1 的写入原变量，取值为 0 的写入反变量。

c. 将这些乘积项相加，即得 Y 的逻辑函数式。

②从逻辑式列出真值表

将输入变量取值的所有组合状态逐一代入逻辑式求出函数值，列成表，即可得到真值表。

例 11.6　已知逻辑函数 $Y = A + \overline{B}C + \overline{A}B\overline{C}$，求它对应的真值表。

解：将 A、B、C 的各种取值逐一代入 Y 式中计算，将计算结果列表，即得表 11–12 的真值表。初学时为避免差错可先将 $\overline{B}C$，$\overline{A}B\,\overline{C}$ 两项算出，然后将 A，$\overline{B}C$ 和 $\overline{A}B\,\overline{C}$ 相加求出 Y 的值。

表 11–12 例 11.6 的真值表

A	B	C	$\overline{B}C$	$\overline{A}B\,\overline{C}$	Y
0	0	0	0	0	0
0	0	1	1	0	1
0	1	0	0	1	1
0	1	1	0	0	0
1	0	0	0	0	1
1	0	1	1	0	1
1	1	0	0	0	1
1	1	1	0	0	1

③从逻辑式画出逻辑图

用图形符号代替逻辑式中的运算符号，就可以画出逻辑图了。

例 11.7 已知逻辑函数为 $Y = \overline{A + \overline{B}C + \overline{A}B\,\overline{C} + C}$，画出对应的逻辑图。

解：将式中所有的与、或、非运算符号用图形符号代替，并依据运算优先顺序把这些图形符号联接起来，就得到了图 11–7 的逻辑图。

④从逻辑图写出逻辑式

从输入端到输出端逐级写出每个图形符号对应的逻辑式，就可以得到对应的逻辑函数式了。

例 11.8 已知函数的逻辑图如图 11–8 所示，试求它的逻辑函数式。

解：从输入端 A、B 开始逐个写出每个图形符号输出端的逻辑式，得到 $Y = \overline{\overline{A + B} + \overline{\overline{A} + \overline{B}}}$。将该式变换后可得

$$Y = \overline{\overline{A + B} + \overline{\overline{A} + \overline{B}}} = (A + B)(\overline{A} + \overline{B})$$
$$= A\overline{B} + \overline{A}B = A \oplus B$$

可见，输出 Y 和 A、B 间是异或逻辑关系。

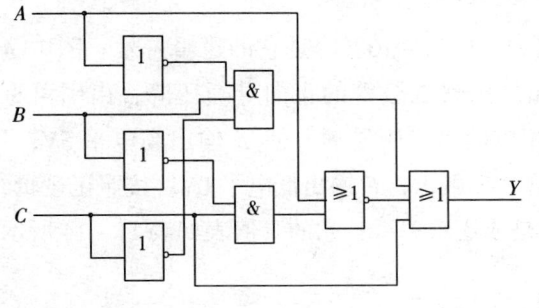

图 11–7 例 11.7 的逻辑图

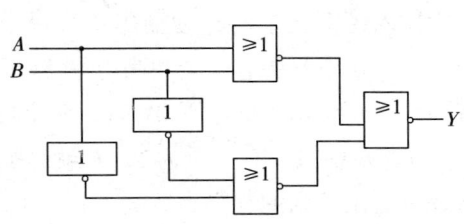

图 11–8 例 11.8 的逻辑图

11.4　门电路

11.4.1　基本逻辑门电路

本节介绍简单的二极管与门、或门和 BJT 反相器（非门），作为逻辑门电路的基础知识。

（1）与门电路

用半导体二极管组成的与门电路如图11－9（a)所示，图11－9（b）是它的逻辑符号。图中 A、B 是输入逻辑变量，F 是输出逻辑函数。从图11－9(a)可以看出，如果忽略二极管的正向导通压降，输入 A、B 中只要有一个为 0V 时，对应的二极管导通，输出 F 为低电平 0V；只有输入 A、B 均为高电平 5V 时，两个二极管均截止，输出 F 才为高电平 5V。

由上述分析可见，图11－9（a）所示电路满足与逻辑的要求：只有所有输入端都是高电平时，输出才是高电平，否则输出就是低电平。所以它是一种与门电路。

按照正逻辑约定，＋5V 是高电平，用逻辑 1 表示；0V 为低电平，用逻辑 0 表示，这样图11－9（a）的与门真值表如表11－13所示，由表可写出下列的逻辑表达式

$$F = A \cdot B \tag{11.10}$$

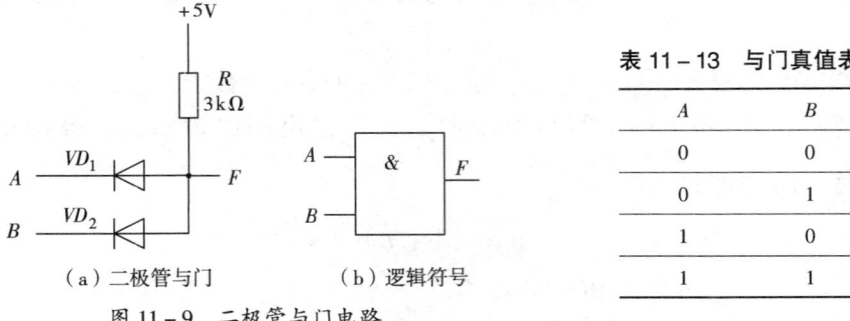

表 11－13　与门真值表

A	B	F
0	0	0
0	1	0
1	0	0
1	1	1

（a）二极管与门　　　（b）逻辑符号

图11－9　二极管与门电路

（2）或门电路

由二极管组成的或门电路见图11－10（a)。图11－10（b)是它的逻辑符号。图中 A、B 为输入逻辑变量，F 为输出逻辑函数。如果忽略二极管的正向导通压降，由图可见，输入 A、B 中只要有一个为高电平 5V 时，相应的二极管导通，使 F 输出高电平 5V；只有当 A、B 均输入低电平 0V 时，两个二极管才都截止，F 输出低电平 0V。按照正逻辑约定，A、B 中只要有一个为 1，F 就是 1，这是或逻辑关系，它的真值表如表11－14所示，由表可写出下列的逻辑表达式

$$F = A + B \tag{11.11}$$

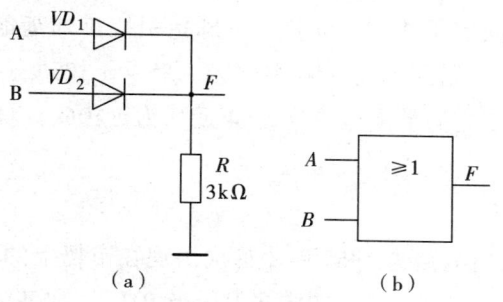

表 11 – 14 或门真值表

A	B	F
0	0	0
0	1	1
1	0	1
1	1	1

图 11 – 10 二极管或门电路

上面介绍的二极管与门和或门电路可由增加一个二极管，推广到 3 个输入变量时的情形，这时门电路相应的输入端有 3 个。

（3）非门电路（BJT 反相器）

在双极型晶体三极管（BJT）组成的图 11 – 11 （a）电路中，设 BJT 工作在开关状态，如果忽略 BJT 的饱和导通压降，当输入 A 为低电平 0V 时，BJT 截止，F 输出为高电平 5V；当输入 A 为高电平 5V 时，BJT 饱和导通，输出为低电平 0V，这样就实现了逻辑非功能，所以它是非门电路。图 11 – 11 （b）是非门的逻辑符号，按照正逻辑约定，其真值表如表 11 – 15 所示。由表可知

$$F = \overline{A} \tag{11.12}$$

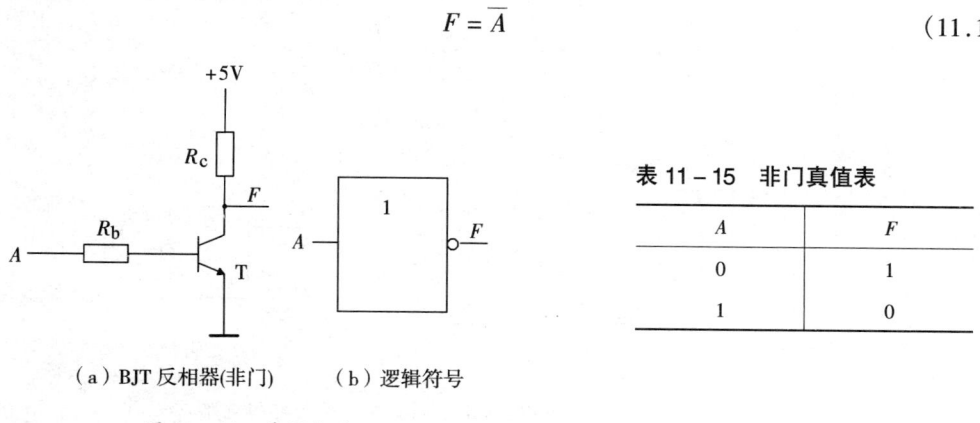

（a）BJT 反相器(非门)　　（b）逻辑符号

图 11 – 11　非门电路

表 11 – 15 非门真值表

A	F
0	1
1	0

以上讨论的是基本的 DTL 与、或、非门，利用它们还可以构成 DTL 与非门、或非门，但由于它们的输出电阻比较大，带负载能力较差，开关性能也不理想，所以工程中已无应用。以下介绍性能较佳的集成逻辑门电路。

11.4.2　TTL 逻辑门电路

国产 TTL 集成逻辑门电路有 CT54/74 通用系列、CT54H/74H 高速系列、CT54S/74S 肖特基系列和 CT54LS/74LS 低功耗肖特基系列。由于它们的电路结构和参数不尽相同，所以

输入电流、输出电流、功耗和传输延迟时间也不相同，但是，其外接引线排列基本上相互兼容。另外，54 系列和 74 系列除使用环境温度不同（54 系列为 − 55 ～ + 125℃、74 系列为 0 ～ + 70℃）外，电源电压 + U_{CC}允许变化的范围也不同，54 系列为 ± 10%，74 系列为 ± 5%。

（1）TTL 与非门的电路结构

在 TTL 集成电路中，CT54/74 通用系列门电路是 1965 年才首次出现在市场上的产品。图 11 − 12（a）是该系列 2 个输入端与非门的典型电路，图中多发射极 BJT T_1 和基极电阻 R_1 组成输入级，实现逻辑与功能；BJT T_2 及其集电极电阻 R_2 和发射极电阻 R_3 组成中间级，可以分别从 T_2 的集电极和发射极输出两个相位相反的信号；由上拉 T_4、电平移动二极管 D_3、集电极电阻 R_4 和下拉 T_3 组成推拉式输出级，其中 T_3 是驱动器件，而由 T_4、D_3 和电阻 R_4 组成的电路是 T_3 的有源负载。

在每个输入端都分别反向联接了保护二极管 D_1 和 D_2，允许流过它们的最大正向电流为 20mA。当输入端加正向电压时，相应的二极管处于反向偏置状态，具有很高的阻抗，相当于开路，这不影响电路的正常工作；但是，如果一旦在输入端出现负极性的过冲干扰脉冲时，D_1 或 D_2 会立即导通，使输入端的电位被钳制在 − 0.7V 左右，从而保护了多发射极 BJT T_1 免遭损坏。

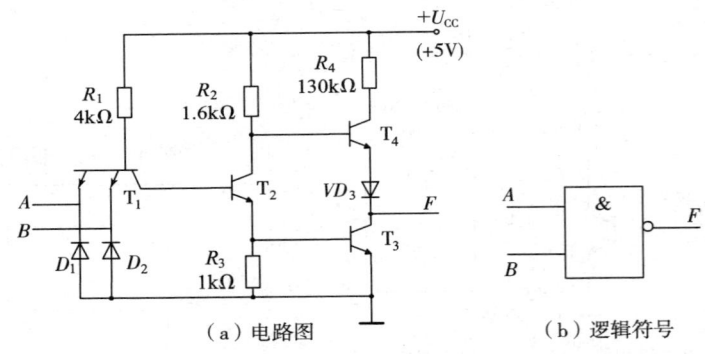

（a）电路图   （b）逻辑符号

图 11 − 12　CT54/74 通用系列 2 输入端与非门电路

（2）TTL 与非门的工作原理

TTL 集成电路的电源电压 + U_{CC} = + 5V。设输入高电平为 3.6V，低电平为 0.3V，BJT 的饱和导通压降 U_{CES} = 0.3V，则可分析图 11 − 12（a）所示的与非门电路的工作原理如下：

①当两个输入电压 u_A 和 u_B 中至少有一个为低电平 0.3V 时，T_1 的两个发射结中至少有一个导通，其基极电压等于输入低电平加上发射结正向导通压降 0.7V，即

$$U_{\text{B1}} = 0.3 + 0.7 = 1.0\text{V}$$

此时 U_{B1} = 1.0V 作用于 T_1 的集电结和 T_2、T_3 的发射结上，所以 T_2、T_3 都截止。由于

T_2 截止，经过电阻 R_2 向 T_4 提供基极电流，使得 T_4 和 D_3 导通。输出电压为

$$u_F \approx + U_{CC} - U_{BE4} - U_{D3} = 5 - 0.7 - 0.7 = 3.6V$$

②当两个输入端全加高电平，即 $u_A = u_B = 3.6V$ 时，电源 $+ U_{CC}$ 通过电阻 R_1 和 T_1 的集电结向 T_2、T_3 提供基极电流，使 T_2、T_3 饱和导通，输出为低电平。此时

$$U_{B1} = U_{BC1} + U_{BE2} + U_{BE3} = 0.7 + 0.7 + 0.7 = 2.1V$$

由于此时 T_1 的发射结反向偏置，而集电结却正向偏置，所以说 T_1 处于发射结和集电结倒置应用的工作状态。因为 T_2、T_3 饱和导通，所以 $u_F = U_{CES3} = 0.3V$，这样可估算出 U_{C2} 的电压值为

$$U_{C2} = U_{CES2} + U_{BE3} = (0.3 + 0.7)V = 1.0V$$

此时，$U_{B4} = U_{C2} = 1.0V$，U_{B4} 作用于 T_4 发射结和 D_3 串联支路上的电压为 $U_{B4} - u_F = 1.0 - 0.3 = 0.7V$，显然 T_4 和 D_3 都截止。

综上所述，当图 11 – 12（a）所示 TTL 门电路输入至少有一个是低电平 0.3V 时，输出为高电平；当输入全是高电平时，输出才为低电平。因此，该 TTL 逻辑门具有与非逻辑功能，即

$$F = \overline{AB} \tag{11.13}$$

图 11 – 12（b）是 TTL 与非门的逻辑符号。综上分析还可以看出，无论输出是低电平还是高电平，推拉式输出级 BJT T_3 和 T_4 总是一个导通而另一个截止，这不仅有效地降低了静态功耗，而且其输出电阻很低，因此 TTL 与非门具有较好的带负载能力。

只要将图 11 – 12（a）电路中多发射极 BJT T_1 多做出一个发射结，便可制备出 3 个输入端的 TTL 与非门。实际上，对图 11 – 12（a）TTL 门电路的结构稍作改动，就可得到其他逻辑功能的 TTL 门，如与门、或非门、与或非门和异或门电路等。

11.5 组合逻辑电路的分析与设计

下面就分析和设计两个问题来讨论组合逻辑电路。

11.5.1 组合逻辑电路的分析方法

分析组合逻辑电路的步骤大致如下：

已知逻辑图→写逻辑式→运用逻辑代数化简或变换→列逻辑状态表→分析逻辑功能。

例 11.9 分析图 11 – 13 的逻辑图。

解：（1）由逻辑图写出逻辑式

输入端到输出端，依次写出各个门的逻辑式，最后写出输出变量 Y 的逻辑式：

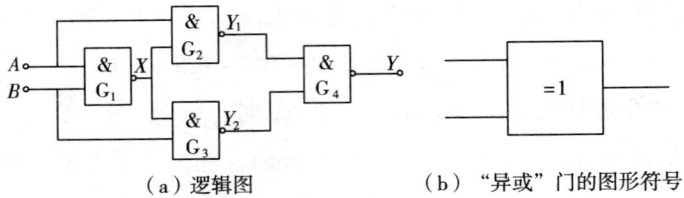

（a）逻辑图 　　　　　　（b）"异或"门的图形符号

图 11 – 13　例 11.9 的图

G_1 门　　$X = \overline{AB}$

G_2 门　　$Y_1 = \overline{AX} = \overline{A \cdot \overline{AB}}$

G_3 门　　$Y_2 = \overline{BX} = \overline{B \cdot \overline{AB}}$

G_4 门　　$Y = \overline{Y_1 Y_2} = \overline{\overline{A \cdot \overline{AB}} \cdot \overline{B \cdot \overline{AB}}} = \overline{\overline{A \cdot \overline{AB}}} + \overline{\overline{B \cdot \overline{AB}}}$

$\qquad = A \cdot \overline{AB} + B \cdot \overline{AB} = A \left(\overline{A} + \overline{B} \right) + B \left(\overline{A} + \overline{B} \right)$

$\qquad = A\overline{A} + A\overline{B} + B\overline{A} + B\overline{B} = A\overline{B} + B\overline{A}$

（2）由逻辑式列出逻辑状态表（表 11 – 16）

（3）分析逻辑功能

当输入端 A 和 B 不是同为 "1" 或 "0" 时，输出为 "1"；否则，输出为 "0"。这种电路称为 "异或" 门电路，其图形符号如图 11 – 13（b）所示。逻辑式也可写成

表 11 – 16　　"异或"门逻辑状态表

A	B	Y
0	0	0
0	1	1
1	0	1
1	1	0

$$Y = A\overline{B} + B\overline{A} = A \oplus B$$

例 11.10　某一组合逻辑电路如图 11 – 14 所示，试分析其逻辑功能。

解：（1）由逻辑图写出逻辑式，并简化

$$Y = \overline{\overline{ABC} \cdot A + \overline{ABC} \cdot B + \overline{ABC} \cdot C}$$

$$= \overline{\overline{ABC}(A + B + C)}$$

$$= \overline{\overline{ABC}} + \overline{(A + B + C)}$$

$$= ABC + \overline{A}\ \overline{B}\ \overline{C}$$

（2）由逻辑式列出逻辑状态表（表 11 – 17）

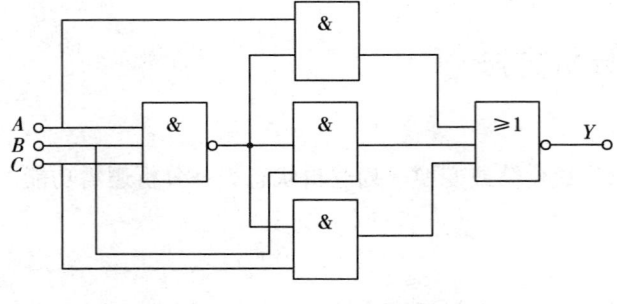

图 11 – 14　例 11.10 的图

表 11 – 17　例 11.10 的逻辑状态表

A	B	C	Y
0	0	0	1
0	0	1	0
0	1	0	0
0	1	1	0
1	0	0	0
1	0	1	0
1	1	0	0
1	1	1	1

（3）分析逻辑功能

只当 A，B，C 全为"0"或全为"1"时，输出 Y 才为"1"，否则为"0"。故该电路称为"判一致电路"，可用于判断三个输入端的状态是否一致。

11.5.2　组合逻辑电路的设计方法

组合逻辑电路的设计步骤大致如下：

已知逻辑要求→列逻辑状态表→写逻辑式→运用逻辑代数化简或变换→画逻辑图。

例 11.11　试设计一逻辑电路供三人（A，B，C）表决使用。每人有一电键，如果赞成，就按电键，表示"1"；如果不赞成，不按电键，表示"0"。表决结果用指示灯来表示，如果多数赞成，则指示灯亮，$Y = 1$；反之则不亮，$Y = 0$。

解：（1）由题意列出逻辑状态表

共有 8 种组合，$Y = 1$ 的只有 4 种。逻辑状态表如表 11 – 18 所示。

（2）由逻辑状态表写出逻辑式

$$Y = AB\overline{C} + A\overline{B}C + \overline{A}BC + ABC$$

（3）变换和化简逻辑式

由上式应用逻辑代数运算法则进行变换和化简：

$$Y = AB\overline{C} + A\overline{B}C + \overline{A}BC + ABC + ABC + ABC$$
$$= AB(C + \overline{C}) + BC(A + \overline{A}) + CA(B + \overline{B})$$
$$= AB + BC + CA = AB + C(A + B)$$

（4）由逻辑式画出逻辑图

由上式画出的逻辑图如图 11 – 15 所示。

表 11 – 18　例 11.11 的逻辑状态表

A	B	C	Y
0	0	0	0
0	0	1	0
0	1	0	0
0	1	1	1
1	0	0	0
1	0	1	1
1	1	0	1
1	1	1	1

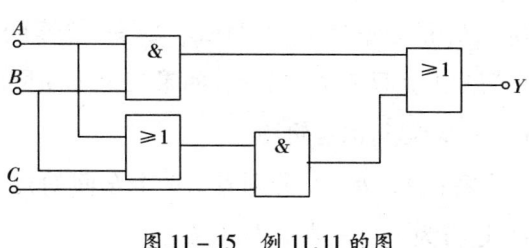

图 11 – 15　例 11.11 的图

例 11.12　设医院某科有 1，2，3，4 四间病室，患者按病情由重至轻依次住进 1 ~ 4 号病室。为了优先照顾重患者，设计如下呼唤电路，即在每室分别装有 A，B，C，D 四个呼唤按钮，按下为"1"。值班室里对应的四个指示灯为 L_1，L_2，L_3，L_4，灯亮为"1"。现要求 1 号病室的按钮 A 按下时，无论其他病室的按钮是否按下，只有 L_1 亮；当 1 号病室未按按钮，而 2 号病室的按钮 B 按下时，无论 3，4 号病室的按钮是否按下，只有 L_2 亮；当 1，2 号病室均未按按钮，而 3 号病室的按钮 C 按下时，无论 4 号病室的按钮是否按下，只有 L_3 亮；只有在 1，2，3 号病室的按钮均未按下，而只按下 4 号病室的按钮 D 时，L_4 才亮。试画出满足上述要求的逻辑图。

解：（1）按照要求列出逻辑状态表（表 11 – 19）

表 11 – 19　例 11.12 的逻辑状态表

A	B	C	D	L_1	L_2	L_3	L_4
1	×	×	×	1	0	0	0
0	1	×	×	0	1	0	0
0	0	1	×	0	0	1	0
0	0	0	1	0	0	0	1

（×表示任意态）

（2）由逻辑状态表写出逻辑式

$$L_1 = A，L_2 = \overline{A}B，L_3 = \overline{A}\ \overline{B}C，L_4 = \overline{A}\ \overline{B}\ \overline{C}D$$

（3）由逻辑式画出逻辑图（图 11 – 16）

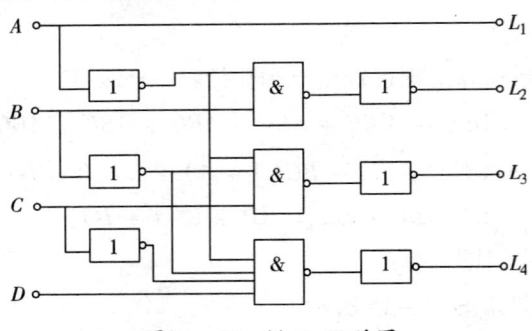

图 11 – 16　例 11.12 的图

例 11.13　某工厂有 A，B，C 三个车间和一个自备电站，站内有两台发电机 G_1 和 G_2。G_1 的容量是 G_2 的两倍。如果一个车间开工，只需 G_2 运行即可满足要求；如果两个车间开工，只需 G_1 运行；如果三个车间同时开工，则 G_1 和 G_2 均需运行。试画出控制 G_1 和 G_2 运行的逻辑图。

解：A，B，C 分别表示三个车间的开工状态：开工为"1"，不开工为"0"；G_1 和 G_2 运行为"1"，停机为"0"。

（1）按题意列出逻辑状态表（表 11 – 20）

（2）由逻辑状态表写出逻辑式并化简

$$\begin{cases} G_1 = \overline{A}BC + A\overline{B}C + AB\overline{C} + ABC \\ G_2 = \overline{A}\ \overline{B}C + \overline{A}B\ \overline{C} + A\overline{B}\ \overline{C} + ABC \end{cases}$$

$$G_1 = AB + BC + CA = \overline{\overline{AB + BC + CA}} = \overline{\overline{AB} \cdot \overline{BC} \cdot \overline{CA}}$$

$$G_2 = \overline{\overline{A}\ \overline{B}C \cdot \overline{A}B\ \overline{C} \cdot \overline{A}\ \overline{B}\ \overline{C} \cdot ABC}$$

表 11 – 20   例 11.13 的逻辑状态表

A	B	C	G_1	G_2
0	0	0	0	0
0	0	1	0	1
0	1	0	0	1
0	1	1	1	0
1	0	0	0	1
1	0	1	1	0
1	1	0	1	0
1	1	1	1	1

（3）由逻辑式画出逻辑图（图 11 – 17）

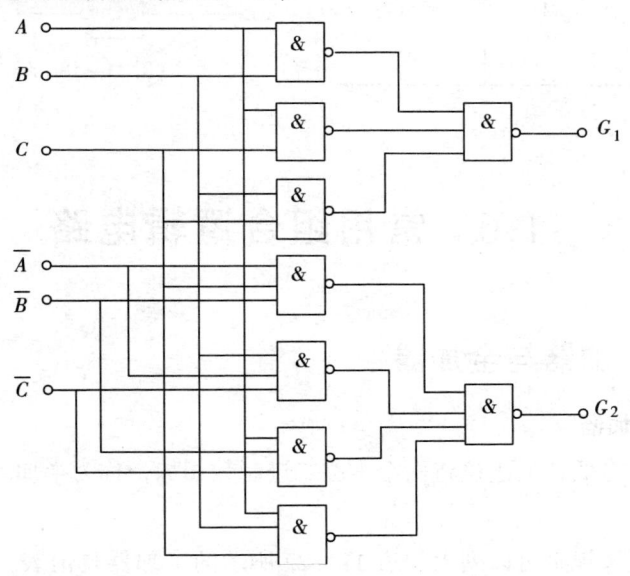

图 11 – 17   例 11.13 的图

例 11.14   某单位举办军民联欢晚会，军人持红票入场，群众持黄票入场，持绿票者军民均可入场。试画出实现此要求的逻辑图。

解：本题只需三个输入变量 A，B，C。

$A = 1$ 军人， $A = 0$ 群众

$B = 1$ 红票， $B = 0$ 黄票

$C = 1$ 有绿票， $C = 0$ 无绿票

$Y = 1$ 可入场， $Y = 0$ 不准入场

（1）列逻辑状态表（表 11 – 21）

（2）写出逻辑式

取 $Y = 0$ 列逻辑式较为简便

$$\overline{Y} = \overline{A}B\,\overline{C} + A\,\overline{B}\,\overline{C}$$
$$= \overline{C}(\overline{A}B + A\,\overline{B})$$
$$= \overline{C}(A \oplus B)$$
$$Y = \overline{\overline{C}(A \oplus B)}$$

（3）画逻辑图（图 11 – 18）

表 11 – 21　例 11.14 的逻辑状态表

A	B	C	Y
0	0	0	1
0	0	1	1
0	1	0	0
0	1	1	1
1	0	0	0
1	0	1	1
1	1	0	1
1	1	1	1

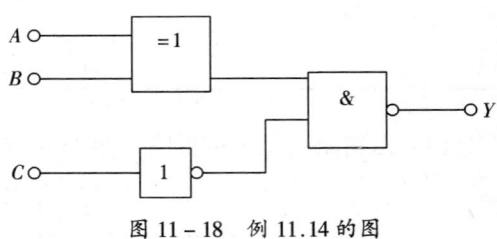

图 11 – 18　例 11.14 的图

11.6　常用组合逻辑电路

11.6.1　半加器与全加器

11.6.1.1　半加器

如果不考虑来自低位的进位将两个 1 位二进制数相加，称为半加。实现半加运算的电路叫做半加器。

按照二进制运算规则可以列出如表 11 – 22 所示的半加器真值表。其中 A，B 是两个加数，S 是相加的和，CO 是向高位的进位。将 S、CO 和 A，B 的关系写成逻辑表达式则得到

$$\begin{cases} S = \overline{A}B + A\,\overline{B} = A \oplus B \\ CO = AB \end{cases} \tag{11.14}$$

因此，半加器是由一个异或门和一个与门组成的，如图 11 – 19 所示。

表 11 – 22　半加器的真值表

输　入		输　出	
A	B	S	CO
0	0	0	0
0	1	1	0
1	0	1	0
1	1	0	1

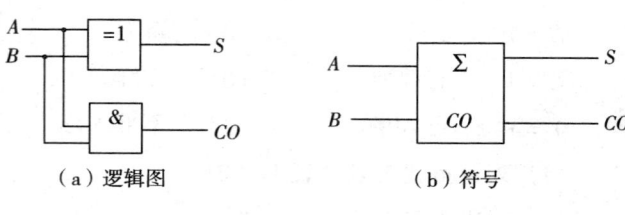

（a）逻辑图　　　　　　（b）符号

图 11 – 19　半加器

11.6.1.2　全加器

在将两个多位二进制数相加时，除了最低位以外，每一位都应该考虑来自低位的进位，即将两个对应位的加数和来自低位的进位 3 个数相加。这种运算称为全加，所用的电路称为全加器。

根据二进制加法运算规则可列出 1 位全加器的真值表，如表 11 – 23 所示。

表 11 – 23　全加器的真值表

输　入			输　出	
CI	A	B	S	CO
0	0	0	0	0
0	0	1	1	0
0	1	0	1	0
0	1	1	0	1
1	0	0	1	0
1	0	1	0	1
1	1	0	0	1
1	1	1	1	1

由上面的真值表经化简得到

$$\begin{cases} S = \overline{\overline{A}\ \overline{B}\ \overline{CI} + A\ \overline{B}\overline{CI} + \overline{A}B\overline{CI} + AB\ \overline{CI}} \\ CO = \overline{\overline{A}\ \overline{B} + \overline{B}\ \overline{CI} + \overline{A}\ \overline{CI}} \end{cases} \tag{11.15}$$

图 11 – 20（a）双全加器 74LS183 的逻辑图就是按式（11.15）组成的。全加器的电路结构还有多种其他形式，但它们的逻辑功能都必须符合表 11 – 23 给出的全加器真值表。

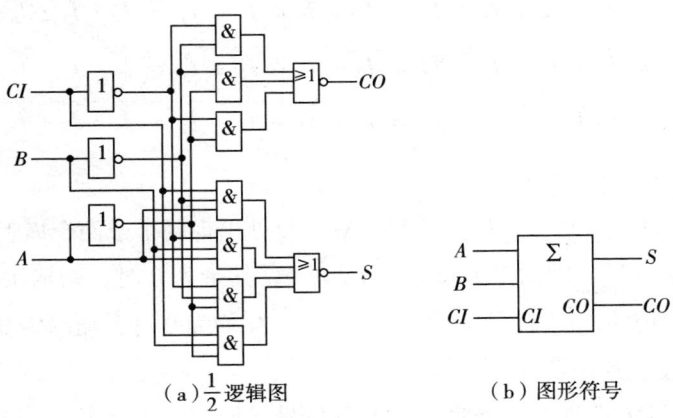

（a）$\frac{1}{2}$ 逻辑图　　　　　（b）图形符号

图 11 – 20　双全加器 74LS183

11.6.2　编码器

什么是编码？例如装电话要给个电话号码，寄信要有邮政编码等，都是编码。一般地讲，用数字或某种文字和符号来表示某一对象或信号的过程，称为编码。

十进制编码或某种文字和符号的编码难于用电路来实现。在数字电路中，一般用的是二进制编码。二进制只有 0 和 1 两个数码，可以把若干个 0 和 1 按一定规律编排起来组成不同的代码（二进制数）来表示某一对象或信号。一位二进制代码有 0 和 1 两种，可以表示两个信号；两位二进制代码有 00，01，10，11 四种，可以表示四个信号。n 位二进制代码有 2^n 种，可以表示 2^n 个信号。这种二进制编码在电路上容易实现。下面讨论三种编码器。

11.6.2.1 二进制编码器

二进制编码器是将某种信号编成二进制代码的电路。例如，要把 I_0，I_1，I_2，I_3，I_4，I_5，I_6，I_7 八个输入信号编成对应的二进制代码而输出，其编码过程如下：

（1）确定二进制代码的位数

因为输入有 8 个信号，所以输出的是三位（$2^n = 8$，$n = 3$）二进制代码。这种编码器通常称为 8/3 线编码器。

（2）列编码表

表 11－24　三位二进制编码器的编码表

输入	输出		
	Y_2	Y_1	Y_0
I_0	0	0	0
I_1	0	0	1
I_2	0	1	0
I_3	0	1	1
I_4	1	0	0
I_5	1	0	1
I_6	1	1	0
I_7	1	1	1

编码表是把待编码的 8 个信号和对应的二进制代码列成的表格。这种对应关系是人为的。用三位二进制代码表示 8 个信号的方案很多，表 11－24 所列的是其中一种。每种方案都有一定的规律性，便于记忆。

（3）由编码表写出逻辑式

$$Y_2 = I_4 + I_5 + I_6 + I_7 = \overline{\overline{I_4 + I_5 + I_6 + I_7}} = \overline{\overline{I_4} \cdot \overline{I_5} \cdot \overline{I_6} \cdot \overline{I_7}}$$

$$Y_1 = I_2 + I_3 + I_6 + I_7 = \overline{\overline{I_2 + I_3 + I_6 + I_7}} = \overline{\overline{I_2} \cdot \overline{I_3} \cdot \overline{I_6} \cdot \overline{I_7}}$$

$$Y_0 = I_1 + I_3 + I_5 + I_7 = \overline{\overline{I_1 + I_3 + I_5 + I_7}} = \overline{\overline{I_1} \cdot \overline{I_3} \cdot \overline{I_5} \cdot \overline{I_7}}$$

（4）由逻辑式画出逻辑图

逻辑图如图 11－21 所示。输入信号一般不允许出现两个或两个以上同时输入。例如，当 $I_1 = 1$，其余为 0 时，则输出为 001；当 $I_6 = 1$，其余为 0 时，则输出为 110。二进制代码 001 和 110 分别表示输入信号 I_1 和 I_6。当 $I_1 \sim I_7$ 均为 0 时，输出为 000，即表示 I_0。

11.6.2.2 优先编码器

上述编码器每次只允许一个输入端上有信号，而实际上还常常出现多个输入端上同时有信号的情况。例如计算机有许多输入设备，可能多台设备同时向主机发出中断请求，希望输入数据。这就要求主机能自动识别这些请求信号的优先级别，按次序进行编码。这里就需要优先编码器。CT74LS147 型 10/4 线优先编码器是常用的，表 11－25 是其编码表。由表可见，有 9 个输入变量 $\overline{I_1} \sim \overline{I_9}$，4 个输出变量 $\overline{Y_0} \sim \overline{Y_3}$，它们都是反变量。输入的反变量对低电平有效，即有信号时，输入为 0。输出的反变量组成反码，对应于 0～9 十个十进制数码。例如表中第一行，所有输入端无信号。输出的不是与十进制数码 0 对应的二进制数 0000，而是其反码 1111。输入信号的优先次序为 $\bar{I}_9 \sim \bar{I}_1$。当 $\bar{I}_9 = 0$ 时，无论其他输入端是 0 或 1（表中 × 表示任意态），输出端只对 $\bar{I}_9$ 编码，输出为 0110（原码为 1001）。当 $\bar{I}_9 = 1$，$\bar{I}_8 = 0$ 时，无论其他输入端为何值，输出端只对 $\bar{I}_8$ 编码，输出为 0111（原码为 1000）。依此类推。

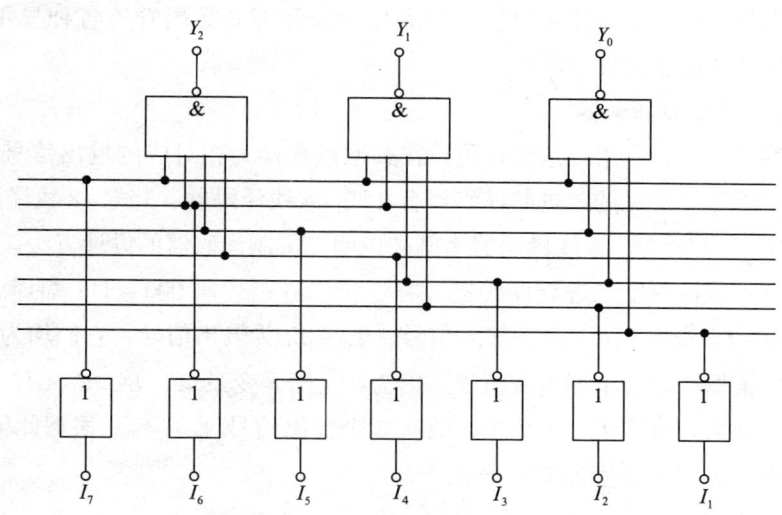

图 11-21　三位二进制编码器的逻辑图

表 11-25　CT74LS147 型优先编码器的编码表

输　入									输　出			
$\bar{I}_9$	$\bar{I}_8$	$\bar{I}_7$	$\bar{I}_6$	$\bar{I}_5$	$\bar{I}_4$	$\bar{I}_3$	$\bar{I}_2$	$\bar{I}_1$	$\bar{Y}_3$	$\bar{Y}_2$	$\bar{Y}_1$	$\bar{Y}_0$
1	1	1	1	1	1	1	1	1	1	1	1	1
0	×	×	×	×	×	×	×	×	0	1	1	0
1	0	×	×	×	×	×	×	×	0	1	1	1
1	1	0	×	×	×	×	×	×	1	0	0	0
1	1	1	0	×	×	×	×	×	1	0	0	1
1	1	1	1	0	×	×	×	×	1	0	1	0
1	1	1	1	1	0	×	×	×	1	0	1	1
1	1	1	1	1	1	0	×	×	1	1	0	0
1	1	1	1	1	1	1	0	×	1	1	0	1
1	1	1	1	1	1	1	1	0	1	1	1	0

11.6.3　译码器与数字显示

11.6.3.1　译码器功能及其分类

将已赋予特定含义的一组代码的原意"翻译"出来，称为译码。显然，译码是编码的逆过程。完成译码功能的组合逻辑电路就是译码器。译码器也是一种多输入、多输出的组合逻辑器件。根据其功能的不同，译码器可以分为通用译码器和数字译码显示驱动器两类。

通用译码器包括二进制译码器、二 – 十进制译码器和代码转换器，它是将一系列代码译成与之一一对应的有效信号的电路，常称为唯一地址译码器，例如存储器中用于对存储单元地址进行译码。

数字译码显示驱动器是将代表数字、文字或符号等的代码翻译成特定的显示代码，用以驱动荧光数码管、半导体数码管、液晶显示器和辉光数码管等各种显示器件，并直观地显示出信息的组合逻辑电路。

11.6.3.2 二进制译码器

将具有特定含义的一组二进制代码，按其原意翻译为相对应的输出信号的逻辑电路，称为二进制译码器。常见的二进制译码器有 2 线 – 4 线译码器、3 线 – 8 线译码器、4 线 – 6 线译码器等。现以 3 线 – 8 线译码器为例来说明二进制译码器的设计方法。

设计要求：设计一个二进制译码器，将 3 位二进制代码 000 ~ 111 翻译成相对应的 8 个十进制数 0 ~ 7。设 A、B、C 为输入信号，$Y_0 ~ Y_7$ 为输出信号，它们均为高电平有效。

第一步，根据设计要求列出真值表。因为 3 个输入变量 A、B、C 共有 8 种不同的取值组合，每一种组合对应于一个输出，故有 8 个输出信号 $Y_0 ~ Y_7$。根据此输出与输入之间的逻辑关系，可列出真值表 11 – 26。

表 11 – 26 3 线 – 8 线二进制译码器的真值表

输　　入			输　　　出							
A	B	C	Y_0	Y_1	Y_2	Y_3	Y_4	Y_5	Y_6	Y_7
0	0	0	1	0	0	0	0	0	0	0
0	0	1	0	1	0	0	0	0	0	0
0	1	0	0	0	1	0	0	0	0	0
0	1	1	0	0	0	1	0	0	0	0
1	0	0	0	0	0	0	1	0	0	0
1	0	1	0	0	0	0	0	1	0	0
1	1	0	0	0	0	0	0	0	1	0
1	1	1	0	0	0	0	0	0	0	1

第二步，由真值表可写出各输出端的逻辑表达式为

$$Y_0 = \overline{A}\ \overline{B}\ \overline{C} \qquad Y_1 = \overline{A}\ \overline{B}C \qquad Y_2 = \overline{A}\ B\ \overline{C} \qquad Y_3 = \overline{A}\ BC$$

$$Y_4 = A\overline{B}\ \overline{C} \qquad Y_5 = A\overline{B}\ C \qquad Y_6 = AB\overline{C} \qquad Y_6 = ABC$$

第三步，根据逻辑表达式选择门电路，画出逻辑电路图。如全部选用与非门来实现，将上述逻辑表达式两边取非，可画出全用与非门组成的逻辑电路，如图 11 – 22（a）所示。图中增加了使能控制端（亦称选通端或片选端）ST_A、$\overline{ST_B}$、$\overline{ST_C}$，当 $ST_A = 1$、$\overline{ST_B} = \overline{ST_C} = 0$ 时，译码器工作。该电路是 CT74LS138 MSI 译码器芯片的逻辑电路图，图 11 – 22（b）是它的逻辑符号。图中 BIN/OCT 是总限定符，表示该译码器为二进制转换为八进制的代码转换电路。注意：（1）改为全用与非门组成后，两图输出信号均为低电平有效；（2）两图中各个功能端均标注了 MSI 芯片的外引脚号，以便使用时对照接线。

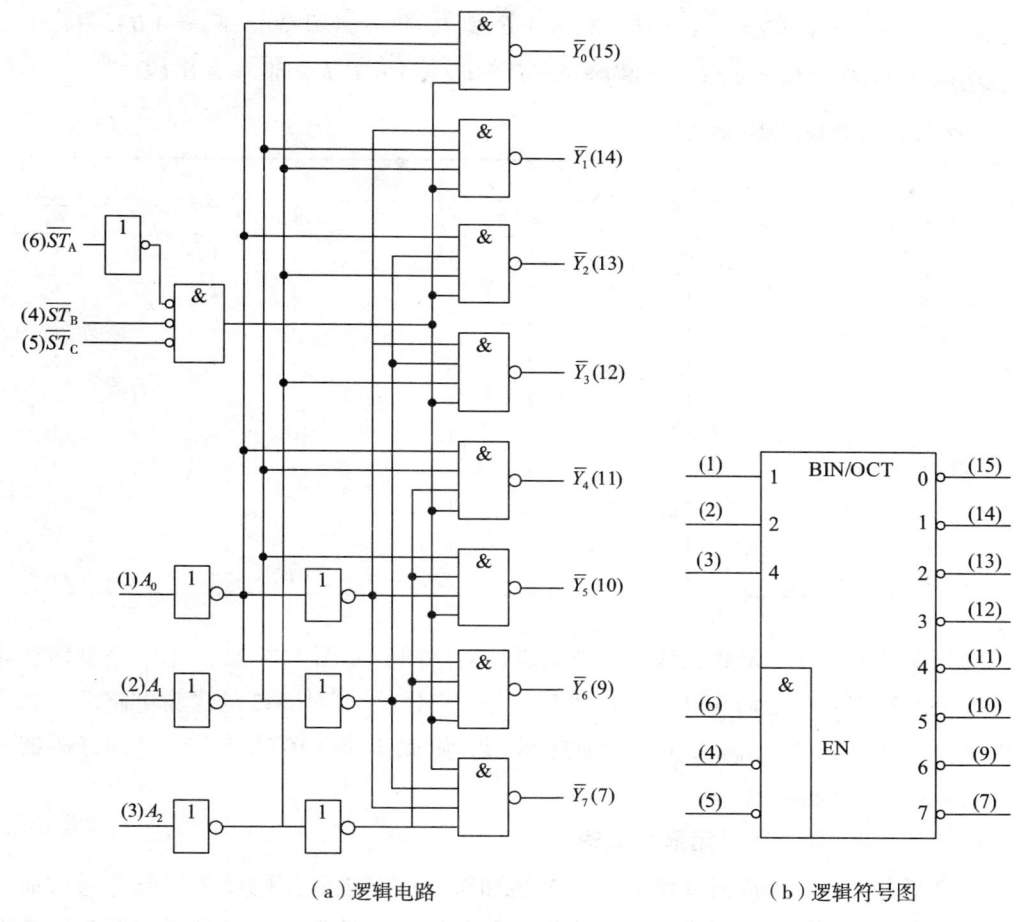

（a）逻辑电路　　　　　　　　　（b）逻辑符号图

图 11 – 22　3 线 – 8 线译码器 CT74LS138

值得指出的是，读者只要知道 MSI 器件芯片的外部引脚线及其真值表，就可对它们进行应用，而对于其内部结构却不必搞得十分清楚。因此，本书所提供的内部逻辑电路可以认为是帮助读者理解集成器件的逻辑功能的。

11.6.3.3　二 – 十进制译码器

将一组二进制代码翻译为相应的 10 个十进制数字符号的逻辑电路，称为二 – 十进制译码器。它的输入为 8421 码 0000 ~ 1001，输出为相应的十进制数的 10 个数字符号。设输入信号为 A、B、C、D，输出信号为 $\overline{W_0}$，$\overline{W_1}$，…，$\overline{W_9}$（低电平有效）。设计步骤如下：

第一步，根据设计要求列出真值表，如表 11 – 27 所示。表中 A、B、C、D 为 8421 码，当输入为 0000 到 1001 时，对应的输出是十进制数 0 ~ 9，而 1010 到 1111 为无效伪码，当正常工作时不应出现，当电路一旦出现无效状态时，译码器的输出就会出错。为了使电路工作可靠，在大规模集成电路中一般都采用完全译码，以自动拒绝伪码，即当输入一旦进入 6 个无效状态时，所有的输出均恒为 1。

第二步，根据真值表可写出逻辑表达式为

$$\overline{W_0} = \overline{\bar{A}\,\bar{B}\,\bar{C}\,\bar{D}}, \quad \overline{W_1} = \overline{\bar{A}\,\bar{B}\,\bar{C}D}, \quad \overline{W_2} = \overline{\bar{A}\,\bar{B}\,C\bar{D}}, \quad \overline{W_3} = \overline{\bar{A}\,\bar{B}\,CD}, \quad \overline{W_4} = \overline{\bar{A}\,B\,\bar{C}\,\bar{D}},$$

$$\overline{W_5} = \overline{\bar{A}\,B\,\bar{C}D}, \quad \overline{W_6} = \overline{\bar{A}\,BC\bar{D}}, \quad \overline{W_7} = \overline{\bar{A}BCD}, \quad \overline{W_8} = \overline{A\,\bar{B}\,\bar{C}\,\bar{D}}, \quad \overline{W_9} = \overline{A\,\bar{B}\,\bar{C}D}$$

表 11 – 27　二 – 十进制译码器的真值表

输　入				输　　出									
A	B	C	D	$\overline{W_0}$	$\overline{W_1}$	$\overline{W_2}$	$\overline{W_3}$	$\overline{W_4}$	$\overline{W_5}$	$\overline{W_6}$	$\overline{W_7}$	$\overline{W_8}$	$\overline{W_9}$
0	0	0	0	0	1	1	1	1	1	1	1	1	1
0	0	0	1	1	0	1	1	1	1	1	1	1	1
0	0	1	0	1	1	0	1	1	1	1	1	1	1
0	0	1	1	1	1	1	0	1	1	1	1	1	1
0	1	0	0	1	1	1	1	0	1	1	1	1	1
0	1	0	1	1	1	1	1	1	0	1	1	1	1
0	1	1	0	1	1	1	1	1	1	0	1	1	1
0	1	1	1	1	1	1	1	1	1	1	0	1	1
1	0	0	0	1	1	1	1	1	1	1	1	0	1
1	0	0	1	1	1	1	1	1	1	1	1	1	0

第三步，根据逻辑函数表达式可画出逻辑电路图，如图 11 – 23 所示。该电路实际上是 4 线 – 10 线二 – 十进制 MSI 译码器系列产品 CT7442、CT74LS42 的逻辑电路图。如果将输出 $\overline{W_8}$、$\overline{W_9}$ 闲置不用，输入 A 作为使能端 ST，则此 4 线 – 10 线二 – 十进制译码器可作为 3 线 – 8 线译码器使用。

11.6.3.4　七段译码显示器的原理

在数字系统中，经常需要将数字、文字和符号的二进制编码译为代码并通过显示器件显示出来，以便直接观察或读取。目前显示器件的种类很多，但我国字形管的标准为七段字形，下面介绍 3 种七段数码显示器的简单结构和工作原理。

①半导体数码管。半导体数码管是用 7 个发光二极管（LED）组成的七段字形显示器件，这里简要介绍一下它的工作原理。LED 是用磷砷化镓、磷化镓或砷化镓等半导体材料制成的，其掺杂浓度很高。当外加正向电压时，它的导带中大量电子跃迁到价带与空穴复合，并将多余的能量以光的形式释放出来，成为一定波长的可见光，其光彩清晰悦目。

磷砷化镓制成的 LED，它的光波波长与所掺磷和砷的比例有关，含磷的比例越高，波长越短，发光效率越低。目前我国生产的磷砷化镓 LED 有 BS201、BS202 等型号的产品。其光波波长约为 650nm，呈现橙红色（另外有绿色或黄色）。半导体数码管的显示结构和电路联接示意图如图 11 – 24 所示。图 11 – 24（a）是七段半导体数码管显示结构示意图；图 11 – 24（b）将 7 个 LED 的阴极联接在一起，并经过限流电阻 R 接地，这称为共阴极接法；图 11 – 24（c）将 7 个发光二极管的阳极联接在一起并经限流电阻 R 接电源，这称做共阳极接法；图 11 – 24（d）是七段半导体数码管显示 0 ~ 9 的字形形状。

半导体数码管的每段发光二极管，既可由 BJT 驱动，也可直接用 TTL 门电路驱动。用 BJT 驱动的半导体数码管七段显示电路如图 11 – 25 所示。图中 a ~ g 为 7 个 LED，当七段字

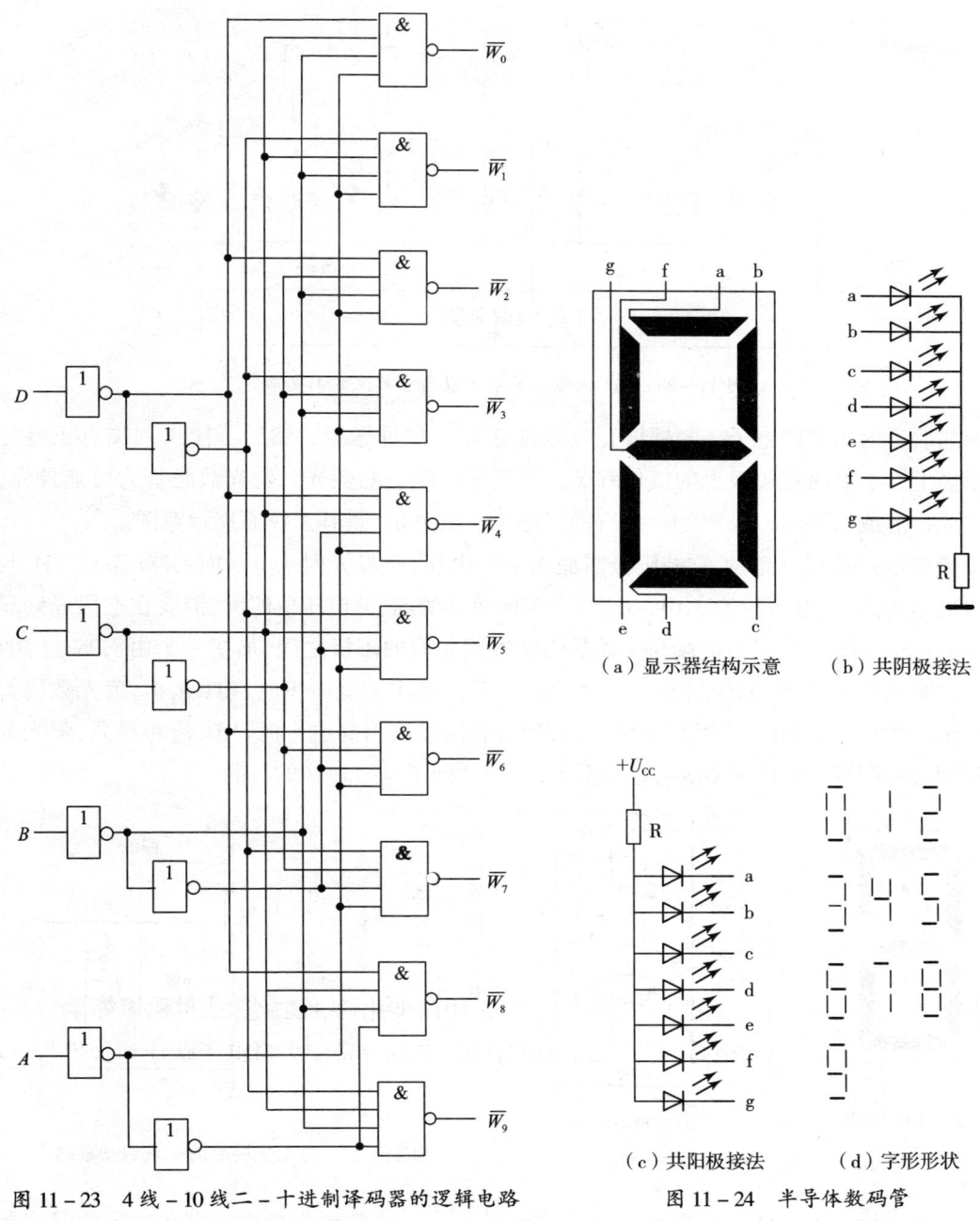

图 11-23 4线-10线二-十进制译码器的逻辑电路

图 11-24 半导体数码管

（a）显示器结构示意　　（b）共阴极接法

（c）共阳极接法　　（d）字形形状

形译码器的输出为高电平时，相应段的 BJT 饱和导通，所驱动的 LED 导通并发光。LED 的工作电压为 $1.5 \sim 3.0V$，工作电流为十几毫安。图 11-25 中 R 是限流电阻，调节 R 可以改变 LED 的工作电流，用以控制它的发光亮度。半导体数码管常用于计算机、大屏幕显示器和各种电子仪器设备中。

②荧光数码管。荧光数码管是一种分段式电真空器件，它由灯丝（阴极）、金属网状栅极和 7 个独立的阳极组成。7 个阳极作为七段显示器，其排列与半导体数码管相似。灯

273

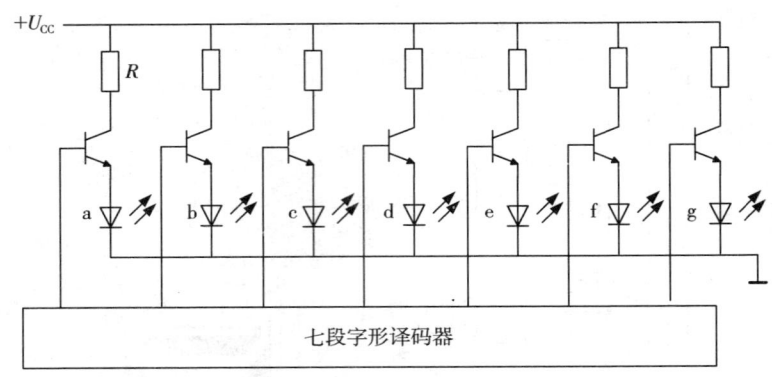

图 11 - 25　BJT 驱动的半导体数码管七段显示电路

丝加热后发射出来的电子，经栅极正电场加速后，穿过栅极，然后再撞击到加有正电位的阳极上，于是涂在阳极上的氧化锌荧光粉便发出绿色的荧光。荧光数码管为玻璃外壳，常制成指形或扁平形，见图 11 - 26（a），图 11 - 26（b）是其工作原理示意图。

荧光数码管在发光时,它的阳极需加 20V 的电压,不发光时为 0V,而 CT74 系列 TTL 与非门输出的高、低电压约为 3.6V、0.3V,为了使两者的高、低电压值匹配,需要在七段译码显示器的每个 TTL 与非门输出端与荧光数码管每段相应的阳极之间,加接一个由 NPN 型 BJT 组成的驱动电路,如图 11 - 27 所示。图中当与非门输出为低电平时,BJT 截止,荧光数码管相应阳极的电压为 20V,它发出绿色荧光;当与非门输出为高电平时,BJT 饱和导通,荧光数码管相应的阳极为低电平 0.3V,它不发光,从而达到了电平转换的目的。

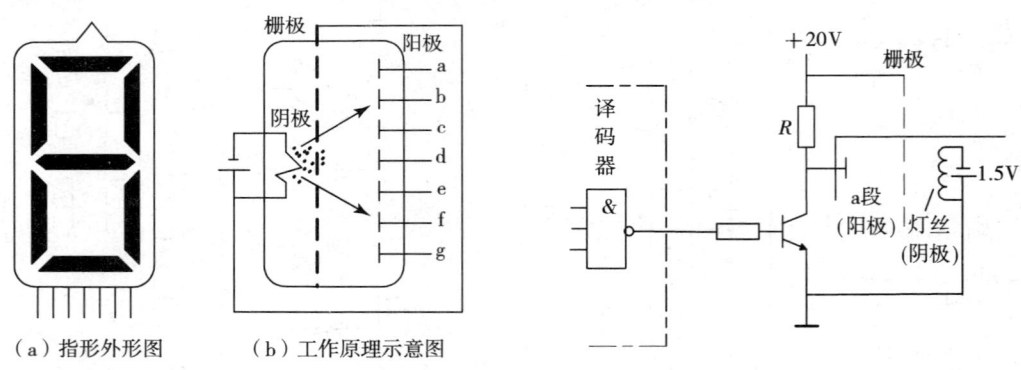

（a）指形外形图　　　（b）工作原理示意图

图 11 - 26　荧光数码管

图 11 - 27　荧光数码管的七段驱动电路

③液晶显示器（LCD）。液态晶体简称液晶，是一种有机化合物，它在一定的温度范围内既具有液体的流动性，又具有晶体的某些光学特性，其透明度和颜色随外界所加电场、磁场、光和温度等的变化而变化。利用液晶的这一特点，可以制成受电场控制的七段数码显示器件，称为液晶显示器。它的工作原理可简述为：当无外加电场时，液晶分子整齐排列；若外部有光照射时，液晶没有散射作用，呈透明状态。当在相应各段加上电压时，在电场的作用下，液晶因电离而产生正离子作定向运动，故使液晶分子受到撞击而旋转，从而破坏了分子的整齐排列，使之成为无规则的紊乱状态，对外部入射光会

产生散射，原来透明的液晶变成了暗灰色，从而显示相应的字形。当外加电压断开并经短暂的延时后，液晶分子又重新整齐排列，字形消失。显然，液晶本身并不发光，而是借助于外来光才显示字形的，所以它是一种被动式显示器件。

　　为了使液晶显示器件能在字形译码输出的控制下可靠地显示信息，通常通过一个异或门在液晶显示器上加数十赫至数百赫的交变电压，如图 11-28（a）所示。u_1 段加交变方波电压，A 段接译码输出，当 $A = 0$ 时，$u_S = u_1$，液晶显示器两端的电压 $u_L = 0V$，显示器不工作。当 $A = 1$ 时，u_S 与 u_1 反相，即 u_1 为低电平时，u_S 为高电平；反之，当 u_1 为高电平时，u_S 为低电平。故加到液晶显示器的电压 u_L 是幅值等于 U_{IM} 的交变方波，如图 11-28（b）所示，液晶显示器工作。在为驱动液晶显示器而专门设计的集成译码驱动显示电路中，它的内部已经设置了异或门。

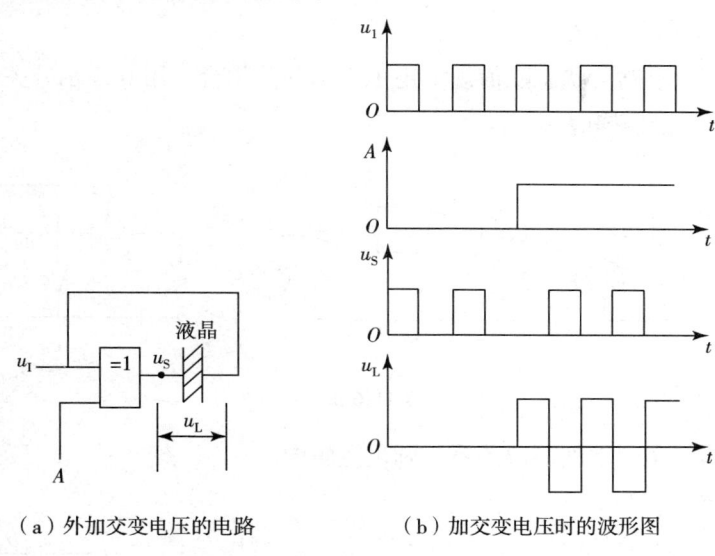

（a）外加交变电压的电路　　　　（b）加交变电压时的波形图

图 11-28　液晶显示器

　　液晶显示器的主要优点是耗电少，缺点是反应较慢，无外来光时不显示。它常用于计算器和电子手表中。

复习思考题十一

11.1　将下列二进制数转换为等值的十六进制数和等值的十进制数。
（1）$(10010111)_2$；　　　（2）$(11.001)_2$。

11.2　将下列十六进制数转换为等值的二进制数和等值的十进制数。
（1）$(8C)_{16}$；　　　（2）$(3D.BE)_{16}$。

11.3　将下列十进制数转换为等值的二进制数和等值的十六进制数。
（1）$(17)_{10}$；　　　（2）$(29.625)_{10}$；　　　（3）$(127.0625)_{10}$。

11.4 试画出下图中与非门输出 Y 的波形。

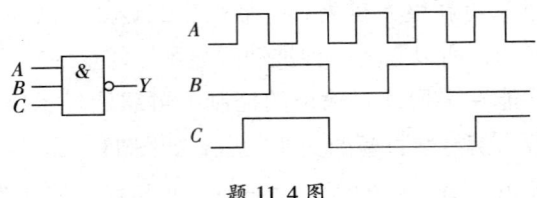

题 11.4 图

11.5 用与非门和非门实现以下逻辑关系，画出逻辑图：

(1) $Y = AB + \overline{A}C$

(2) $Y = A + B + \overline{C}$

(3) $Y = \overline{A}\,\overline{B} + (\overline{A} + B)\,\overline{C}$

(4) $Y = A\overline{B} + A\overline{C} + \overline{A}BC$

11.6 下图所示电路若状态赋值规定用 1 表示开关闭合，用 0 表示开关断开，灯亮用 1 表示，求灯 F 点亮的逻辑表达示。

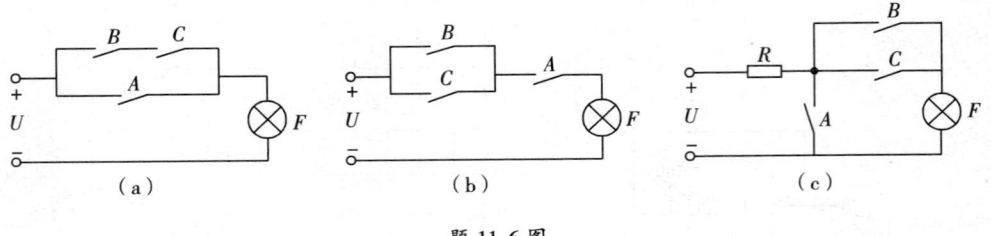

题 11.6 图

11.7 用与非门实现下列逻辑关系，画出逻辑图。

(1) $F = ABC$

(2) $F = A + B + C$

(3) $F = ABC + DEG$

(4) $F = \overline{A + B + C}$

(5) $F = A\overline{B} + \overline{A}B$

(6) $F = AB + \overline{A}\,\overline{B}$

(7) $F = \overline{A}\,\overline{B} + (\overline{A} + B)\,\overline{C}$

(8) $F = A\overline{B} + A\overline{C} + \overline{A}BC$

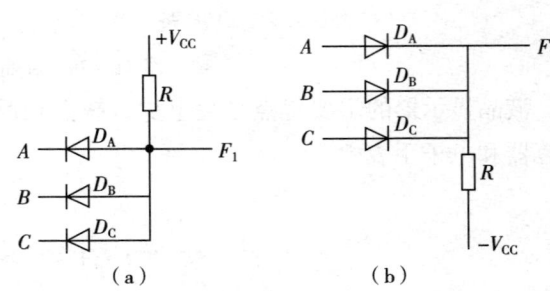

题 11.8 图

11.8 图 (a)、(b) 所示二极管门电路，写出输出 F_1、F_2 与输入 A、B、C 之间的逻辑关系。

11.9 试分析下图的逻辑功能，写出逻辑表达式。

11.10 写出下图所示各电路输出 F 的逻辑表达式。

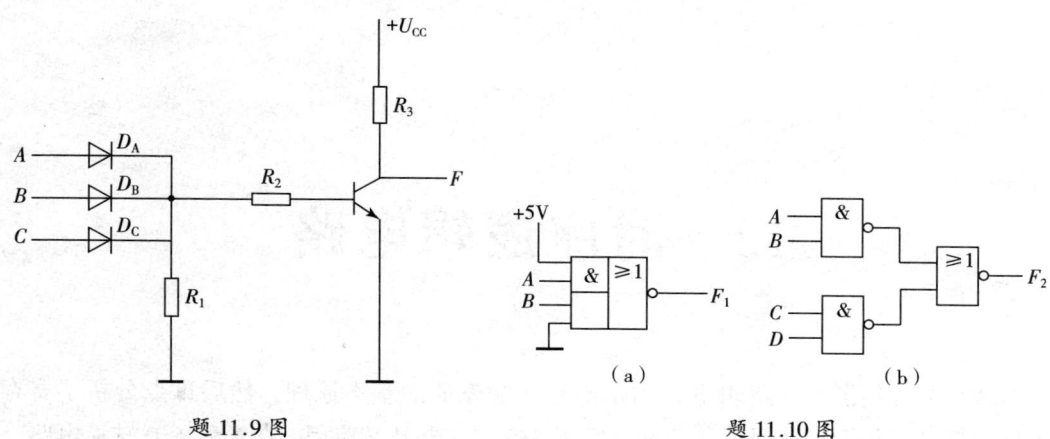

题 11.9 图　　　　　　　　　　　　题 11.10 图

11.11　已知下图所示逻辑图，试写出逻辑表达式，列出真值表。

11.12　已知某组合逻辑电路的输入 A、B、C 及输出 F 的波形如下图所示，试列出真值表，并写出逻辑表达式。

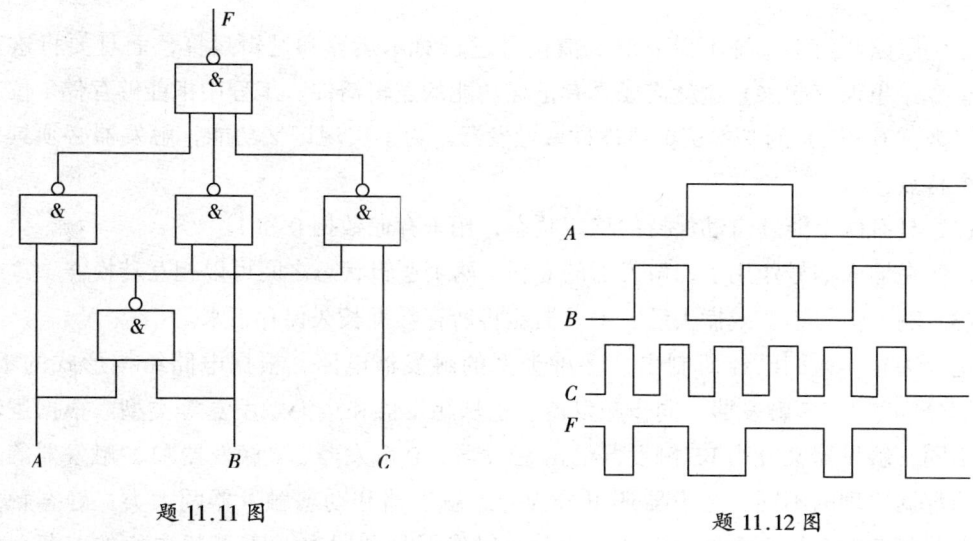

题 11.11 图　　　　　　　　　　　　题 11.12 图

11.13　试用异或门设计一个有三个输入端和一个输出端的组合逻辑电路，其功能是输入的三个数码中有奇数个 1 时，电路输出为 1，否则为 0。

11.14　设有三台电动机 A、B、C，要求 A 开机 C 必须开机，B 开机 C 也必须开机，C 可单独开机，如不满足上述要求发出报警信号。试用与非门设计电路，并画出逻辑电路图。

11.15　设计一个交通管理灯报警电路，具体要求如下：交通管理灯分红、黄、绿三种，红、黄、绿三种灯单独工作，或黄、绿灯同时工作均为正常状态，否则报警。试用与非门实现。

11.16　仿照全加器设计一位二进制的全减器：输入被减数为 A，减数为 B，低位来的借位数为 C，全减差为 D，向高位的借位数为 C_1。

12 时序逻辑电路

本章首先介绍了时序逻辑电路的基本单元触发器的基本原理，然后重点分析了寄存器和计数器的工作原理，最后简要地介绍了 555 定时器及其应用、D/A 和 A/D 转换电路。

12.1　触发器

数字电路和数字系统不但要对二值信号进行算术运算和逻辑运算，而且要将这些信号和运算结果保存起来，这就需要具有记忆功能的逻辑器件。工程中把能够存储 1 位二值信号（数据 0 和 1）的基本逻辑器件称做触发器。为了实现记忆功能，触发器必须具备以下 3 个特点：

(1) 具有两个能够自动保持的稳定状态，用来存储数据 0 和 1。

(2) 在输入信号作用下，触发器的 0 和 1 两个逻辑状态之间可以相互转换。

(3) 输入信号不变或撤去后，触发器能将所存数据长久保存下来。

迄今为止，人们已经研制出许多种类型的触发器电路，根据电路结构形式的不同，将它们分为基本 RS 触发器、同步触发器、主从触发器和边沿触发器等类型。根据逻辑功能的不同，触发器又分为 RS 触发器、JK 触发器、D 触发器、T 触发器和 T′触发器等。根据存储数据原理的不同，触发器还可分为静态触发器和动态触发器两大类：静态触发器是靠电路状态的自锁来存储数据的；而动态触发器是利用 MOS 管栅极电容的电荷存储效应来存放数据的，例如栅极电容上存有电荷为 0 状态，未存电荷则为 1 状态。

为了分析方便起见，现对触发器的一对互补输出状态约定如下：$Q=1$，$\overline{Q}=0$ 为 1 态；$Q=0$，$\overline{Q}=1$ 为 0 态。另外，将触发器接收信号前所处的状态记为现态 Q^n，则触发器接收信号之后所建立的新的稳定状态就是次态 Q^{n+1}。

12.1.1　RS 触发器

基本 RS 触发器亦称 RS 锁存器，在各种触发器中它的结构最为简单，但却是各种复杂结构的触发器电路的基本组成部分。

12.1.1.1　用与非门构成的基本 RS 触发器

（1）电路组成

各种门电路虽然在输入信号作用下都有两种不同的输出状态（0 态和 1 态），但都不能自行保持住。在图 12–1（a）所示的电路中，设 G_1、G_2 为 TTL 与非门，其工作情况现分析如下：无反馈连线（图中的虚线）时：当 $\overline{S}_d = 0$，$\overline{R}_d = 1$ 时，$Q = 1$，$\overline{Q} = 0$；而仅当 $\overline{S}_d$ 由 0 变 1 后，$Q = 0$，$\overline{Q} = 1$，即 $Q = 1$ 这个状态没有保持住。有了反馈连线后：当 $\overline{S}_d = 0$，$\overline{R}_d = 1$ 时，$Q = 1$，$\overline{Q} = 0$；当 $\overline{S}_d$ 由 0 变 1 后，则仍有 $Q = 1$，$\overline{Q} = 0$，此时由于 $\overline{Q}$ 的反馈作用，电路能够保持住由 $\overline{S}_d = 0$ 所产生的 $Q = 1$、$\overline{Q} = 0$ 这个 1 态，所以说电路具有了记忆功能。

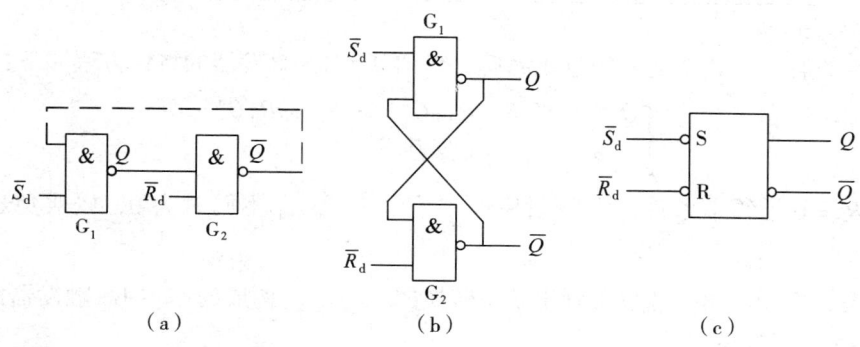

图 12–1　用与非门组成的基本 RS 触发器

现将图 12–1(a)改画成图 12–1(b)电路，即把两个与非门 G_1、G_2 的输入、输出端交叉联接，构成基本 RS 触发器，图中 $\overline{S}_d$ 和 $\overline{R}_d$ 端的小圆圈"。"相应地表示低电平有效。

（2）工作原理

因为触发器某一时刻的输出不但与这一时刻的输入信号有关，而且还与前一时刻触发器所处的状态有关，因此把前一时刻的状态（即现态 Q^n）也作为自变量来分析。

当 $\overline{S}_d = 0$，$\overline{R}_d = 1$ 时，无论现态 Q^n 是 1 还是 0，次态 Q^{n+1} 均为 1 态；

当 $\overline{S}_d = 1$，$\overline{R}_d = 0$ 时，无论现态 Q^n 是 1 还是 0，次态 Q^{n+1} 均为 0 态；

当 $\overline{S}_d = 1$，$\overline{R}_d = 1$ 时，现态 Q^n 是 1，次态 Q^{n+1} 亦为 1；Q^n 为 0，Q^{n+1} 亦为 0；

当 $\overline{S}_d = 0$，$\overline{R}_d = 0$ 时，无论现态 Q^n 是 1 态还是 0 态，次态 $Q^{n+1} = \overline{Q}^{n+1} = 1$，这里两个互补的次态同为 1，虽已出现逻辑错误，但这种情形还有更深层次的含义，现解释如下。

Q^{n+1} 当 $\overline{S}_d = 0$、$\overline{R}_d = 0$ 时，次态 $Q^{n+1} = \overline{Q}^{n+1} = 1$，此时若 $\overline{S}_d$ 由 0 变为 1，$\overline{R}_d$ 仍为 0 时，触发器变为 0 态；若 $\overline{R}_d$ 由 0 变为 1，$\overline{S}_d$ 仍为 0 时，触发器变为 1 态，这说明当 $\overline{S}_d$ 和 $\overline{R}_d$ 中只有一个低电压信号消失时，触发器的状态是确定的。但在次态 $Q^{n+1} = \overline{Q}^{n+1} = 1$ 之后，若 $\overline{S}_d = \overline{R}_d = 0$ 同时撤去（回到 1）时，触发器的状态不能确定是 1 还是 0，因此称这种情况为不定状态"Φ"，在画波形图时用阴影线表示。这种情况应予避免。

（3）触发器逻辑功能的描述

①功能表。功能表是一种特殊的真值表，它把触发器的现态也作为自变量，和输入

信号一起，列在真值表的左边，触发器的次态作为逻辑函数放于真值表的右边所列出的表格。用两个与非门构成的基本 RS 触发器的功能表如表 12 – 1 所示。由表可见，它只在 $\overline{S}_d$ 和 $\overline{R}_d$ 的作用下置 1、置 0，故又称为置 0 置 1 触发器，或称为复位置位触发器。

表 12 – 1　与非门构成的基本 RS 触发器的功能表

$\overline{S}_d$	$\overline{R}_d$	Q^n	Q^{n+1}	$\overline{S}_d$	$\overline{R}_d$	Q^n	Q^{n+1}
0	0	0	会"不定"	1	0	0	0
0	0	1	会"不定"	1	0	1	0
0	1	0	1	1	1	0	0
0	1	1	1	1	1	1	1

②特性方程。上述功能表经过化简后，得到基本 RS 触发器的特性方程如下：

$$\begin{cases} Q^{n+1} = f(\overline{S}_d, \overline{R}_d, Q^n) = S_d + \overline{R}_d Q^n \\ S_d R_d = 0（约束条件） \end{cases} \tag{12.1}$$

式中，$S_d R_d = 0$ 是约束条件，它限制住输入信号 $\overline{S}_d$ 和 $\overline{R}_d$ 不同时为 0，以避免出现不定状态。

③状态转换图。由功能表可画出状态转换图，与非门构成的基本 RS 触发器的状态转换图如图 12 – 2 所示。

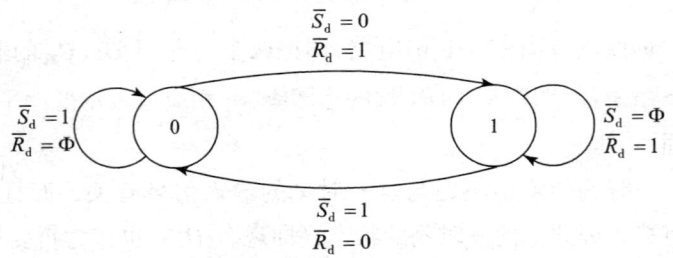

图 12 – 2　基本 RS 触发器的状态转换图

④工作波形图。现举一例，用以说明基本 RS 触发器波形图的画法。

例 12.1　在图 12 – 1（b）所示基本 RS 触发器中，已知输入信号波形如图 12 – 3 上方所示，设基本 RS 触发器的初始状态 $Q_初 = 0$，试画出其输出端 Q 及 $\overline{Q}$ 的波形图。

解：依据由两个与非门构成的基本 RS 触发器的功能表（或特性方程或状态转换图）可以画出 Q、$\overline{Q}$ 的波形，如图 12 – 3 下方所示。注意：当 $\overline{S}_d = \overline{R}_d = 0$ 时，$Q = \overline{Q} = 1$。当 $\overline{S}_d$ 和 $\overline{R}_d$ 同时撤去（回到 1）时，触发器状态是 1、是 0 将不能确定，因此这是不定状态"Φ"，为了区别于 1 态和 0 态，在波形图上用阴影线表示！

（4）动作特点

由以上分析可知，基本 RS 触发器的动作特点（即触发翻转特点）是：在输入信号 $\overline{S}_d$ 和 $\overline{R}_d$ 的全部作用时间内，都能直接改变输出端 Q 和 $\overline{Q}$ 的状态。

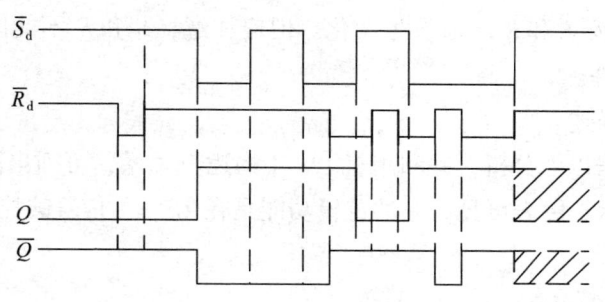

图 12 − 3　例 12.1 的波形图

（5）各种描述方法之间的关系

同一个触发器可以分别用功能表、特性方程、状态转换图和波形图来描述。尽管这几种描述形式有所不同，但它们实质上都是表示的同一个触发器，所以它们之间可以相互转换。

前面介绍的基本 RS 触发器的触发翻转过程直接由输入信号控制，但工程实际上常常要求数字系统中的各个触发器，在规定的时刻按各自输入信号所决定的状态同步触发翻转，这个时刻可由外加时钟脉冲 CP 来决定。这种受时钟信号 CP 控制的触发器称为时钟触发器。同步 RS 触发器就是一种典型的时钟触发器。

12.1.1.2　同步 RS 触发器

（1）电路组成

由 4 个与非门构成的同步 RS 触发器如图 12 − 4（a）所示，图 12 − 4（b）是它的逻辑符号。在图 12 − 4（a）中与非门 G_1 和 G_2 组成基本 RS 触发器，G_3 和 G_4 组成输入控制电路，CP 为时钟信号，S、R 为输入信号，Q 和 $\overline{Q}$ 为一对互补的输出信号。

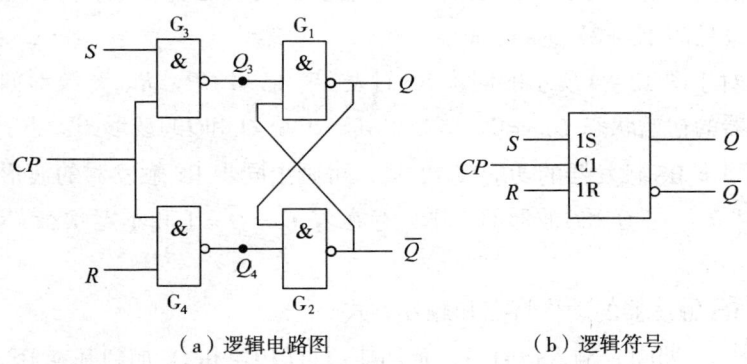

　　（a）逻辑电路图　　　　　　　　（b）逻辑符号

图 12 − 4　同步 RS 触发器

（2）工作原理

当 $CP = 0$ 时，输入控制门 G_3 和 G_4 被封锁，G_3、G_4 输出均为 1，对基本 RS 触发器 G_1、G_2 来说，相当于输入 $\overline{S} = 1$，$\overline{R} = 1$，由式（12.1）可知，此时触发器维持原状态不变。

当 $CP = 1$ 时，图 12 − 4（a）中 G_3、G_4 门打开，$Q_3 = \overline{S}$，$Q_4 = \overline{R}$，由于 $Q^{n+1} = S +$

$\overline{R}Q^n$，所以触发器将按 S 和 R 之值发生变化。但应注意，S 和 R 不能同时为 1，因为须满足 $SR = 0$ 的约束条件。

（3）逻辑功能描述

①功能表。根据以上分析，并利用表 12 – 1 的逻辑关系，可列出同步 RS 触发器的功能表如表 12 – 2 所示。由表可见，它的逻辑功能是在 $CP = 1$ 信号的控制下置 0、置 1，故名同步 RS 触发器。

表 12 – 2　同步 RS 触发器的功能表

S	R	Q^n	Q^{n+1}
0	0	0	0
0	0	1	1
0	1	0	0
0	1	1	0
1	0	0	1
1	0	1	1
1	1	0	会 "不定"
1	1	1	会 "不定"

②特性方程。根据功能表，可得同步 RS 触发器的特性方程如下：

$$\begin{cases} CP = 0 \ \text{时}, Q^{n+1} = Q^n \\ CP = 1 \ \text{时}, \begin{cases} Q^{n+1} = S + \overline{R}Q^n \\ SR = 0 (\text{约束条件}) \end{cases} \end{cases} \tag{12.2}$$

③状态转换图。请读者自行画出同步 RS 触发器的状态转换图，并与基本 RS 触发器的状态转换图（见图 12 – 2）进行比较。

例 12.2　对于图 12 – 4 所示的同步 RS 触发器，已知 CP、R、S 波形如图 12 – 5 上方所示，设触发器的初始状态 $Q_{初} = 0$，试画出其输出端 Q 和 $\overline{Q}$ 的波形图。

解：依据同步 RS 触发器的功能表 12 – 2，可画出同步 RS 触发器的波形图，如图12 – 5 下方所示。注意：在 Q 和 $\overline{Q}$ 波形的末尾，存在着 $Q = \overline{Q} = 1$ 和不定状态 "Φ"，请读者对照波形图理解一下。

（4）同步 RS 触发器的动作特点和触发方式

由于在 $CP = 1$ 期间，输入信号 S、R 均能通过门 G_3 和 G_4 加到基本 RS 触发器上，所以在 $CP = 1$ 的全部时间内，S 和 R 的变化都将引起触发器输出状态的相应改变。这是同步 RS 触发器的动作特点。

同步 RS 触发器的触发输入和状态转换均发生在每个周期时钟脉冲 $CP = 1$ 期间，故称为受 CP 控制的电平触发式 RS 触发器。

（5）同步 RS 触发器存在的问题——空翻现象

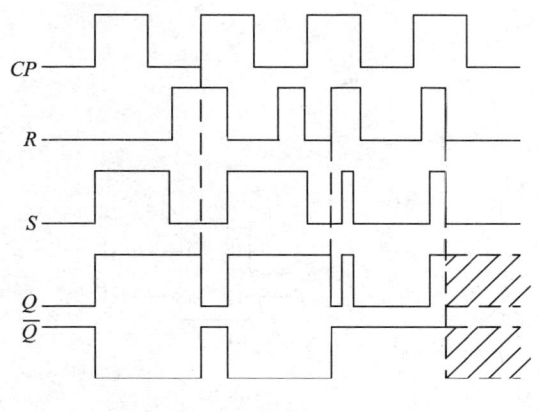

图 12-5 例 12.2 的波形图

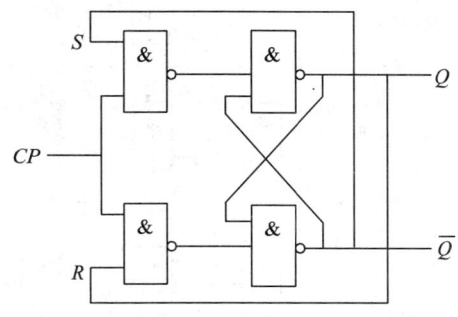

图 12-6 同步 RS 触发器接成计数型触发器

触发器的主要用途之一是用来计数，同步 RS 触发器接成计数电路如图 12-6 所示，图中将 Q 与 R 相连，$\overline{Q}$ 与 S 相连。从计数原理上讲，处于计数状态的时钟触发器应是每来一个 CP 脉冲，触发器改变一次，这样才能累计输入脉冲的个数。但同步 RS 触发器联接成计数电路的实际状况是：由于每个与非门都有平均传输延迟时间 t_{PD}，当 $t = 0$ 时，设触发器初态 $Q = 0$，$\overline{Q} = 1$，经过 $2t_{PD}$ 以后 Q 由 0 变为 1，再经过 t_{PD} 以后，$\overline{Q}$ 由 1 变为 0，即 $Q^{n+1} = 1$。亦即，欲使同步 RS 触发器可靠翻转，要求时钟脉冲 $CP = 1$ 的宽度必须大于 $3t_{PD}$，但是，当 $CP = 1$ 的持续时间大于 $3t_{PD}$ 以后，由于 $R = Q = 1$，$S = \overline{Q} = 0$，再经过 $3t_{PD}$ 以后，触发器又会翻转到 $Q = 0$，$\overline{Q} = 1$ 的状态。工程实际中时钟脉冲的宽度远大于 $3t_{PD}$，显然，在 $CP = 1$ 期间触发器会不停地多次翻转，达不到来一个 CP，计一个数的目的。故把在同一个 $CP = 1$ 期间触发器多次翻转的现象称为"空翻"现象，它限制了同步 RS 触发器在工程中的应用。下面介绍克服"空翻"现象的主从结构触发器。

12.1.1.3 主从触发器

（1）电路组成

用两个同步 RS 触发器加上一个反相器 G_9 可构成主从 RS 触发器，如图 12-7 所示。图中 G_5、G_6、G_7、G_8 构成的同步 RS 触发器为主触发器，G_1、G_2、G_3、G_4 构成的同步 RS 触发器为从触发器。主触发器输出端 Q' 和 $\overline{Q}'$ 的状态是从触发器的输入信号。反相器 G_9 的作用是使从触发器得到相位相反的时钟信号。

（2）工作原理

当 $CP = 1$ 时，$\overline{CP} = 0$，主触发器根据输入信号 S、R 端的信号状态而翻转，从触发器因 $\overline{CP} = 0$ 封锁 G_3、G_4 门而保持原状态不变。

当 $CP = 0$ 时，$\overline{CP} = 1$，主触发器被封锁，即使 S、R 信号发生变化，主触发器状态也保持不变；但从触发器被打开，将主触发器在 $CP = 1$ 期间所存储的信息作为从触发器的输入信号，使从触发器按同步 RS 触发器的特性方程翻转，而且在 $CP = 0$ 期间，从触发器一直受到主触发器的控制，两者状态相同，即 $Q = Q'$，$\overline{Q} = \overline{Q}'$。

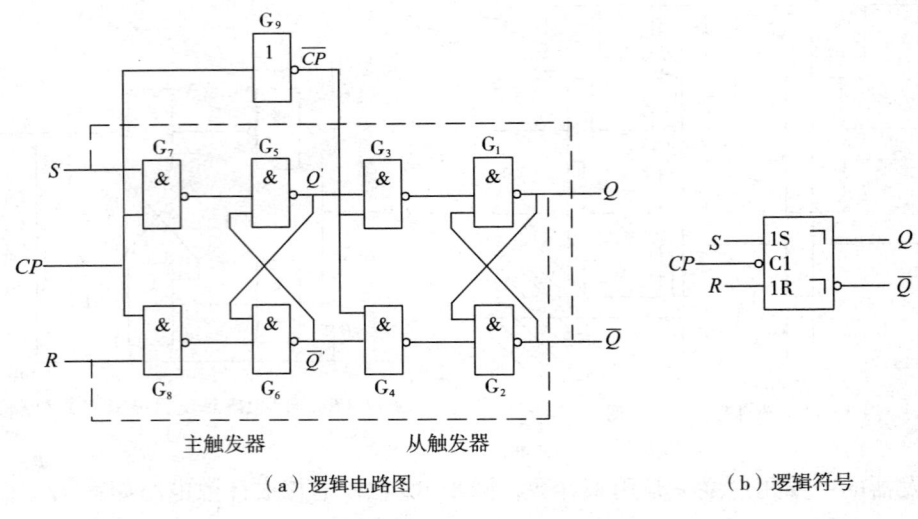

（a）逻辑电路图　　　　　　　　　　　（b）逻辑符号

图 12 - 7　主从 RS 触发器

综上所述，主从 RS 触发器可以把接收信号和输出状态转换分为两步进行，即在 $CP = 1$ 期间接收信号，在 CP 由 1 跳变为 0 后输出状态发生翻转。因其逻辑功能仍然是置 0 置 1，故名主从 RS 触发器。下面说明主从 RS 触发器是如何克服"空翻"现象的。

若将触发器联接成如图 12 - 7（a）中虚线所示的计数工作状态，并设触发器现态 $Q^n = 0$、$\overline{Q^n} = 1$，则 $R = Q^n = 0$，$S = \overline{Q^n} = 1$。当 $CP = 1$ 时，主触发器工作，$Q' = 1$，$\overline{Q'} = 0$，从触发器保持原状态不变；当 CP 由 1 变 0 后，从触发器按主触发器的状态翻转，使 $Q^{n+1} = 1$，$\overline{Q^{n+1}} = 0$。在 $CP = 0$ 期间，即使 R、S 状态已变，但因 $CP = 0$，主触发器不会工作，所以 Q' 端保持 1 态不变。由此可见，在一个 CP 周期内，主从 RS 触发器输出状态只改变一次，因而克服了"空翻"现象。

（3）逻辑功能描述

显然，主从 RS 触发器与同步 RS 触发器的功能表、特性方程和状态转换图都相同，所不同的是主从 RS 触发器在 CP 由 1 变 0（CP 下降沿）到来后，根据 $CP = 1$ 期间 S、R 的状态来触发翻转。它的逻辑符号见图 12 - 7（b），图中图形框内靠近输出端的符号 "⌐" 表示延迟输出，该符号说明了主从触发器输出状态的更新与输入信号的接受是在时钟的不同阶段进行的，而且前者滞后于后者。

（4）存在问题

主从 RS 触发器虽然克服了"空翻"现象，但其主触发器本身仍是同步 RS 触发器，在 $CP = 1$ 期间，Q' 和 $\overline{Q'}$ 状态仍会随 R、S 状态之变而变，属于电平触发，因此它要求触发器的输入信号应在 $CP = 1$ 之前建立，并在 $CP = 1$ 期间保持不变。同时，输入信号仍应遵守约束条件 $SR = 0$，亦即主从 RS 触发器仍然会有"不定"状态。

12.1.2　JK 触发器

为了解决主从 RS 触发器的"不定"状态,便产生了主从 JK 触发器。

(1) 电路组成

如果在图 12 - 7 (a) 的基础上,再在主触发器的两个与非门 G_7、G_8 的输入端各增加 J 端、K 端,就构成了主从 JK 触发器,如图 12 - 8 (a) 所示,图 12 - 8 (b) 为逻辑符号。

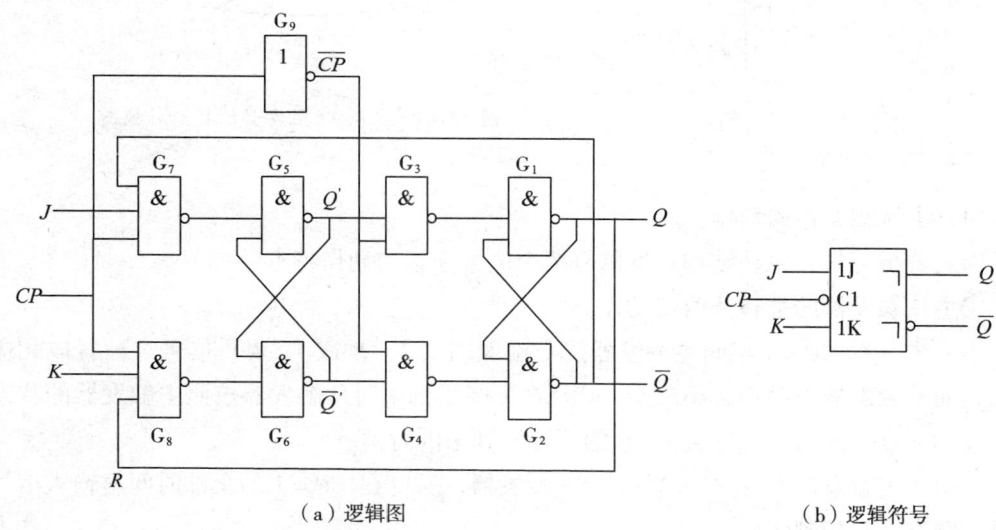

（a）逻辑图　　　　　　　　　　　（b）逻辑符号

图 12 - 8　主从 JK 触发器

(2) 工作原理

由于主从 JK 触发器是在主从 RS 触发器的基础上获得的,所以可由 RS 触发器的特性方程得到主从 JK 触发器的特性方程。因图 12 - 8 (a) 输入端有 $S = J\overline{Q^n}$、$R = KQ^n$,故:

当 $CP = 1$ 时,主触发器动作

$$Q'^{n+1} = S + \overline{R}Q'^n = S + \overline{R}Q^n = J\overline{Q^n} + \overline{KQ^n}Q^n = J\overline{Q^n} + \overline{K}Q^n$$

当时 $CP = 0$,从触发器动作 $Q^{n+1} = S + \overline{R}Q^n = Q'^n + Q'^nQ^n = Q'^n$。由上可得主从 JK 触发器的特性方程为

$$Q^{n+1} = S + \overline{R}Q^n = J\overline{Q^n} + \overline{KQ^n}Q^n = J\overline{Q^n} + \overline{K}Q^n \quad (CP\downarrow) \tag{12.3}$$

式(12.3) 中 $CP\downarrow$ 是图 12 - 8 (a) 所示主从 JK 触发器的时钟条件,它表示该触发器在 CP 下降沿到来后触发器翻转。另外,从上述 S、R 式可见,由于 Q^n 与 $\overline{Q^n}$ 互补,S、R 不可能同时为 1,因此有效地避免了"不定"状况。

(3) 逻辑功能描述

①功能表

根据式 (12.3) 可得主从 JK 触发器的功能表 (表 12 - 3)。由表可见,JK 触发器的逻辑功能最为全面,正如表中附注所示。

②状态转换图

由功能表可画出状态转换图，如图 12-9 所示。

表 12-3　主从 JK 触发器的功能表

J	K	Q^n	Q^{n+1}	注
0	0	0	0	}保持
0	0	1	1	
0	1	0	0	}置0
0	1	1	0	
1	0	0	1	}置1
1	0	1	1	
1	1	0	1	}翻转
1	1	1	0	

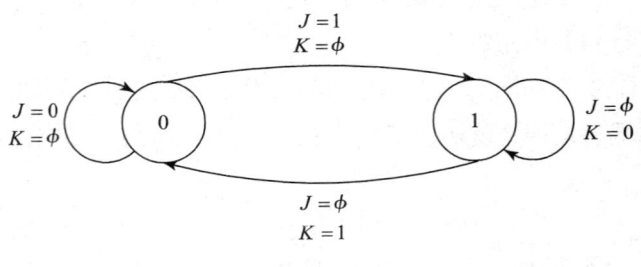

图 12-9　主从 JK 触发器的状态转换图

（4）主从触发器的动作特点

由上分析可知，主从结构触发器有两个值得注意的动作特点：

①主从触发器的翻转分两步动作。

第一步，在 $CP=1$ 期间主触发器接受输入端（S、R 或 J、K）信号，被置成相应的状态，而从触发器不动作；第二步，因 CP 下降沿到来时从触发器按照主触发器的状态翻转，故 Q，$\overline{Q}$ 端状态翻转发生在 CP 的下降沿到来的时刻。

②由于主触发器本身是一个同步 RS 触发器，所以在 $CP=1$ 的全部时间里输入信号都将对主触发器起控制作用。

基于上述两个动作特点，在使用主从结构触发器时经常遇到这样的一种情况，即在 $CP=1$ 期间输入信号发生变化后，CP 下降沿到达时从触发器的状态不一定能按此刻输入信号的状态来确定，而必须考虑整个 $CP=1$ 期间输入信号的变化过程，才能确定触发器的次态。

（5）主从 JK 触发器的一次变化问题

在图 12-8（a）所示的主从 JK 触发器电路中，由于有两条从输出到输入的交叉反馈线，在 $CP=1$ 期间，$\overline{CP}=0$，从触发器维持原状态不变，且 Q 和 $\overline{Q}$ 互补，总有一个为低电平，必然使主触发器输入端的两个与非门中有一个被封锁，故 J、K 输入信号中只有一个输入变量对主触发器的翻转起作用，一旦此输入变量因干扰引起主触发器翻转，即使干扰消失后，该变量无论怎样变化也不能使主触发器翻转到原来的状态。这种现象称为主从 JK 触发器的一次变化问题。

例如，设触发器现态 $Q^n=0$、$\overline{Q^n}=1$，当 $J=K=0$ 时，根据 JK 触发器的逻辑功能，应维持 0 状态不变。但是，在 $CP=1$ 期间，如因外界干扰，使 J 由 0 变成 1，主触发器被置成 1 状态，当干扰消失后，虽输入回到 $J=K=0$，但主触发器仍保持因干扰而被置成的 1 状态。当 CP 下降沿到来后，从触发器就翻转成 1 状态，而不是维持原来的 0 状态不变。显然，触发器因外界干扰而产生了错误动作。同理，当触发器现态 $Q^n=1$、$\overline{Q^n}=0$，$J=K=0$ 时，K 端的正向干扰也会引起触发器的错误动作。以上说明了主从 JK 触发器存在着一次变化问题，它降低了主从 JK 触发器的抗干扰能力。

因此，在使用主从 JK 触发器时应注意：只有在 $CP = 1$ 的全部时间里，输入状态始终未变的条件下，用 CP 下降沿到来时的输入状态决定触发器的次态才是正确的。否则，必须考虑 $CP = 1$ 期间输入状态的全部变化过程，以便确定 CP 下降沿到达时触发器的次态。

例 12.3 在图 12 – 8 所示的主从 JK 触发器电路中，若 CP、J、K 的波形如图 12 – 10 上方所示，试画出 Q、$\overline{Q}$ 端对应的波形图。设触发器的初始状态为 $Q_{初} = 0$。

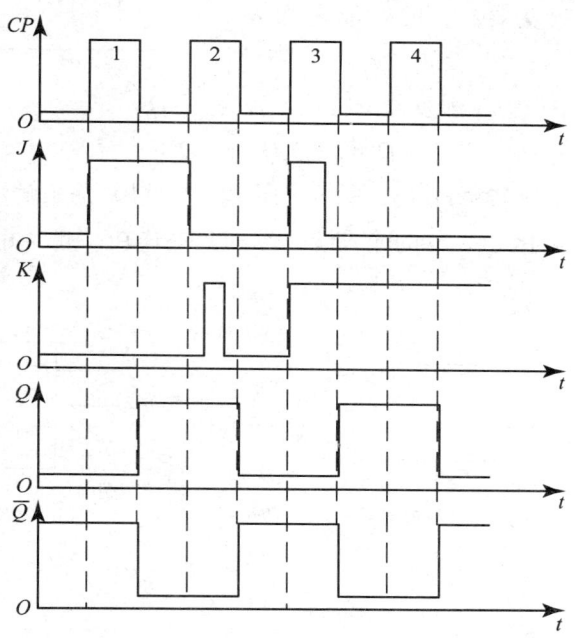

图 12 – 10　例 12.3 的波形图

解：由图 12 – 10 可见，第一个 CP 高电平期间始终为 $J = 1$，$K = 0$，CP 下降沿到达后触发器置 1。

第二个 CP 高电平期间 K 端状态发生过变化，因而不能简单地以 CP 下降沿到达时 J、K 状态来决定触发器的次态。因为在 CP 高电平期间出现过短时间的 $J = 0$，$K = 1$ 状态，此时主触发器便被置 0，所以虽然 CP 下降沿到达时输入状态回到了 $J = K = 0$，但从触发器仍按照主触发器的状态被置成 0，即 $Q^{n+1} = 0$。

第三个 CP 下降沿到达时，$J = 0$，$K = 1$。如果以这时的输入状态决定触发器次态，应保持 $Q^{n+1} = 0$，但由于 CP 高电平期间曾出现过 $J = K = 1$ 状态，CP 下降沿到达之前主触发器已被置 1，所以 CP 下降沿到达后从触发器被置 1。

第四个 CP 高电平期间始终为 $J = 0$，$K = 1$，CP 下降沿到达后触发器被置 0。

从图 12 – 10 可见，每输入一个 CP 脉冲，Q 端的状态就改变一次，这时 Q 端的方波信号频率是时钟脉冲频率的 1/2。因此，若以 CP 端为输入，Q 端为输出，则此触发器就可作为一个二分频电路，两个这样的触发器串联就可获得四分频信号，其余类推。

12.1.3　T 触发

在某些应用场合，需要这种逻辑功能的触发器，当控制信号 $T=1$ 时，每来一个 CP 脉冲，它的状态就翻转一次；而当 $T=0$ 时，CP 脉冲到达后，触发起的状态保持不变。具备这种功能的触发器称做 T 触发器，它的功能表如表 12-4 所示。

表 12-4　T 触发器的功能表

T	Q^n	Q^{n+1}
0	0	0
0	1	1
1	0	1
1	0	1
1	1	0

从功能表 12-4 中可得 T 触发器的特性方程为

$$Q^{n+1} = T\,\overline{Q^n} + \overline{T}Q^n \tag{12.4}$$

它的状态转换图如图 12-11（a）所示。图 12-11（b）是 T 触发器的逻辑符号。

实际上只要将集成 JK 触发器的输入端 J 端和 K 端连在一起，并令其为 T，便构成了 T 触发器。

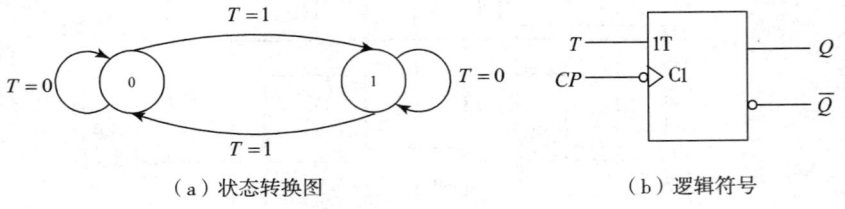

（a）状态转换图　　　　　　（b）逻辑符号

图 12-11　T 触发器

12.2　寄存器

含有双稳态触发器的逻辑电路称为时序逻辑电路，简称时序电路。它与组合逻辑电路不同之处是：现时的输出不仅取决于现时的输入，还与电路原来的状态有关，电路具有记忆功能。

寄存器和计数器是常用的两种时序逻辑电路。本节先介绍寄存器，计数器留待下一节讨论。

寄存器是数字电路中用来存放数码和指令等的主要部件。按功能的不同，寄存器可分为数码寄存器和移位寄存器两种。数码寄存器只供暂时存储数码，然后根据需要取出数码。移位寄存器不仅能存储数码，而且具有移位的功能，即每从外部输入一个移位脉冲（时钟脉冲）其存储数码的位置就同时向左或向右移动一位。这是进行算术运算时所必需的。按存放和取出数码方式的不同，寄存器又有并行和串行之分。前者一般用在数码寄存器中，后者一般用在移位寄存器中。下面只介绍数码寄存器。

图 12-12 是一个可以存放四位二进制数码的数码寄存器。一般来说，一个双稳态触发

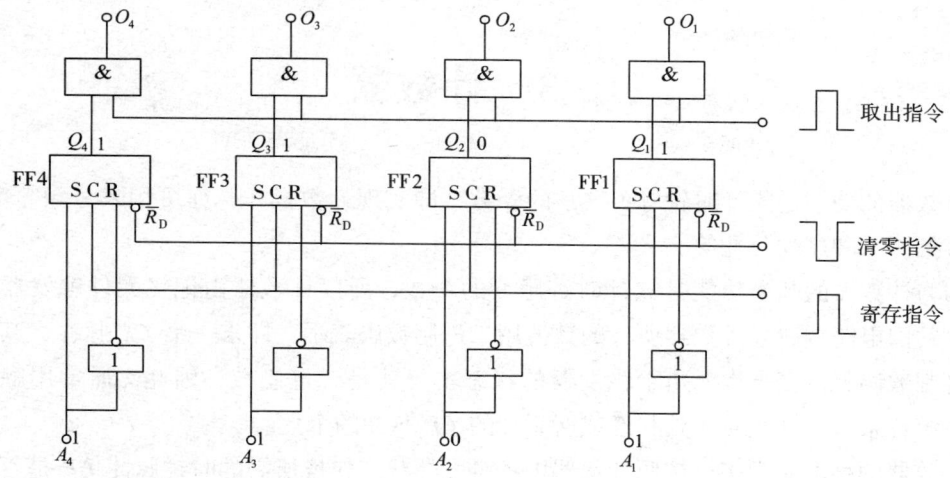

图 12-12 数码寄存器

器可以存放 1 位二进制数码。因此，一个 4 位二进制数码寄存器需要 4 个双稳态触发器。图中采用了 4 个高电平触发的 RS 触发器。它们的输入和输出端都利用门电路来进行控制。A_4、A_3、A_2、A_1 是数码存入端，Q_4、Q_3、Q_2、Q_1 是数码寄存端，O_4、O_3、O_2、O_1 是数码取出端。图中双稳态触发器的 $\overline{Q}$ 和 S_D 端不用，故未画出。该寄存器的工作过程如下：

（1）预先清零

在清零输入端输入清零负脉冲，使得各触发器的直接置 0 端 $\overline{R}_D$ 都为 0，各触发器都处于 0 态。

（2）存入数码

设待存数码为 1101，将它们分别加到 A_4、A_3、A_2、A_1 端，利用 CP 脉冲为寄存指令。在寄存指令未到时，CP 为 0，各触发器保持原态，即清零后的 0 态，这时数码尚未存入。寄存指令到来时，触发器 FF4、FF3 和 FF1 的 $R = 0$，$S = 1$，Q_4、Q_3 和 Q_1 都为 1，FF2 的 $R = 1$，$S = 0$，Q_2 为 0，故 Q_4、Q_3、Q_2、Q_1 为 1101。数码已被存入。寄存指令过后，各触发器保持原态，即数码被寄存。

（3）取出数码

取出指令未到时，由于四个与门的右边输入为 0，它们的输出也为 0，即 $O_4 = 0$、$O_3 = 0$、$O_2 = 0$、$O_1 = 0$，故数码虽已存入，但未取出。取出指令到来时，四个与门右边输入都为 1，其输出取决于它们的另一输入。即取决于四个 Q 端的数码。由于 Q_4、Q_3 和 Q_1 为 1，Q_2 为 0，故 $O_4 = 1$、$O_3 = 1$、$O_2 = 1$、$O_1 = 1$，寄存数码被取出。

上述寄存器，寄存时数码是从 4 个存入端同时存入，取出时又同时从 4 个取出端取出，所以又称为并行输出寄存器。

12.3 计数器

计数器的功能是累计时钟脉冲 CP 的个数，即实现计数操作，亦可用来分频、定时、产生节拍脉冲和序列脉冲等。

因为计数器的基本功能是累计时钟脉冲的个数，所以计数器由记忆元件触发器并附加必要的门电路构成。计数器所计的数值用二进制数码表示，即来一个 CP 脉冲，其输出的二进制数码就改变一次。由于触发器的状态本身就是二进制数，因此，通常用触发器的状态组合来表示计数器所处状态或所累计的 CP 脉冲的个数。

计数器的种类非常多。按照计数器中各触发器状态转换所需的时钟脉冲 CP 是否来自统一的计数脉冲，将它分为同步计数器和异步计数器；按照计数值递增还是递减，计数器又分为加法（递增）计数器和减法（递减）计数器；按照计数进位制的不同，计数器还分为二进制计数器、十进制计数器、任意进制计数器。有时按照计数容量来区分不同的计数器，如 24 进制计数器、60 进制计数器等。

另外，计数器可以用小规模集成（SSI）门电路和触发器设计而成，也有中规模集成（MSI）计数器芯片可供选用。

12.3.1 同步二进制计数器

图 12 - 13 所示的同步时序电路由 4 个 JK 触发器接成 T 触发器所组成。现分析如下：

（1）时钟方程 $CP_0 = CP_1 = CP_2 = CP_3 = CP$

驱动方程 $T_0 = 1$，$T_1 = Q_0^n$，$T_2 = Q_1^n Q_0^n$，

  $T_3 = Q_2^n Q_1^n Q_0^n$

输出方程 $C = Q_3^n Q_2^n Q_1^n Q_0^n$

（2）电路的状态方程为

$Q_0^{n+1} = T_0 \oplus Q_0^n = \overline{Q_0^n}$

$Q_1^{n+1} = T_1 \oplus Q_1^n = Q_0^n \oplus Q_1^n$

$Q_2^{n+1} = T_2 \oplus Q_2^n = (Q_1^n Q_0^n) \oplus Q_2^n$

$Q_3^{n+1} = T_3 \oplus Q_3^n = (Q_2^n Q_1^n Q_0^n) \oplus Q_3^n$

（3）状态转换表

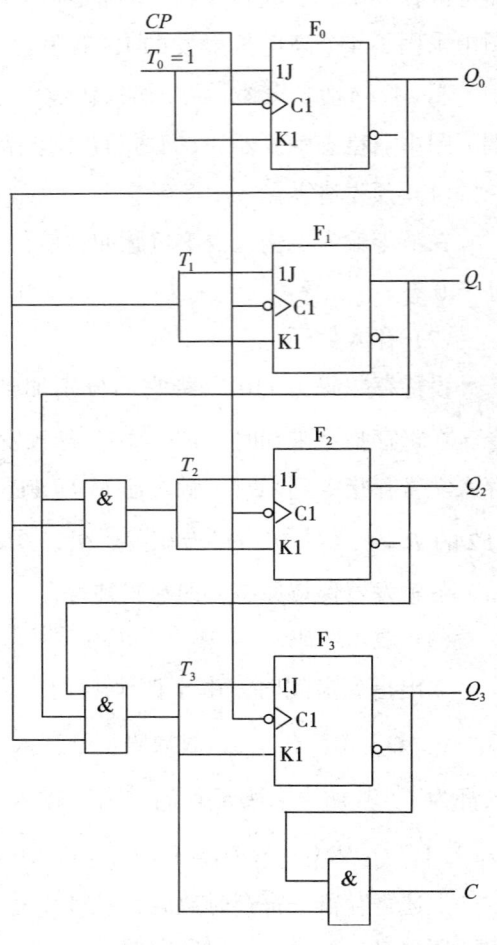

图 12 - 13 同步二进制加法计数器的逻辑电路

根据上述状态方程，列出电路的状态转换表，如表 12-5 所示。

表 12-5　同步 4 位二进制加法计数器的状态转换表

输入计数脉冲数	现　态				次　态				输出 C
	Q_3^n	Q_2^n	Q_1^n	Q_0^n	Q_3^{n+1}	Q_2^{n+1}	Q_1^{n+1}	Q_0^{n+1}	
1	0	0	0	0	0	0	0	1	0
2	0	0	0	1	0	0	1	0	0
3	0	0	1	0	0	0	1	1	0
4	0	0	1	1	0	1	0	0	0
5	0	1	0	0	0	1	0	1	0
6	0	1	0	1	0	1	1	0	0
7	0	1	1	0	0	1	1	1	0
8	0	1	1	1	1	0	0	0	0
9	1	0	0	0	1	0	0	1	0
10	1	0	0	1	1	0	1	0	0
11	1	0	1	0	1	0	1	1	0
12	1	0	1	1	1	1	0	0	0
13	1	1	0	0	1	1	0	1	0
14	1	1	0	1	1	1	1	0	0
15	1	1	1	0	1	1	1	1	0
16	1	1	1	1	0	0	0	0	1

　　为了形象地显示时序电路的状态转换规律，可以画出如图 12-14 所示的状态转换图。其中，每个圆圈代表一个状态，圈内依次填入电路各状态的二进制代码，箭头表示每个时钟脉冲到来时电路状态转换的方向，箭头旁边斜线上方和下方分别填写状态转换前的输入变量取值和输出值，即 X/Z，若没有就空着。显然在上述时序电路中，次态是现态的函数，输出 Z 即进位信号 C。

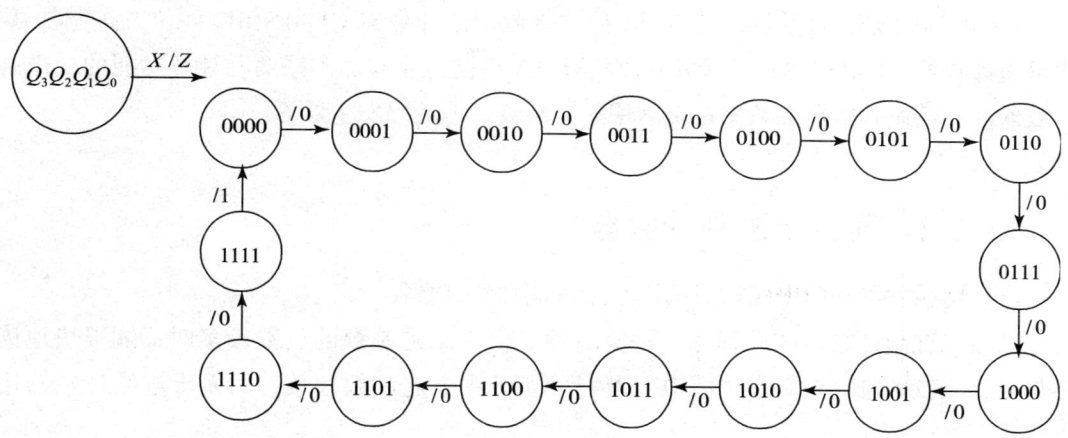

图 12-14　同步 4 位二进制加法计数器的状态转换图

（4）分析结果

　　由上分析可见，该时序电路为一同步 4 位二进制加法计数器。为了进一步说明计数器的功能，经常需要画出计数器的时序。图 12-15 为该同步二进制加法计数器的时序图。

从时序图可以看出，若计数脉冲的频率为 f_0，则 Q_0、Q_1、Q_2 和 Q_3 端输出脉冲的频率依次为 $\frac{1}{2}f_0$、$\frac{1}{4}f_0$、$\frac{1}{8}f_0$ 和 $\frac{1}{16}f_0$。根据计数器的这种分频功能，称为分频器。因 n 位二进制计数器具有 2^n 个状态，故称做模 2^n 计数器，它的最后一级触发器输出信号的频率降为时钟脉冲 CP 频率的 $1/2^n$。

此外，每输入 16 个计数脉冲，计数器工作一个周期，并在输出端产生一个进位信号 C，所以亦将该电路称为十六进制计数器。显然进位信号 C 的频率是时钟脉冲频率的 $1/2^4$。本例进位输出 C 为高电平有效。若将输出端与门改为与非门，则进位输出为低电平有效。

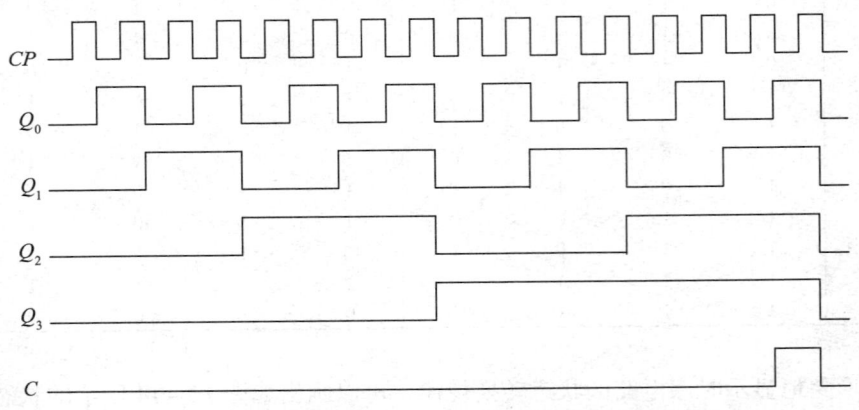

图 12－15　同步 4 位二进制加法计数器的时序图

由 4 位二进制加法计数器不难得到模 M 为 2、4、8 的一类计数器，即只用 1 个触发器 F_0，2 个触发器 F_0、F_1，3 个触发器 F_0、F_1、F_2 分别构成二进制、四进制、八进制计数器（即 2、4、8 分频器）。

常用的 MSI 加法计数器芯片有：4 位二进制加法计数器 CT74LS161，4 位二进制加/减法可逆计数器 CT74LS193。所谓可逆计数器，是指同时兼有加和减两种计数功能的二进制计数器。二进制计数器在数字系统常用作分频器、地址码发生器等。

12.3.2　同步十进制计数器

（1）用触发器和门电路构成的同步十进制加法计数器

虽然二进制计数器电路简单，运算方便，但当二进制数的位数较多时，欲很快地读出数来就比较困难。在日常生活中，人们习惯于用十进制数计数，因而十进制计数器用得比较普遍。

在十进制计数器的分析中读者要注意多余状态的处理问题。在上例中，4 位二进制数共有 16 种组合，这 16 种组合全都用上了。本例十进制计数器的输出状态亦为 4 位二进制数，也有 16 种状态组合，但却只用了其中的 10 种，剩余的 6 种状态组合该怎么处理？对电路有没有影响？分析完本例后，答案就会清楚了。

同步十进制计数器有加法计数器、减法计数器和加减法可逆计数器。下面以图 12 – 16 所示的同步十进制加法计数器为例进行分析。因图 12 – 16 中边沿 JK 触发器仍接成了 T 触发器，故可比照上例分析如下。

①根据逻辑电路可写出

时钟方程 $CP_0 = CP_1 = CP_2 = CP_3 = CP$（同步计数器）

驱动方程 $T_0 = 1$，$T_1 = \overline{Q_3^n} Q_0^n$，$T_2 = Q_1^n Q_0^n$，$T_3 = Q_2^n Q_1^n Q_0^n + Q_3^n Q_0^n$

输出方程 $C = Q_3^n Q_0^n$

②求出电路的状态方程

$Q_0^{n+1} = \overline{Q_0^n}$（$CP \downarrow$）

$Q_1^{n+1} = (\overline{Q_3^n Q_0^n}) \oplus Q_1^n$（$CP \downarrow$）

$Q_2^{n+1} = (Q_1^n Q_0^n) \oplus Q_2^n$（$CP \downarrow$）

$Q_3^{n+1} = (Q_2^n Q_1^n Q_0^n + Q_3^n Q_0^n) \oplus Q_3^n$（$CP \downarrow$）

③列出状态转换表

根据触发器的状态方程和输出方程，可得到状态转换表，如表 12 – 6 所示。

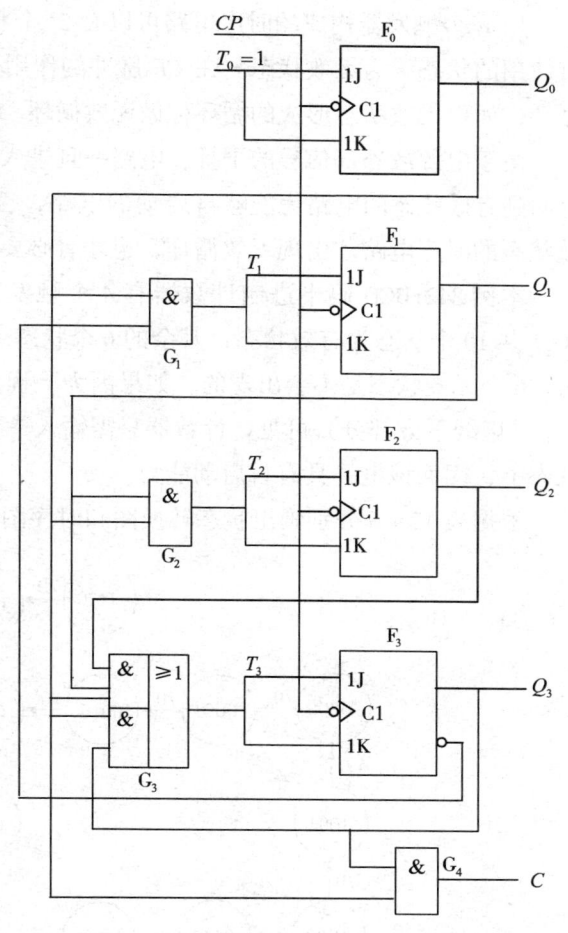

图 12 – 16 同步十进制加法计数器的逻辑电路

表 12 – 6 同步十进制加法计数器的状态转换表

输入计数脉冲数	Q_3^n	Q_2^n	Q_1^n	Q_0^n	Q_3^{n+1}	Q_2^{n+1}	Q_1^{n+1}	Q_0^{n+1}	C
1	0	0	0	0	0	0	0	1	0
2	0	0	0	1	0	0	1	0	0
3	0	0	1	0	0	0	1	1	0
4	0	0	1	1	0	1	0	0	0
5	0	1	0	0	0	1	0	1	0
6	0	1	0	1	0	1	1	0	0
7	0	1	1	0	0	1	1	1	0
8	0	1	1	1	1	0	0	0	0
9	1	0	0	0	1	0	0	1	0
10	1	0	0	1	0	0	0	0	1
1	1	0	1	0	1	0	1	1	0
2	1	0	1	1	0	1	0	0	1
1	1	1	0	0	1	1	0	1	0
2	1	1	0	1	0	1	0	0	1
1	1	1	1	0	1	1	1	1	0
2	1	1	1	1	0	0	1	0	1

用 n 个触发器构成的时序电路可以有 2^n 个状态，凡是使用的状态称为有效状态，没有使用的状态称为无效状态。在 CP 脉冲的作用下，电路由有效状态形成的循环称做有效循环，而由无效状态形成的循环称做无效循环。

由于电源或外部信号的干扰，电路一旦进入无效状态后，在 CP 脉冲作用下能够自动返回到有效状态的电路为能够自启动的电路，否则为不能自启动的电路。很明显，有无效状态的时序电路才出现无效循环，也才有必要讨论电路能否自启动的问题。

本例 8421BCD 码十进制计数器有 4 个触发器，一共有 16 个计数状态，其中 0000 ~ 1001 共 10 个状态为有效状态，其余的 6 个状态 1010 ~ 1111 为无效状态，计数器正常工作时，6 个无效状态是不会出现的。如果因为干扰，该计数器进入了无效状态，但从表 12 – 6 中（虚线下方部分）可见，计数器只需输入一个或两个计数脉冲后便能自动返回到有效状态上，因而该电路具有自启动能力。

根据表 12 – 6 分别画出状态转换图和时序图，如图 12 – 17 和图 12 – 18 所示。

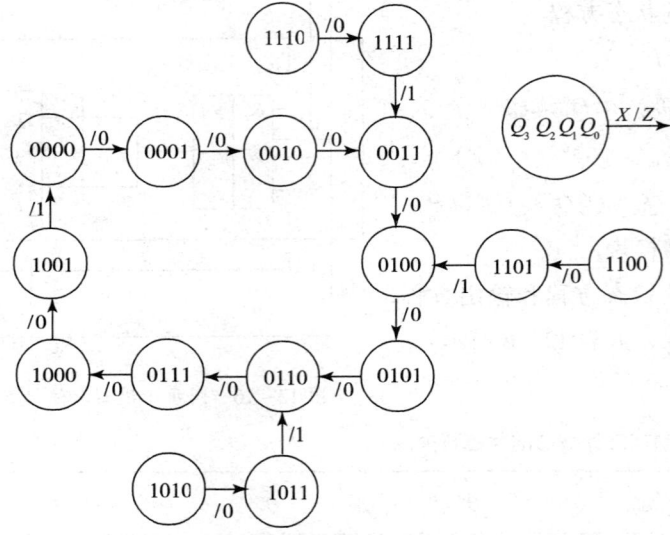

图 12 – 17 同步十进制加法计数器的状态转换图

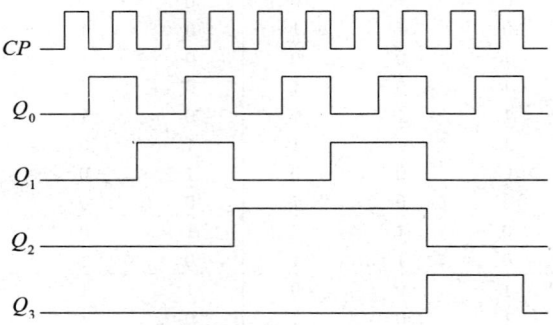

图 12 – 18 同步十进制加法计数器的时序图

（2）MSI 同步十进制加法计数器 CT74LS160 简介

中规模集成（MSI）同步十进制加法计数器 CT74LS160 是在图 12 – 16 的基础上增加了同步置数、异步清零和保持功能所制成的。图 12 – 19（a）是它的逻辑电路图，图 12 – 19（b）是它的逻辑符号。图中 $\overline{CR}$ 为异步清零端，$\overline{LD}$ 为置数端，$D_0 \sim D_3$ 为数据输入端，CT_P 和 CT_T 为计数控制端。分析图 12 – 19（a）的逻辑电路图可知，MSI 同步十进制加法计数器 CT74LS160 具有下列功能：

①异步清零

只要清零信号 $\overline{CR} = 0$，不仅可将所有的触发器全部置 0，而且置 0 操作既不受其他输入

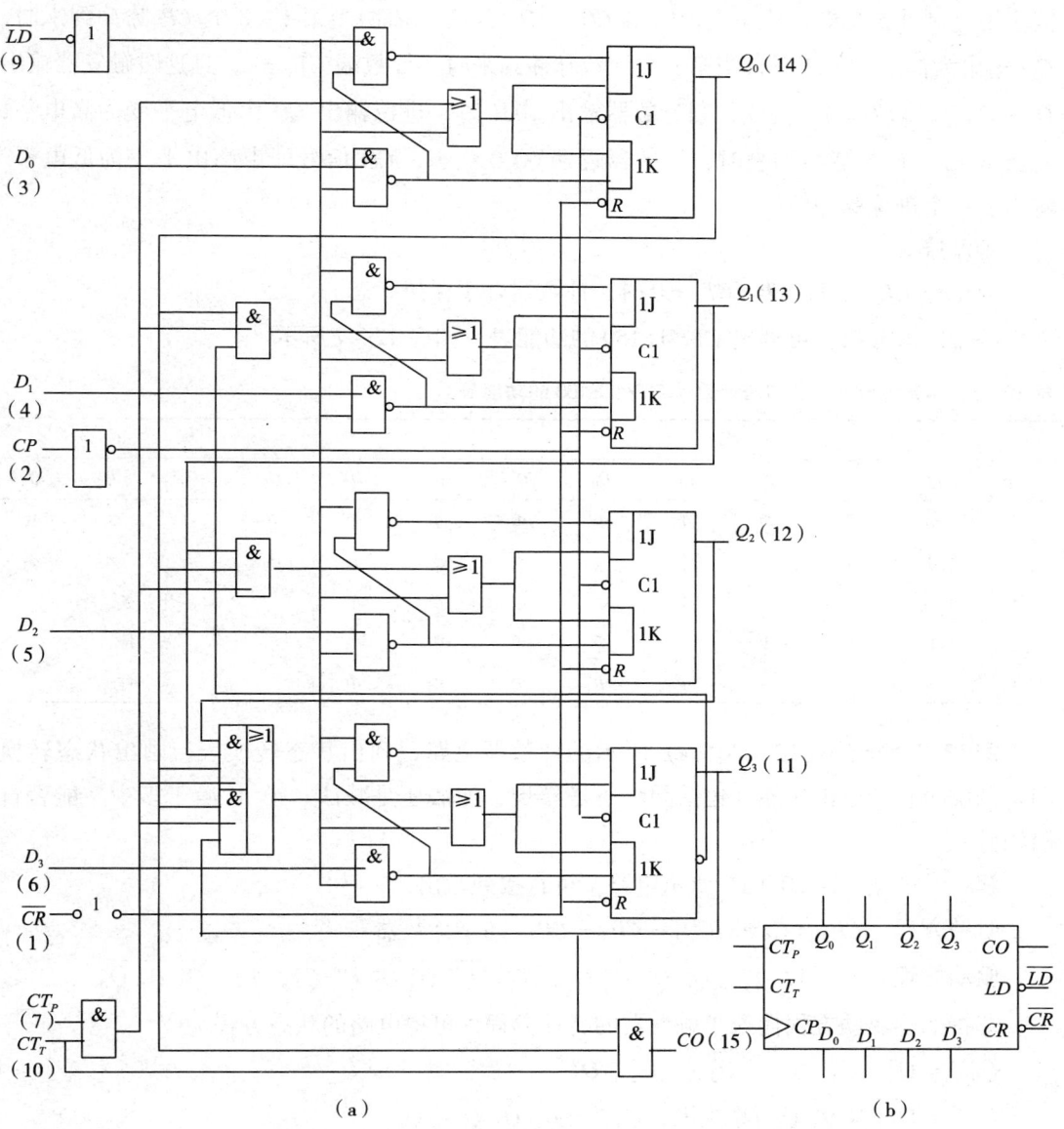

（a）　　　　　　　　　　　　　　　（b）

图 12 – 19　MSI 同步十进制加法计数器 CT74LS160

端的影响，也不需 CP 脉冲的配合，这是计数器的异步清零功能。

②同步预置

当 $\overline{CR} = 1$ 且 $\overline{LD} = 0$ 时，在置数输入端 D_0、D_1、D_2、D_3 外加 4 位数据，计数器 CT74LS160 借助于时钟脉冲 CP 上升沿的作用，这 4 位数据就被预置到计数器的输出端 $Q_0 \sim Q_3$。这是计数器的同步预置功能。注意：请读者自行比较同步预置与异步清零功能的区别。

③计数

当 $\overline{LD} = \overline{CR} = CT_P = CT_T = 1$ 时，在 CP 脉冲上升沿的作用下，CT74LS160 完成 8421 码同步十进制计数功能。这里进位输出 $CO = CT_T Q_3 Q_0$，表明当第 $1 \sim 8$ 个 CP 脉冲到来时，CO 输出为低电平，当且仅当第 9 个计数脉冲到来时，计数端 $CT_T = 1$，且这时触发器输出 $Q_3 = Q_0 = 1$，$CO = 1$。因此，当计数器输出 1001 时，进位输出 CO 由低电平变为高电平，而当第 10 个计数脉冲到来时，计数器返回 0000 状态，CO 信号即由高电平变为低电平，输出了一个进位脉冲信号。

④保持

当 $\overline{LD} = \overline{CR} = 1$ 且 $CT_P \cdot CT_T = 0$ 时，计数器处于保持状态。

综合以上分析，可列出 CT74LS160 的功能表，如表 12 - 7 所示。

表 12 - 7　MSI 同步十进制加法计数器 CT74LS160 的功能表

输　　入									输　　出			
$\overline{CR}$	$\overline{LD}$	CT_P	CT_T	CP	D_0	D_1	D_2	D_3	Q_0	Q_1	Q_2	Q_3
0	Φ	Φ	Φ	Φ	Φ	Φ	Φ	Φ	0	0	0	0
1	0	Φ	Φ	↑	d_0	d_1	d_2	d_3	d_0	d_1	d_2	d_3
1	1	1	1	↑	Φ	Φ	Φ	Φ	计　　数			
1	1	0	Φ	Φ	Φ	Φ	Φ	Φ	保　　持			
1	1	Φ	0	Φ	Φ	Φ	Φ	Φ	保　　持			

例 12.5　分析图 12 - 20（a）所示的计数器电路，列出状态转换表，画出状态转换图，并说明它的逻辑功能（包括同步还是异步、加法还是减法、模 M 等于多少、能否自启动）。

解：①由图 12 - 20（a）所示电路，可直接列写出

时钟方程　　$CP_0 = CP_1 = CP_2 = CP_3 = CP$　同步计数器

驱动方程　　$T_0 = 1$，$T_1 = \overline{Q_0^n} \ \overline{Q_3^n} \ \overline{Q_2^n} \ \overline{Q_1^n}$，$T_2 = \overline{Q_1^n} \ \overline{Q_0^n} \ \overline{Q_3^n} \ \overline{Q_2^n} \ \overline{Q_1^n}$，$T_3 = \overline{Q_2^n} \ \overline{Q_1^n} \ \overline{Q_0^n}$

②将上述驱动方程代入 T 触发器的特性方程，可得电路的状态方程为

$Q_0^{n+1} = \overline{Q_0^n}$，$Q_1^{n+1} = \overline{Q_0^n} \ \overline{Q_3^n} \ \overline{Q_2^n} \ \overline{Q_1^n} \oplus Q_1^n$

$Q_2^{n+1} = \overline{Q_1^n} \ \overline{Q_0^n} \ \overline{Q_3^n} \ \overline{Q_2^n} \ \overline{Q_1^n} \oplus Q_2^n$，$Q_3^{n+1} = \overline{Q_2^n} \ \overline{Q_1^n} \ \overline{Q_0^n} \oplus Q_3^n$

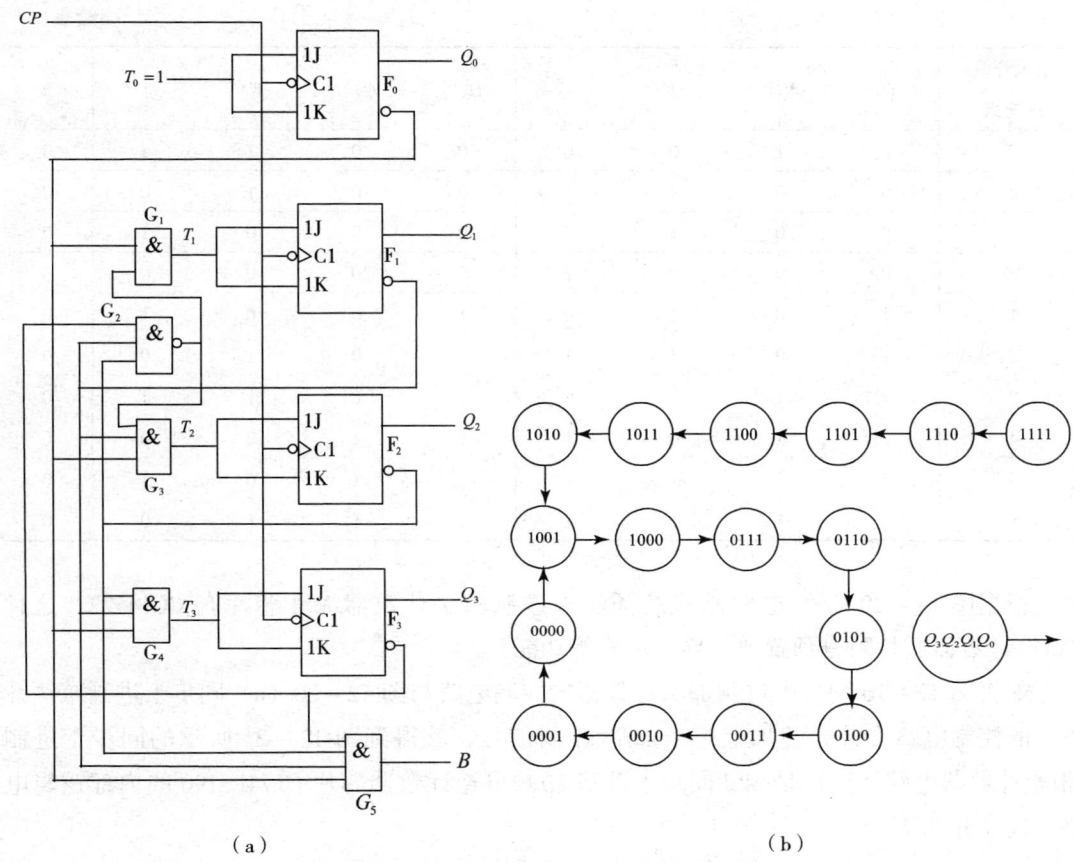

图 12 – 20 例 12.5 计数器的分析

③由以上状态方程列出该计数器的状态转换表 12 – 8，并由表画出状态图，如图 12 – 20（b）所示。

④分析结果。根据表 12 – 8 可见，由于该计数器每来 10 个计数脉冲，完成一个周期的递减计数，所以它是一种同步十进制减法计数器。另外，有关自启动能力的分析附在表 12 – 8 中虚线下方，从表中这一部分的分析可以看出，该计数电路具有自启动能力。

表 12 – 8　同步十进制减法计数器的状态转换表

输入计数 脉冲数	Q_3^n	Q_2^n	Q_1^n	Q_0^n	Q_3^{n+1}	Q_2^{n+1}	Q_1^{n+1}	Q_0^{n+1}	B
1	0	0	0	0	1	0	0	1	1
2	1	0	0	1	1	0	0	0	0
3	1	0	0	0	0	1	1	1	0
4	0	1	1	1	0	1	1	0	0
5	0	1	1	0	0	1	0	1	0
6	0	1	0	1	0	1	0	0	0

输入计数脉冲数	Q_3^n	Q_2^n	Q_1^n	Q_0^n	Q_3^{n+1}	Q_2^{n+1}	Q_1^{n+1}	Q_0^{n+1}	B
7	0	1	0	0	0	0	1	1	0
8	0	0	1	1	0	0	1	0	0
9	0	0	1	0	0	0	0	1	0
10	0	0	0	1	0	0	0	0	0
1	1	0	0	1	1	0	0	0	1
2	1	0	1	1	1	0	1	0	0
3	1	1	0	0	1	0	1	1	0
4	1	1	0	1	1	1	0	0	0
5	1	1	1	0	1	1	0	1	0
6	1	1	1	1	1	1	1	0	0

　　根据图 12－20（a）电路制成的同步十进制减法计数器 MSI 芯片有 CC14522，这种 CMOS 计数器芯片附有预置数、异步清零等功能。

　　如将图 12－16 同步十进制加法计数器的控制电路与图 12－20（a）同步十进制减法计数器的控制电路合并，并加上一个加/减控制信号，就得到图 12－21 所示的同步十进制加/减计数器电路。这正是 MSI 同步十进制加/减可逆计数器芯片 CT74LS190 的内部逻辑电路，现简介如下：

　　由图 12－21 可知，当加控制信号时做加法计数；当减控制信号时做减法计数。CT74LS190 的功能表如表 12－9 所示。

表 12－9　MSI 同步十进制加/减法可逆计数器 CT74LS190 的功能表

CP_1	$\overline{S}$	$\overline{LD}$	$\overline{U}/D$	工作状态
Φ	1	1	Φ	保持
Φ	Φ	0	Φ	预置数
↑	0	1	0	加法计数
↑	0	1	1	减法计数

　　因为图 12－21 电路只有一个时钟信号（亦即计数输入脉冲）CP_1，电路的加、减转换由 $\overline{U}/D$ 所加电平决定，故称为单时钟结构。如果加法计数脉冲和减法计数脉冲来自两个不同的时钟脉冲源，则需要使用双时钟结构的加/减法可逆计数器。

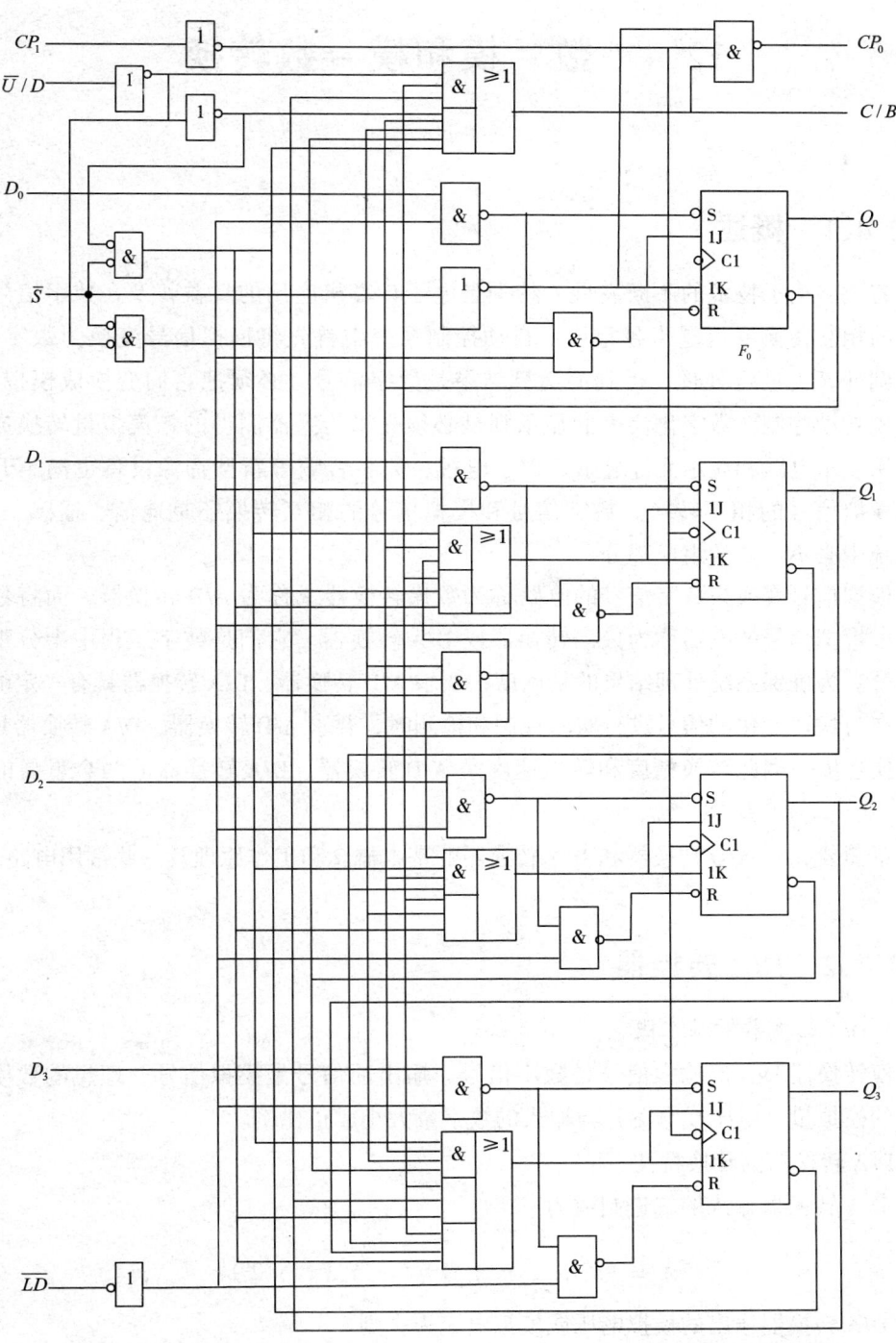

图 12 – 21 单时钟同步十进制可逆计数器 CT74LS190 的逻辑电路

12.4　数－模和模－数转换

12.4.1　概述

随着数字电子技术的不断发展，特别是电子计算机应用的日益普及，数字信号和模拟信号的相互转换变得越来越重要。自动控制系统中首先将模拟信号变换为数字信号，然后送到计算机进行处理，得到的运算结果是数字信号，必须把它们变换成模拟信号，才能实现自动控制。数字化仪表的显示则是必须先将传感器测得的各模拟量转换成数字量，再用显示电路和显示元件显示。数字电视、数字音响等新型音像设备也离不开数字信号和模拟信号的相互转换。数字信号和模拟信号的相互转换还是通信、遥感、遥测、遥控系统中必不可少的组成部分。

将模拟信号变换为数字信号的电路称为数模转换器或称为 A/D 转换器，而将数字信号转换成模拟信号的电路称为数模转换器或 D/A 转换器。它们是数字工程中十分重要的组成部分。为确保系统处理结果的精确度，要求 A/D 转换器、D/A 转换器具有一定的转换精度，在对快速变化的信号进行实时控制和检测时，要求 A/D 转换器、D/A 转换器具有一定的转换速度。因此转换精度和转换速度是 A/D 转换器、D/A 转换器的两个重要的性能指标。

本章简要介绍 A/D 转换器和 D/A 转换器的基本概念和工作原理及一些常用电路。

12.4.2　D/A 转换器

（1）D/A 转换器的基本概念

数模转换器 D/A 的输入信号是数字信号，输出的信号是模拟信号，理想的数模转换器输出的模拟量（电压或电流）与输入的数字量大小成正比例。

①D/A 转换器的转换特性

设 D/A 转换器输入的二进制数为

$$X = (x_{n-1} x_{n-2} \cdots x_1 x_0)_2 = \sum_{i=0}^{n-1} (x_i \times 2^i) \tag{12.5}$$

设 D/A 转换器输出的模拟电压或模拟电流为，则

$$u_o = k_u X = k_u \sum_{i=0}^{n-1} (x_i \times 2^i) \quad \text{或} \quad i_o = k_i X = k_i \sum_{i=0}^{n-1} (x_i \times 2^i) \tag{12.6}$$

式中：k_u 为电压转换系数；k_i 为电流转换系数。

设最小输出电压增量为 u_{LSB}，最小输出电压增量 u_{LSB} 就是 D/A 转换器输入数字量中最低位 x_0 状态变化对应的输出电压变化值，满刻度输出电压为 u_m，即输入信号为最大值时所对应的输出电压值。设输入的数字量为三位二进制数，D/A 转换器的转换特性曲线如图 12－22 所示。

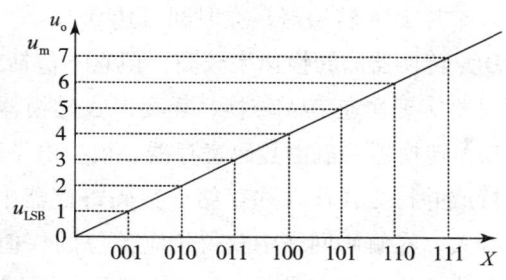

图 12－22　D/A 转换器的转换特性曲线

D/A 转换器的转换精度常用分辨率和转换误差来描述。

②分辨率

D/A 转换器的分辨率是描述转换器分辨最小电压能力的一个重要参数，用于表征 D/A 转换器对输入微小量变化的敏感程度。定义为最小输出电压增量 u_{LSB} 与满刻度输出电压 u_m 之比。

当 u_m 一定时，输入的二进制数的位数 n 越多，其 u_{LSB} 就越小，分辨率就越小，分辨能力就越高，因此

$$分辨率 = \frac{u_{LSB}}{u_m} = \frac{1}{2^n - 1}$$

它决定于输入 D/A 转换器的数字信号的位数 n 或 u_{LSB}、u_m。

有些手册中仅给出 D/A 转换器输入信号的位数 n 表示分辨率，而不给出分辨率的百分比数。

③转换误差

D/A 转换器的转换误差和许多因素有关，如参考电压源、模拟开关、求和放大器、电阻网络等。

a. 绝对误差。绝对误差又称为绝对精度，是指输入信号为满刻度数字量时，D/A 转换器的实际输出与理论值之差。一般它应小于 $1/2 u_{LSB}$。

b. 非线性误差和非线性度。非线性误差是一种没有一定变化规律的误差，一般用在满刻度范围内，偏离理想的转换特性曲线的最大值表示。

非线性度定义为非线性误差与满刻度值之比，用百分数表示。

④转换速度

当 D/A 转换器的输入数字量发生变化时，输出的模拟量并不能立即达到对应的量值，它需要一定的时间，一般用建立时间和转换速率来表示。

建立时间指从输入数字量变化到相应输出稳定电压值所需的时间。它也与多种因素有关，包括模拟开关的通断时间、求和放大器的建立时间及分布电容的影响等。一般用 D/A 转换器输入的数字量从全 0 变为全 1 时，输出电压达到规定的误差范围所需要的时间

表示。单片 D/A 转换器建立时间可达 $0.1\mu s$。

D/A 转换器的转换速率较高，但它不包括外接的参考电压源、集成运算放大器，实际应用时要实现快速 D/A 转换，需要 D/A 转换器与高速集成运算放大器配合使用才行。

D/A 转换器一般由数码寄存器、模拟电子开关、解码网络和求和电路等组成。数字量以串行或并行方式输入并存储于数码寄存器中，寄存器输出的每位数码驱动相应位上的电子开关，在解码网络中获得相应数位的权值，求和电路是将各位的权值相加，得到与数字量成正比的模拟量。D/A 转换器按解码网络结构的不同可分为 T 形电阻网络、权电阻网络、权电流网络和倒置的 R – 2R 电阻网络型 D/A 转换器。按模拟电子开关电路的不同可分为 CMOS 型和双极型开关 D/A 转换器。在速度要求不高的情况下选用 CMOS 开关型 D/A 转换器。

倒置的 R – 2R 电阻网络型 D/A 转换器具有较高的转换速度、具有输出端尖脉冲小等特点，是目前使用最多的一种单片集成 D/A 转换器，其型号有 CMOS 型 AD7520（10 位）、DAC1210（12 位）、AK7546（16 位高精度）等。

（2）倒置的 R – 2R 电阻网络型 D/A 转换器

数字信号转换成模拟信号首先需要解决的一个问题是按二进制数各位的"权"进行转换，在转换过程中必须按各位二进制数"权"的大小转换成相应的模拟量，然后将各对应模拟量相加，这样就得到了和数字量成正比的模拟信号，从而实现了 D/A 转换。四位输入倒置 R – 2R 型 D/A 转换器电路如图 12 – 23 所示。

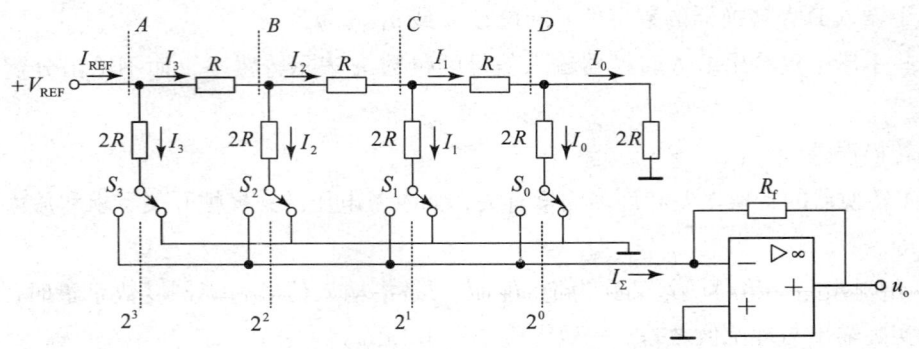

图 12 – 23　倒置的 R – 2R 型 D/A 转换器原理图

倒置的 R – 2R 电阻解码网络构成分流网络，模拟电子开关 $S_0 \sim S_3$ 为 4 个双掷开关，运算放大器组成求和电路。

输入的二进制数的每一位数码对应着一个双掷开关和一个阻值为 $2R$ 的电阻。电阻分流网络的输入端接有参考电压 V_{REF}，用来在电阻网络中产生电流。当某位输入数码为 1 时，相应的开关 S_i 与左边的触点接通，即开关与运算放大器的反相输入端接通，电流 I_i 流入求和放大器中；当某位输入数码为 0 时，相应的开关 S_i 与右面的触点接通，将 $2R$ 电阻接地，使电流 I_i 不流入求和电路。

由反相求和的运算放大器的反相输入端"虚地"可知，无论开关 S_i 处于何种位置，与之相连的电阻 $2R$ 均接"地"，使流经电阻 $2R$ 的电流与开关位置无关为确定值，这样从节点 A、B、C、D 分别向右看的两端网络的等效电阻均为 R，流过每个电阻 $2R$ 的电流从左到右（从高位到低位）按 2 的整数倍递减，即 $I_3 = \frac{1}{2} I_{REF}$，$I_2 = \frac{1}{4} I_{REF}$，$I_1 = \frac{1}{8} I_{REF}$，$I_0 = \frac{1}{16} I_{REF}$。当输入全为 1 时，各开关均与左面触点接通，流向运放的总电流：

$$I_\Sigma = I_0 + I_1 + I_2 + I_3 = I_{REF}\left(\frac{1}{16} + \frac{1}{8} + \frac{1}{4} + \frac{1}{2}\right)$$

由于 $I_{REF} = V_{REF}/R$，

$$I_\Sigma = \left(\frac{1}{16} + \frac{1}{8} + \frac{1}{4} + \frac{1}{2}\right) V_{REF}/R$$

设 x_0，x_1，x_2，x_3 分别为输入二进制数的各位数码，当某位数码取 1 时，有相应的电流 I_i 流入求和电路中；当某位数码取 0 时，电流 I_i 不流入求和电路。于是 I_Σ 可以写成

$$I_\Sigma = \left(\frac{1}{16} x_0 + \frac{1}{8} x_1 + \frac{1}{4} x_2 + \frac{1}{2} x_3\right) V_{REF}/R$$

推广到 n 位二进制数输入的情况，可得：

$$I_\Sigma = \left(\frac{1}{2^n} x_0 + \frac{1}{2^{n-1}} x_1 + \cdots + \frac{1}{2^2} x_{n-2} + \frac{1}{2^1} x_{n-1}\right) V_{REF}/R$$

D/A 转换器输出电压

$$\begin{aligned}
u_o &= -R_f I_\Sigma \\
&= -\left(\frac{1}{2^n} x_0 + \frac{1}{2^{n-1}} x_1 + \cdots + \frac{1}{2^2} x_{n-2} + \frac{1}{2^1} x_{n-1}\right) V_{REF} R_f/R \\
&= -\left(2^{n-1} x_{n-1} + 2^{n-2} x_{n-2} \cdots + 2^1 x_1 + 2^0 x_0\right) \frac{V_{REF}}{2^n} \frac{R_f}{R} \\
&= K_u X
\end{aligned}$$

其中，X 为输入的二进制数，比例系数 $K_u = -\frac{V_{REF}}{2^n} \frac{R_f}{R}$，若取 $R_f = R$，则比例系数 $K_u = -\frac{V_{REF}}{2^n}$。

这种电路由于开关 S_i 在"地"和"虚地"之间转换，使流经开关的电流与开关位置无关为确定值，因此动态过程中输出的电压尖峰脉冲很小，寄生电感、电容对电路的影响也很小，转换速度高。

国产集成 D/A 转换器 G7520 与国外产品 AD7520 通用，是 10 位 CMOS 电流开关型 D/A 转换器。其电路结构简单，内部由 CMOS 开关、倒置 R – 2R 型解码电路及运算放大器的反馈电阻 R_f 组成，$R = 10k\Omega$。应用时需外接运算放大器，反馈电阻 R_f 可外接也可用内部电阻。

12.4.3 A/D 转换器

将模拟信号转换成数字信号的电路称为模数转换器（或 A/D 转换器）。

输入转换器的模拟信号可以看成是连续变化的电学量，变换器输出的数字信号则是非连续的、离散的电学量。要实现从连续到离散的变换，必须在变换过程中按一定的时间间隔，对输入的模拟信号取样，然后将取样信号转换成相应的数字量。一般的 A/D 转换器的转换过程可以分为 4 个步骤：取样，保持，量化与编码。前两个步骤合在一起，在取样保持电路中完成，后两个步骤在数模转换器内完成。

A/D 转换器的种类很多，若按工作原理不同可分为直接 A/D 转换器和间接 A/D 转换器两类。直接 A/D 转换器可将模拟信号直接转换为数字信号，其转换速度较快，常用的有并行比较型 A/D 转换器、逐次比较型 A/D 转换器。间接 A/D 转换器是先将模拟信号转换为某一中间电量，然后将中间电量转换为数字量输出。常见的有电压－时间变换器（简称 V－T 型）、电压－频率型（简称 V－F 型）两种。在 V－T 型 A/D 转换器中，首先将输入电压转换成与之成正比的时间宽度信号，然后在这个时间宽度内对固定频率的时钟计数，其计数结果就是正比于输入模拟量的数字输出信号，常用的有双积分 A/D 转换器。在 V－F 型 A/D 转换器中，首先将输入电压转换成与之成正比的频率信号，然后在一个固定时间内对得到的频率信号计数，其计数结果就是正比于输入模拟量的数字输出信号。A/D 转换器若按输出量的形式可分为并行输出 A/D 转换器、压频变换器（VFC）两种。并行输出 A/D 转换器是将输入的模拟电压转换为 n 位并行输出的二进制数的大小来反映输入模拟量的大小，常用的并行 A/D 转换器有并行比较型 A/D 转换器、逐次比较型 A/D 转换器、双积分 A/D 转换器等。并行比较型 A/D 转换器的转换速度最快，转换时间在数十纳秒，由于转换是并行进行的，其速度受比较器门的传输延迟时间限制，但当输出的二进制数位数增加时，其内部的比较器、触发器数量增加很多，因此一般用于 $n \leqslant 4$ 的情况，常用的有 AD9012、AD9002、AD9020 等。逐次比较型 A/D 转换器是使用最广泛的一种 A/D 转换器，其转换速度仅次于并行比较型 A/D 转换器，在输出的二进制位数较多时，所用器件少，分辨率高，误差低。常用的有 ADC1001、ADC1021、ADC1210 ～ 1280、ADC0800、AD575 等。双积分 A/D 转换器的转换速度较低，低于逐次比较型 A/D 转换器，但由于电路结构简单，当输出的二进制位数增加时，内部电路增加不多，价格较低，工作可靠，抗干扰能力强，因此在各种低速系统中得到了广泛的应用。常用的有 ADC3711、ADC3511、ADC－EK8B、MC14433 等。

压频变换器是将输入的模拟电压转换为一系列串行输出脉冲，并以一个单位时间内输出脉冲的个数来反映输入模拟电压的大小。常用的集成压频变换器有 LM131、LM231、LM331 等型号，其特点是价格低廉，调节性能良好，且在低电源电压的数字系统中也能应用。

12.4.3.1　A/D 转换器概述

（1）取样和取样定理

所谓取样，是将一个时间上连续变化的模拟量，变换为时间上离散的，幅度上可以看成连续变化的模拟量。或者说用一系列脉冲代替原来的信号，每个脉冲的幅度与该时刻的模拟量相等。其基本关系如图 12 – 24 所示。

取样定理，为了能恢复原始输入信号，或无失真地恢复输入信号的频谱，必须满足：

设取样控制信号的频率为 f_s，输入模拟信号 u_i 的最高频率分量的频率为 f_{imax}，则 f_S 与 f_{imax} 必须满足 $f_S \geq 2f_{imax}$。一般取 $f_S > 2f_{imax}$，即取样周期 $T_S < 1/2 T_{imax}$。

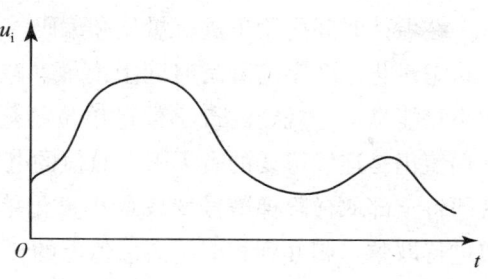

满足取样定理得到的取样信号 u。经低通滤波器可以不失真地恢复原始输入信号。

（2）取样 – 保持

将取样电路每次得到的模拟信号转换为数字信号都需要一定的时间，为了给后续的量化编码过程提供一个稳定值，每次取样的信号必须通过保持电路保持一段时间，取样与保持过程一般是同时完成的。最简单的取样 – 保持电路如图 12 – 25 所示。

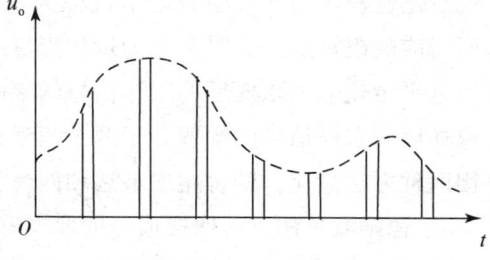

图 12 – 24　对输入模拟信号的取样

①取样。图 12 – 26 中门控管 T 为取样开关，取样控制信号 CP_S 加到 T 的栅极。设 $t = t_0$ 时，CP_S 为高电平，开关管 T 导通，电路构成一个反馈放大器，电容 C 被迅速充电，充电时间常数为 $\tau_充 = rC$（r 为门控

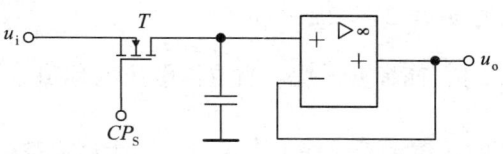

图 12 – 25　取样 – 保持电路的基本形式

管的导通电阻），设取样时间脉宽 $t_w \gg \tau_充$，则取样时间内，电容电压很快充电到 $t_1 = t_0 + t_w$ 时刻的 u_i（t_1）值。由于输出电压等于电容电压，所以在 $t_0 \sim t_1$ 时间间隔内，输出电压 $u_。$ 按指数规律变化，近似跟随输入模拟电压，得到取样信号。

②保持。设 $t = t_1$ 时，CP_S 为低电平，开关管 T 截止，由于集成运算放大器的输入阻抗很高，电容没有放电回路，使电容电压保持不变，即输出电压 $u_0 (t) = u_0 (t_1) = u_i (t_1)$ 保持不变，取样结果被保持下来，$t_1 \sim t_2$ 时间间隔为保持时间。

实际上在保持期间，由于开关管 T 和集成运放都不是理想元件，输出电压会有所下降。所以应该选取漏电流小的场效应管，高输入阻抗的运放和尽可能大的电容 C。

当 $t = t_2$ 时，取样控制信号 CP_S 为高电平，开关管 T 导通，开始下一次取样过程。

输入信号 u_i 通过取样 – 保持电路后的波形如图 12 – 26 所示。

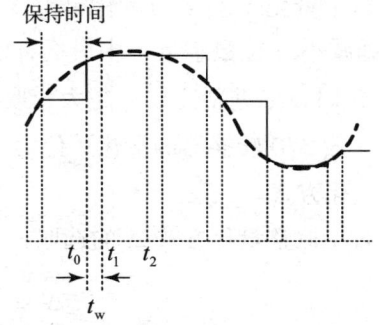

图 12 – 26　取样 – 保持电路的电压波形

305

（3）量化与编码

在保持时间内用来进行量化和编码。

①量化。数字信号是时间上离散、幅值上也离散的不连续信号，任何一个数字量的大小只能是某个规定的最小数量单位的整数倍。取样保持后的波形是时间上离散，但阶梯幅值仍是连续可变的有无限个数值的电压，为将取样保持后的取样信号转换为数字量，必须将全部取样阶梯信号变成最小量化单位电平整数倍。这种将取样电压幅值按某种近似进行取整、归并到相应的离散值上的转化过程称为数值量化，简称量化。

量化过程中所取最小数量单位称为量化单位，用 Δ 表示。它是数字信号最低位为 1 时所对应的模拟量，有时又称为量化当量或量化间隔。对 n 位二进制数对应 2^n 个不同的离散电平量化值，取样后的取样信号的幅值量化后只能对应这些规定的有限的离散电平，若取样后的取样信号的幅值介于两个离散的电平之间，即取样电压不能被 Δ 整除，一般采用两种方法量化，即舍尾取整法和四舍五入法。

a. 舍尾取整法。若取样信号的取样电压 u_i 在两个相邻的量化值之间：$(k-1) \cdot \Delta \leqslant u_i < k \cdot \Delta$（$k$ 为整数），这时采取只舍不入的方法，将 u_i 不足一个 Δ 的尾数舍去，取其整数，得到 u_i 的量化值 u_i^*，$u_i^* = (k-1) \cdot \Delta$。例如：$\Delta = 1V$，取样电压 $u_i = 2.6V$，则量化值 $u_i^* = 2V = 2\Delta$。

b. 四舍五入法。当取样电压的幅值 u_i 的尾数不足 $\frac{1}{2}\Delta$ 时，舍尾取整得量化值；当 u_i 的尾数大于或等于 $\frac{1}{2}\Delta$ 时，则舍尾入整，在原整数加 1Δ。例如：取 $\Delta = 1V$，取样电压 $u_i = 2.4V$，则量化值 $u_i^* = 2V = 2\Delta$；若取样电压 $u_i = 2.5V$，则量化值 $u_i^* = 3V = 3\Delta$。

在量化过程中，量化前的取样电压与量化后的量化值之间的差值称为量化误差，用 ε 表示，$\varepsilon = u_i - u_i^*$。

不同的量化方式可能出现的最大量化误差不同，用舍尾取整法量化时，$0 \leqslant \varepsilon < 1\Delta$，$\varepsilon_{max} = 1\Delta$；用四舍五入法量化时，$-\frac{1}{2}\Delta \leqslant \varepsilon < \frac{1}{2}\Delta$，$|\varepsilon_{max}| = \frac{1}{2}\Delta$。因此用四舍五入法量化时，最大量化误差较小，绝大多数 A/D 集成转换器采用此量化方式。

由于量化误差 ε 与量化单位 Δ 的选取有关，若要减小量化误差 ε，应减小量化单位 Δ，即减小 n 位数字量 X 中最低有效位 $x_0 = 1$ 时所代表的量化值。当输入模拟电压最大值 u_{im} 一定时，二进制位数 n 越大，取样电平之间的差值越小，量化误差 ε 越小。

一般 A/D 转换器的量化单位 Δ 取决于输入模拟电压的最大值 u_{im}、输出二进制的位数 n 及量化方式。

舍尾取整量化方式 Δ 的选取：

$$\Delta = \frac{u_{im}}{2^n} \quad \text{或} \quad u_{im} = 2^n \cdot \Delta \tag{12.7}$$

四舍五入量化方式 Δ 的选取：

$$\Delta = \frac{2u_{im}}{2^{n+1} - 1} \quad \text{或} \quad u_{im} = 2^n - \frac{\Delta}{2} \tag{12.8}$$

②编码。将量化所得到的离散量用一相应的二进制代码表示出来，称为编码。这些二进制代码就是 A/D 转换器输出的数字量。

例如：设输入的模拟信号 u_i 电压的变化范围为 $0 \sim 8V$，采用四舍五入法量化，A/D 转换器输出的数字量用三位二进制数表示。

由（12.8）式可得量化单位：$\Delta = \frac{2u_{im}}{2^{n+1} - 1} = \frac{2u_{im}}{2^{3+1} - 1} = \frac{2}{15}u_{im} = \frac{16}{15}V$，量化与编码过程中将不足半个量化单位部分舍弃，将等于或大于量化单位部分按一个量化单位处理。

若输入的模拟信号电压 $0V \leqslant u_i < \frac{1}{2}\Delta = \frac{8}{15}V$，量化后当作 0Δ，编码为二进制数 000；

若 $\frac{1}{2}\Delta = \frac{8}{15}V \leqslant u_i < \frac{3}{2}\Delta = \frac{24}{15}V$，量化后当作 1Δ，编码为二进制数 001；

若 $\frac{3}{2}\Delta = \frac{24}{15}V \leqslant u_i < \frac{5}{2}\Delta = \frac{40}{15}V$，量化后当作 2Δ，编码为二进制数 010；以此类推，

若 $\frac{13}{2}\Delta = 6\frac{14}{15}V \leqslant u_i < \frac{15}{2}\Delta = 8V$，量化后当作 7Δ，编码为二进制数 111。

量化误差 $|\varepsilon_{max}| = \frac{1}{2}\Delta = \frac{8}{15}V$。

12.4.3.2 逐次比较型 A/D 转换器

逐次比较型 A/D 转换器是使用最广泛的一种集成 A/D 比较器，它采用逐次逼近的方法将数值在一定范围内随意变化的输入模拟电压转换为数字量输出。

所谓逐次逼近，是指在转换过程中，由 A/D 转换器产生一个已知参考电压，与待转换的输入模拟电压进行比较，根据比较结果，调整已知参考电压，再次与输入电压比较，直到产生与输入电压最接近的已知参考电压为止，此时已知参考电压所对应的数字量就是转换后的数字结果。这种方法和用天平称物体的质量十分相似。

逐次比较型 A/D 转换器的原理框图如图12－27所示。

（1）电路组成

逐次比较型 A/D 转换器由控制逻辑电路、位移寄存器、D/A 转换器、电压比较器、CP 时钟脉冲源 5 个部分组成。

移位寄存器的作用是在 CP 时钟脉冲作用下，把寄存器中的数字量依次由高位到低位逐位移动（左移寄存器），并送入数据寄存器中。

数据寄存器是将数字量作为参考数字量送入 D/A 转换器中，由 D/A 转换器产生相应的模拟参考电压 u'_i 送入电压比较器。

电压比较器是将 D/A 转换器输出的模拟参考电压 u'_i 与实际输入的模拟电压 u_i 进行比较，其结果输入控制逻辑电路，从而控制由移位寄存器送入数据寄存器中的 1 是否保留。若 $u'_i > u_i$，比较器输出为 0，说明数据寄存器中的参考数字量过大了，应将由移位寄

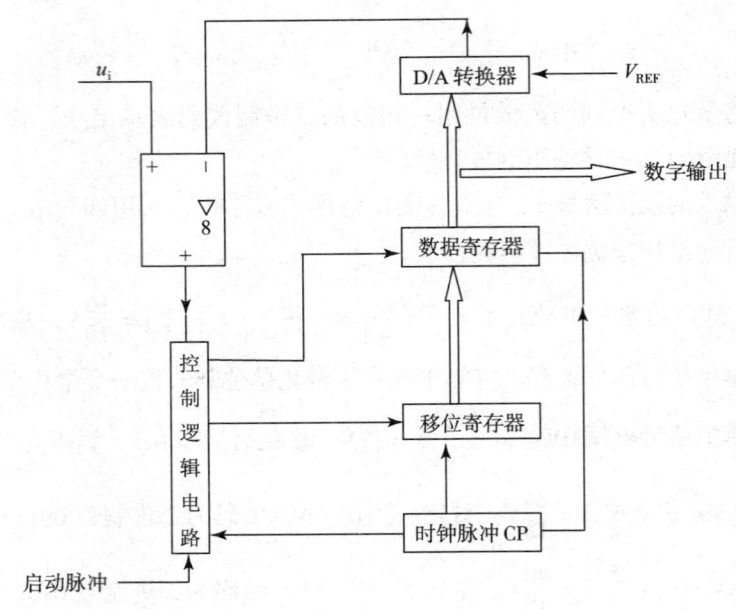

图 12 - 27   逐次比较型 A/D 转换器的原理

存器输入数据寄存器中的这个 1 清除为 0；若 $u'_i < u_i$，比较器输出为 1，说明数据寄存器中的参考数字量还不够大，应将由移位寄存器输入数据寄存器中的这个 1 保留。D/A 转换器：设 n 位 D/A 转换器的最大输出模拟电压为 V_{REF}，则输入的数字量 $d_{n-1} d_{n-2} \cdots d_1 d_0$ 的最低位 $d_0 = 1$ 时所对应的输出电压增量为 $u_{LSB} = \dfrac{V_{REF}}{2^n - 1}$，对第 i 位当 $d_i = 1$ 时所对应的输出模拟量为 $2^i \cdot u_{LSB} = \dfrac{2^i \cdot V_{REF}}{2^n - 1}$ （$i = 0, 1, \cdots, n - 1$）。

（2）工作原理

电路由启动脉冲启动后（启动前寄存器清零），在第一个时钟脉冲 CP 作用下，控制逻辑电路使移位寄存器的最高位 d_{n-1} 置 1，其他位置 0，经数据寄存器作为参考数字量 $100\cdots0$ 输出并送入 D/A 转换器，经 D/A 转换器转换输出模拟量 $u'_i = 2^{n-1} \cdot u_{LSB} = \dfrac{2^{n-1} \cdot V_{REF}}{2^n - 1}$ $\approx \dfrac{1}{2} V_{REF}$ 送入电压比较器中与实际输入的模拟量 u_i 进行比较。电压比较器的比较结果决定数据寄存器中的最高位 d_{n-1} 位上的 1 是否保留，若 $u_i > \dfrac{1}{2} V_{REF}$，比较器输出为 1，说明参考数字量 $100\cdots0$ 不够大，应保留数据寄存器中最高位上的这个 1；若 $u_i < \dfrac{1}{2} V_{REF}$，比较器输出为 0，说明数据寄存器中的参考数字量 $100\cdots0$ 过大，应将数据寄存器中最高位上的这个 1 清除为 0，即将比较器结果存入数据寄存器中的最高位 d_{n-1} 上。

然后在第二个时钟脉冲 CP 作用下，移位寄存器左移一位，使次高位 d_{n-2} 置 1，其他位为 0，并送入数据寄存器。若数据寄存器中的最高位上的 1 没保留，则数据寄存器中的

数据为 $010\cdots0$，并作为参考数字量送入 D/A 转换器转换为参考模拟量 $u'_i = 2^{n-2} \cdot u_{LSB} = $ $\dfrac{2^{n-2} \cdot V_{REF}}{2^n - 1} \approx \dfrac{1}{4} V_{REF}$ 送入电压比较器中与 u_i 进行比较。若 $u_i < \dfrac{1}{4} V_{REF}$，比较器输出为 0，说明参考数字量 $010\cdots0$ 过大，应将数据寄存器中次高位 d_{n-2} 上的这个 1 清除为 0；若 $u_i > \dfrac{1}{4} V_{REF}$，比较器输出为 1，说明数据寄存器中的参考数据量 $010\cdots0$ 不够大，应将数据寄存器中次高位 d_{n-2} 上的这个 1 保留，即将比较器结果存入数据寄存器中的次高位 d_{n-2} 上。

若数据寄存器中的最高位上的 1 已保留，则数据寄存器中的数据为 $110\cdots0$，并作为参考数字量送入 D/A 转换器转换为参考模拟量 $u'_i \approx \dfrac{3}{4} V_{REF}$ 送入电压比较器中与 u_i 进行比较。同理，电压比较器的比较结果决定数据寄存器中的次高位 d_{n-2} 上的 1 是否保留，若 $u_i < \dfrac{3}{4} V_{REF}$，比较器输出为 0，说明参考数字量 $110\cdots0$ 过大，应将数据寄存器中次高位上的这个 1 清除为 0；若 $u_i < \dfrac{3}{4} V_{REF}$，比较器输出为 1，说明数据寄存器中的参考数字量 $110\cdots0$ 不够大，应将数据寄存器中次高位 d_{n-2} 上的这个 1 保留。

以此方式，在 CP 时钟脉冲的不断作用下，将数据寄存器中的每一位分别置 1，通过电压比较器比较，从而决定数据寄存器中的这个 1 是否保留，这样逐位比较下去，直到数据寄存器中的最低位比较完毕，此时数据寄存器中的数字量就是 A/D 转换器的输出数字量。四位输出逐次比较型 A/D 转换器的转换过程如图 12 – 28 所示。

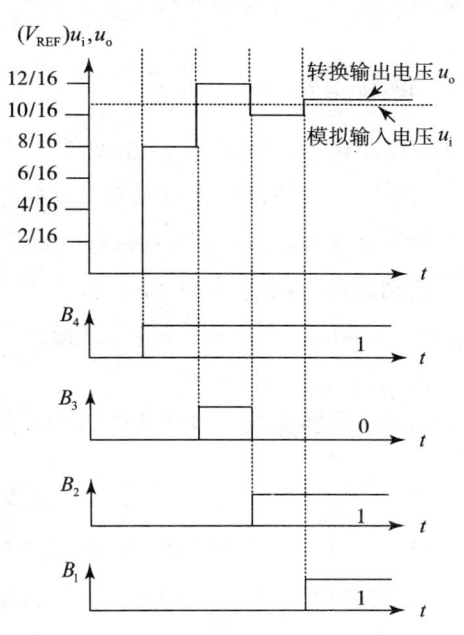

图 12 – 28　四位输出逐次比较型
A/D 转换器的转换过程

（3）A/D 转换器的转换时间

对于位长为 n 的 A/D 转换器，其 n 位数据寄存器进行 n 次比较需要 n 个 CP 时钟脉冲，当第 $n+1$ 个时钟脉冲作用时，数据寄存器中的数据送到 A/D 转换器的输出端输出。当第 $n+2$ 个时钟脉冲作用时，逻辑控制电路恢复到初态，同时将 A/D 转换器输出端清 0，为下一次 A/D 转换做好准备。

因此，A/D 转换器完成一次转换所需的时间为 $T = (n+2) \cdot T_{CP}$，其中 T_{CP} 为时钟脉冲 CP 的周期。

例 12.6　8 位逐次比较型 A/D 转换器的原理如图 12 – 27 所示。

（1）若已知 8 位 D/A 转换器的满刻度输出电压为 $u_{omax} = 9.945V$，时钟脉冲频率 $f = $

100kHz，当 A/D 转换器的模拟输入电压为 $u_i = 6.436V$ 时，求其输出的数字量，并画出 D/A 转换器转换的波形图 u_0。

（2）完成这次转换的时间是多少？

（3）8 位 A/D 转换器的模拟输入电压 u_i、8 位 D/A 转换器的输出参考电压 u_0 如图 12–29 所示，试写出 8 位 A/D 转换器的输出数字量。

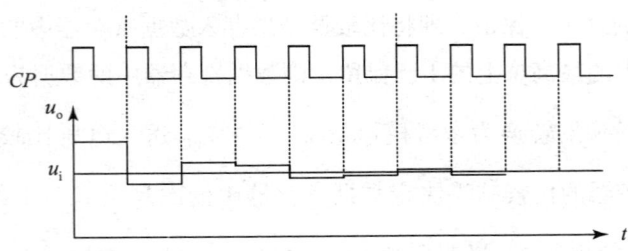

图 12–29　例 12.6 图

解：（1）8 位 D/A 转换器的最大输出模拟电压为 u_{omax}，则输入数字量的最低位 $d_0 = 1$ 时所对应的输出电压增量为 $u_{LSB} = \dfrac{u_{omax}}{2^8 - 1} = \dfrac{9.945}{255} = 0.039V$，

当时 $u_i = 6.436V$，因 $\dfrac{u_i}{u_{LSB}} = \dfrac{6.436}{0.039} = (165.0256)_{10} \approx (165)_{10} = (10100101)_2$，所以，A/D 转换器输出的数字量为 10100101。

A/D 转换器转换的绝对误差为 0.001V，相对误差为 0.016%。

根据逐次比较型 A/D 转换器的工作原理可画出 A/D 转换器在对 $u_i = 6.436V$ 转换过程中，启动脉冲、时钟脉冲 CP、数据寄存器中的数据，D/A 转换器输出电压的输出波形（见图 12–30）。当输入第 9 个 CP 脉冲时，A/D 转换器输出 10100101。

（2）转换时间

A/D 转换器完成一次转换所需的时间为

$$T = (n + 2) \cdot T_{CP} = (8 + 2) \cdot \dfrac{1}{100 \times 10^3} = 100 \ (\mu s)$$

（3）由图 12–29 所示的 u_i 和 u_0 的波形可知，当第一个时钟脉冲 CP 作用下，$u_0 > u_i$，故数据寄存器次高位的 1 应保留；依次分析，可得 A/D 转换器的输出为 01001101。

逐次比较型 A/D 转换器，因其转换速度快，精度高，转换时间固定，与计算机联接容易而得到广泛的应用。常见的集成 A/D 转换器有 AD7574，ADC0809（8 位），AD5770（10 位）等。

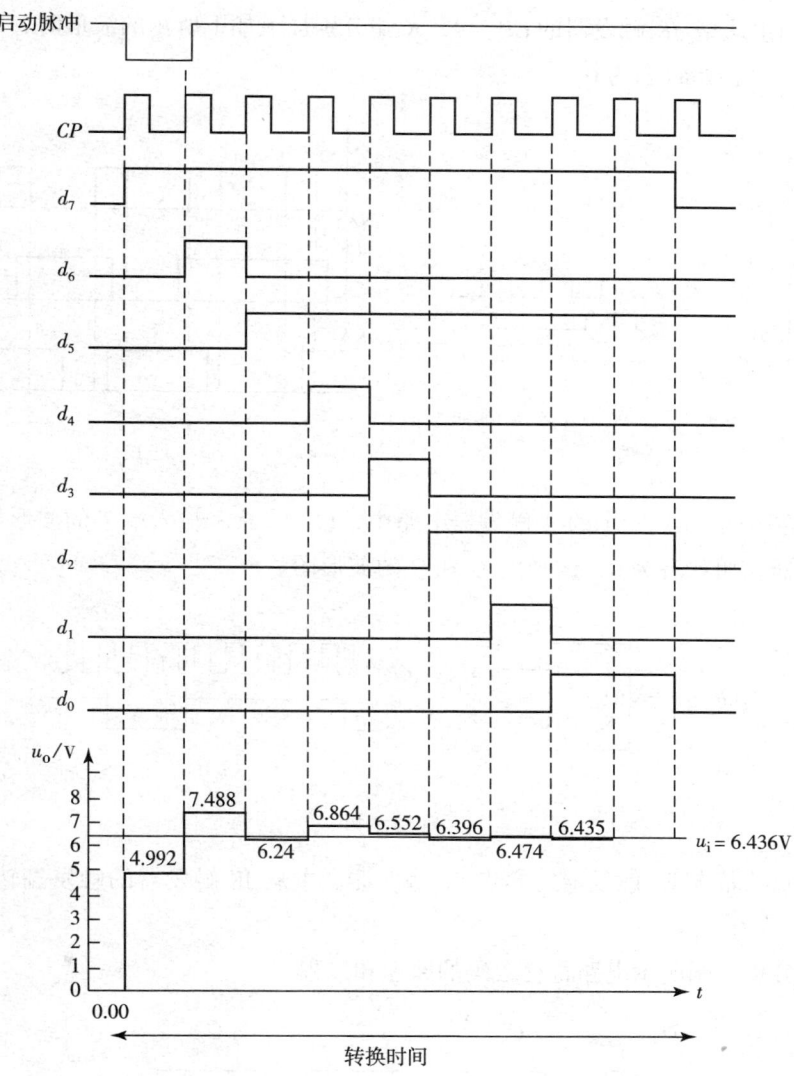

图 12-30 8位逐次比较型 A/D 转换器波形图

复习思考题十二

12.1 用或非门组成的基本 *RS* 触发器如下图所示，试分析其逻辑功能。

12.2 同步 *RS* 触发器的主要区别是什么？

12.3 在下图（a）所示的主从 *RS* 触发器中，*CP*、*R*、*S* 的波形如图（b）所示，试分析画出相应的输出 Q 和 $\overline{Q}$ 的波形图。设触发器初始状态为 0。

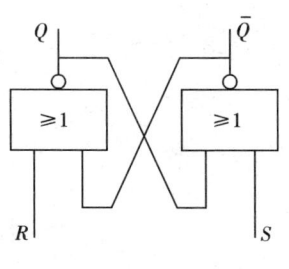

题 12.1 图

12.4 当主从型 *JK* 触发器的 *CP*，*J*，*K* 端分别加上如下所示的波形时，试画出 *Q* 端的输出波形。设初始状态为 0。

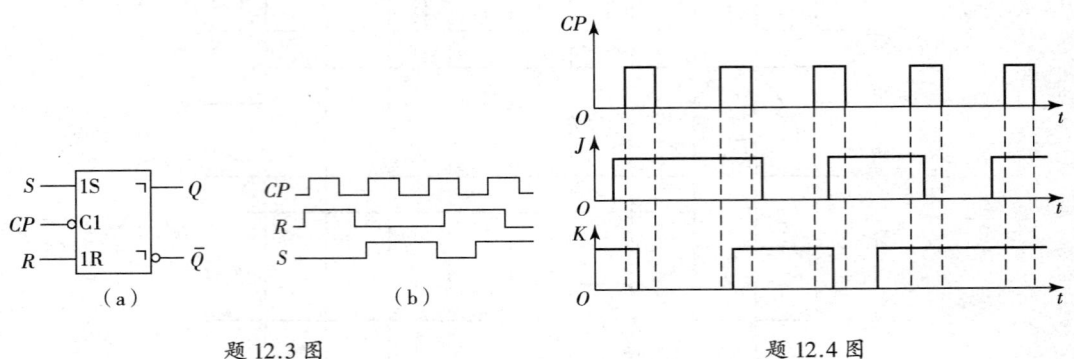

题 12.3 图   题 12.4 图

12.5 在下图（a）所示的 *T* 触发器电路中，已知 *CP* 和输入端 *T* 的波形如图（b）所示，设触发器初始状态为 0，试画出 *Q* 和 $\overline{Q}$ 的波形图。

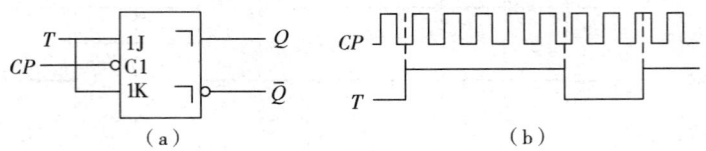

题 12.5 图

12.6 归纳基本 RS 触发器、同步 RS 触发器、主从 JK 触发器的触发翻转的特点（即动作特点）。

12.7 分析下图所示电路寄存数码的原理和过程。

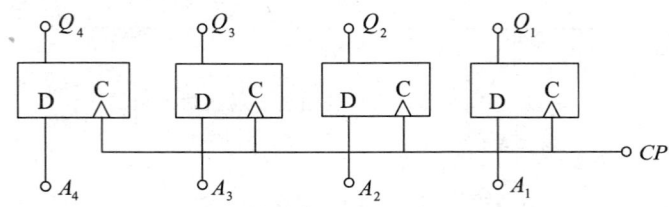

题 12.7 图

12.8 分析下面电路为几进制计数器，设初值为 0。

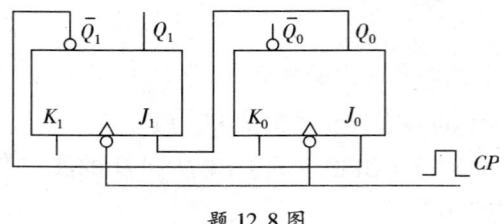

题 12.8 图

12.9 写出下图的驱动方程，列出状态表，分析该电路为几进制计数器。设初值为 0。

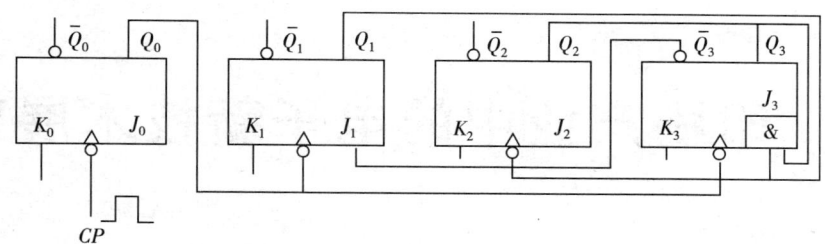

题 12.9 图

12.10 试分析下图中计数器的输出 Z 与时钟脉冲 CP 的频率之比。

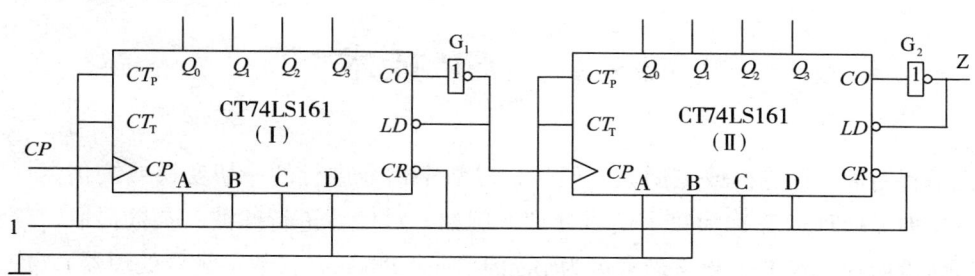

题 12.10 图

12.11 试用两片 CT74LS160 及少量的门电路构成一百进制计数器。

12.12 若已知某 D/A 转换器输入二进制数字量的位数 n 是 9，最大满刻度输出电压为 $u_{omax} = 5V$，试求该电路的最小分辨率电压 u_{LSB} 及分辨率是多少？

12.13 逐次比较型 A/D 转换器的原理图如图 12.28 所示。

（1）若已知 10 位 D/A 转换器的时钟频率 $f = 1MHz$，求完成一次转换的时间是多少？

（2）若要求完成一次转换时间小于 100s，时钟脉冲频率应选多大？

13 印刷产业中的电子新技术展望

本章简要介绍了 DSP 技术、无轴传动技术、嵌入式系统、片上系统等新技术及其在印刷产业中的应用前景。

13.1 DSP 技术

凡是利用数字计算机或专用数字硬件，对数字信号进行的一切变换或按预定规则进行的一切加工处理运算称为数字信号处理。例如，对信号进行滤波、参数提取、频谱分析、压缩等处理。对 DSP 狭义理解可为 Digital Signal Processor（数字信号处理器），广义理解可为 Digital Signal Processing（数字信号处理技术）。

13.1.1 数字信号处理系统的构成

图 13-1 所示为一个典型的数字信号处理系统。图中的输入信号可以是各种各样的形式。例如，它可以是麦克风输出的语音信号或是电话线输出的已调数据信号，可以是编码后在数字链路上传输或存储在计算机里的摄像机图像信号等。

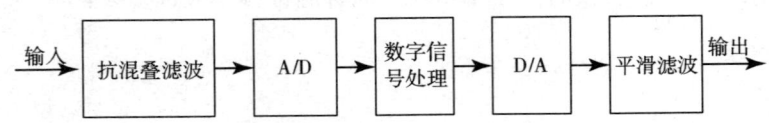

图 13-1 典型的数字信号处理系统

输入信号首先进行带限滤波，然后进行 A/D 变换，将信号变换成数字比特流。根据奈奎斯特抽样定理，为保证信息不丢失，抽样频率至少是输入带限信号最高频率的两倍。

DPS 芯片的输入是 A/D 变换后得到的以抽样形式表示的数字信号，DPS 芯片对输入的数字信号进行某种形式的处理，经过处理后的数字样值再经 D/A 变换转换为模拟样值，之后再进行内插和平滑滤波就可得到连续的模拟波形。

需要指出的是，上面给出的系统模型是一个典型模型，并不是所有 DPS 系统都必须具有模型中的所有部件。如语音识别系统在输出端并不是连续的波形，而是识别结果，

314

如数字、文字等；有些输入信号本身就是数字信号，不必进行模数变换。

13.1.2　数字信号处理系统的实现

从理论上讲，只要有了算法，任何具有计算能力的设备都可以用来实现数字信号处理。但在实际应用中，信号处理需要及时完成，需要有很强的计算能力来完成复杂算法。数字信号处理主要有以下几种处理方法。

（1）在通用的微机上用软件实现。这种方法速度慢，不便于实时完成，适用于教学与仿真研究，如 MATLAB 几乎可以实现所有数字信号处理算法的仿真。

（2）利用特殊用途的 DSP 芯片来实现。如用于 FFT 运算、FIR 滤波的专用芯片，其特点是速度快，可用于速度高、实时处理的场合，缺点是灵活性差。

（3）利用专门用于信号处理的通用 DSP 芯片来实现。通用 DSP 芯片以高速计算为目标进行芯片设计，如采用改进的哈佛结构、内部有硬件乘法器、使用流水线结构、具有良好的并行性，并具有专门适于数字信号处理的指令，既具有灵活性，又具有一定的处理能力和处理速度。DSP 芯片的问世及飞速发展，为数字信号处理技术应用于工程实际提供了可能。

（4）用 FPGA/CPLD 用户可编程器件来实现，和使用专用 DSP 芯片一样，该方法也是利用硬件完成数字信号处理运算，其特点是速度快，但无软件可编程能力、无自适应信号处理能力，只适用于某单一运算。

13.1.3　DSP 芯片的主要特点

（1）哈佛结构

早期的微处理器内部大多采用冯·诺依曼结构，其特点是数据和程序共用总线和存储空间。因此在某一时刻，只能读写程序或者只能读写数据。哈佛结构是不同于传统的冯·诺依曼结构的并行体系结构，其主要特点是将程序和数据存储在不同的存储空间中，即程序存储器和数据存储器是两个相互独立的存储器，每个存储器独立编址、独立访问。与两个存储器相对应的是系统中设置了程序总线和数据总线，允许同时取指令（来自程序存储器）和取操作数（来自数据存储器），从而使数据的吞吐率提高了一倍。改进的哈佛结构还允许在程序空间和数据空间之间相互传送数据。而冯·诺依曼结构则是将指令、数据、地址存储在同一存储器中，统一编址，依靠指令计数器提供的地址来区分是指令、数据还是地址，取指令和取数据都访问同一存储器，数据吞吐率低。

（2）多总线结构

许多 DSP 芯片内部都采用多总线结构，这样可以保证在一个机器周期内可以多次访问程序空间和数据空间。例如，TMS320C54x 内部有 4 条总线（每条总线又包括地址总线和数据总线），可以在一个机器周期内从程序存储器取 1 条指令、从数据存储器读两个操作数并向数据存储器写 1 个操作数，大大提高了 DSP 的运行速度。

（3）指令系统的流水线操作

与哈佛结构相关，DSP 芯片广泛采用流水线以减少指令执行时间，从而增强了处理器的处理能力。TMS320 系列处理器的流水线深度从 2 ~ 6 级不等，也就是说，处理器可以并行处理 2 ~ 6 条指令，每条指令处于流水线的不同阶段。如图 13 − 2 所示为四级流水线操作，DSP 执行一条指令，需要通过取指、译码、取操作和执行四个阶段，在程序运行过程中这几个阶段是重

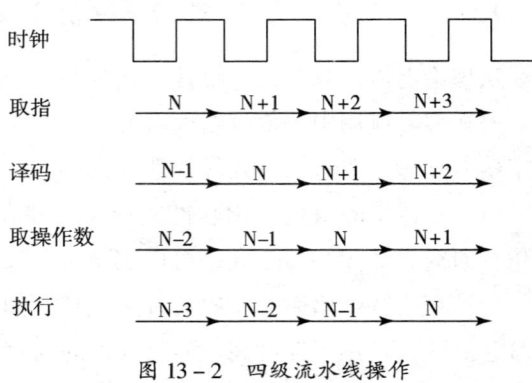

图 13 − 2   四级流水线操作

叠的，在每个指令周期内，四个不同的指令处于不同的阶段。例如，在第 N 个指令取指时，前一个指令即第 N − 1 个指令正在译码，第 N − 2 个指令正在取操作数，而第 N − 3 个指令正在执行。

（4）专用的硬件乘法器

在通用微处理器中，乘法是由软件完成的，即通过加法和移位实现，需要多个指令周期才能完成。在数字信号处理过程中用的最多的是乘法和加法运算，DSP 芯片中有专用的硬件乘法器，使得乘法累加运算能在单个周期内完成。

（5）特殊的 DSP 指令

为了更好地满足数字信号处理应用的需要，在 DSP 的指令系统中，设计了一些特殊的 DSP 指令。例如，TM320C54x 中的 FIRS 和 LMS 指令专门用于系数对称的 FIR 滤波器和 LMS 算法。

（6）快速的指令周期

早期的 DSP 的指令周期约为 400ns。随着集成电路工艺的发展，DSP 广泛采用亚微米 CMOS 制造工艺，其运行速度越来越快。以 TMS320C5402 为例，其运行速度可达 100MIPS（即每秒执行百万条指令）。快速的指令周期使得 DSP 芯片能够实时实现许多数字信号处理应用。

（7）硬件配置器

新一代 DSP 的接口功能愈来愈强，例如，TMS320C5000 系列芯片内具有串行口、主机接口（HPI）、DMA 控制器、软件控制的等待状态产生器、锁相环时钟产生器以及实现在片仿真符合 IEEE1149.1 标准的测试访问口，更易于完成系统设计。许多 DSP 芯片都可以工作在省电方式下，使系统功耗降低。

13.1.4　DSP 芯片的应用

DSP 芯片自 20 世纪 70 年代末 80 年代初诞生以来，得到了飞速的发展。DSP 芯片的高速发展，一方面得益于集成电路技术的发展，另一方面得益于巨大的市场。在近 20 年时间里，DSP 芯片已经在信号处理、通信、雷达等许多领域得到了广泛的应用，目前，DSP 芯片的价格越来越低，性能价格比日益提高，具有巨大的应用潜力。DSP 芯片的应用主要有：

（1）信号处理——如数字滤波、自适应滤波、快速傅里叶变换、相关运算、谱分析、卷积、模式匹配、加窗、波形产生等。

（2）通信——如调制解调器、自适应均衡、数据加密、数据压缩、回波抵消、多路复用、传真、扩频通信、纠错编码、可视电话等。

（3）语音——如语音编码、语音合成、语音识别、语音增强、说话人辨认、说话人确认、语音邮件、语音存储等。

（4）图形/图像——如二维和三维图形处理、图像压缩与传输、图像增强、动画、机器人视觉等。

（5）军事——如保密通信、雷达处理、声纳处理、导航、导弹制导等。

（6）仪器仪表——如频谱分析、函数发生、锁相环、地震处理等。

（7）自动控制——如引擎控制、声控、自动驾驶、机器人控制、磁盘控制等。

（8）医疗——如助听、超声设备、诊断工具、病人监护等。

（9）家用电器——如高保真音响、音乐合成、音调控制、玩具与游戏、数字电话/电视等。

随着超大规模集成电路的快速发展，以及基于信号理论的各门学科的迅速发展，DSP 芯片将得到越来越广泛的应用。

13.2　无轴传动技术

随着印刷业的快速发展，胶印、柔印、凹印技术及工艺也不断发展，越来越多的胶印、柔印、凹印机应用无轴传动技术以克服传统的机械传动技术难题。如报业印刷机机器庞大，印刷机组与折页机组相距有一定的距离；柔印机、凹印机一般会连线带分切机组、上光机组、模切机组甚至折盒机组等，因这些在线机组的动力机构与印刷机组的动力机构完全不同，如果采用机械齿轮传动的方式来传递动力，由于齿轮间长时间的啮合挤压会产生变形或者磨损，从而影响传送的精确度。而采用无轴传动技术，则能使各动力机构均获得精确的速度。所以，无轴传动技术正被越来越多的平版印刷机、柔性版印刷机、凹版印刷机等所采用。

13.2.1　无轴传动的定义

所谓的无轴传动系统，实际上是一种伺服系统（伺服系统是使物体的位置、方位、状态等输出被控量，能够跟随输入目标值或给定值的任意变化而变化的自动控制系统）。指印刷机中每个机组，甚至是每个滚筒或辊子的动力都是相互独立的，它分别采用单独的伺服电机，按照运动控制器发出的程序指令，对印刷机中每个机组，甚至是每个滚筒或辊子进行驱动，从而保证各机组间同步运转的传动方式。由于各机组间单独驱动。省却了传递动力的机械长轴，故称该技术为无轴传动技术。无轴传动有时称为电子轴驱动。电子轴是抽象的轴，又称虚拟主轴。

13.2.2　无轴传动的特点

（1）结构简单，成本低。采用无轴传动后，可以简化印刷机的传动装置，省去皮带传动尤其是齿轮传动机构，机器运转和操作、安装调试、维护保养等以每个色组为单位。这样结构简单，运转平稳，即使在高速也能保证印刷质量。机械传动路线可以缩短，印刷的走纸路线也随之缩短，可以减少材料浪费。另外由于操作十分方便、节省时间，同时因为去掉了驱动组合（驱动轴、离合器轴等），从而大大降低了印刷机制造成本。

（2）运行平稳，质量好。采用无轴传动后，可避免像传统的机械轴驱动那样，由于一个印刷机组的机械误差可能通过传动轴传送到下一个印刷机组，从而造成机械误差的累积，影响印刷机的传动精度，印刷质量得不到很好的保证。另外，计算机控制电机驱动器有利于交流电动机的控制精度提高，并且各个电机的同步信号由高速光纤传递，可用电脑程序优化各个电机的控制，进一步保证了印刷机的运转平稳性。

（3）操作方便，人性化。采用无轴传动后，印刷色组选择灵活，操作者只要在操作台上按几个按钮，便可以选择需要的印刷操作组合；动态印版更换，每个印刷色组都可以独立更换印版；纸路选择比传统的有轴印刷机多而且灵活；由于张力控制可由专用的电机控制，而电机的控制可以用软件方案解决，这使得印刷张力更恒定；同时独立的电机驱动非常灵活，增加或撤消一个印刷机组变得十分容易、方便。机械传动方式必不可少地周向套准系统，在应用无轴传动技术后，这些套准系统全部可以取消，在一些不是特别复杂的印刷环境下，滚筒可直接获得所需要的任意周向速度；整个系统的结构简单，与以往的有轴系统的感觉相同。

（4）维修方便，能耗小。采用无轴传动后，安装、维护、保养更为简单，大大减少了由于机械故障带来的维修停机时间，从而提高印刷机的效率；采用无轴传动技术的印刷机比传统印刷机节省了3%～6%的能源，如前端电机为回收控制式的，可充分利用产生的电力。另外还能减少机械噪声。

（5）无轴传动技术对电的品质要求很高，它不仅与电压电流等有关，还与电的谐波等许多因素有关；电子控制的复杂程度明显增加，维护人员必须具备更高的电子硬件及软件知识；对机械部件及电子元件（如解码器、电机、机械接头、印刷滚筒等）的要求更高、更严格；如果配件准备不足，任意的电子元件缺陷均可能引起机器停机。

13.2.3　无轴传动的应用

（1）胶印机独立驱动技术

西研 65 型卷筒纸平版印刷机的传动采用组合驱动方式，一台塔式卷筒纸平版印刷机配备 4 台伺服电机，属于无轴传动。

无轴传动的应用使机器运转和操作、安装调试、维护保养等以每个色组为单位，这样结构简单，运转平稳，即使在高速（1.4 万张/h）也能保证印刷质量。另外由于操作十分方便、节省时间；同时因为去掉了驱动组合（驱动轴、离合器轴等），从而大大降低了成本。西研 65 型卷筒纸平版印刷机的传动是采用无轴传动，采用了三菱电机生产的动作控制用高速网络，在 3.5ms 以下周期可进行同步控制。伺服电机反馈用编码机使用 222 脉冲/r，具有 15363 脉冲/mm 的高分解性能，大幅度提高了同步精度（±0.015mm）。

在整个机器的前面部分、后面部分、拉纸辊机构和折报系统等每一个机构中，均设置了无轴驱动伺服电机。前面部分可通过浮动辊控制位置，为了保持后面部分的稳定，通过控制转矩使后面部分的转速与纸带的速度同步，以便获得稳定的张力。通过以上措施控制整体纸带的牵拉。

（2）柔印机独立驱动技术

Varyflex 型无轴无齿轮传动柔性版印刷机，安装多种特殊工艺配置和印刷单元，各单元独立动力装置都采用了无轴传动技术，免去了物理的机械联动，设备配置达到最大限度的灵活性。在 VF 柔印机上可插入任意互换位置的凹印、丝印、冷烫金、全息定位烫金等单元。互换过程中所有的装卸由一个通用的推车即可轻易完成。

（3）凹印机独立驱动技术

罗特麦克 3000 - 3R ES、4000 - 2 ES 型凹版印刷机，都采用了先进的无轴传动技术。无轴传动技术的应用，加快了产品印刷的快速更换，快速套准，产品的浪费大为减少，运转速度更高，4000 - 2 ES 型凹版印刷机的最高速度达到 650m/min。该设备的众多优越性使其运行非常可靠。并使其立于先进工艺技术的前沿。无轴传动技术在轮转印刷机的应用，将会使得印刷机运转更高速、高效、高质，目前已经有单张纸印刷机也开始应用无轴传动技术，不久会有更多的单张纸印刷机会应用无轴传动技术，印刷质量会得到进一步提高。

13.3　嵌入式系统

13.3.1　嵌入式系统的产生

（1）嵌入式系统的历史

嵌入式系统的概念是在 1970 年左右出现的。不过在当时，大部分都是由汇编语言完成的，而且这些汇编程序只能用于某一种固定的微处理器。当这种微处理器过时之后，这种嵌入式系统就没有用了；并且还要开始对新的微处理器写新的嵌入式系统。这个时候的嵌入式系统很多都不是操作系统，他们只是为了实现某个控制功能，使用一个简单的循环控制对外界的控制请求进行处理。

C 语言的出现使得操作系统开发变得越来越简单。利用 C 语言可以很快地构建一个小型的、稳定的操作系统。众所周知，C 语言的作者 Dennis M.Ritchie 和 Brian W.Kemighan 利用它写出了著名的 Unix 操作系统，直接影响了这 30 年计算机业的发展；同时，对开发嵌入式系统来说，在效率和速度上都提高了很多。

在未来的社会里，使用嵌入式系统的情形会越来越多，人可以不接触电脑，但是不可能不接触嵌入式系统。嵌入式系统可能存在于生活的每个角落：您家里可能就是通过一个嵌入式系统控制的中心，它可以管理您家里的所有的家电，开展家庭和外界网络的联接，让您的生活更为方便；在您坐车的时候，汽车电脑可以通过 GPS（全球卫星定位系统）来判断自己的具体位置，利用嵌入式智能系统判断走哪条路比较方便。而且随着因特网的飞速发展以及因特网技术与信息家电、工业控制技术等结合日益密切，嵌入式设备与因特网的结合将代表着嵌入式技术的真正未来。

（2）什么是嵌入式系统

什么是嵌入式系统？根据英国电机工程师协会所做的定义，嵌入式系统为控制、监视或辅助某个设备、机器或工厂运作的装置。它具备下列 4 项特性：

- 用来执行特定功能；
- 以微电脑与周边外设构成核心；
- 需要严格的时序与稳定度；
- 全自动循环操作。

目前国内普遍认同的定义是：嵌入式系统是以应用为中心，以计算机技术为基础，并且软硬件可裁减，适用于应用系统，对功能、可靠性、成本、体积、功耗有严格要求的专用计算机系统。它一般由嵌入式微处理器、外围硬件设备、嵌入式操作系统以及用户的应用程序 4 个部分组成，用于实现对其他设备的控制、监视或管理等目标。

13.3.2　嵌入式系统的特点

（1）嵌入式系统通常是面向用户、面向产品、特定应用的。嵌入式 CPU 与通用型的最大不同就是嵌入式 CPU 大多工作在为特定用户群设计的系统中。它通常都具有功耗低、体积小、集成度高等特点，能够把通用 CPU 中许多由板卡完成的任务集成在芯片内部，从而有利于嵌入式系统设计趋于小型化。

（2）嵌入式系统是将先进的计算机技术、半导体技术和电子技术与各个行业的具体应用相结合的产物。这一点就决定了它必然是一个技术密集、资金密集、高度分散、不断创新的知识集成系统。

（3）嵌入式系统的硬件和软件都必须高效率地设计，量体裁衣，去除冗余，力争在同样的硅片面积上实现更高的性能。这样才能在具体应用中对处理器的选择更具有竞争力。

（4）嵌入式系统和具体应用有机地结合在一起，它的升级换代也和具体产品同步进行，因此嵌入式系统产品一旦进入市场，就具有较长的生命周期。

（5）为了提高执行速度和系统可靠性，嵌入式系统中的软件一般都固化在存储器芯片或单片机中，而不是存储于磁盘等载体中。由于嵌入式系统的运算速度和存储容量仍然存在一定程度的限制；另外，由于大部分嵌入式系统必须具有较高的实时性：因此对程序的质量，特别是可靠性，有着较高的要求。

（6）嵌入式系统本身不具备自举开发能力，即使设计完成以后用户通常也是不能对其中的程序功能进行修改的，必须有一套开发工具和环境才能进行开发。

13.3.3　嵌入式系统的应用领域

嵌入式系统技术具有非常广阔的应用前景，其应用领域如下：

（1）工业控制

基于嵌入式芯片的工业自动化设备具有很大的发展空间，目前已经有大量的 8、16、32、64 位嵌入式微控制器应用于工业过程控制、数控机床、电力系统、电网安全、电网设备监测、石油化工系统等领域。

（2）交通管理

在车辆导航、流量控制、信息监测与汽车服务方面，嵌入式系统技术得到了广泛的应用，内嵌 GPS 模块、GSM 模块的移动定位终端成功地应用于各种运输行业。

（3）信息家电

这将成为嵌入式系统最大的应用领域，冰箱、空调等的网络化、智能化将引领人们的生活步入一个崭新的空间。即使不在家也可以通过电话线、网络进行远程控制。在这些设备中，嵌入式系统将大有用武之地。网络视频电话就是典型的信息家电。

（4）POS 网络和电子商务

公共交通无接触智能卡发行系统、公共电话卡发行系统、自动售货机、各种智能 ATM 终端全面进入人们的生活，实现了手持一卡行遍天下。

（5）环境监测

环境监测包含水文资料实时监测、防洪体系和水土质量监测、堤坝安全、地震监测网、实时气象信息网、水源和空气污染监测等。在很多环境恶劣、地况复杂的地区，嵌入式系统将实现无人监测。

（6）机器人

嵌入式芯片的发展将使机器人在微型化、智能化方面的优势更明显，同时会大幅度地降低机器人的价格，使其在工业领域和服务领域获得更广泛的应用。

除了以上这些应用领域，嵌入式系统还有其他方面的应用，尤其是在控制方面的应用。就远程家电控制而言，除了开发出支持 TCP/IP 的嵌入式系统之外，家电产品的控制协议也需要生产厂家的制定和统一。同样，所有基于网络的远程控制器件都需要与嵌入式系统之间实现接口，然后再由嵌入式系统来控制并通过网络实现。所以开发嵌入式系统有着十分重要的意义。

13.3.4 嵌入式系统的发展趋势

计算机应用的普及、互联网技术的实用以及纳米微电子技术的突破，正有力地推动着21世纪工业生产、商业活动、科学实验和家庭生活等领域自动化和信息化进程。全过程自动化产品制造、大范围电子商务活动、高度协同科学实验以及现代化家庭起居，为嵌入式产品造就了崭新而巨大的商机。除了沟通信息高速公路的交换机、路由器和调制解调器，嵌入式系统还可以构建 CIMS 所需的 DCS 和机器人以及规模较大的家用汽车电子系统。最有产量效益和时代特征的嵌入式产品应数因特网上的信息家电。如 Web 可视电话、Web 游戏机、Web PDA（俗称电子商务、商务通）、WAP 电话手机以及多媒体产品，如 STB（电视机顶盒）、DVD 播放机、电子阅读机等。

以信息家电为代表的互联网时代嵌入式产品，不仅为嵌入式市场展现了美好前景，注入了新的生命；同时也对嵌入式系统技术，特别是软件技术提出新的挑战。这主要包括：支持日趋增长的功能密度，灵活的网络联接，轻便的移动应用和多媒体的信息处理。此外，当然还须对付更加激烈的市场竞争。

（1）嵌入式应用软件的开发需要强大的开发工具和操作系统的支持

随着因特网技术的成熟、带宽的提高，ICP 和 ASP 在网上提供的信息内容日趋丰富，应用项目多种多样，如电话手机、电话座机及电冰箱、微波炉等嵌入式电子设备的功能不再单一，电气结构也更为复杂。为了满足应用功能的升级，设计师们一方面采用更强大的嵌入式处理器（如 32 位、64 位 RISC 芯片或信号处理器 DSP）增强处理能力；同时还采用实时多任务编程技术和交叉开发工具技术来实现复杂的控制功能，简化应用程序设计，保障软件质量和缩短开发周期。

目前，国外商品化的嵌入式实时操作系统，已进入我国市场的有 WindRiver、微软、QNX 和 Nuclear 等产品。我国自主开发的嵌入式系统软件产品如科银（Core Tek）公司的嵌入式软件开发平台 DeltaSystem，不仅包括 DeltaCore 嵌入式实时操作系统，而且还包括 Lamda Tools 交叉开发工具套件、测试工具、应用组件等；此外，中科院也推出了 Hopen 嵌入式操作系统。

（2）联网成为必然趋势

为适应嵌入式分布处理结构和应用上网的需求，面向 21 世纪的嵌入式系统要求配备标准的一种或多种网络通信接口。针对外部联网要求，嵌入式设备必须配有通信接口，相应地需要 TCP/IP 协议簇软件支持。由于家用电器相互关联（如防盗报警、灯光能源控制、影视设备和信息终端交换信息）及实验现场仪器的协调工作等要求，新一代嵌入式设备还需具备 IEEE1394、USB、CAN、蓝牙或 IrDA 通信接口，同时也需要提供相应的通信组网协议软件和物理层驱动软件。为了支持应用软件的特定编程模式，如 Web 或无线 Web 编程模式，还需要相应的浏览器，如 HTML、WML 等。

（3）支持小型电子设备实现小尺寸、微功能和低成本

为满足这种特性，要求嵌入式产品设计者相应降低处理器的性能，限制内存容量和复用接口芯片。这就相应提高了对嵌入式软件设计技术的要求。例如，选用最佳的编程模型和不断改进算法，采用 Java 编程模式，优化编译器性能。因此，既要软件人员有丰富经验，更需要发展先进嵌入式软件技术，如 Java、Web 和 WAP 等。

（4）提供精巧的多媒体人机界面

嵌入式设备之所以为亿万用户乐于接受，重要因素之一是它们与使用者之间的亲和力。自然的人机交互界面，如司机操纵高度自动化的汽车主要还是通过方向盘、脚踏板和操纵杆。人们与信息终端交互要求以 GUI 屏幕为中心的多媒体界面。手写文字输入、语音拨号上网、收发电子邮件以及彩色图形、图像已取得初步成效。目前一些先进的 PDA 在显示屏幕上已实现汉字写入、短消息语音发布，但离掌式语言同声翻译还有很大距离。

13.4　片上系统

13.4.1　什么是片上系统

随着半导体工艺技术的发展，IC 设计者能够将愈来愈复杂的功能集成到单硅片上。

SOC（片上系统）正是在集成电路（IC）向集成系统（IS）转变的大方向下产生的。从分立元件到集成电路再到片上系统，这是微电子领域的一场革命，而片上系统是当前发展的重点。

那么什么是片上系统呢？SOC 的定义多种多样，由于其内涵丰富、应用范围广，较难给出准确定义。从狭义角度讲，它是信息系统核心的芯片集成，是将系统关键部件，如处理器、存储器、数字接口甚至软件部分、传感器、模拟接口、信号的前端处理，都集成在一块芯片上。从广义角度讲，SOC 是一个微小型系统，如果说中央处理器（CPU）是大脑，那么 SOC 就是包括大脑、心脏、眼睛和手的系统。国内外学术界一般倾向将 SOC 定义为将微处理器、模拟 IP 核、数字 IP 核和存储器（或片外存储控制接口）集成在单一芯片上。它通常是客户定制的 CSIC，或者面向特定用途的标准产品（ASSP）。

SOC（System on Chip）译为"片上系统"，也可理解为"单片系统"，以利于和"单片计算机"加以比较。它是指在单一硅芯片上实现完整系统所具有的全部功能。基于此项技术研发的多功能系统 IC，拥有强大的数据处理和图像传输能力，主要应用于数字电视、通信终端、网络设备等领域，是目前全球集成电路设计产业的前沿发展方向。

SOC 的出现使集成电路发展成为集成系统。SOC 使 IC 的发展重点转向系统集成，计算机发展也将从真空管（第 1 代）——晶体管（第 2 代）——集成电路（第 3 代）——微处理器（第 4 代），进入 SOC（第 5 代）为主，整个电子整机的功能将可以集成到一块芯片中。在不久的将来，集成电路与电子整机之间的界限将被彻底打破，集成电路产业对产品甚至经济竞争力的促进作用将提高到一个前所未有的水平。

SOC 是面向特定用户的能最大满足嵌入式系统要求的芯片，因而具有很多优势：能极大地改善功耗开销，可减少印制板上部件数和管脚数，提高系统的可靠性。由于工艺的进步、片内连线缩短，使得系统的性能得到全面提高，风冷要求降低，系统开发成本减少，尤其适合数字化产品开发，如手持设备、信息家电等。

当前无论在国际上还是国内，在 SOC 设计领域已展开激烈竞争态势。SOC 技术发展趋势是基于 SOC 开发平台，分享 IP 核开发与系统集成成果，不断重整价值链，在关注面积、延迟、功耗的基础上，向成品率、可靠性、EMI 噪声、成本、易用性等转移，将使系统级集成能力快速发展。

SOC 在中低端方面主要面向嵌入式应用，将不断满足日趋增长的功能密度、灵活的网络联接、轻便的移动应用和多媒体的信息处理等需求。SOC 需具备各种各样的接口，同时也需要提供相应的通信组网协议软件和物理层驱动软件，甚至浏览器，如 HTML、WML 等，不断满足新领域的发展需求。

SOC 在中高端方面将取代传统意义的 CPU，向系统性能更好、功耗更小、成本更低、可靠性更高、开发更容易的方向发展，将满足人们以 GUI 屏幕为中心的多媒体界面与信息终端交互需求，如手写文字输入、语音拨号上网、收发电子邮件、传送彩色图形/图像及语言同声翻译等。SOC 将具有 32 位、64 位 RISC 芯片或数字信号处理器（DSP）等增强处理能力，同时支持嵌入式 RTOS 发展，采用实时多任务编辑技术和交叉开发工具技术来控制功能复杂性，简化应用程序设计，保障软件质量，缩短开发周期。

总之，SOC 是一门跨学科的新兴领域，必将导致又一次以系统芯片为特色的信息技术革命，21 世纪初期将是 SOC 技术真正快速发展的时期。从分立元件到集成电路再到 SOC，这是微电子领域的重大革命。在 21 世纪，集成电路已进入 SOC 时代。

13.4.2　片上系统的特点

SOC 是在单片上实现全电子系统的集成，具有以下几个特点。

（1）规模大、结构复杂

数百万门乃至上亿个元器件设计规模，而且电路结构还包括 MPU、SRAM、DRAM、EPROM、闪速存储器、ADC、DAC 以及其他模拟和射频电路。为了缩短投放市场时间，要求设计起点比普通 ASIC 高，不能依靠基本逻辑、电路单元作为基础单元，而是采用被称为知识产权（IP）的更大的部件或模块。在验证方法上要采用数字和模拟电路在一起的混合信号验证方法。为了对各模块特别是 IP 能进行有效的测试，必须进行可测性设计。

（2）速度高、时序关系严密

高达数百兆的系统时钟频率以及各模块内和模块间错综复杂的时序关系，给设计带来了诸多问题，如时序验证、低功耗设计以及信号完整性和电磁干扰、信号串扰等高频效应。

系统级芯片多采用深亚微米工艺加工技术，在深亚微米时走线延迟和门延迟相比变得不可忽视，并成为主要因素。加之系统级芯片复杂的时序关系，增加了电路中时序匹配的困难。深亚微米工艺的十分小的线间距和层间距，使线间和层间的信号耦合作用增强，再加之十分高的系统工作频率及电磁干扰、信号串扰现象，给设计验证带来困难。

13.4.3　片上系统的发展趋势

在过去几年里，SOC 得到了快速发展。据预测，SOC 销售额将从 2002 年的 136 亿美元，增长到 2007 年的 347 亿美元，年增长率超过 20%。

另外，世界芯片复杂度的年增长率为 58%，但设计能力的增长仅为 20%。由此看出，世界集成电路设计能力的增长远远跟不上芯片复杂度增长的速度，这为集成电路设计产业提供了难得的发展机会。面对集成电路向 SOC 的转型，我国实现集成电路设计业跨越的一个历史机遇已经来临。许多专家建议，我国应优先发展芯片设计业，特别是重视 SOC 提供的发展机会。

SOC 的发展将不断满足日趋增长的功能密度、灵活的网络联接、轻便的移动应用、多媒体的信息处理等需求。SOC 需具备 LCD、USB、CAN、MAC/WLAN 或 IrDA 通信接口等，同时也需要提供相应的通信组网协议软件和物理层驱动软件，甚至浏览器。

SOC 将满足人们以 GUI 屏幕为中心的多媒体界面与信息终端交互需求，将具有 32 位、64 位 RISC 芯片或信号处理器 DSP 等增强处理能力，采用实时多任务编程技术和交叉开发工具技术来控制功能复杂性，简化应用程序设计，保障软件质量，缩短开发周期。

相信在 3~5 年内，高端嵌入式处理器将以 SOC 的发展为代表，成为各相关学科的交汇点。在 SOC 相关学科领域中，应注意吸收与培养其他学科领域人才，如光、机、电等学科，不断改善 SOC 研究队伍组织结构，加强跨学科的 SOC 综合技术研讨，积极沟通观念、信息与技术，以培养 SOC 的跨学科高级人才。只有通过跨学科的相互交融，才能促进 SOC 设计技术产生质的飞跃。SOC 必将导致又一次以片上系统为特色的信息技术革命，21 世纪初期将是 SOC 技术真正快速发展的时期。

复习思考题十三

13.1 DSP 芯片的特点是什么？展望其在印刷设备中的应用前景。

13.2 简述无轴传动技术在印刷领域的应用现状。

13.3 嵌入式系统的发展趋势是什么？如何用于印刷行业？

13.4 片上系统的发展对印刷产业有何影响？

附　录

附录 1　半导体器件命名方法

（国家标准　GB 249—89）

第一部分		第二部分		第三部分		第四部分	第五部分
用阿拉伯数字表示器件的电极数目		用汉语拼音字母表示器件的材料和极性		用汉语拼音字母表示器件的类别		用阿拉伯数字表示序号	用阿拉伯数字表示规格号
符号	意义	符号	意义	符号	意义		
2	二极管	A	N 型，锗材料	P	小信号管		
3	三极管	B	P 型，锗材料	V	混频检波器		
		C	N 型，硅材料	W	电压调整管和电压基准管		
		D	P 型，硅材料	C	变容管		
		A	PNP 型，锗材料	Z	整流管		
		B	NPN 型，锗材料	L	整流堆		
		C	PNP 型，硅材料	S	隧道管		
		D	NPN 型，硅材料	K	开关管		
		E	化合物材料	X	低频小功率晶体管（截止频率＜3MHz，耗散＜1W）		
				G	高频小功率晶体管（截止频率≥3MHz，耗散＜1W）		
				D	低频大功率晶体管（截止频率＜3MHz，耗散≥1W）		
				A	高频大功率晶体管（截止频率≥3MHz，耗散≥1W）		
				T	闸流管		

示　例

```
3 A G 1 B
        ├── 规格号
      ├──── 序号
    ├────── 高频小功率
  ├──────── PNP 型，锗管材料
├────────── 三极管
```

附录 2　部分半导体器件主要参数

1. 部分二极管的主要参数

类型	参数名称 / 型号	最大整流电流 I_{FM}/mA	最大正向电流 I_{FM}/mA	最大反向工作电压 U_{RM}/V	反向击穿电压 U_B/V	最高工作频率 f_M/MHz	反向恢复时间 t_r/ns
普通二极管	2AP1	16		20	40	150	
	2AP7	12		100	150	150	
	2AP11	25		10		40	
	2CP1	500		100		3kHz	
	2CP10	100		25		50kHz	
	2CP20	100		600		50kHz	
整流二极管	2CZ11A	1000		100			
	2CZ11H	1000		800			
	2CZ12A	3000		50			
	2CZ12G	3000		600			
开关二极管	2AK1		150	10	30		≤200
	2AK5		200	40	60		≤150
	2AK14		250	50	70		≤150
	2CK70A ~ E		10	A – 20	A – 30		≤3
	2CK72A ~ E		30	B – 30 / C – 40	B – 45 / C – 60		≤4
	2CK76A ~ D		200	D – 50 / E – 60	D – 75 / E – 90		≤5

2. 部分稳压管的主要参数

参数名称 / 型号	稳定电压 U_Z/V	稳定电流 I_Z/mA	最大稳定电流 I_{ZM}/mA	动态电阻 r_Z/Ω	电压温度系数 $a_{uZ}/(\%/℃)$	最大耗散功率 P_{ZM}/W
2CW51	2.5 ~ 3.5		71	≤60	≥ – 0.09	
2CW52	3.2 ~ 4.5		55	≤70	≥ – 0.08	
2CW53	4.0 ~ 5.8	10	41	≤50	– 0.06 ~ 0.04	0.25
2CW54	5.5 ~ 6.5		38	≤30	– 0.03 ~ 0.05	
2CW56	7.0 ~ 8.8		27	≤15	≤0.07	
2CW57	8.5 ~ 9.5		26	≤20	≤0.08	
2CW59	10.0 ~ 11.8	5	20	≤30	≤0.09	0.25
2CW60	11.5 ~ 12.5		19	≤40		
2CW103	4.0 ~ 5.8	50	165	≤20	– 0.06 ~ 0.04	1
2CW110	11.5 ~ 12.5	20	76	≤20	≤0.09	1
2CW113	16.0 ~ 19.0	10	52	≤40	≤0.11	1
2DW1A	5	30	240	≤20	– 0.06 ~ 0.04	1
2DW6C	15	30	70	≤8	≤0.1	1
2DW7C	6.1 ~ 6.5	10	30	≤10	0.05	0.2

3．部分晶体管主要参数

参数符号		单位	测试条件	型　　　号			
				3DG100A	3DG100B	3DG100C	3DG100D
直流参数	I_{CBO}	μA	$U_{CB}=10V$	≤0.1	≤0.1	≤0.1	≤0.1
	I_{EBO}	μA	$U_{EB}=1.5V$	≤0.1	≤0.1	≤0.1	≤0.1
	I_{CEO}	μA	$U_{CE}=10V$	≤0.1	≤0.1	≤0.1	≤0.1
	$U_{BE(sat)}$	V	$I_B=1mA$ $I_C=10mA$	≤1.1	≤1.1	≤1.1	≤1.1
	h_{FE} （β）		$U_{CB}=10V$ $I_C=3mA$	≥30	≥30	≥30	≥30
交流参数	f_T	MHz	$U_{CE}=10V$ $I_C=3mA$ $f=30MHz$	≥150	≥150	≥300	≥300
	G_P	dB	$U_{CB}=10V$ $I_C=3mA$ $f=100MHz$	≥7	≥7	≥7	≥7
	G_{ab}	pF	$U_{CB}=10V$ $I_C=3mA$ $f=5MHz$	≤4	≤3	≤3	≤3
极限参数	$U_{(BR)CBO}$	V	$I_C=100μA$	≥30	≥40	≥30	≥40
	$U_{(BR)CEO}$	V	$I_C=200μA$	≥20	≥30	≥20	≥30
	$U_{(BR)EBO}$	V	$I_C=100μA$	≥4	≥4	≥4	≥4
	I_{CM}	mA		20	20	20	20
	P_{CM}	mW		100	100	100	100
	T_{jM}	℃		150	150	150	150

4．部分绝缘栅场效管主要参数

参数	符号	单位	型　　　号			
			3DO4	3DO2 （高频管）	3DO6 （开关管）	3CO1 （开关管）
饱和漏极电流	I_{DSS}	μA	$0.5\times10^3 \sim 15\times10^3$		≤1	≤1
栅源夹断电压	$U_{GS(off)}$	V	≤｜-9｜			
开启电压	$U_{GS(th)}$	V			≤5	-2 ~ -8
栅源绝缘电阻	R_{GS}	Ω	≥10^9	≥10^9	≥10^9	≥10^9
共源小信号低频跨导	g_m	μA/V	≥2000	≥4000	≥2000	≥500
最高振荡频率	f_M	MHz	≥300	≥1000		
最高漏源电压	$U_{DS(BR)}$	V	20	12	20	
最高栅源电压	$U_{GS(BR)}$	V	≥20	≥20	≥20	≥20
最大消耗功率	P_{DM}	mW	100	100	100	100

附录 3　半导体集成器件型号命名与分类

（国家标准　GB 3430—89）

1. 半导体集成器件型号命名方法

第 0 部分		第 1 部分		第 2 部分	第 3 部分		第 4 部分	
用字母表示器件符合国家标准		用字母表示器件类型		用数字表示器件系列和品种代号	用字母表示器件的工作温度范围		用字母表示器件的封装	
符号	意义	符号	意义		符号	意义	符号	意义
C	符合国家标准	T	TTL		C	0 ~ 70℃	F	多层陶瓷扁平
		H	HTL		G	−25 ~ 70℃	B	塑料扁平
		E	ECL		L	−25 ~ 85℃	H	黑瓷扁平
		C	CMOS		E	−40 ~ 85℃	D	多层陶瓷
		M	存储器		R	−55 ~ 85℃		双列直插
		F	线性放大器		M	−55 ~ 125℃	J	黑瓷双列直插
		W	稳压器				P	塑料双列直插
		B	非线性电路				S	塑料单列直插
		J	接口电路				K	金属菱形
		AD	A/D 转换器				T	金属圆形
		DA	D/A 转换器				C	陶瓷片状载体
							E	塑料片状载体
							G	网格阵列

示例：　C F 741 C T
- 金融圆形封装
- 工作温度为 0 ~ 70℃
- 通用型运算放大器
- 线性放大器
- 符合国家标准

2. 数字集成电路各系列型号分类表

系列	子系列	名　称	国标型号	国际型号	速度/ns – 功耗/mW
TTL	TTL	标准 TTL 系列	CT1000	54/74×××	10 – 10
	HTTL	高速 TTL 系列	CT2000	54/74H×××	6 – 12
	STTL	肖特基 TTL 系列	CT3000	54/74S×××	3 – 19
	LSTTL	低功耗肖特基 TTL 系列	CT4000	54/74LS×××	9.5 – 2
	ALSTTL	先进低功耗肖特基 TTL 系列		54/74ALS×××	4 – 1
MOS	PMOS	P 沟道场效晶体管系列			
	NMOS	N 沟道场效晶体管系列			
	CMOS	互补场效晶体管系列	CC4000		125ns – 1.25μW
	HCMOS	高速 CMOS 系列			8 – 2.5
	HCMOST	与 TTL 兼容的 HC 系列			8 – 2.5

3. 常用 TTL 品种型号表

型　号	名　称	型　号	名　称
CT4000（74LS00）	四 2 输入与非门	CT4112（74LS112）	两下降沿 JK 触发器
CT4002（74LS02）	四 2 输入或非门	CT4123（74LS123）	两单稳态触发器
CT4004（74LS04）	六非门	CT4138（74LS138）	3—8 线译码器
CT4008（74LS08）	四 2 输入与门	CT4139（74LS139）	双 2—4 线译码器
CT4010（74LS10）	三 3 输入与非门	CT4147（74LS147）	10—4 线优先编码器
CT4011（74LS11）	三 3 输入与门	CT4151（74LS151）	8 选 1 数据选择器
CT4020（74LS20）	两 4 输入与非门	CT4153（74LS153）	两 4 选 1 数据选择器
CT4021（74LS21）	两 4 输入与门	CT4160（74LS160）	同步十进制计数器
CT4025（74LS25）	两 4 输入或非门	CT4161（74LS161）	同步十六进制计数器
CT4027（74LS27）	三 3 输入或非门	CT4175（74LS175）	四上升沿 D 触发器
CT4032（74LS32）	四 2 输入或门	CT4192（74LS192）	同步十进制加/减计数器
CT4051（74LS51）	两 2—2 输入与或非门	CT4194（74LS194）	4 位双向移位寄存器
CT4055（74LS55）	4—4 输入与或非门	CT4247（74LS247）	七段显示译码器
CT4074（74LS74）	两上升沿 D 触发器	CT4283（74LS283）	4 位二进制超前进位全加器
CT4086（74LS86）	四 2 输入异或门	CT4290（74LS290）	二～五～十进制计数器

附录 4　常用 74 系列 TTL 集成电路引脚排列图

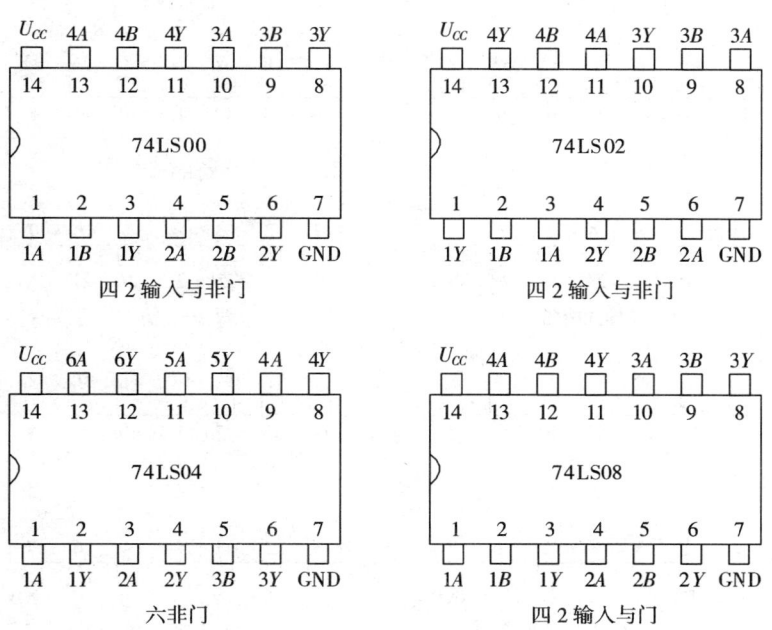

四 2 输入与非门　　　　　四 2 输入与非门

六非门　　　　　　　　　四 2 输入与门

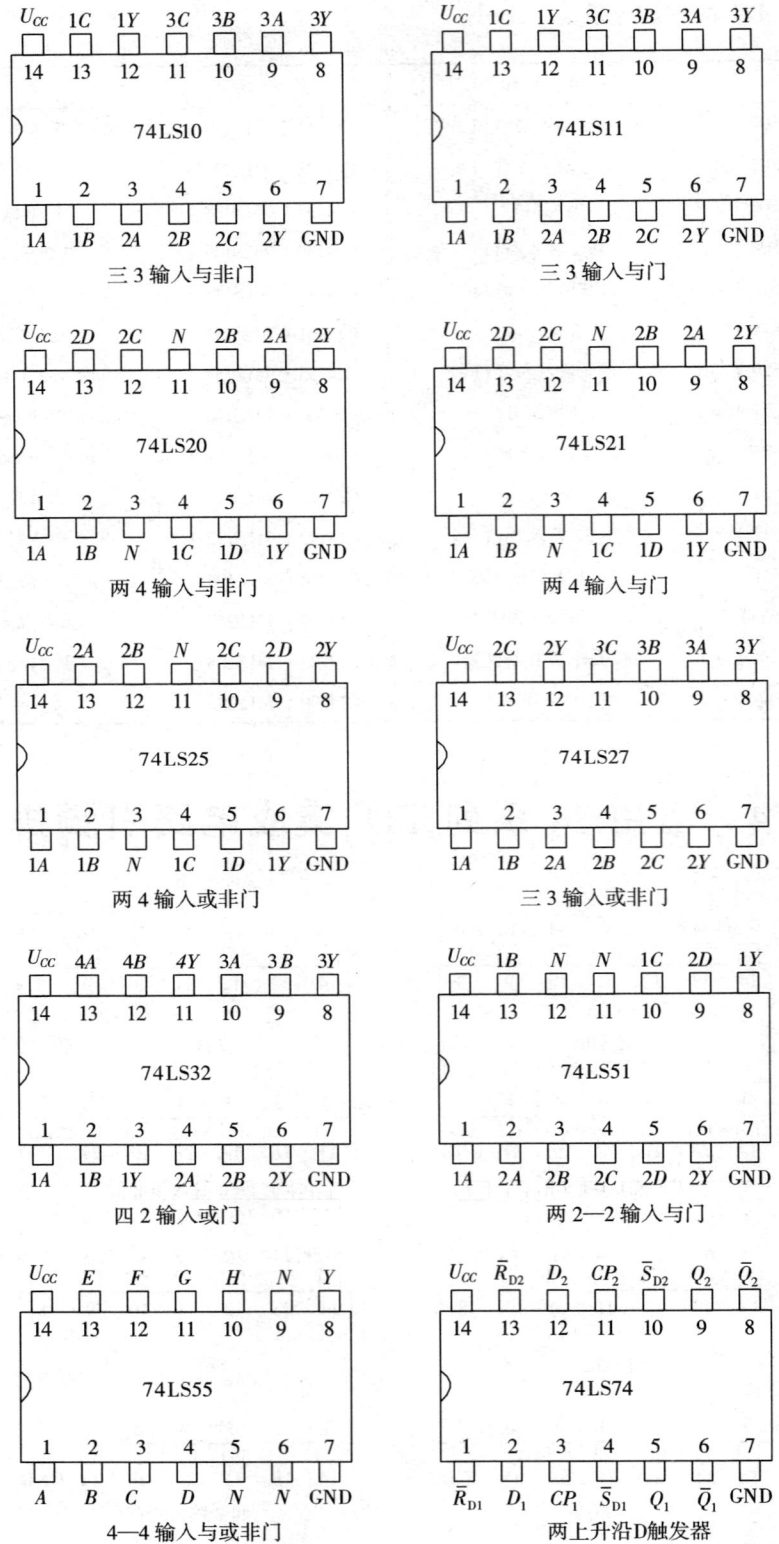

	U_{CC}	1C	1Y	3C	3B	3A	3Y
	14	13	12	11	10	9	8
				74LS10			
	1	2	3	4	5	6	7
	1A	1B	2A	2B	2C	2Y	GND

三 3 输入与非门

	U_{CC}	1C	1Y	3C	3B	3A	3Y
	14	13	12	11	10	9	8
				74LS11			
	1	2	3	4	5	6	7
	1A	1B	2A	2B	2C	2Y	GND

三 3 输入与门

	U_{CC}	2D	2C	N	2B	2A	2Y
	14	13	12	11	10	9	8
				74LS20			
	1	2	3	4	5	6	7
	1A	1B	N	1C	1D	1Y	GND

两 4 输入与非门

	U_{CC}	2D	2C	N	2B	2A	2Y
	14	13	12	11	10	9	8
				74LS21			
	1	2	3	4	5	6	7
	1A	1B	N	1C	1D	1Y	GND

两 4 输入与门

	U_{CC}	2A	2B	N	2C	2D	2Y
	14	13	12	11	10	9	8
				74LS25			
	1	2	3	4	5	6	7
	1A	1B	N	1C	1D	1Y	GND

两 4 输入或非门

	U_{CC}	2C	2Y	3C	3B	3A	3Y
	14	13	12	11	10	9	8
				74LS27			
	1	2	3	4	5	6	7
	1A	1B	2A	2B	2C	2Y	GND

三 3 输入或非门

	U_{CC}	4A	4B	4Y	3A	3B	3Y
	14	13	12	11	10	9	8
				74LS32			
	1	2	3	4	5	6	7
	1A	1B	1Y	2A	2B	2Y	GND

四 2 输入或门

	U_{CC}	1B	N	N	1C	2D	1Y
	14	13	12	11	10	9	8
				74LS51			
	1	2	3	4	5	6	7
	1A	2A	2B	2C	2D	2Y	GND

两 2—2 输入与门

	U_{CC}	E	F	G	H	N	Y
	14	13	12	11	10	9	8
				74LS55			
	1	2	3	4	5	6	7
	A	B	C	D	N	N	GND

4—4 输入与或非门

	U_{CC}	$\bar{R}_{D2}$	D_2	CP_2	$\bar{S}_{D2}$	Q_2	$\bar{Q}_2$
	14	13	12	11	10	9	8
				74LS74			
	1	2	3	4	5	6	7
	$\bar{R}_{D1}$	D_1	CP_1	$\bar{S}_{D1}$	Q_1	$\bar{Q}_1$	GND

两上升沿D触发器

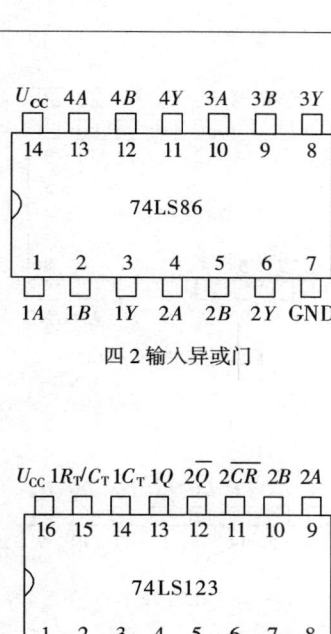

四2输入异或门

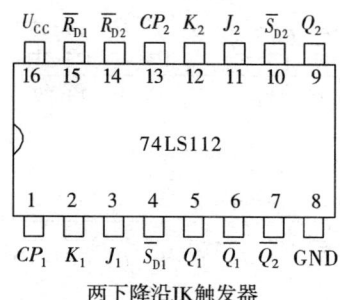

两下降沿JK触发器

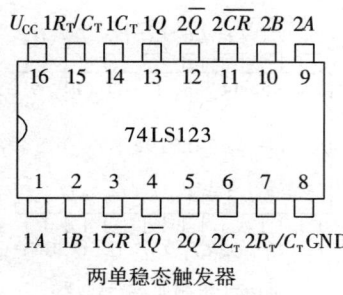

两单稳态触发器

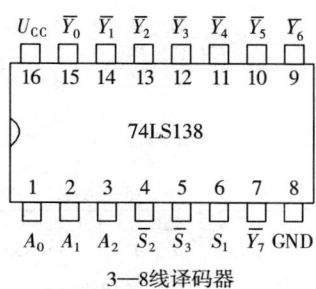

3—8线译码器

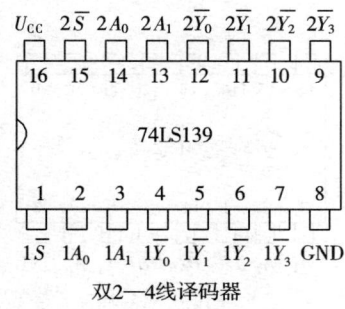

双2—4线译码器

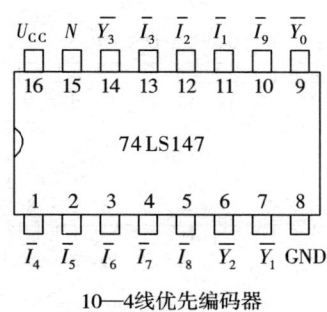

10—4线优先编码器

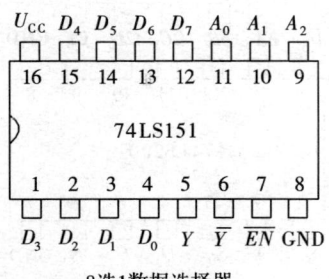

8选1数据选择器

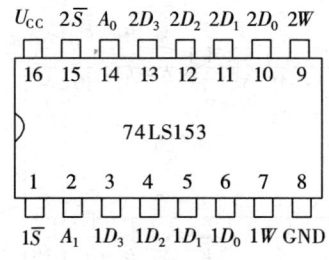

两4选1数据选择器

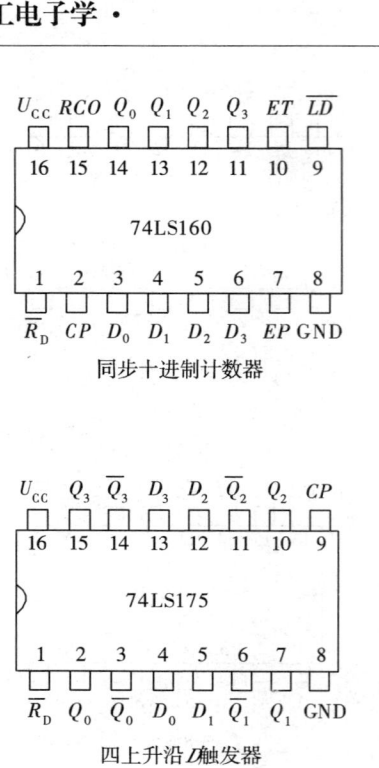

同步十进制计数器

同步十六进制计数器

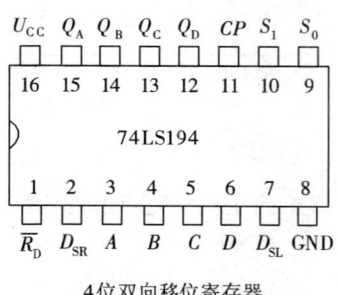

四上升沿D触发器

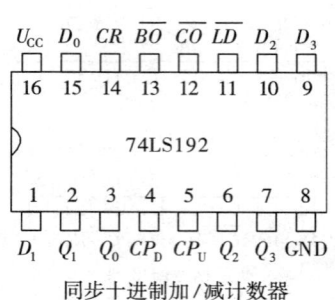

同步十进制加/减计数器

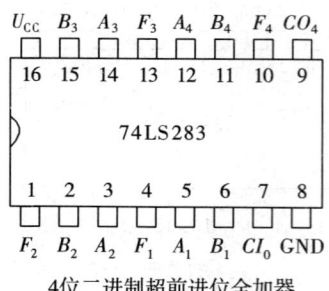

4位双向移位寄存器

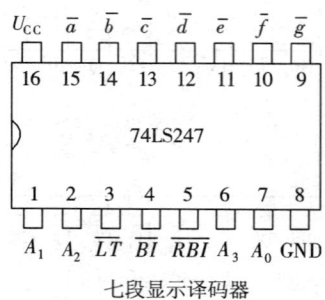

七段显示译码器

4位二进制超前进位全加器

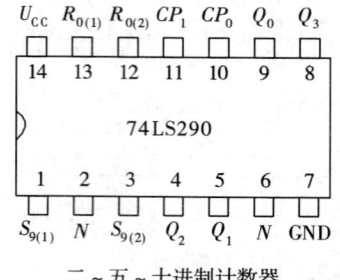

二~五~十进制计数器

参 考 文 献

［1］唐介主编．电子学（少学时）．第二版．北京：高等教育出版社，2005．

［2］邱关源主编．电路．第四版．北京：高等教育出版社，1999．

［3］秦曾煌主编．电工学．第五版．北京：高等教育出版社，1999．

［4］林平勇，高嵩主编．电工电子技术．北京：高等教育出版社，2000．

［5］钱军浩主编．印刷设备电气控制．北京：化学工业出版社，2003．

［6］童诗白，华成英主编．模拟电子技术基础．第三版．北京：高等教育出版社，2001．

［7］李建民主编．模拟电子技术基础．北京：清华大学出版社，2006．

［8］阎石主编．数字电子技术基础．第四版．北京：高等教育出版社，1998．

［9］成立主编．数字电子技术．北京：机械工业出版社，2004．

［10］宋学君，朱明刚，邬鸿彦主编．数字电子技术．北京：科学出版社，2002．

［11］李利等编．DSP 原理及应用．北京：中国水利水电出版社，2004．

［12］张晓林，崔迎炜等编．嵌入式系统设计与实践．北京：北京航空航天大学出版社，2006．

［13］柯赓编．PLD 与 SOPC 系统设计技术．北京：国防工业出版社，2006．